机械设计基础

主　编　唐林虎

副主编　张亚萍　张季惠

参　编　张　玲　李彦晶

主　审　黄建龙

電子工業出版社

Publishing House of Electronics Industry

北京·BEIJING

内 容 简 介

全书分三篇，共 13 章：第 1 章总论，第一篇常用机构（第 2～5 章），包括平面机构运动简图及自由度、平面连杆机构、凸轮机构、间歇运动机构；第二篇机械传动（第 6～9 章），包括圆柱齿轮传动、其他齿轮传动、轮系与减速器、带传动与链传动；第三篇轴系零部件（第 10～13 章），包括连接、轴、轴承，以及联轴器、离合器及制动器等。书后还配有附录，内容包括综合练习及部分常用的机构运动简图符号。

本书内容简明易懂，图文并茂，注重工程应用；例题讲解实用性强，学生易掌握；课后习题紧扣大纲要求，突出教学重点，以判断题、选择题、综合题的形式给出。

本书可作为高等学校机械类、近机类高职高专各专业的教材，也可作为化工机械、环境工程及相近专业（冶金、环保、能源等）本科生的参考教材，同时可供有关工程技术人员参考。

图书在版编目（CIP）数据

机械设计基础/唐林虎主编.—北京：电子工业出版社，2013.8
普通高等教育“十二五”机电类规划教材
ISBN 978-7-121-21166-9

Ⅰ. ①机…　Ⅱ. ①唐…　Ⅲ. ①机械设计－高等职业教育－教材　Ⅳ. ①TH122

中国版本图书馆 CIP 数据核字（2013）第 177854 号

策划编辑：李　洁
责任编辑：刘真平
印　　刷：北京七彩京通数码快印有限公司
装　　订：北京七彩京通数码快印有限公司
出版发行：电子工业出版社
　　　　　北京市海淀区万寿路 173 信箱　邮编　100036
开　　本：787×1092　1/16　印张：18.25　字数：467.2 千字
版　　次：2013 年 8 月第 1 版
印　　次：2021 年 8 月第 9 次印刷
定　　价：49.00 元

凡所购买电子工业出版社图书有缺损问题，请向购买书店调换。若书店售缺，请与本社发行部联系，联系及邮购电话：（010）88254888，88258888。

质量投诉请发邮件至 zlts@phei.com.cn，盗版侵权举报请发邮件至 dbqq@phei.com.cn。

本书咨询联系方式：lijie@phei.com.cn。

前　言

本书是根据教育部制定的“高职高专教育机械设计基础课程教学基本要求”和“高职高专教育专业人才培养目标及规格”的要求编写的。

编写过程中，不仅吸收了兰州工业学院国家级精品课程《机械设计基础》在建设与完善中积累的许多宝贵经验与成果，而且借鉴了诸多兄弟院校同仁的教学成果，可以说该书是一本面向21世纪、具有较大改革力度的机械设计基础教材。突出了高职高专教育以培养生产、服务、技术和管理第一线的高级应用型人才为目标的特点，从培养学生的初步设计与应用能力出发，重点培养学生的创新意识与工程实践能力。

本书有如下特点：

(1) 按课程内容本身的内在联系和模块教学要求，建立了“机构的组成和机械设计概论”、“常用机构”、“机械传动”、“轴系零部件”、“综合练习”5个模块。书中打“*”号的部分内容是为了拓宽与该课程密切相关的知识面，供不同专业在教学中酌情取舍。

(2) 每章前面简要提出了教学要求、重点与难点及技能要求，使学生学习时能有的放矢。技能要求是为了培养学生的工程实践能力与创新意识而设置的同步实验项目，教师可根据本校资源及培养学生的要求酌情取舍。教材内容上力求突出应用、拓宽视野，尽量减少公式推演，讲求实用，方便教学，叙述简明扼要，全书均采用新颁布的国家标准规范。

(3) 每章选有实用性较强的工程实例进行详细讲解，以方便学生在课程设计过程中参考。选用的课后习题紧扣教学大纲，注重实战，以判断题、选择题、综合题的形式给出。

(4) 为配合广大师生使用本教材，编者制作了汇集图、文、声、视频，以及课后习题与综合练习答案等内容的电子课件，广大读者可登录华信教育资源网（www.hxedu.com.cn）免费注册后进行下载。

(5) 为实时更新本教材相关的教学资源，广大师生可在兰州工业学院国家级精品课程网站下载《机械设计基础》课程相关的教学大纲、授课教案与计划、电子课件、试题等资料。

本书第1、10章由西北民族大学张季惠编写，第2～4章及附录**A**由兰州工业学院张玲编写，第5、13章由兰州工业学院李彦晶编写，内容简介，前言，第6、7章及附录B由兰州工业学院唐林虎编写，第8、9、11章由兰州工业学院张亚萍编写，第12章由张季惠与李彦晶共同编写。唐林虎担任主编并负责全书的统稿，张亚萍、张季惠担任副主编。

本书由兰州理工大学博士生导师黄建龙教授精心审阅，并提出了许多宝贵意见，在此表示衷心的感谢。

本书编写过程中得到兰州工业学院国家级精品课程《机械设计基础》负责人郭攀成教授等老师的大力支持，谨向他们表示感谢。

恳请读者对书中的缺点和不妥之处进行指正。

编　者

目　录

第一篇　常用机构

第二篇 机械传动

第三篇　轴系零部件

Chapter 1

第 1 章 总论

教学要求

（1）明确学习本课程的目的、内容、特点及方法；

（2）理解机械的组成；

（3）掌握机器、机构、构件和零件等专业术语的含义及区别、联系；

（4）了解机械设计的基本要求和设计步骤。

重点与难点

重点：机器、机构、构件和零件之间的区别与联系，机械设计的基本要求和一般步骤。

1.1 机械设计的发展及机械系统的组成

1.1.1 机械设计发展概述

机械设计是人类长期生产实践中一项重要的创造性活动，同时也是一门应用科学，是研究机械类产品的设计、开发、改造，以满足经济发展和社会需求的科学。机械发展的历史是一部创新的历史，机械设计的发展按时间可分为三个阶段：从古代社会至 17 世纪为机械设计起源和古代机械设计阶段；从 17 世纪至第二次世界大战结束为近代机械设计阶段；从第二次世界大战结束至今为现代机械设计阶段。

1．机械设计起源和古代机械设计

石器的使用标志着机械设计起源和古代机械设计阶段的开始。在浙江余姚河姆渡（见图 1-1）、河南郑裴李岗等遗址中发现了七八千年以前制造相当精致的农具，如石铲（见图 1-2）等。

图 1-1 余姚河姆渡遗址

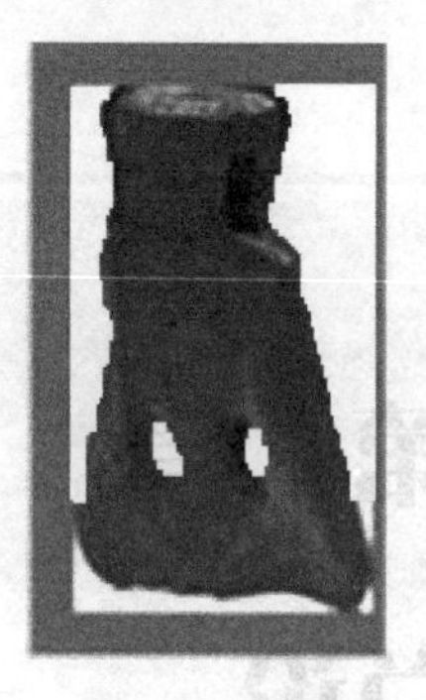

图 1-2 石铲

在四千多年以前，我国已经发明了车、船、农具和许多生活用具，在我国古代文献中随处可见机械产品与人民生活的密切联系，如图 1-3 所示。

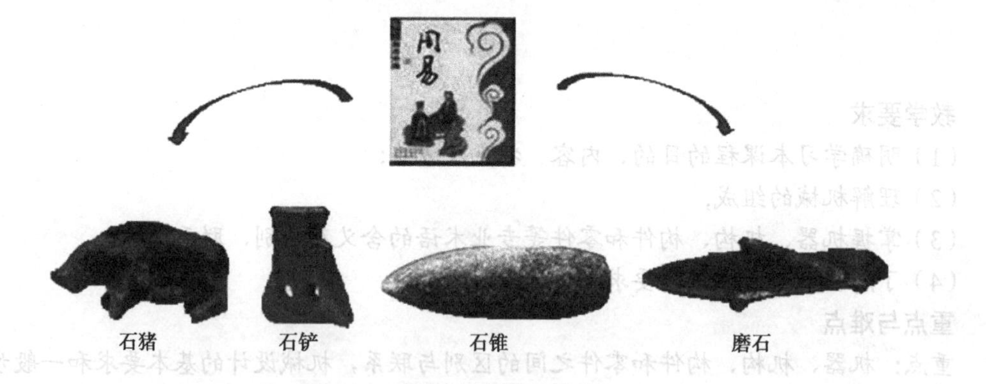

图 1-3 周易中记载的机械产品

此外，在武器、纺织机械等方面也有着许多发明。到秦汉时期，我国机械设计和制造已达到相当高的水平，在世界机械工程史上占有十分重要的位置，如图 1-4 所示。

图 1-4 秦汉时期的机械产品

在我国古代，机械发明、设计者与制造者是统一的。如唐代的李皋对车船的改进起了承前启后的作用，北宋的苏颂和韩公廉等制成的木构水运仪象台，能用多种形式表现天体时空的运行，它由水力驱动，其中有一套擒纵机构。水运仪象台代表了当时的机械设计水平，是当时世界先进的天文钟。

唐代我国机械发展进入一个新时期，与许多国家开展了经济、文化和科学技术的交流。由于贸易的发展，要求商品增加，从而改进生产设备，使机械设计有了很大的发展。如造纸、纺织、农业、矿业、陶瓷、印染、兵器等有了新的进展（见图 1-5），这标志着我国的机械设计水平提高了一大步。

（a）造纸术

（b）陶瓷

图 1-5　唐代的机械产品

在国外，这一时期以 16 世纪达·芬奇的创造活动为顶点，由于作为机械设计的基础知识——力学尚未成熟，因此这一阶段设计的最高水平就是达芬奇所构想的齿轮、螺旋（见图 1-6）。而中国的记里鼓车和秦代出现的齿轮传动则比达·芬奇更早达到这个水平。

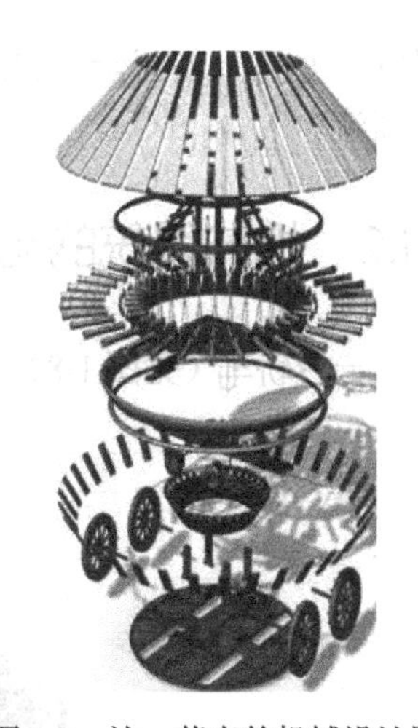

图 1-6　达·芬奇的机械设计图

2．近代机械设计

到了近代，特别是从 18 世纪初到 19 世纪 40 年代，由于经济社会等诸多原因，我国的机械行业发展停滞不前，在这 100 多年的时间里，正是西方资产阶级政治革命和产业革命时期，机械科学技术飞速发展，远远超过了我国的水平。

17 世纪欧洲的航海、纺织、钟表等工业的兴起，提出了许多技术问题。1644 年英国组建了“哲学学院”，德国成立了实验研究会和柏林学会。1966 年，法国、意大利也成立了研究机构。在这些机构中工作的意大利人伽利略提出了自由落体定律、惯性定律、抛物体运动，还进行过梁的弯曲实验。英国人牛顿提出了运动的三大定律，并于 1688 年提出了计算流体黏度的阻力公式，奠定了古典力学的基础。1705 年伯努利提出了梁弯曲的微分方程式，在古典力学的基础上建立和发展了近代机械设计的理论，为 18 世纪产业革命中机械工业的迅速发展提供了有力的技术理论支持。1764 年英国人瓦特发明了蒸汽机，为纺织、采矿、冶炼、船舶、食品、铁路等工业提供了强大的动力，推动了多种行业对机械的需求，使机械工业得到迅速发展，从而进入产业革命时代。

近代机械设计这一时期，对机械设计提出了很多要求，各种机械的载荷、速度、尺寸都有了很大的提高，因此机械设计理论也在古典力学的基础上得到了迅速发展。材料力学、弹性力学、流体力学、机械力学、疲劳强度理论等都取得了大量的成果，建立了自己的学科体系。

3. 现代机械设计

第二次世界大战之后，现代社会机械广泛应用于生产、生活等各个领域（见图 1-7），并已成为衡量一个国家技术水平和现代化程度的重要标志。作为机械设计理论基础的机械学继续以更加迅猛的速度发展。摩擦学、可靠性分析、机械优化设计、有限元运算，尤其是计算机在机械设计中迅速推广，使设计速度和质量都有了大幅提高，使现代机械设计具有明显的时代特色。

图 1-7 仿人机器人

我国在现代机械设计方面起步较晚，中国机械工程协会于1983 年 5 月才召开了“第一次机械设计方法学讨论会”，但经过多年的努力，我国在现代设计方法的研究方面已经取得了可喜的成绩，现在的中国可以自豪地称为“世界的工厂”，“Made in China”已是世界闻名。但同世界上先进的国家相比，我国的机械设计还是相对落后的。

这一时期还没有结束，我国的机械科学技术还将向更高的水平发展。只要我们能够采取正确的方针、政策，用好科技发展规律并勇于创新，我国的机械工业和机械科技一定能够振兴，重新引领世界机械工业的发展潮流。

1.1.2 机械系统的组成

一台轿车（见图 1-8）由动力部分、传动部分、执行部分、控制系统和辅助系统五部分组成。

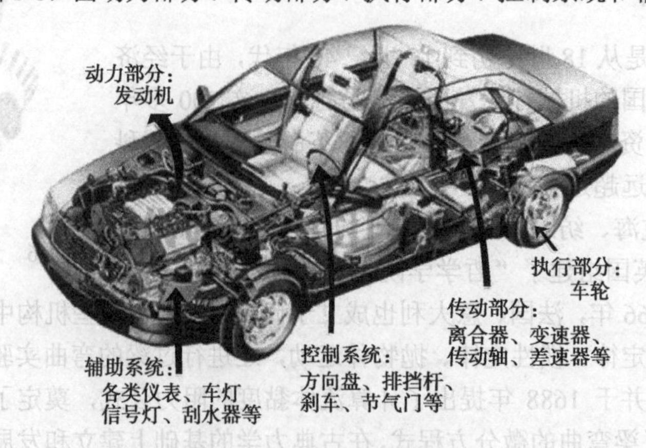

图 1-8 小型轿车的组成

由上述实例分析可知，一部完整的机器，从功能和系统的角度看，一般由动力部分、传动部分、执行部分组成。机器除了这三个基本部分外，还会根据需要，增加其他部分，如控制系统和辅助系统等，它们之间的关系如图1-9所示。

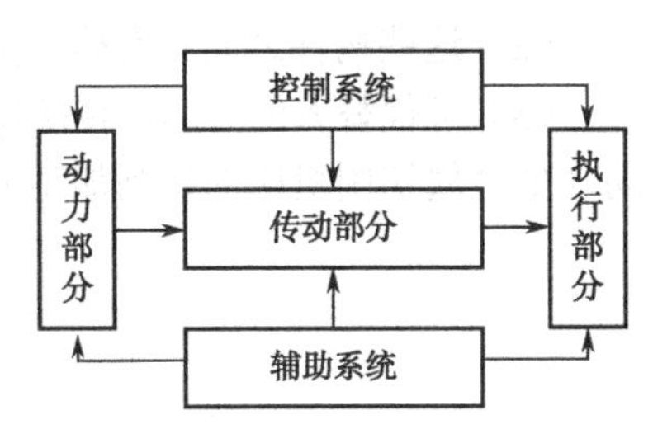

图1-9　机械系统的组成

1．动力部分

动力部分是驱动整部机器以完成机器预定功能的动力源，包括动力机及其配套装置，如轿车中的发动机。

2．执行部分

执行部分包括执行机构和执行构件，其功能是驱动执行构件按给定的运动规律运动，以实现预期的工作，即为完成机器预定功能的组成部分，如轿车的车轮。

3．传动部分

传动部分是把动力部分的运动和力传递给执行部分的中间装置，如轿车中的离合器、变速箱、传动轴、差速器等。传动部分的质量往往决定了整个机器的质量。

4．控制系统

控制系统是使动力部分、传动部分、执行部分彼此协调工作，并准确可靠地完成整机功能的装置，如轿车中的转向盘、排挡杆、刹车、节气门等。

5．辅助系统

辅助系统使机器能更好地完成预定功能，包括照明灯、消音减震设备、冷却、润滑和降温设备等，如轿车中的仪表、车灯、刮水器等。

1.1.3　机器、机构、零件、构件与部件

1．机器

人们在生产和生活中广泛使用着各种类型的机器，如内燃机、起重机、金属切削机床、汽车、洗衣机、缝纫机、电视机等。

如图1-10所示的单缸内燃机由气缸体1、活塞2、进气阀3、排气阀4、推杆5、凸轮6、连杆7、曲轴8、大齿轮9、小齿轮10等构件组成。活塞的往复直线运动通过连杆转变为曲柄的连续转动。凸轮和推杆是用来打开或关闭进气阀和排气阀的。为保证曲轴每转两周进、排气阀各开闭一次，在曲轴和凸轮之间安装了齿数比为 1∶2 的一对齿轮。这样，当燃料在气缸内燃烧产生的燃气推动活塞运动时，进、排气阀有规律地开闭，不断将燃气的热能转换为曲轴的机械能。

由此可见，机器是人们根据使用要求设计的一种具有执行机械运动功能的装置，用来变换或传递能量、物料与信息，从而代替或减轻人类的体力劳动或脑力劳动。

各类机器都有着以下共同的特征：

（1）由许多构件经人工组合而成。

（2）这些构件之间具有确定的相对运动。

（3）可代替人的劳动，转换机械能（如内燃机可将热能转换为机械能）或完成有用的机械功（如金属切削机床的切削加工）。

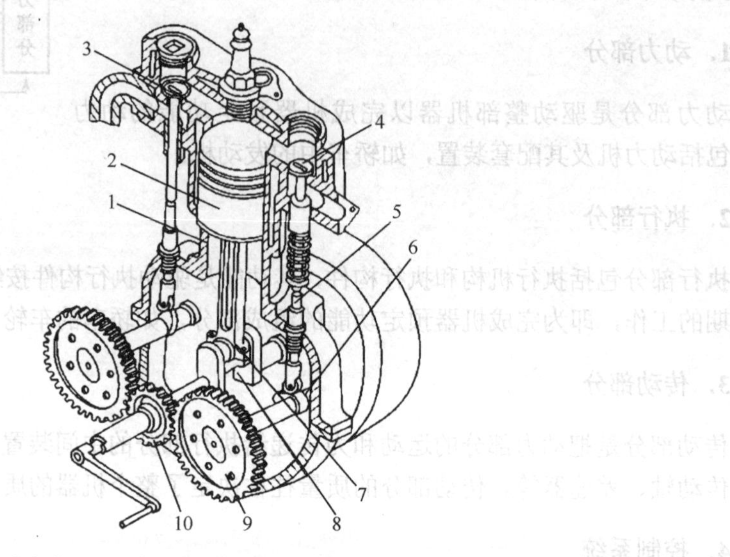

1—气缸体；2—活塞；3—进气阀；4—排气阀；5—推杆；

6—凸轮；7—连杆；8—曲轴；9—大齿轮；10—小齿轮

图 1-10 单缸内燃机

2．机构

具有机器前两个特征的多构件组合体称为机构。机构能实现一定规律的运动，例如在图 1-10 所示的单缸内燃机中主要包括以下三类机构：由曲柄、连杆、活塞和气缸体组成的曲柄滑块机构，可把往复直线运动转变为连续的转动；由大、小齿轮和气缸体组成的齿轮机构，可改变转速的大小和方向；由凸轮、顶杆和气缸体组成的凸轮机构，可将连续转动转变为预定规律的往复移动。

从功能上看，机器和机构的根本区别是：机构只能传递运动和动力，而机器除了能够传递运动和动力以外，还包含有电气、液压等控制装置，能够完成能量（信息）的传递、转换或做有用的机械功。因此机器由机构组成，一部机器可包含不同的机构，不同的机器可能包含相同的机构。

机器和机构一般总称为机械，即为本课程的研究对象。

3．零件

任何一台机器都是由零件组成的，如齿轮、螺钉、螺母等。所谓零件，就是指机器中每一个最基本的制造单元体。机械中的零件分为两类，一类是通用零件，即各种机械中普遍采用的零件，如齿轮、螺钉、键、链、轴、螺栓、螺母、轴承、弹簧（见图 1-11）等；另一类是专用零件，只用于某些类型的机械中，并具有特殊的功能，如涡轮机的叶片、内燃机的曲轴（见图 1-12）等。

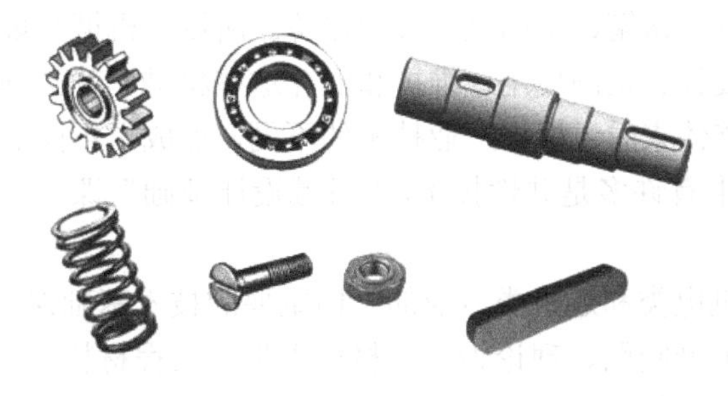

图 1-11 通用零件

图 1-12 专用零件

4．构件

在分析机器的运动时可以看出，并不是所有的零件都能单独地影响机器的运动，而是常常由于结构上的需要，把几个零件刚性地连接在一起，作为一个整体而运动。如图 1-13 所示的单缸内燃机中的连杆，就是由连杆体、连杆盖、螺栓、螺母等零件刚性连接在一起组成的。在机器中，由一个或几个零件所构成的运动单元体称为构件。可见，构件可以是单一零件，也可以是几个零件的刚性连接。构件与零件之间的区别是：构件是运动的单元，而零件是制造的单元。

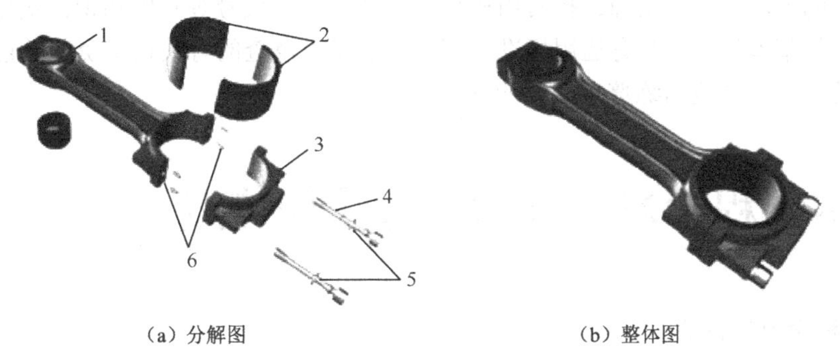

（a）分解图　　（b）整体图

1—连杆体；2—轴瓦；3—连杆盖；4—螺栓；5—垫片；6—定位销

图 1-13 连杆

5．部件

为实现一定的运动转换或完成某一工作要求，把若干构件组装到一起的组合体称为部件。部件与构件是有原则区别的，部件中的各零件之间不一定具有刚性联系。把一台机器划分为若干个部件，其目的是有利于设计、制造、运输、安装和维修。

1.2 本课程的地位、内容与任务

1．本课程的地位

机械是现代社会进行生产和服务的五大要素（人、资金、能量、材料和机械）之一。 任何现代产业和工程领域都需要应用机械，即使在人们的日常生活中，也越来越多地应用着各种机械，如汽车、自行车、钟表、照相机、洗衣机、冰箱、空调机、吸尘器等。所以，机械是现代化的一个基础，各专业的工程技术人员为了设计、正确使用、维护和保养这些机械，就必须具备一定的机械设计基础知识。从机械系统的整体来看，根据产业技术的不同，形成了不同的产业机械设计分支学科，但这些专业机械设计中有许多是共性技术，“机械设计基础”课程就是研究这些共性问题的。

因此，机械设计基础是工科院校机械类、机电类和近机类专业的一门重要的技术基础课，实践性和综合性很强，涉及多门学科知识，如机械制图、理论力学、材料力学、工程材料等，对学生学习相关的基础课和专业课程起到承上启下的桥梁作用。

2．本课程的内容

本课程的基本内容包括机械原理和机械零件设计两部分。主要研究一般机械中的机械系统，分析常用机构和零件的工作原理、结构形式、运动特性、设计和计算方法，同时还扼要介绍与本课程有关的一些标准零部件的选用原则及简单机械传动装置的设计方法。

3．本课程的任务

通过对本课程的学习，使学生掌握常用机构和通用零部件的工作原理、结构特点、应用场合和运动设计的方法；具备正确选择常用机械零件的类型、代号等基础知识；获得正确使用和维护机械设备的基本知识；具有运用标准、规范、手册以及查阅有关技术资料的能力，为后续的专业课程及相关的技能训练奠定必要的基础。

1.3 本课程学习的目的、方法与特点

1．本课程学习的目的

通过对本课程的学习，使学生对常用机械的传动原理、结构形式、运动特性有正确的了解，初步具备运用机械设计资料来设计常用的机械传动装置和简单机械的能力，为学生将来从事机械新型产品的设计与开发提供必要的理论基础，并使其具备正确使用、维护设备和分析其故障的能力。

2．本课程学习的方法

本课程的研究对象多，内容繁杂，所以在学习过程中，应具体注意以下几点：

1）着重理解基本概念

对机械零件，除了对材料进行合理的选择之外，还必须对每个研究对象的基本知识、基本原理、基本设计思路进行归纳总结，并有意识地与力学联系相对照，找到理论基础，与其他研究对象进行比较，掌握其共性与个性，只有这样才能有效提高分析和解决设计问题的能力。

2）建立工程观点

注意理论与实验相结合的原则，不要死记硬背，对于公式中出现的各种因数、参数，要理

解其物理意义和对设计结果的影响。同时还应注意，影响零件功能的因素是多种多样的，在确定其尺寸时，不能单纯依赖理论公式进行计算，应在掌握其主要观点的基础上，采用经验公式、半经验公式，甚至采用试算法进行推导。

3）将一般原理和方法与具体运用相结合

机械零件的选材不同、结构设计的差异等都会导致多种设计结果，因此还应具备较多的有关机械方面的一般常识。在日常生活和学习中，多观察、接触实物，尝试用机械设计基础课程中所学到的基本理论和方法进行分析，从而有助于加深对本课程内容的理解。

4）学会创新

学习机械设计不仅在于继承，更在于应用创新。机械科学产生与发展的历程，就是不断创新的历程。只有学会创新，才能不断地提高综合分析与解决工程问题的能力。

3．本课程学习的特点

本课程是从理论性很强的基础课向实践性很强的专业课过渡的一门重要的技术基础课。与基础课相比，更接近工程实际；与专业课相比，有更宽的研究面和更广的适应性。本课程主要分为理论教学、实验教学和实践教学（课程设计）三大环节。该课程专业跨度大、层次多、覆盖面广，是一门应用科学，涉及工程技术的各个领域，由于影响设计的因素不唯一，所以对于相同的设计要求，可能会出现多个设计理念和方案，故对其进行评价时，判断优劣的依据并不唯一。此外，机械设计是一项创造性的工作，是在继承原有优点的基础上进行的创新，而实验教学正是培养学生创新精神和实践能力的重要教学环节。

1.4 机械设计的基本要求和一般步骤

1.4.1 机械设计的基本要求

1．使用功能要求

设计的机器要保证预定的使用功能。这是机器首先要保证的要求，也是最基本的要求。

2．工作可靠性要求

可靠性是机器在预定的工作期限和规定的条件下，完成规定功能的能力。它是衡量机器质量的一个重要指标，提高机器可靠性的最有效方法是进行可靠性设计。从设计机械的角度看，为保证机械工作可靠，主要考虑强度、刚度、耐磨性、耐热性、稳定性等几方面的因素。

3．经济性要求

机器的经济性主要指设计、使用和维修时的经济成本，是一个综合指标。

为提高设计制造的经济性，在设计时应采用先进的设计理论和方法，力求使参数最优化，以提高设计制造效率，降低设计制造成本。合理地选用材料，确定零件的结构、尺寸，改善零件的结构工艺性，并最大限度地采用标准化、系列化和通用化零部件。

为提高机器使用的经济性，主要考虑提高机器的效率并合理确定机器的寿命。在方案设计及结构设计时，要从传动机构及执行机构的类型、自动化程度等方面充分考虑提高机器的效率。

机器的寿命有功能、技术和经济寿命三种。功能寿命是机器从开始使用至其主要功能丧失而报废所经历的时间；技术寿命是机器从开始使用至其因技术落后而被淘汰所经历的时间；经济寿命是机器从开始使用至其继续使用将导致经济效益显著降低所经历的时间。要提高机器的使用经济性，就要由经济寿命来确定机器更新的最佳时间。

为降低机器的维修成本，在机器的设计阶段，就应从结构、防护、润滑与密封等方面进行考虑，以尽可能少的、方便的维修换取尽可能多的使用经济效益。

4．劳动保护及环境要求

在设计机械时，应考虑省时省力，降低工人的劳动强度，并按照人机工程的观点尽可能减小操作难度。设置完善的安全防护装置，减少噪声，改善机器周围及操作者的环境条件。

5．其他要求

机械设计除上述基本要求外，对不同的机器，还应有不同的特殊要求。如医药、食品、纺织等机械要求保证一定的清洁度，防止污染产品，对金属切削机床要保证一定的精度等。

1.4.2 机械设计的一般步骤

机械产品的设计是一个具有创造性的、复杂的劳动过程。大致可分为以下几个阶段：

1．规划阶段

该阶段包括：提出需求，对社会需求进行调研及可行性论证，并制定设计技术任务书。

2．设计及论证阶段

该阶段包括方案设计、技术设计和施工设计。方案设计主要是进行功能原理分析，确定原理方案，对方案进行评价决策，采用最佳的原理方案，此阶段是机械设计的重要阶段。技术设计是指参数设计、总体设计、结构设计、人机工程设计、造型设计等，通过评价决策，拟出装配草图。施工设计包括零部件的设计以及编制各种技术文件，通过评价决策拟出零部件的工作图和总装配图。

3．试制鉴定阶段

该阶段包括试样的试制与检测、产品定型及批量生产。

4．售后服务阶段

该阶段包括维护、维修、报废、回收等。

本章小结

本章主要介绍了机械设计的发展、机械系统的组成；机械的基本概念：机械、机器、机构、构件、零件、部件；本课程的地位、性质、内容和学习方法；机械设计的基本要求和一般步骤。

单元习题

一、判断题（在每题的括号内打上相应的×或√）

1．构件是加工制造的单元，零件是运动的单元。（　）
2．机构就是具有确定相对运动的构件的组合。（　）
3．机械是机器与机构的总称。（　）
4．减速器是机器。（　）
5．螺栓、轴、轴承都是通用零件。（　）
6．机构的作用，只是传递或转换运动的形式。（　）
7．机构中的主动件和从动件，都是构件。（　）
8．机构是机械装配中主要的装配单元体。（　）
9．部件中的各零件之间一定具有刚性联系。（　）
10．内燃机是直接用来完成一定工作任务的工作机器。（　）

二、选择题（选择一个正确答案，将其前方的字母填在括号中）

1．在机械中属于制造单元的是_____。（　）
A．零件　B．构件　C．部件
2．各部分之间具有确定的相对运动的构件的组合体称为_____。（　）
A．机器　B．机构　C．机械
3．在机械中各运动单元称为_____。（　）
A．零件　B．构件　C．部件
4．机构与机器的主要区别是_____。（　）
A．机器能变换运动形式
B．各运动单元间具有确定的相对运动
C．机器能完成有用的机械功或转换机械能
5．部件是由机器中若干零件所组成的_____单元体。（　）
A．运动　B．装配　C．制造
6．在电动机中的转子、内燃机中的曲轴、减速器中的齿轮和电风扇叶片中，有_____种是通用零件。（　）
A．2　B．3　C．4

7．轿车中的方向盘属于机器的_____。 （ ）

A．动力部分 B．执行部分 C．控制部分

8．起重机的吊臂和吊钩属于机器的_____。 （ ）

A．动力部分 B．执行部分 C．控制部分

9．车床的刀架属于机器的_____。 （ ）

A．动力部分 B．执行部分 C．控制部分

10．属于机床传动装置的是_____。 （ ）

A．电动机 B．齿轮机构 C．刀架

第一篇

常用机构

Chapter 2

第2章 平面机构运动简图及自由度

教学要求

(1)掌握运动副的概念及表示方法,能绘制机构运动简图,特别是原理示意图;
(2)掌握自由度的概念及其计算,判定机构是否具有确定的相对运动;
(3)能正确识别复合铰链、局部自由度和常见的虚约束。

重点与难点

重点:运动副的概念、自由度的概念及计算,平面机构具有确定运动的条件;
难点:机构运动简图的绘制,自由度的计算。

技能要求

机构运动简图的绘制。

2.1 运动副及其分类

2.1.1 运动副

机构是由许多构件组合而成的,在机构中,每个构件都以一定的方式与其他构件相互连接,且两构件之间存在一定的相对运动,故这些连接都不是刚性的。这种使两构件直接接触并能保持一定相对运动的可动连接称为运动副。此概念包含三层意思：

（1）两个构件：由两个构件构成一个运动副，两个以上的构件则构成多个运动副。

（2）直接接触：两个构件只有直接接触才能构成运动副，一旦构件脱离接触失去约束，它们所构成的运动副即不复存在。

（3）可动连接：两个构件之间要能存在一定形式的相对运动，形成一种可动连接。显然，若两构件之间是无相对运动的静连接，则二者固结为一个构件，它们之间不存在运动副。

2.1.2　运动副的种类

按照形成运动副两构件的相对运动是平面运动还是空间运动，运动副可分为平面运动副和空间运动副。本章重点讨论平面运动副。在平面运动副中，根据两构件之间接触方式的不同，又可分为低副和高副两种。

1．低副

两构件通过面接触而构成的运动副称为低副，运动副元素为两接触面。根据两构件间的相对运动形式不同，低副又分为转动副和移动副。

若组成运动副的两构件只能绕同一轴线作相对转动，则称为转动副或铰链（见图 2-1）。当两构件只能沿某一直线相对移动时，称为移动副（见图 2-2）。如图 1-10 所示的内燃机中，活塞和连杆以及曲柄和连杆之间均以转动副相连，活塞与气缸体之间以移动副相连。

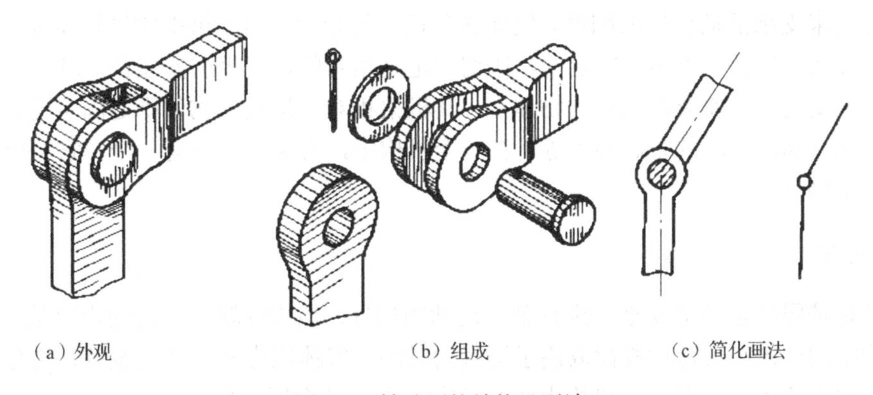

（a）外观　　（b）组成　　（c）简化画法

图 2-1　转动副的结构及画法

2．高副

两构件通过点或线接触而构成的运动副称为高副，运动副元素为接触点或接触线。高副中两构件之间的相对运动为沿公切线方向的相对滑动和相对转动。凸轮副和齿轮副均属于高副。凸轮与顶杆之间的连接称为凸轮副，如图 2-3 所示；两齿轮间用齿廓构成的连接称为齿轮副，如图 2-4 所示。

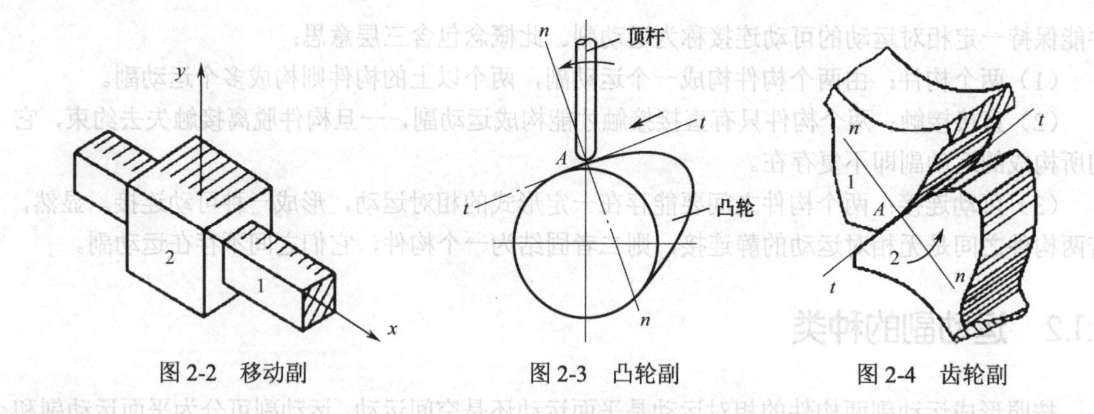

图 2-2 移动副　　图 2-3 凸轮副　　图 2-4 齿轮副

2.2 平面机构及其运动简图

2.2.1 平面机构的组成

组成平面机构的构件按其运动性质可分为机架、原动件和从动件三种类型。

1．机架

机架是用来支承活动构件的构件。例如各种机床的床身、内燃机中的气缸体等，可用来支承轴、齿轮等活动构件。机架是固定的，所谓固定是相对的，若机械安装在地基上，则机架相对于地面是固定的；若安装在活动的物体上，其机架相对于运动的物体则是固定的，而相对于地面是运动的，如在运动的车、船上等。在一个机构中，机架有且只有一个，它是研究机构运动时作为参考坐标系的构件。

2．原动件

原动件是按照给定的运动规律进行独立运动的构件。该构件输入的运动规律是已知的，如内燃机机构中的活塞，其运动规律取决于进气的时间、气体压力和气体流量等，均是由外界给定的，故又称为输入件。在一个机构中，必须有一个或几个原动件。

3．从动件

从动件是机构中除机架和原动件之外的其他构件，也就是说，该构件是随着原动件运动而运动的其余活动构件，如内燃机中的连杆和曲轴等，可传递和输出运动。

2.2.2 平面机构运动简图及作用

在生产中，对已有机构进行分析或在设计新的机构时，需要把机构用图形表示出来。若画出各构件的具体结构来表示其运动情况（特别是对于具有复杂结构的构件），这是很困难的。从运动学的观点看，机构各部分的运动取决于该机构中原动件的运动规律、各运动副的类型和运动尺寸，而与构件的外形和运动副的具体结构无关。因此，为了便于分析，在研究机构的运动时，有必要撇开那些与运动无关的因素。在工程上，用简单的线条和规定的运动副符号来表示构件和运动副，并按比例确定出各运动副之间的相对位置，且能准确表达机构运动特性的简单图形称为机构运动简图。

因此，机构运动简图所表示的主要内容有：机构类型、构件数目、运动副的类型和数目以及运动尺寸等。它能反映出机构的结构特征和运动本质，通过简图可对机构进行结构、运动和动力分析，是研究机构的重要工具。

对于只为了表示机构的组成及运动情况，而不严格按照比例绘制的简图，称为机构示意图。

2.2.3 运动副及构件的表示方法

1. 运动副的表示方法

机构运动简图中运动副的表示方法如图 2-5 所示。图 2-5（a）表示两个可动构件组成的转动副，图 2-5（b），（c）表示两个构件中有一个构件是固定的转动副。

当两个构件组成移动副时，其表示方法如图 2-5（d）～（i）所示。其中画有斜线的构件代表机架。

两个构件组成高副时，其表示方法如图 2-5（j）所示，画高副简图时应画出两构件接触处的曲线轮廓。

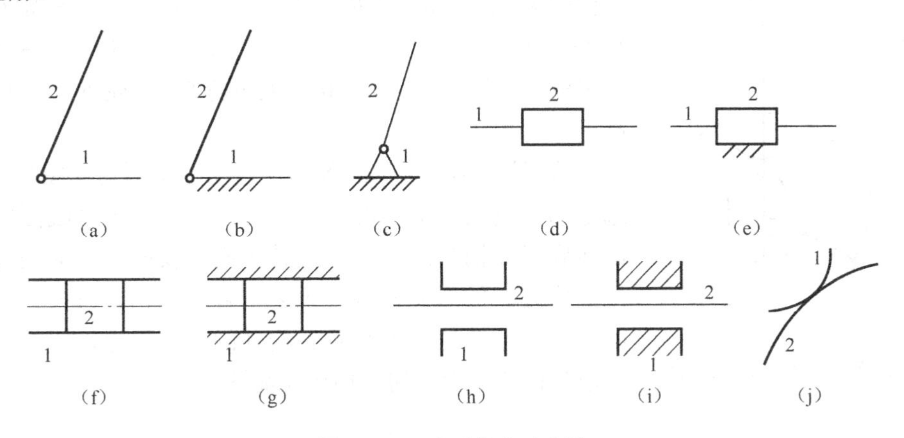

图 2-5 运动副的表示方法

2. 构件的表示方法

机构运动简图中常用构件的表示方法如图 2-6 所示。图 2-6（a），（b）表示参与形成两个运动副的构件；图 2-6（c）表示参与形成三个转动副的构件，如果为了表明这是一个构件，可将整个三角形画上斜线；如果同一构件上的三个转动副位于一条直线，其画法则如图 2-6（d）所示。其他常用零部件的表示方法可参看附表 B 中“部分常用的机构运动简图符号”。

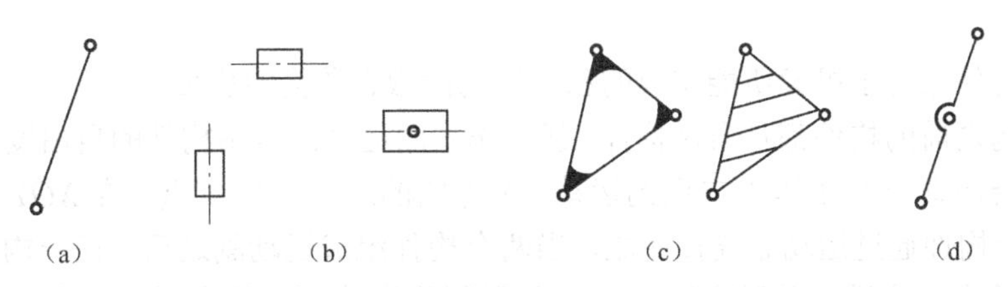

图 2-6 常用构件的表示方法

2.2.4 绘制机构运动简图的步骤

绘制平面机构运动简图可按以下步骤进行：

（1）观察机构的运动情况，分析机构的具体组成，确定机架、原动件和从动件。

（2）由原动件开始，沿着运动传递路线，逐一分析每两个构件之间的运动性质，确定运动副的类型和数目。

（3）正确选择运动简图的视图平面。通常选择与各构件运动平面相互平行的平面作为视图平面。

（4）绘制机构简图。选择适当的比例，确定出各运动副的相对位置，用简单线条表示的构件将运动副连接起来，即可绘出机构运动简图。

下面以图 1-10 所示单缸内燃机为例，说明绘制机构运动简图的方法和步骤。

由前述可知，该单缸内燃机主要由三个机构组成，根据绘制机构运动简图的步骤，先找出机构的机架、原动件和从动件。在内燃机中，气缸体是机架，在燃气推动下的活塞是原动件，其余构件都是从动件。

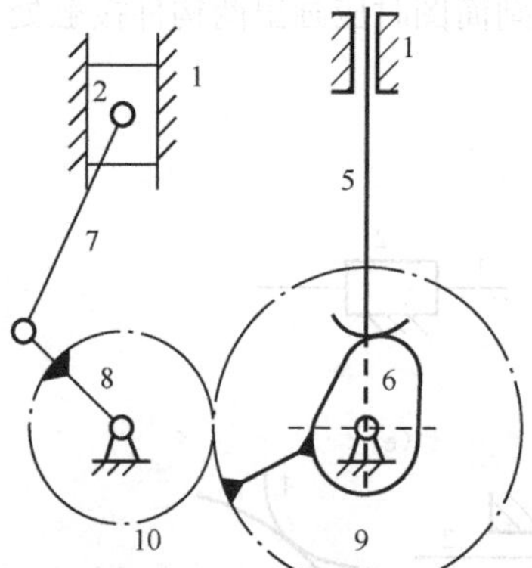

各构件之间的可动连接方式为：活塞 2 和连杆 7、连杆 7 和曲轴 8、曲轴 8（小齿轮 10）和气缸体 1、凸轮轴和气缸体 1 之间均组成回转副；活塞 2 和气缸体 1、推杆 5 和气缸体 1 均组成移动副；小齿轮 10 和大齿轮 9、凸轮 6 和推杆 5 组成高副。

选择图 1-10 所示的各构件运动的平面为视图平面，并按选定的比例尺和测得的尺寸，在图上先绘出轴线固定的两个回转副（曲柄和凸轮轴的回转中心）及两个移动副导路中心线的位置。然后使机构处于某一合适位置，再按各齿轮的节圆半径、凸轮轮廓形状及各构件的长度尺寸，用规定的符号绘出如图 2-7 所示的机构运动简图。

图 2-7 单缸内燃机机构运动简图

2.3 平面机构的自由度及其计算

2.3.1 平面机构的自由度

1. 自由度

机构中各构件相对于机架所能完成的独立运动的数目称为自由度。

未组成机构之前的构件都是自由构件，任一作平面运动的自由构件的自由度为 3。如图 2-8 所示，构件可沿任意一点 A 作 X 方向的运动、Y 方向的运动和绕 A 点（在 XOY 平面内）的转动。机构由多个构件通过运动副连接而成，当两个构件组成运动副之后，任一构件的运动将受到限制，相应的自由度数目就随之减少，这种限制称为约束。约束增加，自由度相应减少，约束数目的多少取决于运动副的类型。如低副中的转动副（见图 2-1）约束了构件沿 X 轴和 Y 轴方向移动的自由度，只剩下在 XOY 平面内转动的自由度。移动副（见图 2-2）约束了构件沿某一轴（X 或 Y 轴）方向移动的自由度和在 XOY 平面内转动的自由度，只剩下了沿另一轴（Y 或 X 轴）方向移动的自由度。凸轮高副（见图 2-3）和齿轮高副（见图 2-4）约束了两构件在接触处的法向运动。可见，在平面机构中，每个低副引入两个约束，使构件失去两个自由度，剩下一个自由度。高副只引入一个约束，剩下两个自由度。

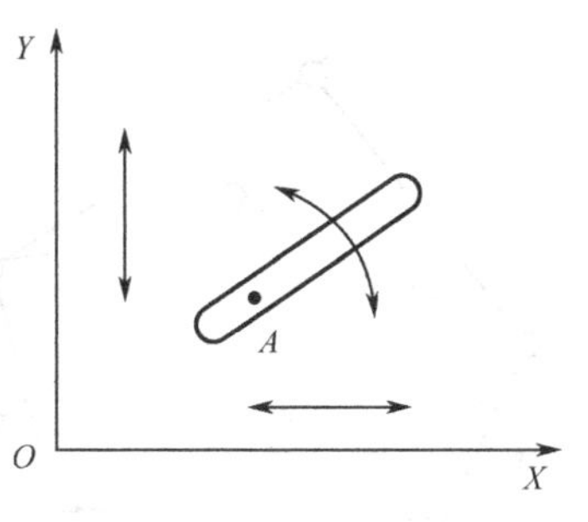

图 2-8　平面自由构件的自由度

2．自由度的计算

整个机构的自由度数目可通过总的活动构件数目和机构中各类运动副的数目进行计算。

设某个平面机构中有 N 个构件，除去机架，活动构件有 $n=N-1$ 个，在不受约束时，即在组成机构之前，自由构件共有 $3n$ 个自由度，若把这些构件及机架用 P_L 个低副和 P_H 个高副进行连接组成机构，则构件共受到 $2P_L+P_H$ 个约束。因此平面机构自由度数目就等于机构中所有活动构件的自由度数目减去所有运动副引入的约束数目的差值，即平面机构自由度数目的计算公式为

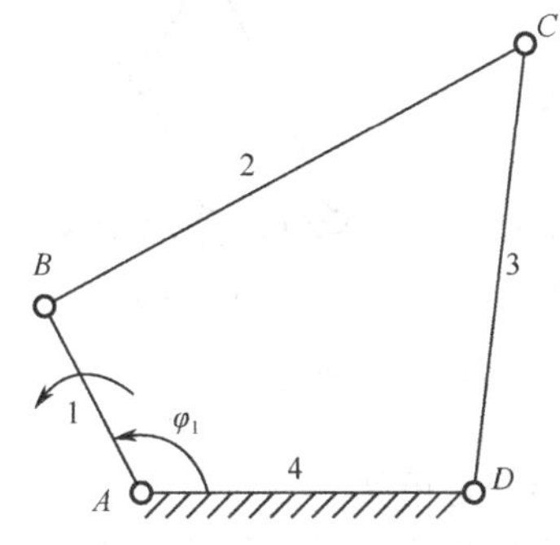

图 2-9　铰链四杆机构运动简图

$$F=3n-(2P_L+P_H) \tag{2-1}$$

【例 2-1】 求图 2-9 所示的铰链四杆机构的自由度。

解： 该机构中共有 3 个活动构件（构件 1、2、3），4 个低副（转动副），没有高副，即 $n=3$，$P_L=4$，$P_H=0$。代入式（2-1），得

$$F=3\times3-(2\times4+0)=1$$

【例 2-2】 求图 2-7 中所示的内燃机机构的自由度。

解： 从图 2-7 所示的单缸内燃机机构运动简图中可以看出，曲轴 8 和小齿轮 10 固联，大齿轮 9 与凸轮 6 固联，故分别只能看成一个构件。因此该机构共有 5 个活动构件，即 $n=5$。组成 4 个回转副和 2 个移动副，$P_L=6$。两个高副（凸轮副和齿轮副），$P_H=2$。代入式（2-1），计算得

$$F=3\times5-(2\times6+2)=1$$

2.3.2　机构具有确定运动的条件

由例 2-1 可知铰链四杆机构的自由度为 1，说明该机构所有活动构件相对机架只能有一个独立的运动，也就是该机构应当只有一个原动件。设与机架相连的构件 1 为原动件，若对其给定一个运动参数值 φ_1，则所有从动件（构件 2 和 3）就有一个相应的确定位置。这说明当该机构具有一个原动件时，机构中各构件的运动是确定的。如果设定两个原动件，如构件 3 也是原动件，则当两个原动件都按各自的运动规律运动时，构件之间的运动相互干涉，很可能会使机构卡住不动，或在薄弱处损坏。

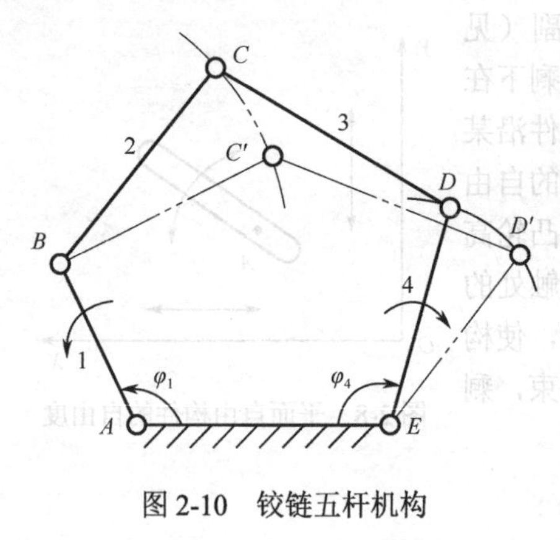

图 2-10　铰链五杆机构

图 2-10 所示为一铰链五杆机构。机构中共有 4 个活动构件（构件 1、2、3、4），5 个低副（转动副），没有高副。即 n=4，P_L=5，P_H=0，代入式（2-1），计算得 F=2。说明该机构应当有两个原动件。假设构件 1 和 4 为原动件，并分别以 φ_1 和 φ_4 表示两个原动件的运动参数，则每给定一组 φ_1、φ_4 值，从动件 2 和 3 便具有相应的确定的位置。如果只设定一个原动件（构件 1），即 φ_1 给定，φ_4 未给定，则构件 2、3、4 既可能处于图中实线位置，也可能处于虚线位置，或其他任意位置。由此可见，在此机构中，只设定一个原动件，则各构件的运动将是不确定的。只有设定两个原动件，且每个原动件只能有一个独立的运动参数时，机构中各构件的运动才是确定的。

图 2-11（a）所示的构件系统中，n=2，P_L=3，P_H=0。由式（2-1），得 F=0，表明该机构所有活动构件相对机架没有独立的运动，也就是说，各构件之间不能产生相对运动。该构件系统称为静定桁架。

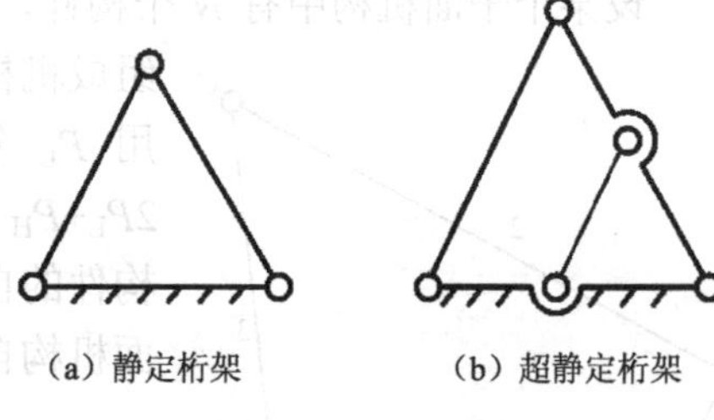
（a）静定桁架　（b）超静定桁架

图 2-11　平面桁架

由图 2-11（b）可知，在原三个构件的基础上多加了一个构件，即 n=3，P_L=5，P_H=0。由式（2-1），得 F=−1<0，说明结构更不能动。因为增加一个构件，便增加 3 个自由度，同时引进 2 个低副，约束了 4 个自由度，多约束 1 个自由度，故自由度出现负数，这样使得结构更坚固，一般称为超静定桁架。

若在此构件系统的基础上，再增加 R 个构件，则结构就多−R 个自由度，说明结构更为坚固，都称为超静定桁架。

综上所述：要使得机构能够运动，须有 F>0，否则构件系统将成为静定桁架或超静定桁架，而不是机构；当原动件的个数少于机构的自由度数目时，机构不具有完全确定的运动，此时，称这种机构为动定机构；当原动件的个数多于机构的自由度数目时，机构将在结构最薄弱处因作用力过大而损坏。

因此，机构具有确定运动的条件是：

（1）机构的自由度数 F>0。

（2）原动件的个数与机构的自由度数目相等。

2.3.3　平面机构自由度计算中应注意的问题

由于实际机构比较复杂，在应用式（2-1）计算平面机构自由度时，还应注意以下几个问题：

1．复合铰链

两个以上的构件在同一轴线上以转动副连接形成的运动副称为复合铰链。如图 2-12（a）所示为三个构件组成的复合铰链，这三个构件在同一轴线上共组成两个转动副（见图 2-12（b））。以此类推，若有 k 个构件，在同一轴线上以复合铰链进行连接，则构成的转动副数目应为 k−1 个。因此在计算自由度时，应注意机构中是否存在复合铰链，以免数错运动副的数目。

【例2-3】 计算图2-13所示平面机构的自由度，并判断该机构是否具有确定的运动。

解： 由图2-13（a）可知，这是一个六构件机构，其中构件6为机架，构件1为原动件，即 n=5。B 点处是由构件2、3、4构成的两个同轴转动副，如图2-13（b）所示。其中，构件4与构件2、3分别铰接构成转动副 Z_{42}、Z_{43}，两个转动副均绕着轴线 B 转动。这个复合铰链计算自由度时应按2个转动副计算。故机构中共有6个转动副、1个移动副，即低副数 P_L=7，高副数 P_H=0，则机构的自由度为

$$F=3\times5-(2\times7+0)=1$$

构件1为原动件，该机构具有确定的运动。

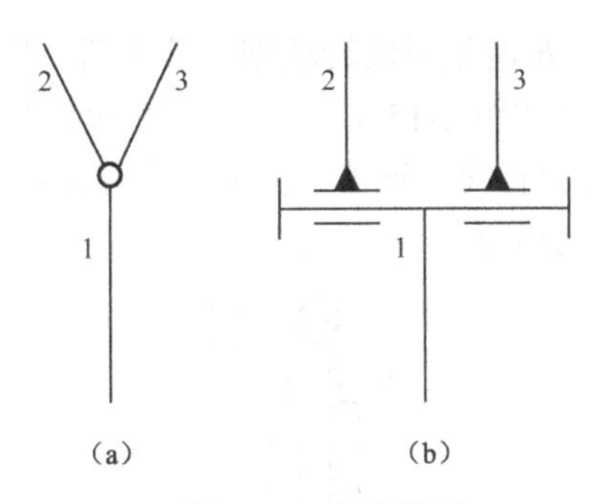

图2-12　复合铰链

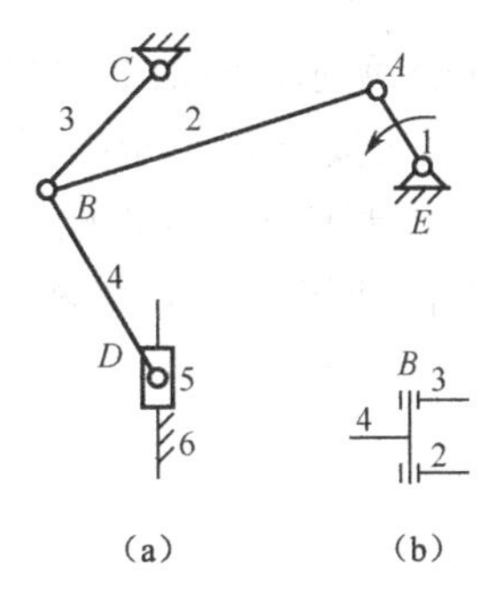

图2-13　带复合铰链机构

2．局部自由度

机构中常出现一种与机构的主要运动无关的自由度，称为局部自由度，在分析机构自由度时不应计算在内。

如图2-14（a）所示的凸轮机构，随着主动件凸轮1的顺时针转动，从动件2作上下往复运动，为了减小摩擦和磨损，在凸轮1和从动杆2之间加入滚子3。即 n=3，P_L=3，P_H=1。则该凸轮机构的自由度 $F=3\times3-2\times3-1\times1=2$。说明该机构相对机架可以有两个独立的运动，即原动件凸轮1和滚子3的转动。但无论滚子3是否绕 A 点转动，都不会改变从动杆2的运动，因而滚子3绕 A 点的转动属于局部自由度，计算机构自由度时应将滚子和从动杆看成一个构件。对于此机构，应按 n=2，P_L=2，P_H=1计算，计算得出 F=1。

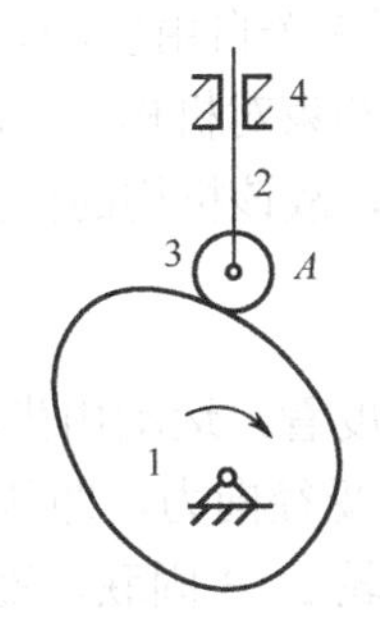

1—凸轮；2—从动杆；3—滚子；4—机架

（a）

2
1
4
3

1—内圈；2—外圈；3—滚动体；4—保持架

（b）

图2-14　局部自由度

如图2-14（b）所示为滚动轴承的结构示意图。为减小摩擦，在轴承的内外圈之间加入了

滚动体 3，但是滚动体是否滚动对轴的运动毫无影响，滚动体的滚动也属于局部自由度，计算机构自由度时可将内圈 1、外圈 2、滚动体 3 看成一个整体。

3. 虚约束

在机构中，对机构的运动不产生实际约束效果的重复约束称为虚约束。在计算机构自由度时亦应予以排除。由于虚约束在实际机构中的表现形式各不相同，因而与复合铰链和局部自由度相比，虚约束的鉴别要复杂一些。平面机构的虚约束常出现于下列情况中：

1）两构件间形成多处具有相同作用的运动副

如图 2-15（a）所示，轮轴 2 与机架 1 在 *A*、*B* 两处形成转动副，其实两个构件只能构成一个运动副，这里应按一个运动副计算自由度。又如图 2-15（b）所示，在液压缸的缸筒 2 与活塞 1、缸盖 3 与活塞杆 4 两处构成移动副，实际上缸筒与缸盖、活塞与活塞杆是两两固联的，只有两个构件而并非四个构件，这两个构件也只能构成一个移动副。

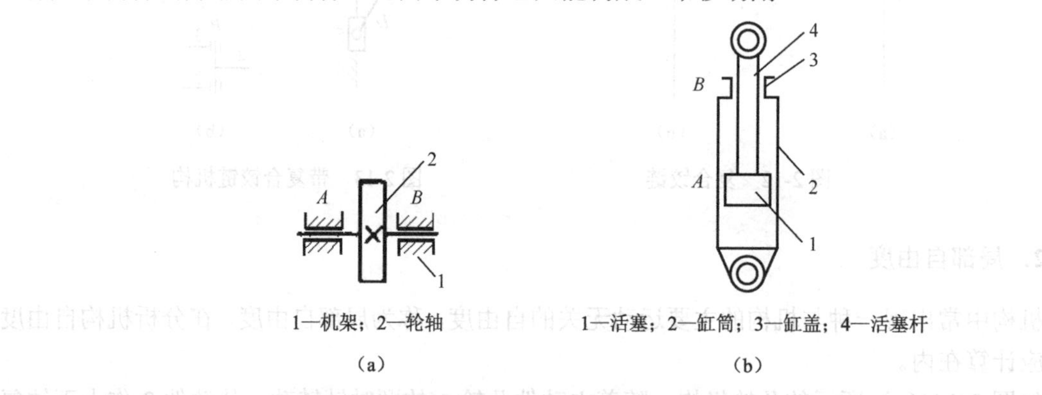

1—机架；2—轮轴

（a）

1—活塞；2—缸筒；3—缸盖；4—活塞杆

（b）

图 2-15　两构件间形成多处运动副的虚约束

2）两构件上连接点的运动轨迹重合

如图 2-16 所示为火车头驱动轮联动装置示意图。根据式（2-1）得该机构的自由度为：$F=3\times4-2\times6=0$，即表明此机构是不能动的，这显然和实际情况不符，这就是引入了虚约束的结果。由于 *AB*、*EF*、*CD* 相互平行且长度相等，所以 *B*、*C*、*E* 点轨迹都是等半径的圆周，如去掉构件 *EF*，构件 *CD* 的运动轨迹不变，但加上构件 *EF* 后，多了 3 个自由度，而引入两个转动副 *E*、*F*，引入 4 个约束，结果相当于对机构多引入一个约束。但该约束对机构的运动并没有约束作用，故它是一个虚约束。在计算自由度时，应将虚约束除去不计，故该机构的自由度应为 1。

3）机构中具有对运动起相同作用的对称部分

如图 2-17 所示为一对称的齿轮减速装置。从运动的角度看，运动由齿轮 1 输入，只要经齿轮 2、3 就可以从齿轮 4 输出。但是为使输入、输出轴免受径向力，即从力学的角度考虑，加入了齿轮 6、7。未引入对称结构时，机构由 3 个构件（齿轮 2、3 固联，故只能算 1 个构件）、3 个转动副、2 个高副组成，因此，自由度为 $F=3\times3-3\times2-2=1$；引入对称结构后，如果不将虚约束去除，则机构由 4 个构件（齿轮 2、3 和齿轮 6、7 分别固联，只能算 2 个构件）、4 个转动副、4 个高副组成，自由度为 $F=3\times4-4\times2-4=0$，显然是错误的。

如上所述，虚约束对机构的运动虽然不起作用，但可以增加构件的刚性，改善其受力状况。必须指出，只有在特定的几何条件下才能构成虚约束，如果加工误差太大，满足不了这些特定的几何条件，虚约束就会成为实际约束，从而使机构失去运动的可能性。如图 2-16 中，构件 *EF* 与构件 *AB* 和 *CD* 的长度不等时，则机构将不能运功。因此，为了便于制造、安装，在机械中应尽量减少虚约束。当机械中有虚约束时，应注意提高机械加工和装配的精度，以保证机械所需的运动。

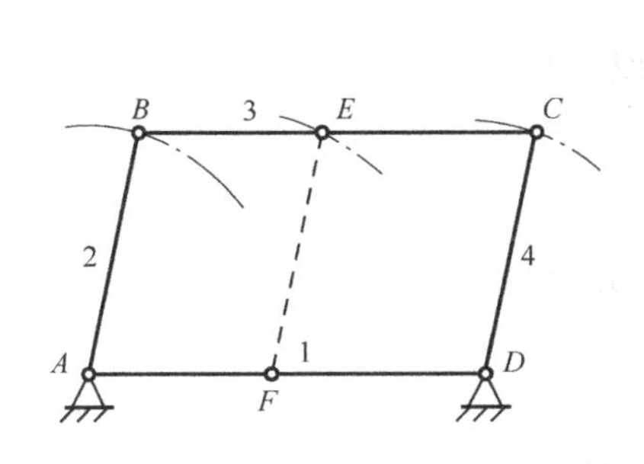

图 2-16　两构件上连接点运动轨迹重合

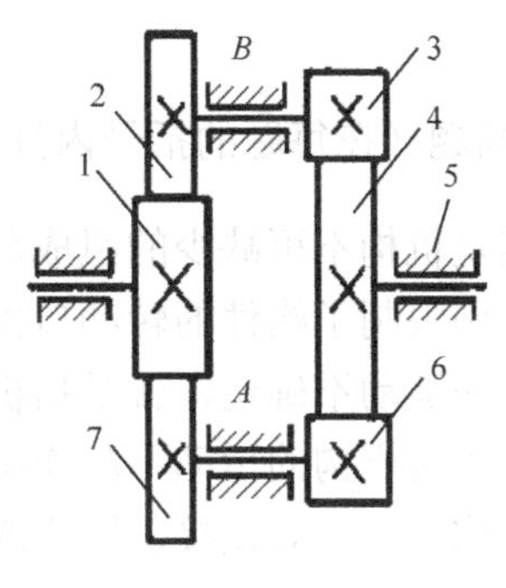

1～7—齿轮

图 2-17　对称结构引入的虚约束

【例 2-4】 计算图 2-18 所示筛料机构的自由度。

解： 1）工作原理分析

机构中标有箭头的凸轮 6 和曲轴 1 作为原动件分别绕 *F* 点和 *A* 点转动，迫使工作构件 5 带动筛子抖动筛料。

2）处理特殊情况

（1）2、3、4 三构件在 *C* 点组成复合铰链，此处有两个转动副；

（2）滚子 7 绕 *E* 点的转动为局部自由度，可看成滚子 7 与顶杆 8 焊接在一起；

（3）顶杆与机架在 *D*′和 *D*″处组成两个导路平行的移动副，其中有一处是虚约束。

3）计算机构自由度

机构有 7 个活动构件、7 个转动副、2 个移动副、1 个高副，即 n=7，P_L=9，P_H=1，按式（2-1），计算得 F=3×7−2×9−1=2。自由度为 2，说明该机构需要有两个原动件，机构运动才能确定。

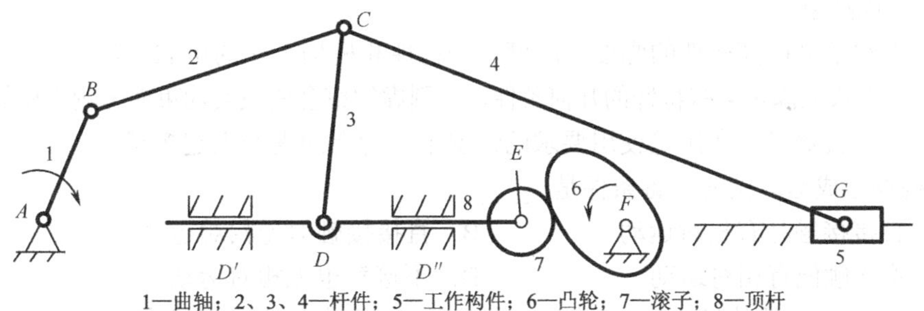

1—曲轴；2、3、4—杆件；5—工作构件；6—凸轮；7—滚子；8—顶杆

图 2-18　筛料机构

本章小结

本章主要介绍了运动副、自由度、平面机构运动简图及机构具有确定运动的条件等基本概念；阐述了平面机构运动简图的作用与绘制方法，平面机构的自由度分析和计算，计算自由度时的三种特殊情况。

单元习题

一、判断题（在每题的括号内打上相应的×或√）

1．机架是机构不可缺少的组成部分。（ ）
2．转动副限制了构件的转动自由度。（ ）
3．机构的运动不确定，就是指机构不能具有相对运动。（ ）
4．虚约束对机构的运动不起作用。（ ）
5．四个构件在一处铰接，则构成四个转动副。（ ）
6．两构件通过点接触所构成的运动副称为低副。（ ）
7．在一个具有确定运动的机构中原动件只能有一个。（ ）
8．当原动件的个数少于机构的自由度时，机构可能具有完全确定的运动。（ ）
9．平面高副常见的有凸轮副和移动副。（ ）
10．在平面运动中，一个自由构件具有三个独立的运动。（ ）

二、选择题（选择一个正确答案，将其前方的字母填在括号中）

1．两构件的接触形式是面接触，其运动副类型是_____。（ ）
A．凸轮副　B．齿轮副　C．低副
2．在自行车前轮的下列几处连接中，属于运动副的是_____。（ ）
A．前叉与轴　B．轴与车轮
C．辐条与钢圈　D．以上均是
3．下面对机构虚约束的描述中，不正确的是_____。（ ）
A．机构中对运动不起独立限制作用的重复约束称为虚约束，在计算机构自由度时应除去虚约束
B．虚约束可提高构件的强度、刚度、平稳性和机构工作的可靠性等
C．虚约束应满足某些特殊的几何条件，否则虚约束会变成实约束而影响机构的正常运动
D．设计机器时，在满足使用要求的情况下，含有的虚约束越多越好
4．两构件组成运动副的必备条件是_____。（ ）
A．直接接触且有相对运动　B．直接接触但无相对运动
C．不接触但有相对运动　D．不接触也无相对运动
5．当机构中原动件数目_____机构自由度数目时，该机构具有确定的相对运动。（ ）
A．小于　B．大于　C．等于
6．两个构件组成转动副以后，约束情况是_____。（ ）
A．约束两个移动，剩余一个转动　B．约束一个移动、一个转动，剩余一个移动
C．约束三个运动　D．三个运动均不约束
7．两个构件组成移动副以后，约束情况是_____。（ ）
A．约束两个移动，剩余一个转动　B．约束一个移动、一个转动，剩余一个移动
C．约束三个运动　D．三个运动均不约束

8．平面机构中若引入一个高副将带入_____个约束。（　　）

A．1　　B．2　　C．3

9．在计算自由度时，对于虚约束应_____。（　　）

A．考虑在内　　B．除去不算　　C．除去与否都行

10．在一个机构中，机架_____。（　　）

A．只有一个　　B．可以有一个以上　　C．可以没有

三、综合题

1．试绘制图 2-19 中所示的平面机构运动简图，并计算其自由度。

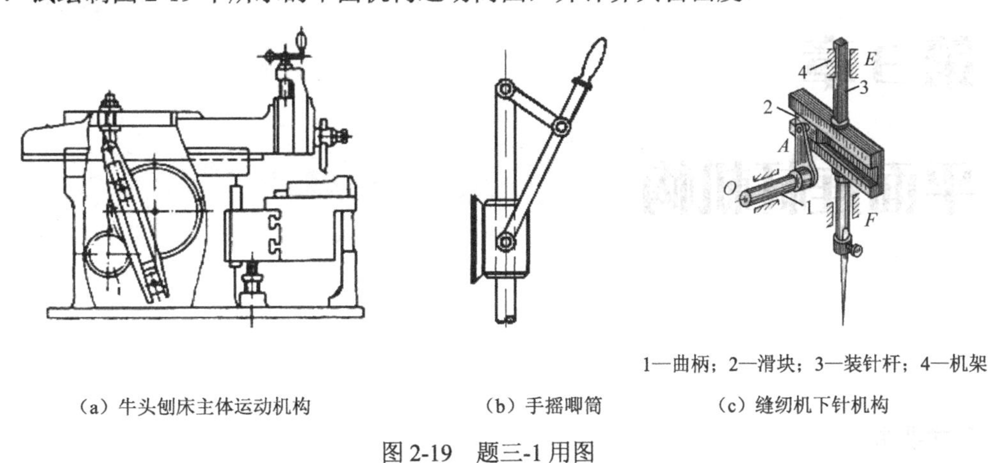

（a）牛头刨床主体运动机构　（b）手摇唧筒　（c）缝纫机下针机构

图 2-19　题三-1 用图

2．指出图 2-20 中各机构运动简图的复合铰链、局部自由度和虚约束，试计算其自由度，并判断机构是否具有确定的运动（图中绘有箭头的机构为原动件）。

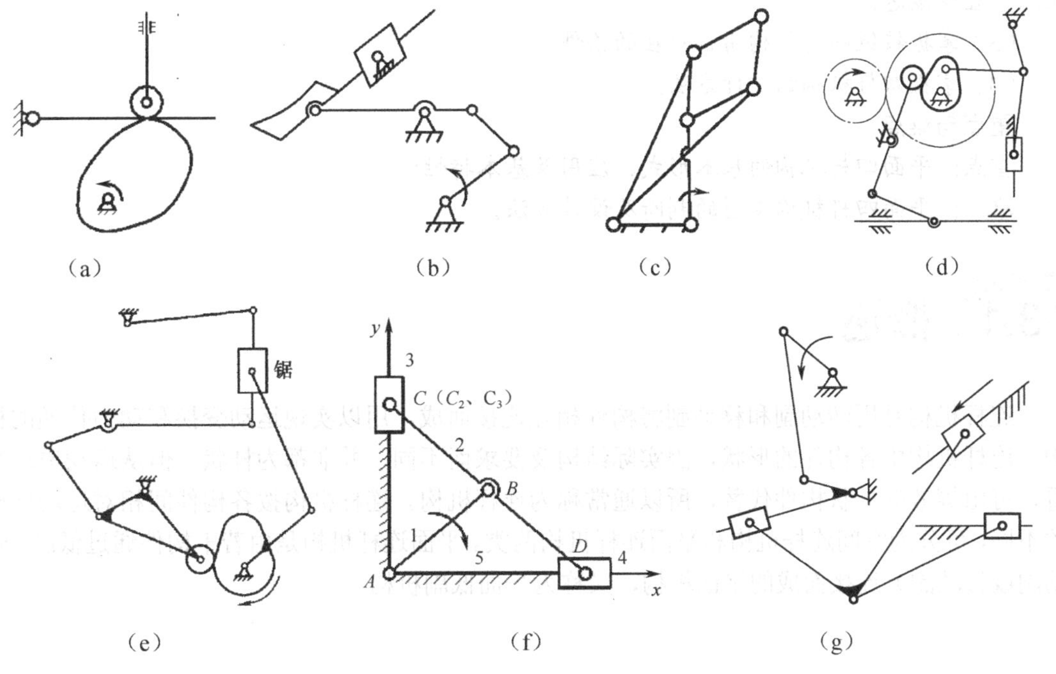

（a）　（b）　（c）　（d）　（e）　（f）　（g）

图 2-20　题三-2 用图

Chapter 3

第3章 平面连杆机构

教学要求

（1）掌握平面四杆机构的基本形式、应用及演化；

（2）掌握平面四杆机构的基本特性，理解急回特性、行程速比因数、传动角、压力角、死点位置等概念；

（3）掌握铰链四杆机构曲柄存在的条件；

（4）掌握四杆机构的设计方法。

重点与难点

重点：平面四杆机构的基本形式、应用及基本特性；

难点：平面四杆机构类型的判断及设计方法。

3.1 概述

连杆机构是用转动副和移动副将构件相互连接而成，用以实现运动变换和动力传递的机构。连杆机构中各构件的形状，因实际结构及要求而不同，并非都为杆状，但从运动原理来看，可由等效的杆状构件代替，所以通常称为连杆机构。连杆机构按各构件间相对运动性质的不同，可分为空间连杆机构和平面连杆机构两类。平面连杆机构是由若干构件通过低副（转动副或移动副）连接而成的平面机构，又称为平面低副机构。

1. 平面连杆机构的优点

（1）能够进行多种运动形式的转换。在连杆机构中，能方便实现转动、摆动和移动等基本运动形式及相互之间的转换。

（2）运动副一般均为低副，故传力时压强低，磨损量小，易于加工并保证精度。两构件之间为面接触，接触表面是圆柱面或平面，单位面积上的压力较小，制造容易，磨损较慢，可承受较大载荷。

（3）具有丰富的连杆曲线。在连杆机构中，连杆上各点的轨迹是各种不同形状的曲线，其形状随着各构件相对长度的改变而改变，可满足不同轨迹的设计要求。

2. 平面连杆机构的缺点

（1）连接处的间隙造成的累积误差较大。由于连杆机构的运动必须经过中间构件进行传递，因而传递路线较长，易产生较大的误差累积，机械效率较低。

（2）连杆机构运动时产生惯性力，不适用于高速场合。由于机构中某些构件的运动速度是变化的，容易产生惯性力，且不易被平衡掉，因而会引起冲击或振动。当机构运动速度较高时，这种冲击或振动更为严重。

（3）设计方法比较复杂，难以实现精确的轨迹。

平面连杆机构应用于各种机器和仪器中，如金属加工机床、起重运输机械、采矿机械、农业机械、交通运输机械和仪表等。本章着重介绍平面四连杆机构的类型、基本特性和设计方法。

3.2 平面连杆机构的基本类型和应用

在平面连杆机构中，结构最简单且应用最广泛的是平面四杆机构，其他多杆机构可看作在此基础上依次增加杆件而形成的。本节主要介绍平面四杆机构的基本类型及应用。

在平面四杆机构中，应用最多的是铰链四杆机构，即所有运动副均为转动副的平面四杆机构。如图 3-1 所示，机构中固定不动的构件 *AD* 称为机架，与机架相连的构件 *AB* 和 *CD* 称为连架杆，不与机架直接连接的构件 *BC* 称为连杆。

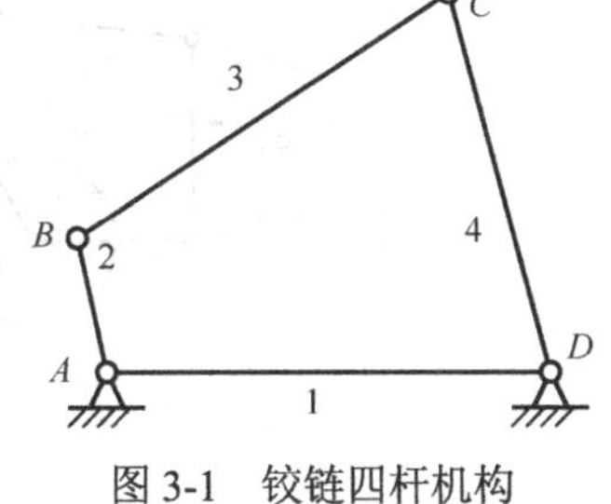

图 3-1　铰链四杆机构

如果连架杆能绕轴线作整周回转运动，则该连架杆称为曲柄；若只能在某一角度（小于 360°）内摆动，则称为摇杆。所以，铰链四杆机构又根据其连架杆运动形式的不同，分为以下三种基本类型。

3.2.1 曲柄摇杆机构

两连架杆中一个为曲柄，另一个为摇杆的铰链四杆机构称为曲柄摇杆机构。

若选曲柄为主动件，则该机构可将曲柄的回转运动转变为摇杆的往复摆动。如图 3-2 所示的破碎机中的破碎机构，当轮子绕固定轴心 *A* 转动时，通过轮子上的偏心销 *B* 和连杆 *BC*，使动颚板 *CD* 往复摆动。当动颚板摆向左方时，它与固定颚板间的空间变大，使矿石下落；当摆向右方时，矿石在两板之间被轧碎。

在曲柄摇杆机构中，若选摇杆为主动件，则该机构可将摇杆的往复摆动转变为曲柄的整周回转运动。

如图 3-3 所示为缝纫机的驱动机构，踏板 3 即为摇杆，曲轴 1 即为曲柄，当踏板作往复摆动时，通过连杆 2 能使曲轴作整周的连续转动，从而完成缝纫工作。

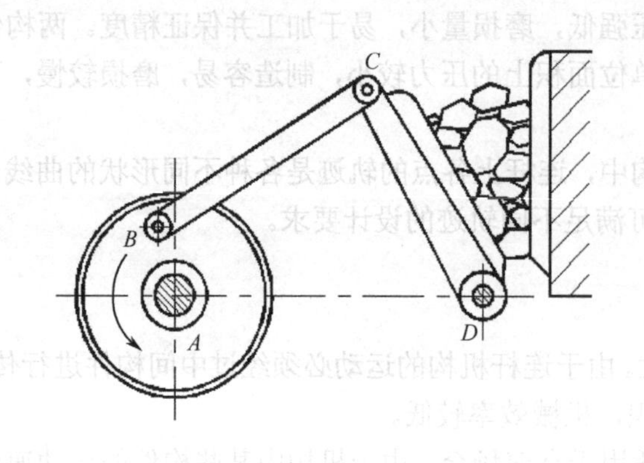

图 3-2　破碎机的破碎机构

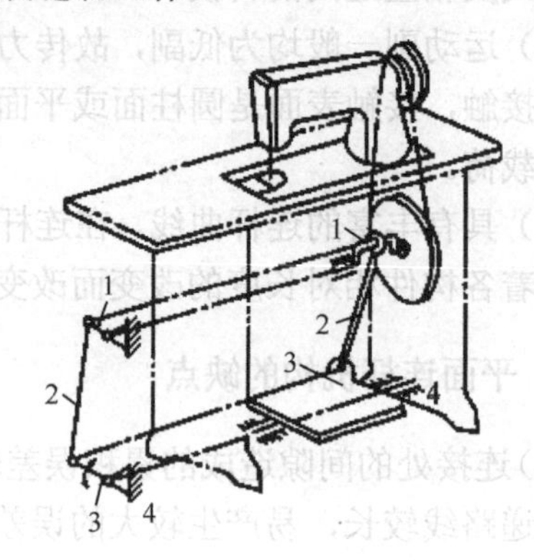

1—曲轴；2—连杆；3—踏板；4—机架

图 3-3　缝纫机的驱动机构

3.2.2　双曲柄机构

铰链四杆机构中，若两连架杆均为曲柄，则该机构称为双曲柄机构，如图 3-4 所示。

两曲柄长度不相等时为普通双曲柄机构（见图 3-4），其运动特点是：主动曲柄等速回转一周，从动曲柄变速回转一周，从动曲柄的角速度在一周中有时小于主动曲柄的角速度，有时大于主动曲柄的角速度。如图 3-5 所示的惯性筛，当主动曲柄 *AB* 匀速回转时，从动曲柄 *CD* 变速回转，从而使筛子产生较大变化的加速度，使得筛面对原料产生较大的惯性力达到筛分的目的。

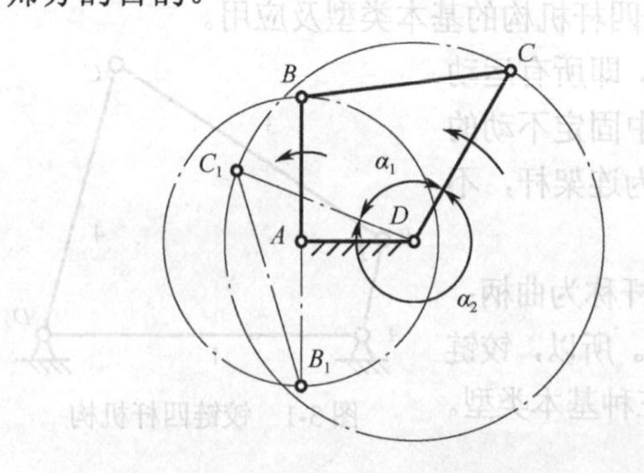

图 3-4　双曲柄机构

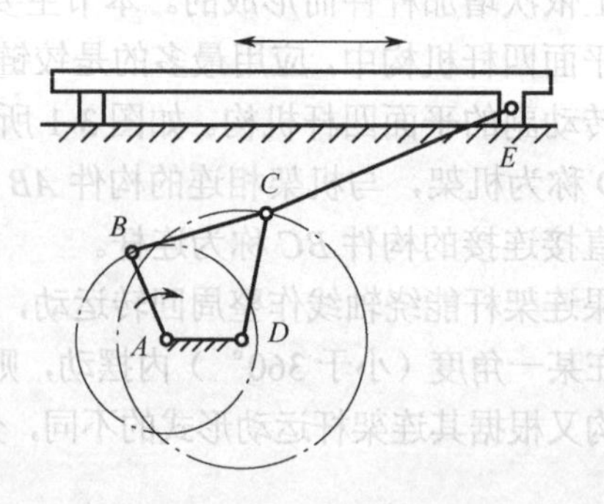

图 3-5　惯性筛

在双曲柄机构中，若两曲柄的长度相等，且连杆与机架的长度也相等，则根据曲柄相对位置的不同，可得到平行双曲柄机构（见图 3-6（a））和反向双曲柄机构（见图 3-6（b））。前者两曲柄的回转方向相同，且角速度时时相等，在机器中应用也很广泛。例如机车联动机构就利用了同向等速的特点（见图 3-7），路灯检修车升降机构利用了平动的特点（见图 3-8）。

反向双曲柄机构具有两曲柄反向不等速的特点，车门的启闭机构就是利用两曲柄反向转动的特点，如图 3-9 所示，当主动曲柄 *AB* 转动时，通过连杆 *BC* 使从动曲柄 *CD* 朝相反方向转动，从而保证两扇车门同时开启和关闭。

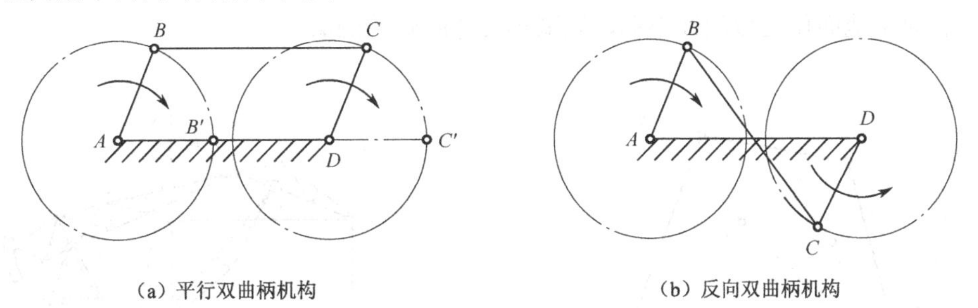

（a）平行双曲柄机构　　（b）反向双曲柄机构

图 3-6　平行双曲柄机构和反向双曲柄机构

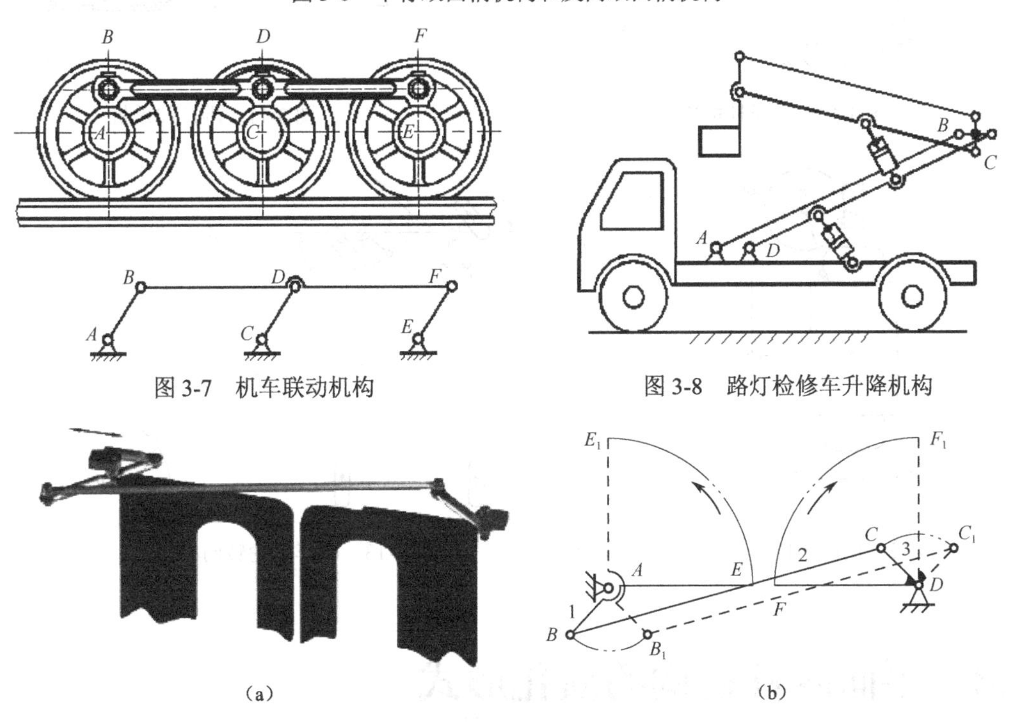

图 3-7　机车联动机构　　图 3-8　路灯检修车升降机构

（a）　　（b）

图 3-9　车门启闭机构

3.2.3　双摇杆机构

铰链四杆机构中，若两连架杆均为摇杆，则此机构称为双摇杆机构，如图 3-10 所示。

在双摇杆机构中，两摇杆均可作为主动件。当主动摇杆摆动时，通过连杆带动从动摇杆摆动。如图 3-11 所示的港口起重机中的双摇杆机构，当摇杆 *AB* 摆动时，另一个摇杆 *CD* 随之摆动，连杆 *BC* 上悬挂重物的点 *M* 近似水平直线移动，以此实现货物的水平吊运。

如图 3-12 所示为电风扇摇头机构，电动机外壳作为其中的一根摇杆 *AB*，蜗轮作为连杆 *BC*，构成双摇杆机构 *ABCD*。蜗杆随扇叶同轴转动，带动 *BC* 作为主动件绕 *C* 点摆动，使摇杆 *AB* 带电动机及扇叶一起摆动，实现一台电动机同时驱动扇叶和摇头机构。

在双摇杆机构中，若两摇杆长度相等，则形成等腰梯形机构。图 3-13 所示的汽车前轮转向机构就是其应用之一。该机构的两根摇杆 *AB*、*CD* 等长，适当选择两摇杆的长度，可使汽车在转弯时两转向轮轴线近似相交于其他两轮轴线延长线某点 P，整车绕瞬时中心 P 点转动，使得各轮子相对于地面作近似的纯滚动，以减小转弯时轮胎的磨损。

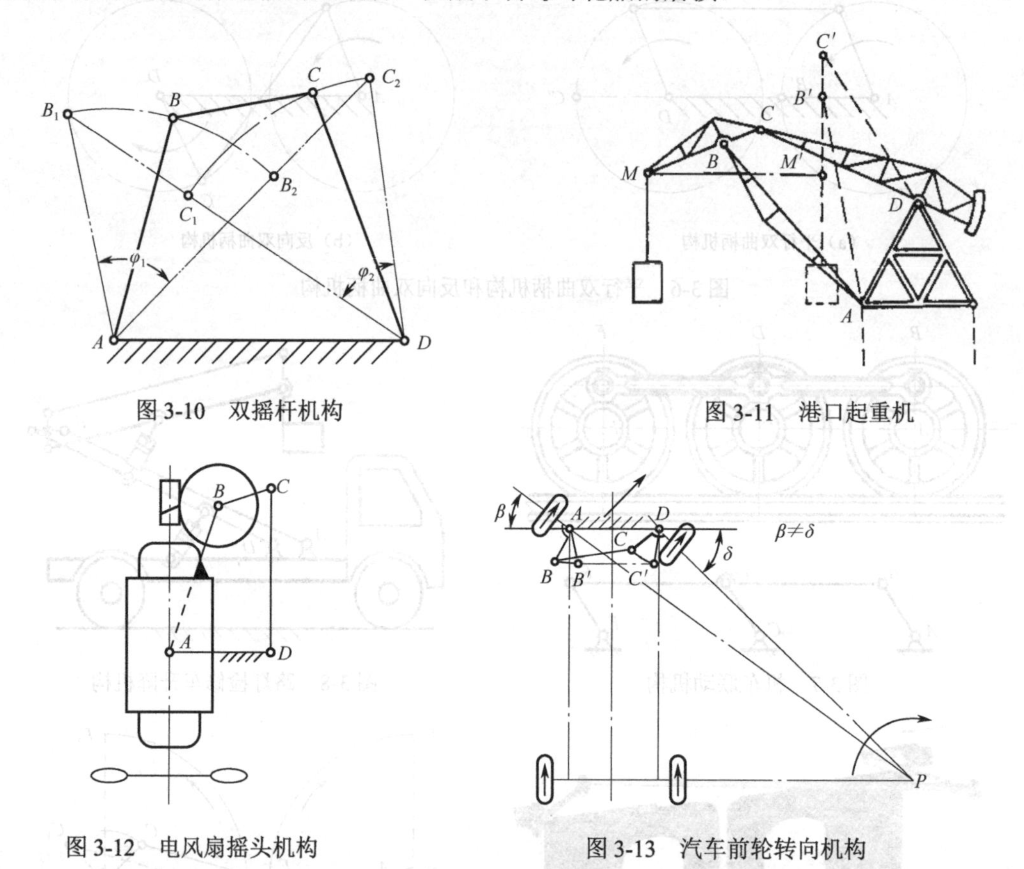

图 3-10　双摇杆机构

图 3-11　港口起重机

图 3-12　电风扇摇头机构

图 3-13　汽车前轮转向机构

3.3 平面四杆机构的演化形式

除了前面介绍的铰链四杆机构的三种基本形式之外，在实际机械中，还广泛采用着其他多种形式的四杆机构。这些机构可认为是通过改变构件的形状、长度或改变运动副的形状、尺寸，或选不同构件为机架等途径，由四杆机构的基本类型演化而成的。较为常用的演化机构有曲柄滑块机构、导杆机构、摇块机构、定块机构等，它们均属于滑块四杆机构，即含有移动副和转动副的四杆机构。

3.3.1 曲柄滑块机构

曲柄滑块机构是由曲柄、连杆、滑块及机架组成的另一种平面连杆机构，它是曲柄摇杆机构中最为常见的一种演化形式，常用于回转运动与往复直线运动之间的转换。若滑块移动导路中心通过曲柄转动中心，则称为对心曲柄滑块机构（见图 3-14（a））；若不通过曲柄转动中心，则称为偏置曲柄滑块机构（见图 3-14（b）），e 为偏心距。在曲柄滑块机构中，若曲柄为主动件，当曲柄连续回转时，通过连杆带动滑块作往复直线运动；反之，若滑块为主动件，当滑块作往复直线运动时，通过连杆带动曲柄作连续回转运动。

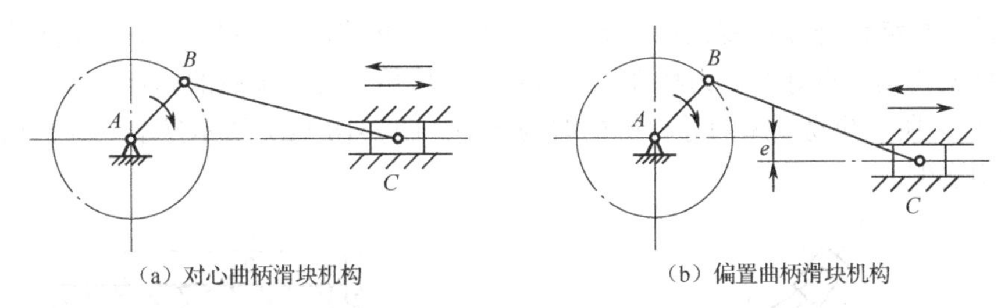

图 3-14　曲柄滑块机构

曲柄滑块机构在冲床、内燃机、空气压缩机等机械中都得到了广泛的应用。如图 3-15 所示为内燃机中的曲柄滑块机构，原动件活塞 3 的往复直线运动通过连杆 2 驱动从动件曲轴 1 转动，从而将热能转变为机械能对外做功。如图 3-16 所示为压力机中的曲柄滑块机构，原动件曲轴 4 的转动驱动滑块 2 在固定的轨道内作往复直线运动，从而对工件进行冲压。

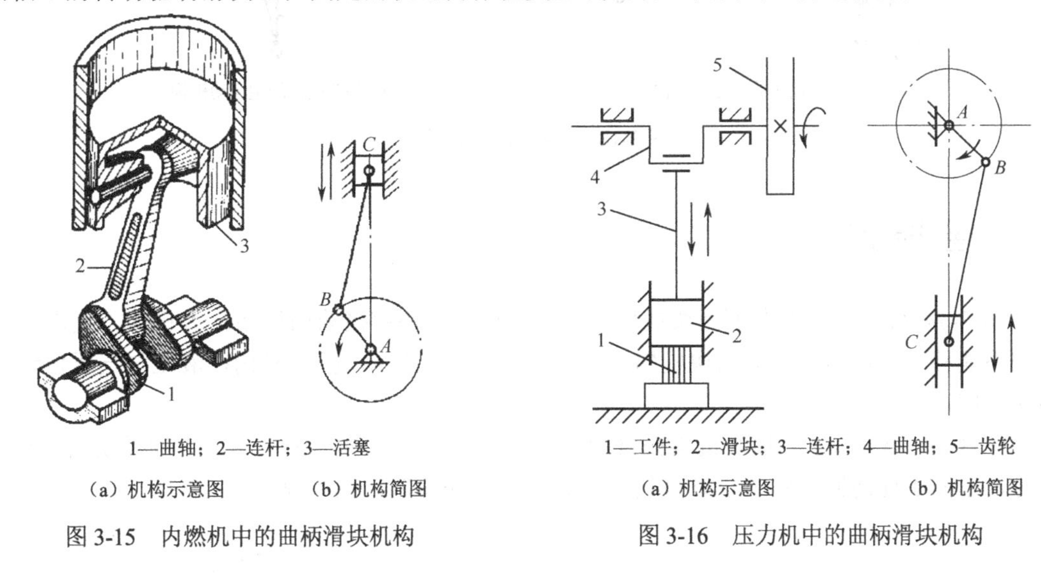

图 3-15　内燃机中的曲柄滑块机构　　图 3-16　压力机中的曲柄滑块机构

3.3.2　导杆机构

在图 3-14（a）所示的曲柄滑块机构中，若改选 *AB* 为机架，则构件 *AC* 将绕 *A* 点转动，而滑块将以构件 *AC* 为导轨，沿该构件相对移动，并一起绕 *A* 点转动，构件 *AC* 称为导杆，而由此演化而成的四杆机构称为导杆机构，如图 3-17 所示。在导杆机构中，通常取构件 *BC* 为原动件。

当 $l_1<l_2$ 时（见图 3-17（a）），导杆 4 和构件 2 均能作整周回转，该导杆机构称为转动导杆机构，构件 4 为转动导杆。

当 $l_1>l_2$ 时（见图 3-17（b）），导杆 4 只能往复摆动，该导杆机构称为摆动导杆机构。在摆动导杆机构中，当主动曲柄 2 连续转动时，滑块一方面沿着导杆 4 滑动，

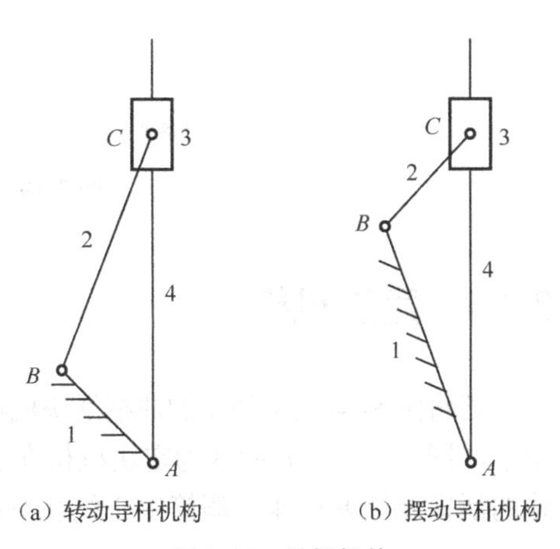

图 3-17　导杆机构

另一方面带动导杆绕铰链 A 往复摆动。该机构常用作回转式油泵、插床等的传动机构。

由于导杆机构具有良好的传力特性，通常被广泛应用于传递重载的场合。对于转动导杆机构，图 3-18（a）所示简易刨床的导杆机构即为一例。图 3-18（b）所示摆动导杆机构是在牛头刨床中的应用实例。

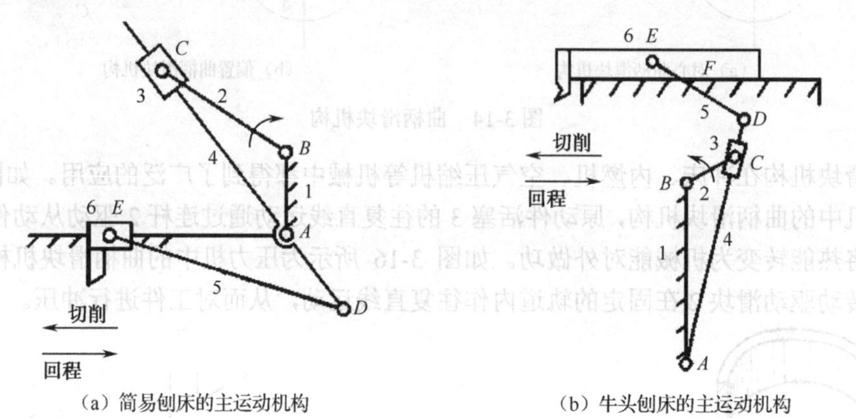

（a）简易刨床的主运动机构　（b）牛头刨床的主运动机构

图 3-18　导杆机构的应用

3.3.3　摇块机构

在图 3-14（a）所示的曲柄滑块机构中，如改选与滑块铰接的构件 BC 为机架，使滑块只能摇摆不能移动，则将演化成摇块机构，如图 3-19（a）所示。摇块机构在液压与气压传动系统中应用广泛。

如图 3-19（b）所示为摇块机构在自卸货车上的应用，当油缸 3 中的压力油推动活塞杆 4 运动时，车厢 1 便绕回转副中心 B 旋转，当达到一定角度时，物料就自动卸下。

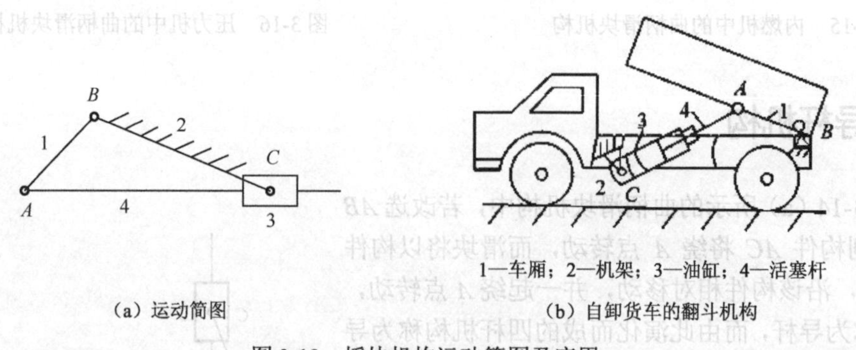

1—车厢；2—机架；3—油缸；4—活塞杆

（a）运动简图　（b）自卸货车的翻斗机构

图 3-19　摇块机构运动简图及应用

3.3.4　定块机构

若将图 3-14（a）所示的曲柄滑块机构中的滑块改为机架，将演化成定块机构，如图 3-20（a）所示。图 3-20（b）所示为定块机构在手动唧筒上的应用，用手上下扳动主动件 1，使作为导路的活塞及活塞杆 4 沿唧筒中心线往复移动，实现唧水或唧油。

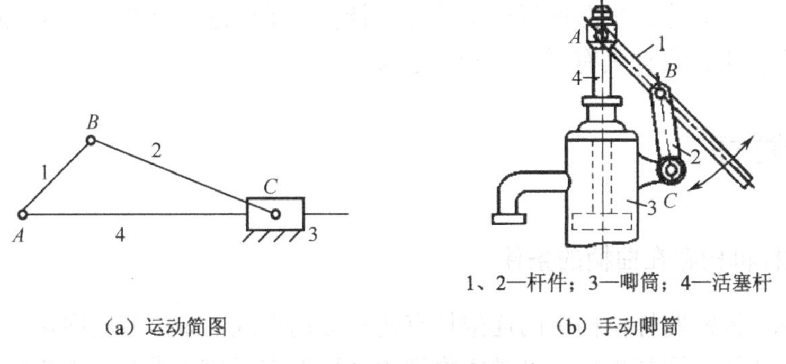

（a）运动简图　　（b）手动唧筒

图 3-20　定块机构运动简图及应用

表 3-1 给出了铰链四杆机构及其演化的主要形式对比。

表 3-1　铰链四杆机构及其演化的主要形式对比

固定构件	铰链四杆机构		含一个移动副的四杆机构（e=0）	
4	曲柄摇杆机构		曲柄滑块机构	
1	双曲柄机构		转动导杆机构	
2	曲柄摇杆机构		摇块机构	
			摆动导杆机构	
3	双摇杆机构		定块机构	

3.4 平面连杆机构的基本特性

平面连杆机构具有传递和变换各种运动，实现力的传递和变换的功能，前者称为平面连杆机构的运动特性，后者称为平面连杆机构的传力特性。了解这些特性，对于正确选择平面连杆机构的类型及进行机构设计具有重要的指导意义。

3.4.1 运动特性

1．铰链四杆机构存在曲柄的条件

由前述可知，铰链四杆机构中的连架杆有两种运动形式，即作整周回转运动的曲柄和作往复摆动的摇杆，故铰链四杆机构三种基本类型的区别就在于有无曲柄，而机构是否有曲柄，则取决于机构中各构件的相对长度以及机架所处的位置。对于铰链四杆机构，可按下述方法判别其类型。

（1）当铰链四杆机构中最短构件的长度与最长构件的长度之和小于或等于其他两构件长度之和，即 $l_{min}+l_{max}\leqslant l+l'$时：

若以最短杆的相邻构件为机架，则该机构为曲柄摇杆机构（见图 3-21）。若以最短杆为机架，则该机构为双曲柄机构（见图 3-22）。若以最短杆相对的构件为机架，则该机构为双摇杆机构（见图 3-23）。

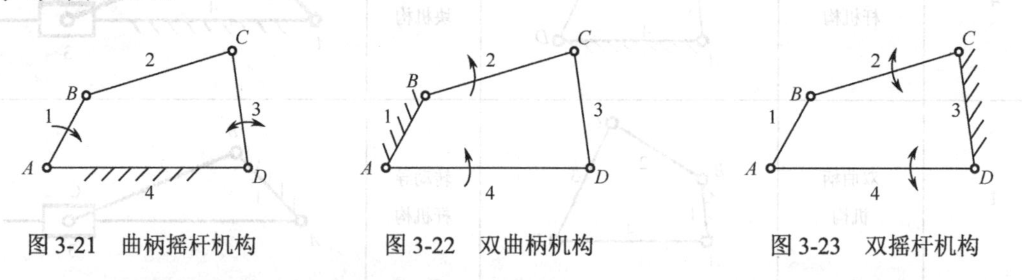

图 3-21 曲柄摇杆机构　　图 3-22 双曲柄机构　　图 3-23 双摇杆机构

（2）当铰链四杆机构中的各构件长度不满足条件 $l_{min}+l_{max}\leqslant l+l'$时，则无论取哪个构件为机架均无曲柄存在，只能为双摇杆机构。

铰链四杆机构基本类型的判别流程可用图 3-24 所示框图表示。

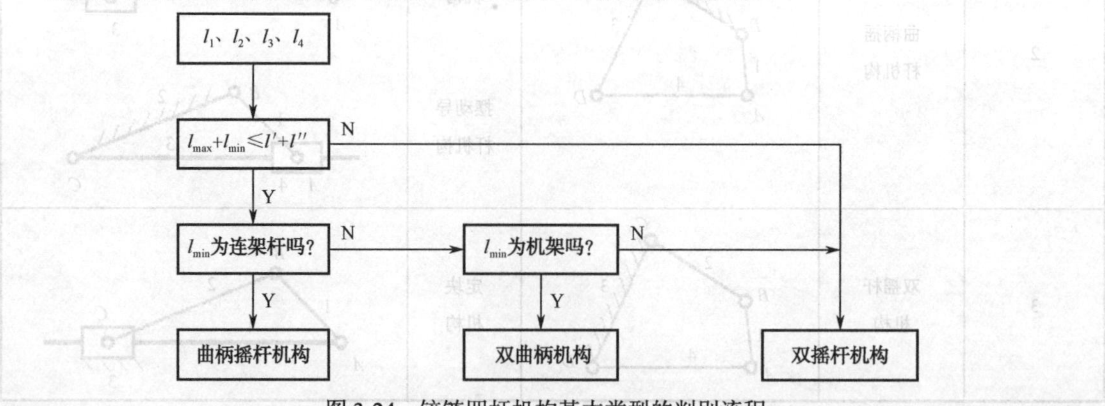

图 3-24 铰链四杆机构基本类型的判别流程

2．急回运动特性

在图 3-25 所示的曲柄摇杆机构中，设曲柄 AB 为原动件。由图可知，曲柄以等角速度 ω_1 逆时针转动一周的过程中，有两次与连杆共线，即 AB_1C_1 拉直共线和 B_2AC_2 重叠共线两个位置。

这时的摇杆位置 C_1D 和 C_2D 为两个极限位置，简称极位。C_1D 与 C_2D 的夹角 ψ 称为最大摆角。曲柄与连杆两次共线位置间所夹的锐角 θ 称为极位夹角。

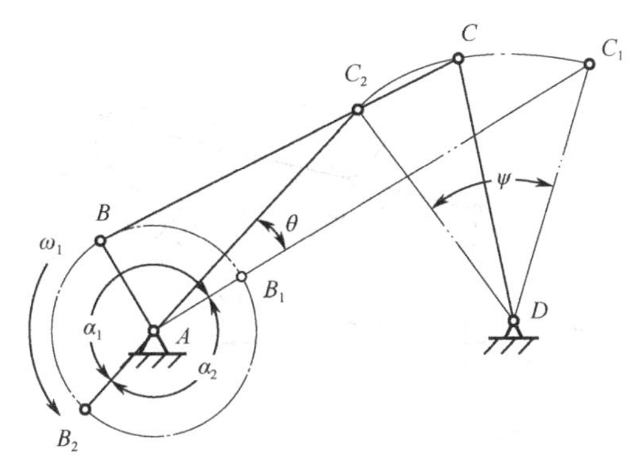

图 3-25　曲柄摇杆机构的运动特性

当主动件曲柄 AB 以等角速度 ω_1 逆时针旋转时，从动件在正行程（行程）C_1D 至 C_2D 和反行程（回程）C_2D 至 C_1D 时 C 点的平均线速度分别为 $\overline{v_1}$ 和 $\overline{v_2}$，所需的时间为 t_1 和 t_2，对应曲柄的转角分别为 α_1=180° +θ 和 α_2=180° −θ，显然有 $t_1>t_2$，即摇杆（回程）的速度大于行程的速度，这种返回速度大于推进速度的现象称为急回特性。通常用 $\overline{v_2}$ 与 $\overline{v_1}$ 的比值 K 来描述急回特性，K 称为行程速比因数，即

$$K=\frac{\overline{v_2}}{\overline{v_1}}=\frac{t_1}{t_2}=\frac{\alpha_1}{\alpha_2}=\frac{180^\circ+\theta}{180^\circ-\theta} \tag{3-1}$$

由式（3-1）可推得夹角 θ 的计算公式为

$$\theta=180^\circ\ \frac{K-1}{K+1} \tag{3-2}$$

由式（3-2）表明，机构有无急回特性，急回特性是否显著，取决于机构的极位夹角 θ。不论曲柄摇杆机构还是其他类型的连杆机构，只要机构在运动过程中存在极位夹角，则机构就具有急回特性。

当 $\theta>0^\circ$ 时，$K>1$，机构有急回特性；θ 越大，K 值越大，急回特性越明显；θ 越小，K 值越小，急回特性越不明显；$\theta=0^\circ$ 时，$K=1$，机构无急回特性。

为缩短非工作时间，提高劳动生产率，许多机械要求有急回特性，设计时可按其对急回特性要求的不同程度确定 K 值，并由式（3-2）求出 θ，然后根据 θ 值确定各杆的长度。

3.4.2 传力特性

在工程应用中，连杆机构除了要满足运动要求外，还应具有良好的传力性能，以减小结构尺寸和提高机械效率。下面在忽略重力、惯性力和摩擦力的前提下，分析曲柄摇杆机构的传力特性。

1．压力角和传动角

1）压力角

如图 3-26 所示的曲柄摇杆机构，主动曲柄的动力通过连杆作用于摇杆上的 C 点，驱动力

F必然沿BC方向。将F分解为相互垂直的两个力：沿着受力点C的速度v_c方向的分力F_t和垂直于v_c方向的分力F_n。忽略摩擦时的力F与受力点C点的速度v_c方向之间所夹的锐角α，称为压力角。

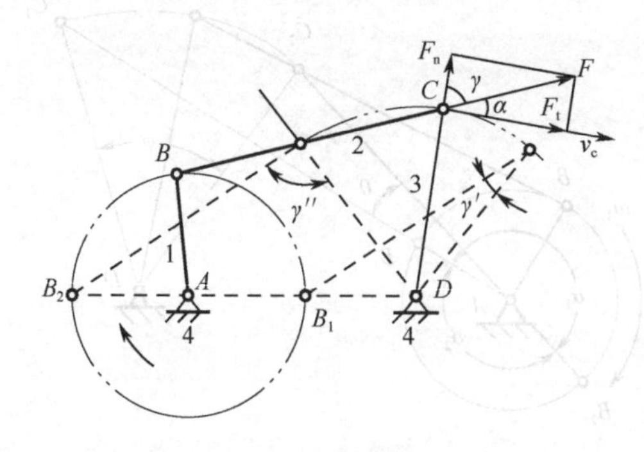

图 3-26 铰链四杆机构的压力角和传力角

由图可知：

$$F_t = F\cos\alpha$$

$$F_n = F\sin\alpha$$

F_t是推动从动件运动的分力，称为有效分力。F_n使铰链产生附加压力，加速铰链的摩擦磨损，称为有害分力。上式说明：压力角越小，力F在v_c方向的有效分力越大，机构的传力性能越好。因此，压力角是衡量机构传力性能的重要标志。

2）传动角

在工程中，为了便于观察和度量，习惯用压力角的余角γ（连杆和从动件所夹的锐角的对顶角）来判断其传力性能，故将γ称为传动角。因$\gamma=90°-\alpha$，所以α越小，γ越大，对机构的传动越有利。如图 3-16 所示，压力机中的传动角较大，便于在冲头接近下极限位置时开始冲压。

3）机构具有良好传力性能的条件

传动角γ随机构的不断运动而相应变化，为保证机构有较好的传力性能，应控制机构的最小传动角γ_{min}。一般可取$\gamma_{min}\geqslant 40°$，重载高速场合取$\gamma_{min}\geqslant 50°$。

4）最小传动角γ_{min}的确定

（1）曲柄摇杆机构的γ_{min}。由于传动角是机构位置的函数，在曲柄整转一周的过程中，如图 3-26 所示，当曲柄AB转到与机架AD重叠共线和拉直共线两位置AB_1和AB_2时，传动角将出现极值γ'和γ''（传动角总取锐角），比较γ'和γ''，其中较小者即为最小传动角γ_{min}。

（2）曲柄滑块机构的最大压力角α_{max}。如图 3-27 所示，曲柄滑块机构确定α角方便，故传力性能采用限制α_{max}的方法。若机构的主动件为曲柄AB，从动件为滑块C，则在曲柄与滑块导路垂直时，$\alpha=\alpha_{max}$。

（3）摆动导杆机构的最小压力角α_{min}。如图 3-28 所示，曲柄 2 为主动件，导杆 4 为从动件，连接曲柄 2 和导杆 4 的构件 3 是二力构件，故构件 3 作用于导杆 4 上的力F和导杆 4 上的C点速度v_{C4}都始终垂直于AC，所以压力角α始终为 0°，传力性能最好。

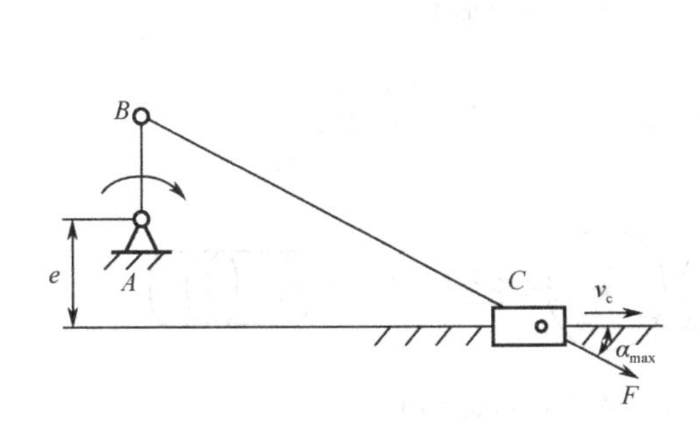

图3-27　曲柄滑块机构的α_{max}

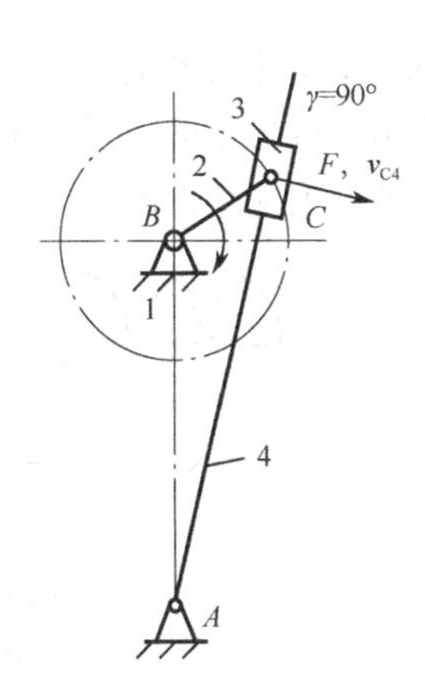

图3-28　摆动导杆机构的α_{min}

2．死点位置

对于图3-25所示的曲柄摇杆机构，若以摇杆*CD*为原动件，曲柄*AB*为从动件，则当摇杆*CD*摆到两个极限位置C_1D和C_2D时，连杆与曲柄共线，出现了传动角$\gamma=0°$的情况。这时，通过连杆作用在从动件*AB*上的力恰好通过其回转中心，从而不能驱动从动件工作，出现"顶死"现象，机构所处的这种位置称为机构的死点位置。

又如图3-29所示的对心曲柄滑块机构，如果以滑块作为原动件，则当从动曲柄*AB*与连杆*BC*共线时，外力*F*无法推动从动曲柄转动。

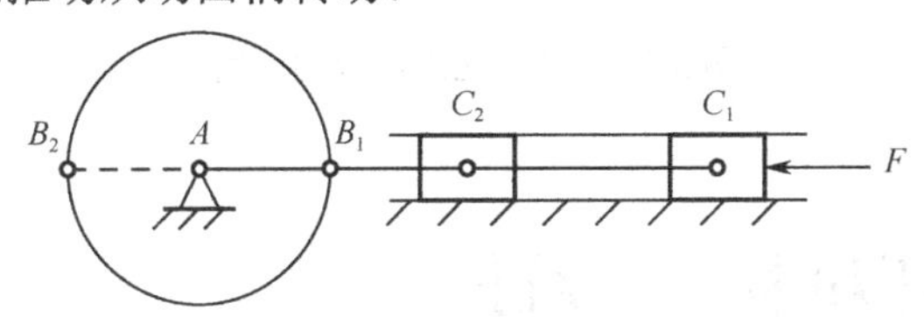

图3-29　平面连杆机构的死点位置

判断四杆机构是否存在死点位置，取决于从动件是否与连杆共线。例如图3-25所示的曲柄摇杆机构，如果改选曲柄为原动件，则摇杆为从动件，因连杆*BC*与摇杆*CD*不可能共线，故不存在死点位置。

由以上分析可知，机构处于死点位置，一方面驱动力作用降为零，另一方面使从动件静止或运动不确定。如图3-3所示的缝纫机的驱动机构，因采用曲柄摇杆机构，在踏动踏板时，有时会出现倒轮和踩不动的现象。因此，当死点位置的存在对机构运动不利时，应尽量避免出现死点。当无法避免出现死点位置时，一般可以采用加大从动件惯性的方法，靠惯性帮助通过死点。如在缝纫机驱动机构中，借助固联在曲轴上飞轮的惯性作用，可使机构顺利通过死点位置。另外，也可采用机构死点位置错位排列的办法，以保持从动曲柄的转向不变，如图3-30所示。

在实际工程应用中，有许多场合是利用死点位置来实现一定工作要求的。如图3-31（a）所示的钻床工件夹紧机构，要求夹紧工件后夹紧反力不能自动松开夹具，当工件被夹紧时，铰链中心*B*、*C*、*D*共线，机构处于死点位置，夹紧反力F_N对摇杆3的力矩为零。这样，即使此反力很大，也可保证在钻削过程中工件不会松脱。

如图3-31（b）所示为飞机起落架处于放下机轮的位置，地面反力作用于机轮上使*AB*件为主动件，从动件*CD*与连杆*BC*共线。此时，虽然飞机轮上受到很大的作用力，但由于机构处于死点位置，经杆 BC 传给杆 CD 的力通过其回转中心，所以起落架不会反转，只需用很小的锁紧力作用于 CD 杆即可有效地保持支撑状态。当飞机升空离地要收起机轮时，只要用较小的力推动 CD，因主动件改为 CD 破坏了死点位置便可收起机轮。

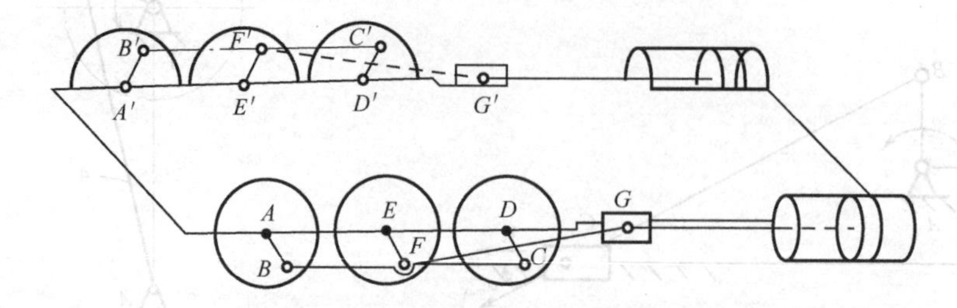

图 3-30　错列的机车车轮联动机构

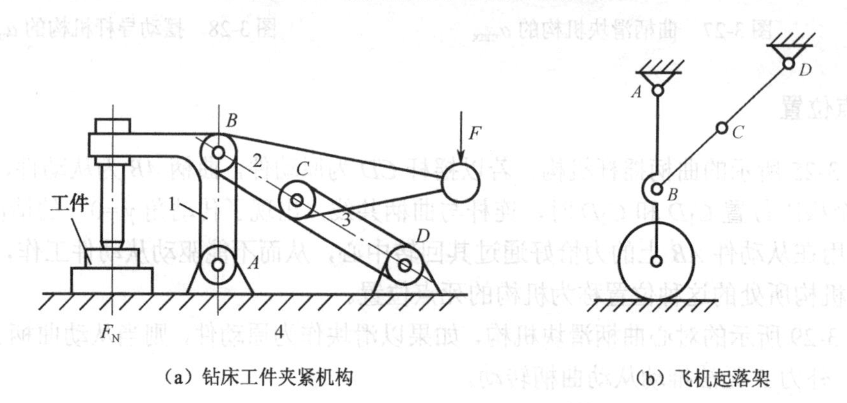

（a）钻床工件夹紧机构　　（b）飞机起落架

图 3-31　机构死点位置的应用

3.5 平面连杆机构的设计

3.5.1 连杆机构设计的基本问题

平面连杆机构设计就是根据给定的运动要求，在满足机构几何要求和动力要求的情况下，选定机构的类型，并确定机构的尺寸参数。

根据机器的用途和性能要求等条件的不同，对连杆机构设计的要求也多种多样，一般可归纳为下列两类问题：

（1）按照给定从动件的位置设计四杆机构，即位置设计。

（2）按照给定点的运动轨迹设计四杆机构，即轨迹设计。

连杆机构的设计方法有作图法、实验法和解析法等。作图法直观、清晰，简单易行，但误差较大。随着计算机技术的发展，借助辅助设计软件，不仅能保留作图法的传统优点，还能克服精度低的缺点。实验法适用于运动要求较复杂的四杆机构的初步设计，但工作较烦琐。采用解析法可得到较准确的结果并具有较高的精度，但计算求解较麻烦。本节主要介绍如何采用作图法设计四杆机构。

3.5.2　按给定的连杆位置设计四杆机构

1. 按给定连杆的两个位置设计四杆机构

设已知连杆 BC 的长度和预定要占据的两个位置 B_1C_1 和 B_2C_2，设计此四杆机构。

设计分析：该设计的主要问题是如何确定铰链 A 和 D 的位置，从而确定除连杆外其他三个构件的长度。由于已知连杆的长度和两个位置，在连杆依次占据预定的两位置的过程中，B、C 两点的轨迹应该是分别以 A 点和 D 点为圆心的圆弧，所以，确定了 $\overset{\frown}{B_1B_2}$ 和 $\overset{\frown}{C_1C_2}$ 的圆心，就确定了 A、D 的位置。

设计步骤（如图 3-32 所示）：

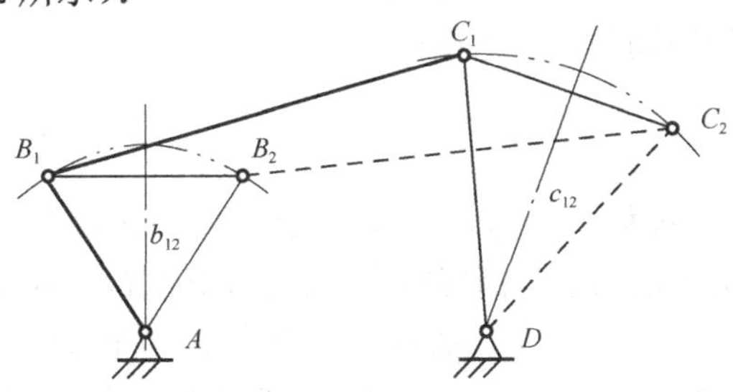

图 3-32　按给定连杆的两个位置设计四杆机构

（1）选取适当的比例尺 μ_L，绘出给定连杆的两个位置 B_1C_1 和 B_2C_2。

（2）分别连接 B_1B_2、C_1C_2，并作直线段 B_1B_2 和 C_1C_2 的垂直平分线 b_{12} 和 c_{12}（图中点画线）。

（3）两固定铰链 A、D 可分别在 b_{12} 和 c_{12} 上任取。

（4）连接 AB_1C_1D 或 AB_2C_2D 即为所求的四杆机构。

（5）从图中量取各杆的长度再乘以比例尺 μ_L，就得到实际长度。

由于在 b_{12} 和 c_{12} 上分别任取一点 A 和 D 所得的四杆机构都能满足给定的运动位置要求，故此四杆机构的设计可有无穷多解。此时，再根据其他辅助条件，如最小传动角、各杆尺寸所允许的范围或其他机构上的要求等，便可得出唯一解。

2. 按给定连杆的三个位置设计四杆机构

设已知连杆 BC 的长度和依次占据的三个位置 B_1C_1、B_2C_2、B_3C_3。确定满足上述条件的铰链四杆机构中其他各杆件的长度和位置。

设计分析：显然 B 点的运动轨迹是由 B_1、B_2、B_3 三点所确定的圆弧，C 点的运动轨迹是由 C_1、C_2、C_3 三点所确定的圆弧，分别找出这两段圆弧的圆心 A 和 D，也就完成了此四杆机构的设计。

设计步骤（如图 3-33 所示）：

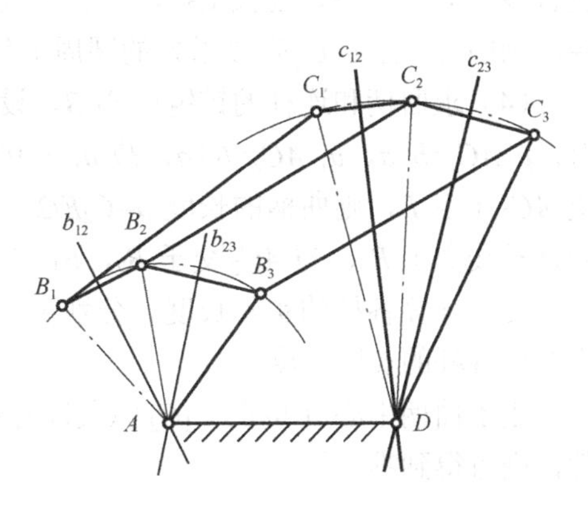

图 3-33　按连杆的三个预定位置设计四杆机构

（1）确定比例尺 μ_L，画出给定连杆的三个位置。

（2）连接 B_1B_2、B_2B_3，分别作直线段 B_1B_2 和 B_2B_3 的垂直平分线 b_{12} 和 b_{23}，两垂直平分线的交点 A

即为 B_1、B_2、B_3 三点所确定圆弧的圆心。

（3）连接 C_1C_2、C_2C_3，分别作直线段 C_1C_2 和 C_2C_3 的垂直平分线 c_{12}、c_{23}，两平分线交于点 D，D 点即为 C_1、C_2、C_3 三点所确定圆弧的圆心。

（4）连接 AB_1C_1D（或 AB_2C_2D）即得所求的四杆机构。

（5）从图中量取各杆的长度再乘以比例尺 μ_L，就得到实际构件长度尺寸。

在本设计中，由于两垂直平分线的交点是唯一的，即 A、D 的位置是固定的，因此解也是唯一的。

3.5.3 按给定的行程速比因数 K 设计四杆机构

设计具有急回特性的四杆机构，一般是根据运动要求选定行程速比因数 K，然后根据机构极位的几何特点，结合其他辅助条件进行设计。

1. 曲柄摇杆机构

设已知行程速比因数 K，摇杆长度为 l_{CD}，最大摆角为 ψ，试用作图法设计此曲柄摇杆机构。

设计分析：该设计的实质是确定曲柄回转中心 A 点的位置，然后定出其他三杆的尺寸。当摇杆处于两极限位置时，曲柄和连杆两次共线，$\angle C_1AC_2$ 即为极位夹角 θ。若过点 C_1、C_2 以及曲柄回转中心 A 作一个辅助圆，则该圆上的弦 C_1C_2 所对的圆周角为 θ。反过来说，曲柄回转中心 A 点可在圆弧 C_1C_2 段以外的辅助圆上任取。

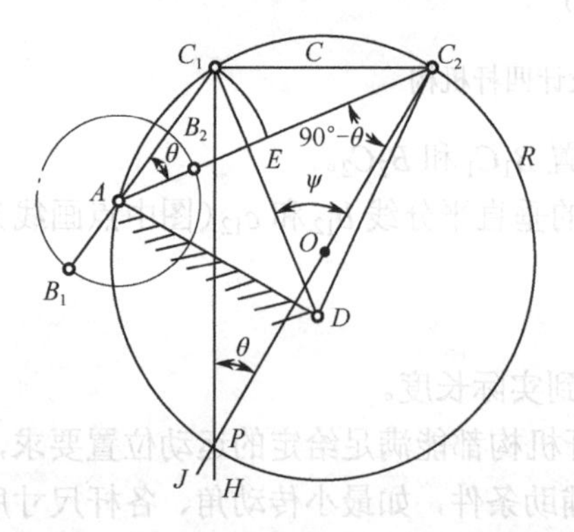

图 3-34 按行程速比系数设计曲柄摇杆机构

设计步骤（如图 3-34 所示）：

（1）由速比因数 K 计算极位夹角 θ。

（2）作摇杆的极限位置。任取一点 D，按一定比例尺 μ_L，根据已知的 l_{CD} 和 ψ，绘出摇杆的两个极限位置 DC_1 和 DC_2。

（3）求曲柄铰链中心 A。连接 C_1 和 C_2，过 C_1 点作直线 C_1H 垂直于 C_1C_2。过 C_2 点作与 D 点同侧且与直线段 C_1C_2 夹角为 $90°-\theta$ 的直线 C_2J 交直线 C_1H 于点 P，连接 C_2P，在直线段 C_2P 上截取 $C_2P/2$ 得点 O，以 O 点为圆心，OP 为半径，画圆 R，在 C_1C_2 弧段以外的圆周上任取一点 A 为铰链中心。

（4）求曲柄和连杆的铰链中心 B。设曲柄的长度为 a，连杆的长度为 b。比例尺为 μ_L，则有：$\mu_L AC_1=b-a$，$\mu_L AC_2=b+a$，故 μ_L（AC_2-AC_1）$=2a$。于是，以 A 点为圆心，AC_1 为半径作弧交 AC_2 于点 E，则曲柄的长度 $a=C_2E/2$，于是以 A 点为圆心，$C_2E/2$ 为半径画弧，与 AC_1 的反向延长线交于 B_1，与 AC_2 交于 B_2，B_1 或 B_2 即为曲柄与连杆的铰接中心。

（5）计算各杆的实际长度。分别量取图中 AB_2、AD、B_2C_2 的长度，按照相应的比例尺 μ_L 换算出各杆的实际长度。

由于曲柄中心 A 可在 C_1C_2 弧段以外在圆 R 上任取，所以有无穷多解，若给定其他辅助条件，则可得到唯一解。

2．曲柄滑块机构

设已知曲柄滑块机构的行程速比因数 K、滑块行程 H 和偏距 e，试设计此机构。

设计分析：与上例分析方法类似，可把曲柄滑块机构中的行程 H 视为曲柄摇杆机构中摇杆无限长时 C 点摆过的弦长，应用此方法即可求得满足要求的四杆机构。

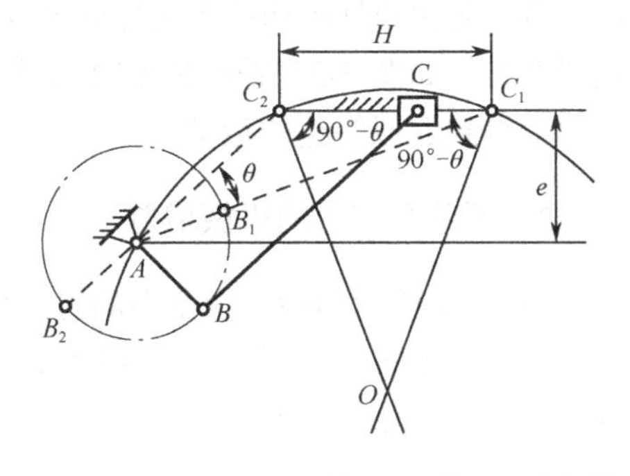

图3-35　按行程速比系数设计曲柄滑块机构

设计步骤（如图3-35所示）：

（1）求极位夹角 θ。

（2）作出滑块的两个极限位置。任取一点 C_1，选取比例尺 μ_L，根据 H 确定滑块的两个极限位置 C_1 和 C_2。

（3）求曲柄的铰链中心 A。连接 C_1C_2，作 $\angle C_1C_2O = \angle C_2C_1O = 90° - \theta$，得交点 O，以 O 为圆心，OC_1 为半径作辅助圆。作 C_1C_2 的平行线，使之与 C_1C_2 之间的距离为 e/μ_L，此直线与辅助圆的交点即为曲柄固定铰链中心 A 的位置。

（4）按与曲柄摇杆机构相同的方法，确定曲柄和连杆的长度。

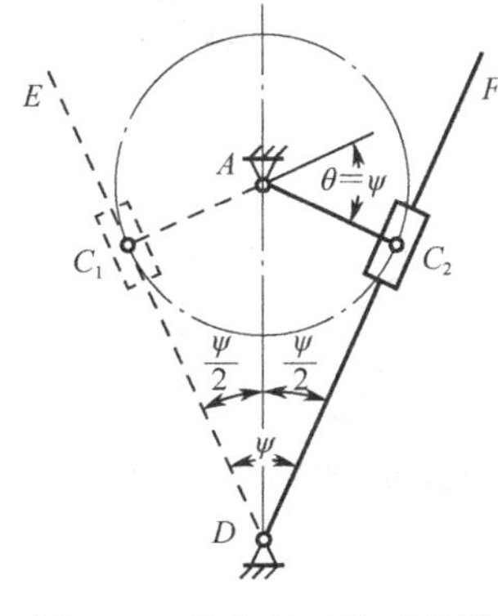

图3-36　按行程速比系数设计导杆机构

3．导杆机构

已知摆动导杆机构中机架的长度为 l_{AD}，行程速比因数为 K，试设计该机构。

设计分析：导杆机构的极位夹角 θ 等于导杆的摆角 ψ，所需确定的尺寸是曲柄长度 l_{AC}。

设计步骤（如图3-36所示）：

（1）求极位夹角 θ（摆角 ψ）。

（2）作出导杆的两个极限位置。任选固定铰链中心 D，以摆角 ψ 作出导杆两极限位置 DE 和 DF。

（3）求曲柄的铰链中心 A。作摆角 ψ 的平分线，选择比例尺 μ_L，根据已知的 l_{AD}，在平分线上作出机架 AD，即得曲柄的回转中心 A。

（4）过 A 点作导杆任一极限位置的垂直线 AC_1（或 AC_2），量出 AC 的长度，按照相应比例尺 μ_L 换算实际距离 l_{AC}。

3.6　平面多杆机构简介

考虑到机构简化的必要性和重要性，应尽量采用四杆机构解决问题，但由于四杆机构的运动形式单一，有时难以满足现代机械所提出的多方面的复杂设计要求，就不得不借助于多杆机构。多杆机构的类型繁多，可将其看作由若干个四杆机构组合扩展而成。与四杆机构相比，多杆机构具有某些独特的运动规律和作用，一般可实现以下要求：

1．改变从动件的运动特性

在刨床、插床及插齿机等机械中，为节省空回行程的时间，都要求刀具的运动具有急回特性。用一般的四杆机构可满足急回要求，但工作行程的等速性能往往不好，采用多杆机构就可获得改善。如图 3-37 所示的 Y52 插齿机的主传动机构就采用了一个六杆机构，使插刀在工作行程中得到近似等速的运动。

2．可获得较大的机械增益

图 3-38 所示为锻压设备中的肘杆机构。曲柄 1 为原动件，滑块 5 为从动件，当其接近下死点时，速比 v_E/v_B 很大，故可用较小的力 F 产生很大的锻压力 G，即可获得很大的机械增益，以满足锻压工作的需要。

3．扩大机构从动件的行程

如图 3-39 所示为一钢料推送装置的机构运动简图，采用多杆机构可扩大从动件 5 的行程。

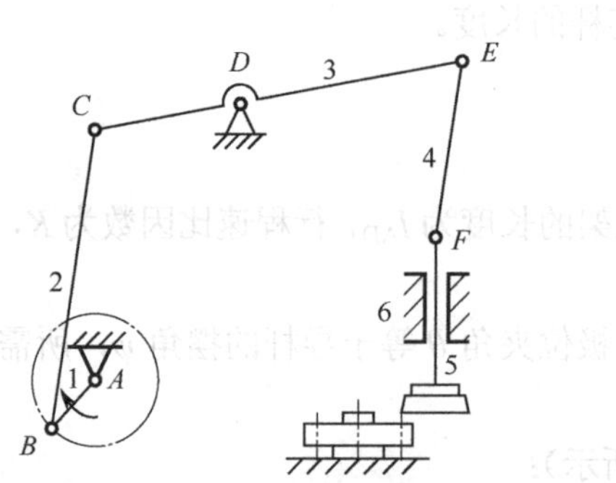

图 3-37 Y52 插齿机主传动机构

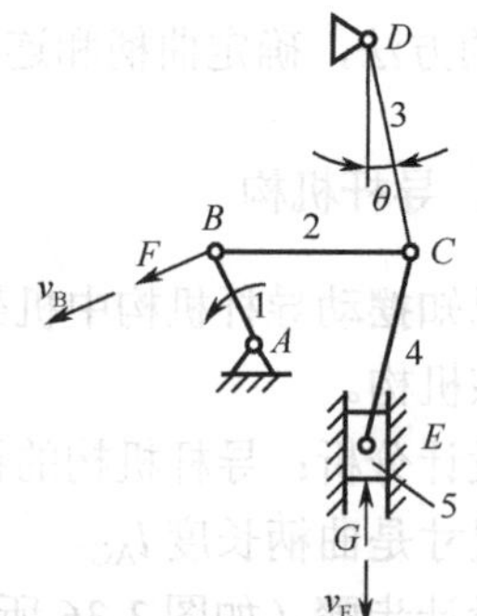

图 3-38 肘杆机构

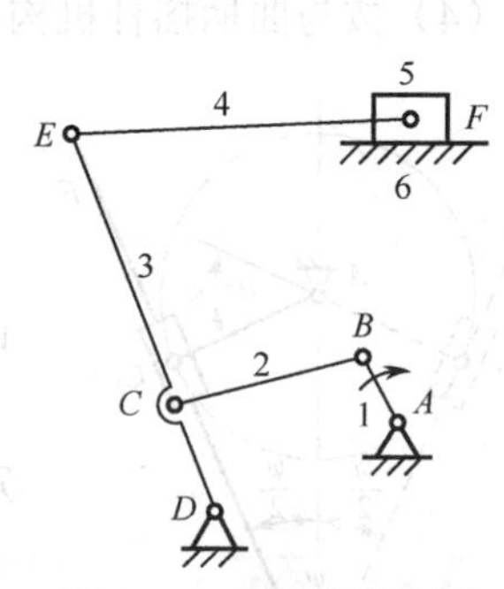

图 3-39 钢料推送装置

本章小结

平面连杆机构的应用非常广泛，尽管它们的外形千变万化，但经分析、演化，都可归纳为少数几种基本类型。本章主要介绍了平面四杆机构的基本类型、应用及其演化；行程速比因数、极位夹角、压力角、传动角、机构死点位置等基本概念及平面连杆机构的基本特性；铰链四杆机构曲柄存在的条件；按给定的连杆位置或行程速比因数 K 设计平面四杆机构的方法。

单元习题

一、判断题（在每题的括号内打上相应的×或√）

1．曲柄和连杆都是连架杆。 （ ）

2．在平面连杆机构中，只要以最短杆做固定机架，就能得到双曲柄机构。 （ ）

3．铰链四杆机构根据各杆的长度，即可判断其类型。 （ ）

4．铰链四杆机构中，传动角越小，机构的传力性能越好。（ ）

5．四杆机构的死点位置即为该机构的最小传动角位置。（ ）

6．极位夹角越大，机构的急回特性越显著。（ ）

7．压力角是从动件上受力方向与受力点速度方向所夹的锐角。（ ）

8．在实际生产中，机构的“死点”位置对工作都是不利的，处处都要考虑克服。（ ）

9．在铰链四杆机构中，若最短杆与最长杆长度之和小于或等于其他两杆长度之和，且最短杆为连架杆，则机构中只有一个曲柄。（ ）

10．双曲柄机构中用与原机架相对的构件作为机架后，一定成为双摇杆机构。（ ）

二、**选择题**（选择一个正确答案，将其前方的字母填在括号中）

1．能产生急回运动的平面连杆机构有_____。（ ）

A．双摇杆机构　B．曲柄摇杆机构

C．双曲柄机构　D．对心曲柄滑块机构

2．铰链四杆机构的最短杆与最长杆的长度之和，大于其余两杆的长度之和时，机构_____。（ ）

A．有曲柄存在　B．不存在曲柄

C．有时有曲柄，有时没曲柄　D．以上答案均不对

3．曲柄滑块机构是由_____演化而来的。（ ）

A．曲柄摇杆机构　B．双曲柄机构

C．双摇杆机构　D．以上答案均不对

4．在曲柄滑块机构中，若取滑块为机架，则变成_____机构。（ ）

A．导杆　B．摇块　C．定块

5．当曲柄摇杆机构的摇杆带动曲柄运动时，曲柄在“死点”位置的瞬时运动方向是_____。（ ）

A．按原运动方向　B．反方向

C．不确定的　D．以上答案均不对

6．平面四杆机构中，如果最短杆与最长杆的长度之和小于或等于其余两杆的长度之和，最短杆为机架，这个机构叫做_____。（ ）

A．曲柄摇杆机构　B．双曲柄机构

C．双摇杆机构　D．以上答案均不对

7．平面四杆机构中，如果最短杆与最长杆的长度之和大于其余两杆的长度之和，最短杆为连杆，该机构叫做_____。（ ）

A．曲柄摇杆机构　B．双曲柄机构

C．双摇杆机构　D．以上答案均不对

8．_____能把回转运动转变成往复摆动运动。（ ）

A．曲柄摇杆机构　B．双曲柄机构

C．双摇杆机构　D．转动导杆机构

9．_____能把回转运动转换成往复直线运动，也可以把往复直线运动转换成回转运动。（ ）

A．曲柄摇杆机构　B．双曲柄机构

C．双摇杆机构　　　　　　　　　　D．曲柄滑块机构

10．连杆机构行程速比因数 K 是指从动件反、正行程_____。（　）

A．瞬时速度的比值　B．最大速度的比值　C．平均速度的比值

11．为使机构具有急回运动，要求行程速比因数_____。（　）

A．K=1　　　　　　B．K>1　　　　　　C．K<1

12．已知铰链四杆机构 $ABCD$ 各杆的长度分别为 l_{AB}=40mm，l_{BC}=90mm，l_{CD}=55mm，l_{AD}=100mm。若取 l_{CD} 杆为机架，则该机构为_____。（　）

A．曲柄摇杆机构　B．双曲柄机构　　C．双摇杆机构

13．在曲柄摇杆机构中，只有当_____为主动件时，在运动中才会出现"死点"位置。（　）

A．连杆　　　　　B．机架　　　　　C．曲柄　　　　　D．摇杆

14．在下列平面四杆机构中，_____无论以哪一构件为主动件，都不存在死点位置。（　）

A．双曲柄机构　　B．双摇杆机构　　C．曲柄摇杆机构

15．四杆机构处于死点时，其传动角 γ 为_____。（　）

A．0°　　　　　　B．90°　　　　　C．0°<γ<90°

16．当曲柄的极位夹角为_____时，曲柄摇杆机构才有急回运动。（　）

A．θ<0°　　　　B．θ=0°　　　　C．θ≠0°

17．曲柄摇杆机构的传动角是_____。（　）

A．连杆与从动摇杆之间所夹的余角　　B．连杆与从动摇杆之间所夹的锐角

C．机构极位夹角的余角

18．平面四杆机构工作时，其传动角_____。（　）

A．始终保持为 90°　B．始终是 0°　　C．是变化值

19．设计连杆机构时，为了具有良好的传动条件，应使_____。（　）

A．传动角大一些，压力角小一些　　B．传动角和压力角都小一些

C．传动角和压力角都大一些

20．在摆动导杆机构中，当曲柄为主动件时，其传动角是_____变化的。（　）

A．由小到大　　　B．由大到小　　　C．没有

三、综合题

1．什么是连杆机构？连杆机构有什么优缺点？

2．什么是行程速比因数？什么是极位夹角？什么是急回特性？三者之间有什么关系？

3．连杆机构的压力角和传动角如何确定？这两个角之间有什么关系？其值大小对机构传力性能有什么影响？

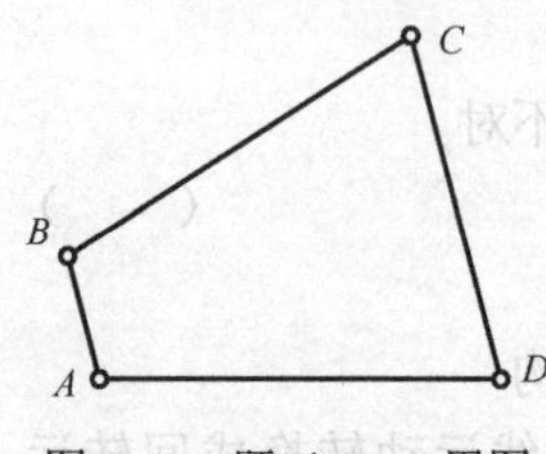

图 3-40　题三-5、6 用图

4．平面四杆机构的设计方法有哪几种？它们的特点是什么？

5．如图 3-40 所示的铰链四杆机构中，各杆长度为 l_{AB}=25mm，l_{BC}=90mm，l_{CD}=75mm，l_{AD}=100mm，试求：

（1）若杆 AB 是机构的主动件，AD 为机架，机构是什么类型？

（2）若杆 BC 是机构的主动件，AB 为机架，机构是什么类型？

（3）若杆 BC 是机构的主动件，CD 为机架，机构是什么类型？

6. 在图 3-40 所示的铰链四杆机构中，已知：l_{BC} =50mm，l_{CD} =35mm，l_{AD} =30mm，AD 为机架，如果该机构能成为双摇杆机构，求 l_{AB} 的取值范围。

7．在图 3-41 中标出各四杆机构的压力角和传动角，并判定有无死点位置。

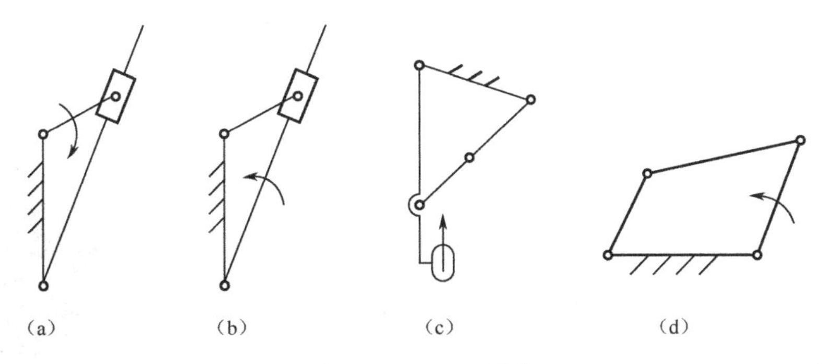

图 3-41　题三-7 用图

8．已知一曲柄摇杆机构，已知机构的摇杆 l_{CD}=150mm，摇杆的两极限位置的夹角为 45°，行程速比因数 K=1.5，机架长度为 90mm，设计该机构。

9．已知一摆动导杆机构，机架 l_{AC}=450mm，行程速比因数 K=1.4，设计该机构。

Chapter 4

第4章 凸轮机构

教学要求

（1）了解凸轮机构的应用及分类方法；

（2）对从动件常用的运动规律及其选择原则、机构压力角等有明确的概念；

（3）掌握用图解法设计盘形凸轮轮廓的方法和确定基本尺寸的主要原则。

重点与难点

重点：从动件的常用运动规律，盘形凸轮轮廓曲线的设计，凸轮的基圆半径与压力角及自锁问题；

难点：盘形凸轮轮廓曲线的设计、凸轮基本尺寸的确定。

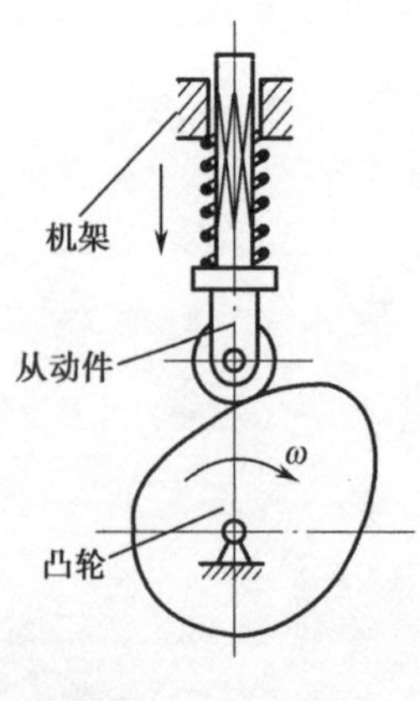

图4-1　凸轮机构

在工程实践和日常生活中，除了常用的平面连杆机构外，还广泛应用着其他机构。当对从动件的位移、速度和加速度有严格要求时，常采用凸轮机构。

如图4-1所示，凸轮机构由主动凸轮、从动件（也称推杆）和机架组成。通常凸轮是原动件，可作等速转动，也可作往复移动。从动件是被凸轮直接推动的构件，可作往复直线运动，也可作往复摆动，并通过重力、弹簧力或凹槽始终保持与凸轮接触。机架是支承凸轮和从动件的固定构件。

4.1 凸轮机构的应用和分类

4.1.1 应用举例

凸轮机构是机械中一种常用的高副机构，在自动机床、轻工机械、纺织机械、印刷机械、食品机械、包装机械和机电一体化产品中都得到了广泛应用。

图 4-2 所示为内燃机配气凸轮机构。当凸轮 1 以等角速度回转时，其轮廓迫使气阀 2 往复移动，从而按预定时间打开或关闭气门，完成配气动作。

图 4-3 所示为造型机凸轮机构。当具有一定曲线轮廓的凸轮 1 连续匀速回转时，工作台 3 随着滚子一起作上下往复运动，因碰撞而产生震动，从而将工作台砂箱里的砂子震实。图 4-4 所示为一车床变速操纵机构。当圆柱凸轮 1 转动时，其凹槽迫使拨叉 2 在轴上左右移动，从而带动三联滑移齿轮 3 在轴Ⅰ上滑动，使它的各个齿轮分别与轴Ⅱ上的三个齿轮啮合，使轴Ⅱ获得三种不同的转速。

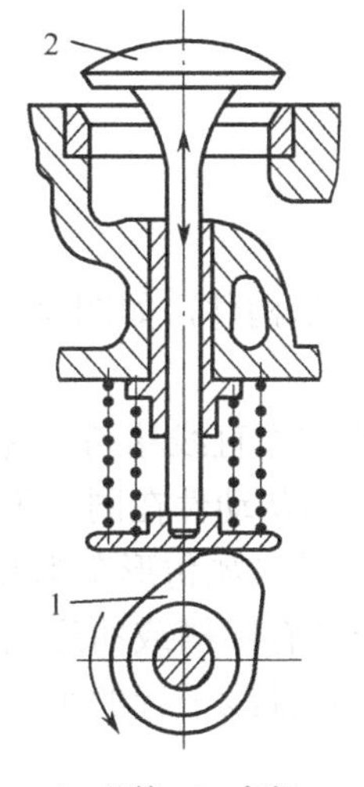

1—凸轮；2—气阀

图 4-2　内燃机配气凸轮机构

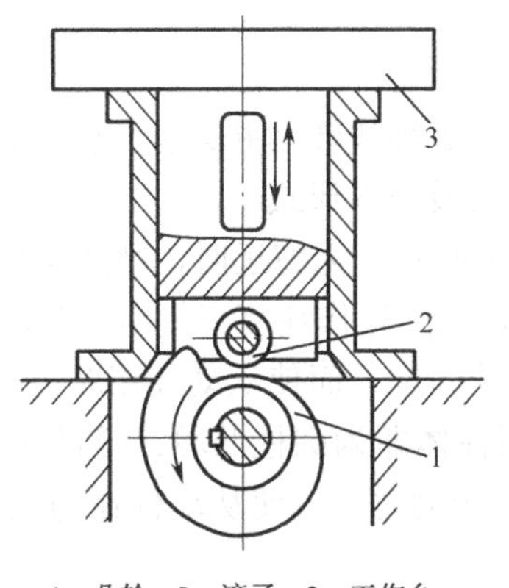

1—凸轮；2—滚子；3—工作台

图 4-3　造型机凸轮机构

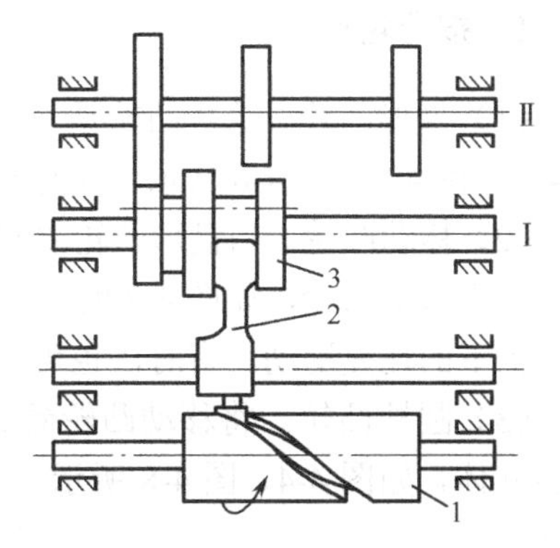

1—圆柱凸轮；2—拨叉；3—三联滑移齿轮

图 4-4　车床变速操纵机构

图 4-5 所示为车床横刀架进给机构。当凸轮 1 转动时，摆杆 2 绕着该轴作往复摆动。在摆杆上固定有扇形齿轮 3，由它带动齿条，使横刀架按一定的运动规律完成进刀或退刀。

图 4-6 所示为绕线机中的凸轮机构。绕线时，盘形凸轮 1 的工作轮廓迫使引线杆 2 绕固定支座往复摆动，从而使线均匀地绕在绕线轴 3 上。

由以上的例子可知，凸轮机构有如下基本特性：当凸轮转动时，借助于本身的曲线轮廓或凹槽迫使从动杆作一定规律的运动，即从动杆的运动规律取决于凸轮轮廓曲线或凹槽曲线的形状。

凸轮机构的最大优点：只需设计出适当的凸轮轮廓，便可使从动件得到任意的预期运动，且结构简单、紧凑、设计方便。

凸轮机构的主要缺点：凸轮与从动件间为点或线接触，易磨损，只可用于传力不大的场合；凸轮轮廓精度要求较高，需用数控机床进行加工；从动件的行程不能过大，否则会使凸轮变得笨重。

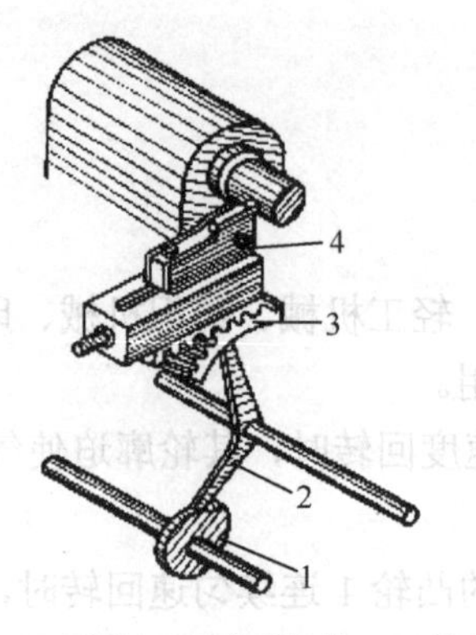

1—凸轮；2—摆杆；3—扇形齿轮；4—横刀架

图 4-5　车床横刀架进给机构

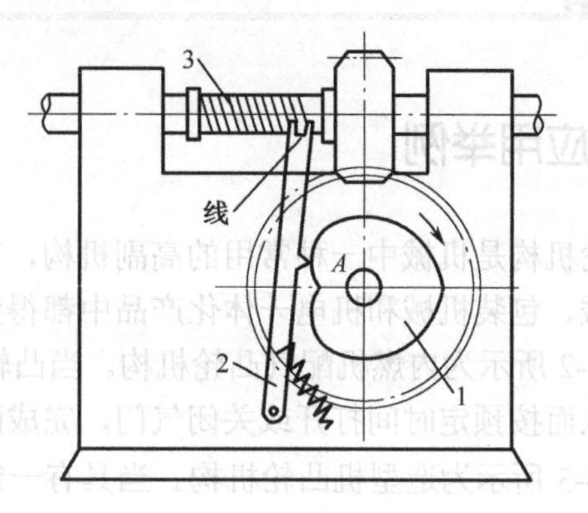

1—盘形凸轮；2—引线杆；3—绕线轴

图 4-6　绕线机中的凸轮机构

4.1.2　凸轮机构的分类

凸轮机构的结构类型很多，通常按以下方法进行分类：

1．按凸轮形状

（1）盘形凸轮。这种凸轮是一个绕固定轴线转动并具有变化半径的盘形构件，如图 4-1～图 4-3、图 4-5、图 4-6 所示，这是凸轮的最基本形式。

（2）移动凸轮。当盘形凸轮的回转中心趋于无穷远时，则凸轮相对机架作直线移动，这种凸轮称为移动凸轮，如图 4-7 所示。当移动凸轮作往复直线运动时，可推动从动件在同一平面内作上下的往复运动。有时，也可将凸轮固定，而使从动件相对于凸轮移动（如仿形车削）。

（3）圆柱凸轮。将移动凸轮卷成圆柱体即为圆柱凸轮。该凸轮为一具有凹槽或曲形端面的圆柱体，如图 4-4、图 4-8 所示。当其转动时，可使从动件在与圆柱凸轮轴线平行的平面内运动。

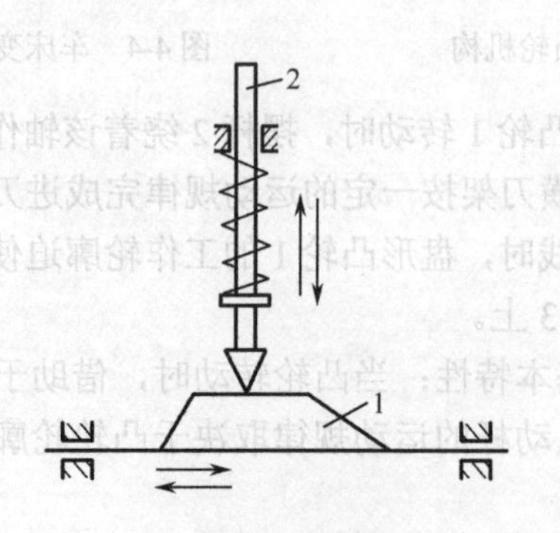

1—凸轮；2—从动件

图 4-7　移动凸轮机构

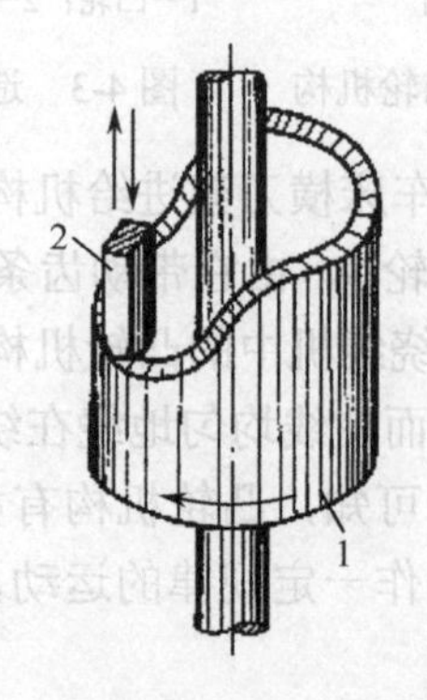

1—圆柱凸轮；2—从动件

图 4-8　圆柱凸轮机构

盘形凸轮和移动凸轮与从动件之间的相对运动为平面运动，而圆柱凸轮与从动件之间的相对运动为空间运动，所以前两者属于平面凸轮机构，后者属于空间凸轮机构。

2. 按从动件端部形状

（1）尖顶从动件。如图4-5～图4-7所示，尖顶能与任意复杂的凸轮轮廓保持接触，从而使从动件实现任意运动。但因尖顶易于磨损，故只宜用于传力不大的低速凸轮机构。

（2）滚子从动件。如图4-1、图4-3、图4-4所示，这种从动件耐磨损，可承受较大的载荷，故应用最普遍。

（3）平底从动件。如图4-2所示，该从动件的底面与凸轮之间易于形成楔形油膜，故常用于高速凸轮机构中，但与之相配合的凸轮轮廓须全部外凸。

3. 按从动件运动方式

（1）直动从动件。即作往复直线运动的从动件，如图4-1～图4-3、图4-7～图4-9所示。

（2）摆动从动件。即作往复摆动的从动件，如图4-5、图4-6所示。

4. 按对心方式

根据从动件的中心轴线是否通过凸轮的回转中心，凸轮机构可分为两类：

（1）对心凸轮机构。从动件中心轴线通过凸轮的回转中心的凸轮机构，如图4-1～图4-3、图4-9（a）所示。

（2）偏置凸轮机构。从动件的中心轴线不通过凸轮的回转中心的凸轮机构，如图4-9（b）所示。从动件导路中心和凸轮回转中心之间偏置的距离 e 称为偏距。

5. 按凸轮与从动件保持高副接触的方法

（1）力锁合。利用从动件的重力、弹簧力或其他外力使从动件与凸轮保持接触。如图4-1、图4-2、图4-7、图4-10（a）所示的凸轮机构均靠弹簧力来保持两者的接触。图4-3所示的凸轮机构靠从动件的重力来保持两者的接触。

（2）形锁合。依靠凸轮和从动件的特殊几何形状，始终保持接触，如图4-10（b）所示。

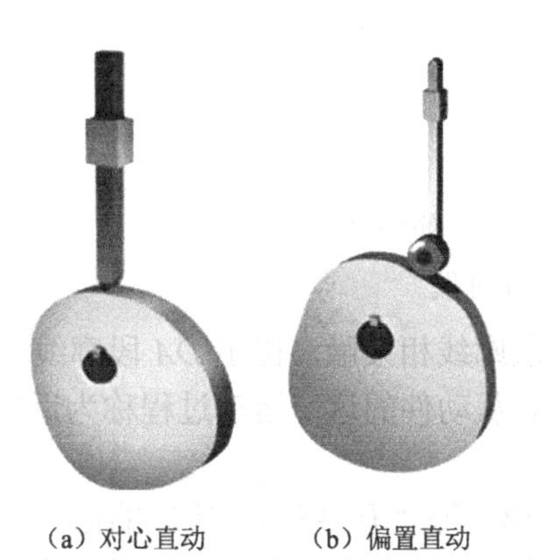

（a）对心直动　（b）偏置直动

图4-9 直动从动件凸轮机构

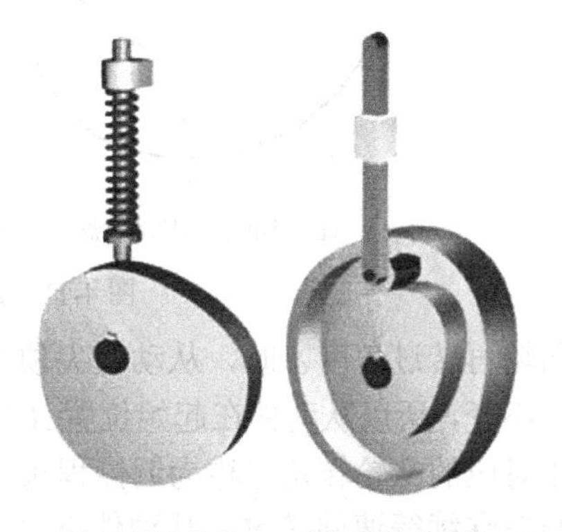

（a）力锁合凸轮　（b）形锁合凸轮

图4-10 按封闭方式分类

4.2 从动件的常用运动规律

4.2.1 凸轮机构的工作过程

下面以尖顶直动从动件盘形凸轮机构为例，分析凸轮机构的工作过程。

如图 4-11（a）所示，在凸轮上，以凸轮的最小向径 r_b 为半径所绘制的圆称为凸轮的基圆。从动件尖顶与凸轮轮廓上的 A 点相接触，该点为从动件上升的起始位置。凸轮以等角速度 ω 顺时针方向转动。当转过角度 δ_t 时，从动件尖顶被凸轮轮廓推动，随凸轮 AB 段廓线上各点向径逐渐增大，从动件从起始位置 A 点以一定的规律上升，达到最远位置 B'。从动件的这一运动过程称为推程，与推程对应的凸轮转角 δ_t 称为推程角，从动件上升的距离 h 称为从动件的行程。

当凸轮继续转过角度 δ_s 时，从动件尖顶与 BC 段廓线相接触。BC 段廓线是以最大向径为半径的圆弧，向径大小不变，故在此过程中，从动件在最远位置停留不动，这一运动行程称为远停程，δ_s 称为远停程角。

当凸轮接着转过角度 δ_h 时，从动件尖顶在外力作用下沿 CD 段廓线的各点依次接触，由于 CD 段廓线上各点的向径是逐渐减小的，因此从动件开始下降，以一定的运动规律从最远位置 B' 逐渐返回到最低位置 A 点，从动件的这一运动过程称为回程，与回程相对应的凸轮转角 δ_h 称为回程角。

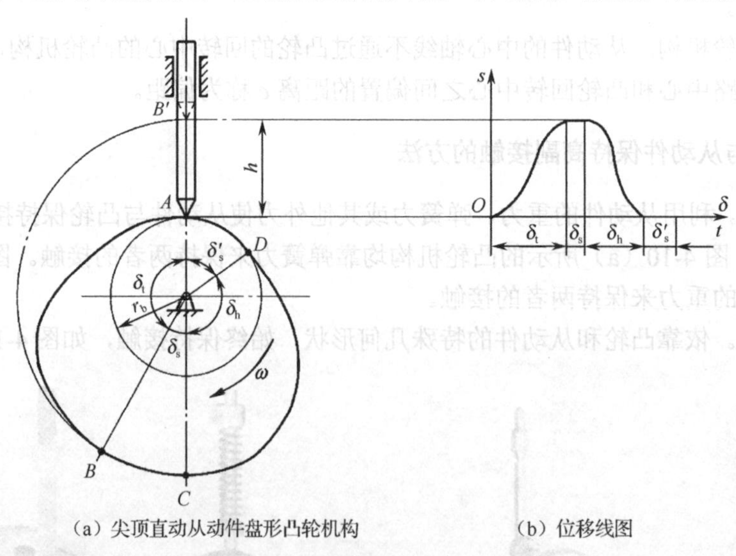

（a）尖顶直动从动件盘形凸轮机构　　（b）位移线图

图 4-11　凸轮机构的工作过程

当凸轮再转过角度 δ'_s 时，从动件尖顶与凸轮 DA 段廓线相接触，由于 DA 段廓线上各点的向径大小不变，所以从动件在起始位置 A 处停留不动，从动件的这一运动过程称为近停程，与近停程相对应的凸轮转角 δ'_s 称为近停程角。

当凸轮继续等速回转时，从动件重复上述运动规律，即“升-停-降-停”的循环过程。由以上分析可知，从动件的运动规律取决于凸轮的轮廓曲线，推程和回程都可以是工作行程。如果以纵坐标代表从动件的位移 s，横坐标代表凸轮转角 δ（或时间 t），则可画出从动件位移与凸轮转角之间的关系曲线，如图 4-11（b）所示，该曲线称为从动件的位移线图。

注意：对于凸轮机构，其运动过程的组合要依据实际工作的需要，不是必须要经历上述四个阶段，可以没有停程阶段，也可以只有一个停程阶段。

4.2.2　从动件的常用运动规律

从动件的运动规律是指从动件的位移、速度、加速度和凸轮转角（或时间）之间的函数关系。由于凸轮的轮廓是由从动件的运动规律决定的，故不同的从动件运动规律，要求凸轮具有不同形状的轮廓曲线。因此，在设计凸轮机构时，首先应根据凸轮机构的工作要求和工作条件来选择适当的从动件的运动规律。在分析运动规律时，不论是推程还是回程，一律由推程的最低位置作为度量位移 s 的基准，而凸轮的转角则分别以各段行程开始时凸轮的向径作为度量的基准。下面介绍几种常用的从动件运动规律。

1．等速运动规律（直线运动规律）

当凸轮以等角速度 ω 转动时，从动件上升或下降过程中速度保持不变，这种运动规律称为等速运动规律。其推程运动方程为

$$\left.\begin{aligned} s &= \frac{h}{\delta_{\mathrm{t}}}\omega t = \frac{h}{\delta_{\mathrm{t}}}\delta \\ v &= v_0 \frac{h}{\delta_{\mathrm{t}}}\delta \\ a &= 0 \end{aligned}\right\} \tag{4-1}$$

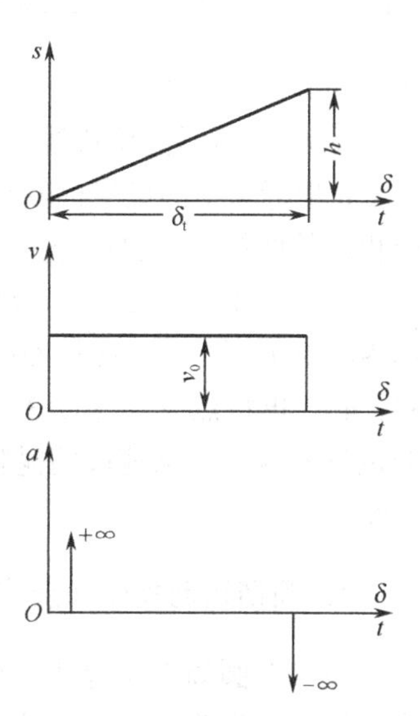

图 4-12　等速运动规律

图 4-12 所示为凸轮机构从动件按等速运动规律运动时的运动线图，横坐标为凸轮转角 δ（或时间 t），纵坐标为从动件的位移 s、速度 v 以及加速度 a。由此可以看出从动件的运动特性：等速运动规律中从动件位移线图为一条过原点的斜直线；速度线图为一水平直线；加速度为零，但在从动件推程开始位置和终止位置处，速度发生突变，瞬时加速度在理论上趋于无穷大，因而会产生极大的惯性力，其惯性力将引起刚性冲击。因此，等速运动规律一般只用于低速和从动件质量较小的凸轮机构中。

2．等加速等减速运动规律（抛物线运动规律）

当凸轮以等角速度 ω 转动时，从动件在推程或回程的前半行程作等加速，后半行程作等减速的运动规律，称为等加速等减速运动规律。在通常情况下，两部分加速度的绝对值相等。在这种运动规律中等加速段的运动方程为

$$\left.\begin{aligned} s &= \frac{1}{2}a_0 t^2 = \frac{2h}{\delta_{\mathrm{t}}^2}\delta^2 \\ v &= a_0 t = \frac{4h\omega}{\delta_{\mathrm{t}}^2}\delta \\ a &= a_0 = \frac{4h\omega^2}{\delta_{\mathrm{t}}^2} \end{aligned}\right\} \tag{4-2}$$

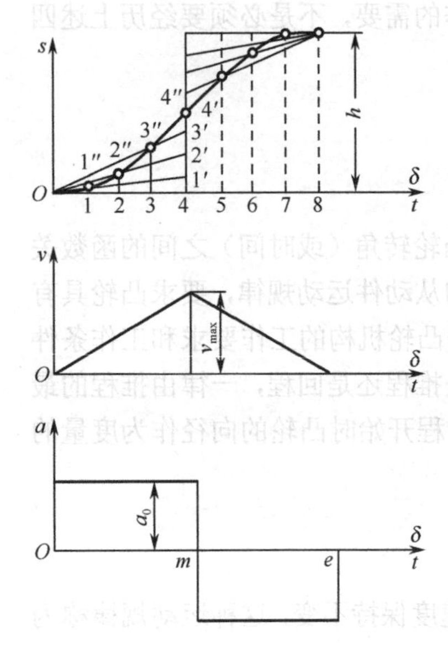

图 4-13 等加速等减速运动规律

根据运动线图的对称性，可得等减速段的运动方程为

$$\left.\begin{aligned} s &= h - \frac{2h}{\delta_t^2}(\delta_t - \delta)^2 \\ v &= \frac{4h\omega}{\delta_t^2}(\delta_t - \delta) \\ a &= -a_0 = \frac{4h\omega^2}{\delta_t^2} \end{aligned}\right\} \tag{4-3}$$

如图 4-13 所示为等加速等减速运动规律在推程过程中的位移线图、速度线图和加速度线图。由此可看出在该运动规律中从动件的运动特性：位移线图由弯曲方向相反的两段抛物线组成，故该运动规律又称为抛物线运动规律；速度线图由两条斜直线组成；加速度线图为平行于横坐标轴的两段直线，其绝对值都等于 a_0。在运动规律的起始点 O 点、等加速等减速的转折点 m 点和运动规律的终止点 e 点，从动件的加速度有限值突然变化，从而产生有限的惯性力。机构由此产生的冲击，称为柔性冲击。因此，等加速等减速运动规律适用于中速、轻载的场合。

图 4-13 所示的位移线图为简易画法：根据所选的比例尺，在 s–δ 坐标系中的横坐标轴和纵坐标轴上，将 $\delta_t/2$ 和 $h/2$ 对应分成相同的四等份（也可分为更多等份），得分点 1、2、3、4 和 1′、2′、3′、4′；连接 $O1'$、$O2'$、$O3'$和 $O4'$。过点 1、2、3、4 作纵坐标的平行线，使与 $O1'$、$O2'$、$O3'$和 $O4'$分别交于 1″、2″、3″、4″；再将点 1″、2″、3″、4″连成光滑曲线，即得等加速段的位移曲线。等减速段的抛物线可以用同样的方法依相反的次序绘出。

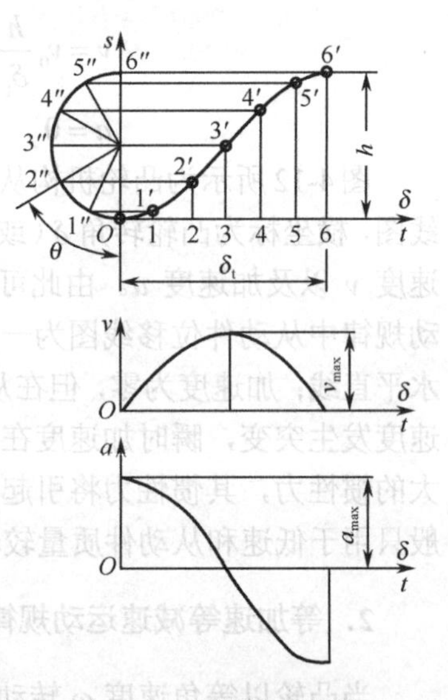

图 4-14 简谐运动规律

3. 简谐运动规律（余弦加速度运动规律）

质点在圆周上作等速运动时，它在该圆直径上的投影所构成的运动称为简谐运动。按简谐运动规律可作出其位移线图，如图 4-14 所示。

作法如下：以从动件的行程 h 为直径，原点为起始点，作出半圆，并将此半圆分成若干等份（图中为六等份），得点 1″、2″、3″、4″、5″、6″，然后把凸轮的推程角 δ_t 也分成相应等份，得点 1、2、3、4、5、6，过各等分点作铅垂线，然后将圆周等分点投影到相应的垂线上得 1′、2′、3′、4′、5′、6′点，最后用光滑曲线连接这些点，即得到从动件的位移线图，其方程式为

$$s = \frac{h}{2}(1 - \cos\theta) \tag{4-4}$$

由图可知，当 $\theta=\pi$ 时，$\delta=\delta_t$，即 θ =（π / δ_t）δ，即可导出从动件推程作简谐运动的运动方程：

$$s=\frac{h}{2}\left[1-\cos\left(\frac{\pi}{\delta_{\rm t}}\delta\right)\right] \tag{4-5}$$

$$v=\frac{\pi h\omega}{2\delta_{\rm t}}\sin\left(\frac{\pi}{\delta_{\rm t}}\delta\right) \tag{4-6}$$

$$a=\frac{h\omega^2}{2}\left(\frac{\pi}{\delta_{\rm t}}\right)^2\cos\left(\frac{\pi}{\delta_{\rm t}}\delta\right) \tag{4-7}$$

由上式可作出速度和加速度线图（见图 4-14）。由于加速度曲线为余弦曲线，所以也可将此运动规律称为余弦加速度运动规律。一般情况下，从动件作简谐运动时，在行程的始点和终点也产生有限值的变化，故有柔性冲击，但减少了冲击次数。因此，简谐运动规律适用于中速、中载场合。只有当从动件作无停留区间的升-降-升连续往复运动时，才能避免冲击，从而可用于高速运动。

除了上述几种常用的从动件运动规律外，有时还要求从动件实现特定的运动规律，其动力性能的好坏及适用场合，仍可参考上述方法进行分析。

4.2.3　从动件运动规律的选择

随着对机械性能要求的不断提高，对从动件运动规律的要求也越来越严格。在选择或设计从动件运动规律时，应从机器的工作要求、凸轮机构的运动性能、凸轮轮廓加工工艺性等方面进行考虑，具体应注意以下问题：

（1）当机器的工作过程对从动件的运动规律有特殊要求，而凸轮的转速不太高时，应首先从满足工作需要出发来选择或设计从动件的运动规律。如机床中控制刀架进给的凸轮机构，为使机床工作载荷稳定，加工出表面光滑的零件，其进给行程可选择等速运动规律。为使退刀时刀具快速离开工件，并减小冲击，退刀行程常采用等加速等减速运动规律。

（2）当机器的工作过程只需要从动件有一定位移，而对其无一定运动要求时，如夹紧、送料等凸轮机构，可只考虑加工方便，一般采用圆弧、直线等组成的凸轮轮廓。

（3）当机器对从动件运动性能有特殊要求，而凸轮的转速又较高，并且只用一种基本运动规律又难于满足这些要求时，可考虑采用满足要求的组合运动规律。如简谐运动与等速运动组合的改进型运动规律可消除从动件作等速运动时在行程两端的刚性冲击等。随着制造技术的发展，这种组合型运动规律的应用已非常广泛。

（4）在设计从动件运动规律时，除了要考虑其冲击特性之外，还要考虑从动件的最大速度 $v_{\max}$ 和最大加速度 $a_{\max}$。因为最大速度将决定从动件的最大动量，当动量较大时，在从动件启动和停止时都会产生较大的冲击。最大加速度将决定从动件的最大惯性力，由其引起的动压力对机构零件的强度与运动副都有很大影响，故在选择从动杆的运动规律时必须综合加以考虑。

4.3　凸轮轮廓曲线设计

凸轮工作轮廓的设计是凸轮机构设计的主要内容。根据选定的从动件的运动规律、凸轮的

基圆半径 r_b 及转向，即可设计出凸轮轮廓。

凸轮轮廓曲线设计方法有图解法和解析法两种。图解法简单、直观，但精度有限，适用于低速或精度要求不高的场合。解析法精确度高，适用于高速或精度要求较高的场合，如高速凸轮、靠模凸轮、仪表中的凸轮等。本节主要介绍采用图解法绘制盘形凸轮轮廓的基本原理和方法。

4.3.1 绘制原理

如图 4-15 所示的对心直动尖顶从动件盘形凸轮机构，当凸轮以等角速度 ω 逆时针方向转动时，从动件作往复直线移动，凸轮的转角与从动件的位移有对应关系。而在采用图解法绘制盘形凸轮轮廓时，应要求凸轮与绘图平面相对静止。如果给整个凸轮机构加以绕凸轮轴心并与凸轮角速度等值反向的角速度 $-\omega$，根据相对运动原理，机构中各构件间的相对运动并不改变，但凸轮已视为静止。而从动件则被看成一方面随机架和导路以角速度 $-\omega$ 绕 O 点转动，另一方面又在导路中按一定运动规律往复运动。由于从动件的尖顶始终与凸轮廓线相接触，所以反转后从动件尖顶的运动轨迹即为凸轮轮廓。这就是图解法绘制凸轮轮廓曲线的原理，称为“反转法”。

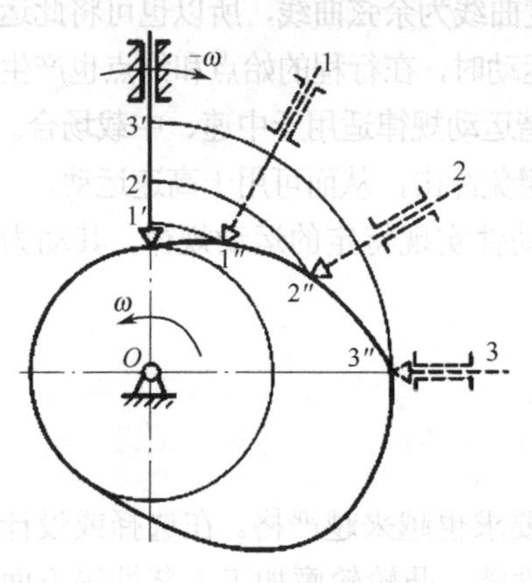

图 4-15 图解法反转原理

针对不同形式的凸轮机构，其图解法也有所不同。下面对直动从动件盘形凸轮轮廓的绘制进行介绍。

4.3.2 直动从动件盘形凸轮轮廓的设计

1．对心直动尖顶从动件盘形凸轮轮廓设计

已知某对心直动尖顶从动件盘形凸轮机构的凸轮按顺时针转动，升程 h=20mm，基圆半径 r_b=30mm；推程角 δ_t=90°，从动件匀速上升；远停程角 δ_s=90°；回程角 δ_h=180°；从动件匀速下降。试绘制此凸轮轮廓曲线。

根据“反转法”原理，设计步骤如下：

（1）选取比例尺 μ_L，绘制位移线图。根据从动件运动规律，画从动件位移线图（见图 4-16（b）），并在横坐标上将推程运动角 δ_t 和回程运动角 δ_h 分成若干等份（如图推程角三等分，回程角六等分），得分点 1、2、3……10，由各分点作垂线，得各分点处从动件的相应位移量 11′、22′、33′……

（2）画基圆并确定从动件尖顶的起始位置。如图 4-16（a）所示，用与位移线图相同的比例尺 μ_L，以 O 点为圆心，以 r_b 为半径作基圆。此基圆与导路的交点 a_0（b_0）即为从动件尖顶的起始位置。

（3）画反转过程中从动件的导路位置。自 Oa_0（b_0）沿与凸轮相同大小的角速度反向转动，取 δ_t（90°）、δ_s（90°）、δ_h（180°），并将它们各自分成与位移图相应的等份，与基圆相交得 a_1、a_2、a_3……a_9，连接 Oa_1、Oa_2、Oa_3……Oa_9，得到的连线就是反转后从动件导路的各个

位置。

（4）画凸轮轮廓。在位移线图上量取各位移量，使 $a_1b_1=s_1$，$a_2b_2=s_2$……$a_9b_9=s_9$，所得的点 b_1、b_2、b_3……b_9 便是反转后从动件尖顶的一系列位置，即对应凸轮轮廓上各点的位置，将这些点连成光滑的曲线，即为凸轮轮廓曲线。

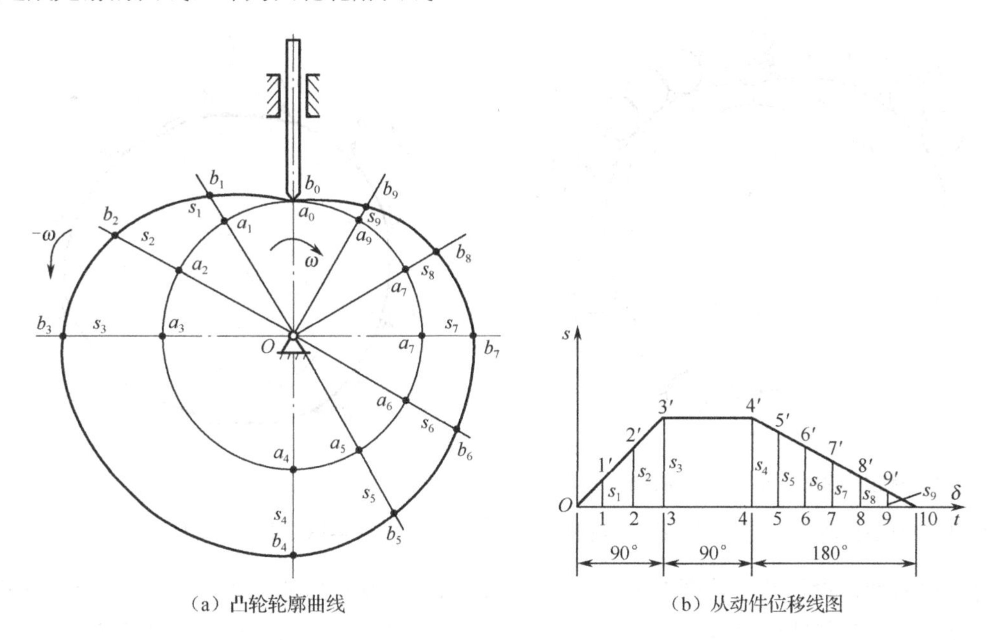

图 4-16　直动尖顶从动件盘形凸轮轮廓曲线的绘制

在用图解法绘制凸轮轮廓时，凸轮转角等分数目越多，则绘制的凸轮轮廓曲线的精确度就越高。

2．对心直动滚子从动件盘形凸轮轮廓设计

为改善从动件尖顶的磨损，常采用滚子从动件。对于此类凸轮机构，由于凸轮转动时滚子与凸轮的相切点不一定在从动件的位置线上，但滚子中心位置始终处在该线，从动件的运动规律与滚子中心一致，所以其廓线的设计步骤如下：

（1）把从动件滚子中心作为从动件的尖顶，按照尖顶从动件盘形凸轮轮廓曲线的绘制方法，绘制出凸轮轮廓曲线Ⅰ。对于滚子从动件的凸轮轮廓而言，所绘制的凸轮轮廓曲线Ⅰ是滚子中心在反转过程中的运动轨迹，而非凸轮的实际轮廓，故该曲线称为理论轮廓曲线，如图 4-17 所示。

（2）由于滚子与凸轮轮廓都是相切的，因此以理论轮廓曲线上的各点为圆心，以已知滚子半径 r_T 为半径作一系列的圆，然后作这些圆的光滑内切曲线Ⅱ，即得该滚子从动件盘形凸轮的实际轮廓曲线。

注意： 对于滚子从动件盘形凸轮，其基圆半径仍然是指凸轮理论轮廓的最小向径。

3．对心直动平底从动件盘形凸轮轮廓设计

当从动件端部为平底时，凸轮轮廓的绘制方法也与尖顶从动件时的绘制方法类似。如图 4-18 所示，先将从动件的平底与导路中心线的交点 B 作为参考点，把它看作从动件的尖顶。

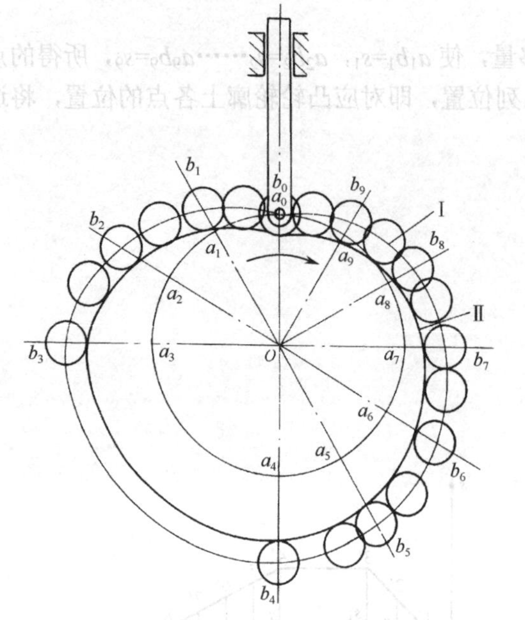

图 4-17　对心直动滚子从动件盘形凸轮轮廓设计

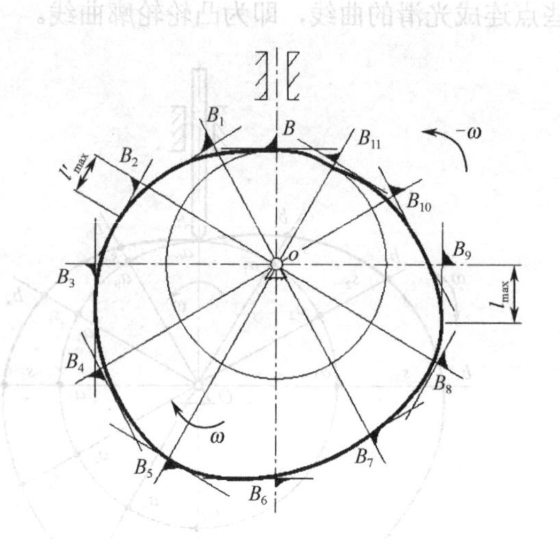

图 4-18　平底从动件盘形凸轮机构

用尖顶从动件设计凸轮轮廓的方法，求出尖顶从动件反转后的一系列位置 B_1、B_2……然后过这些点作出这些射线的垂线（一系列“平底”），得一直线族，最后作此直线族的包络线，便可得到凸轮的轮廓曲线。

由于平底与实际轮廓曲线相切的点是随机构位置而变化的，为了保证在所有位置平底都能与轮廓曲线相切，平底左右两侧的宽度必须大于导路中心线至左、右最远切点的距离 l'_{max}、l_{max}。一般取平底的长度 $l=2l_{max}+$（5~7）mm。

4．偏置直动尖顶从动件盘形凸轮轮廓设计

若从动件的轴线不通过凸轮回转轴心，而是偏离轴心一段距离 e，则该凸轮机构为偏置凸轮机构。以凸轮回转中心 O 为圆心，以偏距 e 为半径作的圆称为偏距圆。若已知该凸轮机构的从动件运动规律、凸轮基圆半径 r_b、偏距 $e=l_{OA_1}$，凸轮以等角速度 ω_1 回转，试绘出此凸轮机构的轮廓曲线。

在设计此类凸轮廓线时应注意到：凸轮机构工作时，从动件导路轴线始终与偏距圆相切。

根据“反转法”，设计步骤如下：

（1）绘制位移线图。选取一定的比例尺 μ_L，根据已知从动件的运动规律，绘制该凸轮机构的位移线图（见图 4-19（b））。在横坐标轴上将 δ_t、δ_s、δ_h、δ'_s 各分成若干等份，得点 1、2、3……由各分点作垂线，得各分点处从动件的相应位移量 11′、22′、33′……

（2）画基圆并确定从动件尖顶的起始位置。如图 4-19（a）所示，用与位移线图相同的比例尺 μ_L，以 O 点为圆心，以 r_b 为半径作基圆。以 $e=L_{OA_1}$ 为半径作偏距圆，画出从动件导路中心线 $y—y$，与偏距圆相切于 A_1 点，且与基圆相交于 C_1（B_1）点，C_1（B_1）点即为从动件尖顶的起始位置。

（3）画反转过程中从动件的导路位置。自 OA_1 为起始位置，沿与凸轮相同大小的角速度反向转动，量取 δ_t、δ_s、δ_h、δ_s'，并将它们各自分成与位移图相应的等份，依次与偏距圆相交得 A_1、A_2、A_3……过这些点作偏距圆的切线，分别交基圆于 C_1、C_2、C_3……连接 A_1C_1、A_2C_2、A_3C_3……得到的连线就是反转后从动件导路的各个位置。

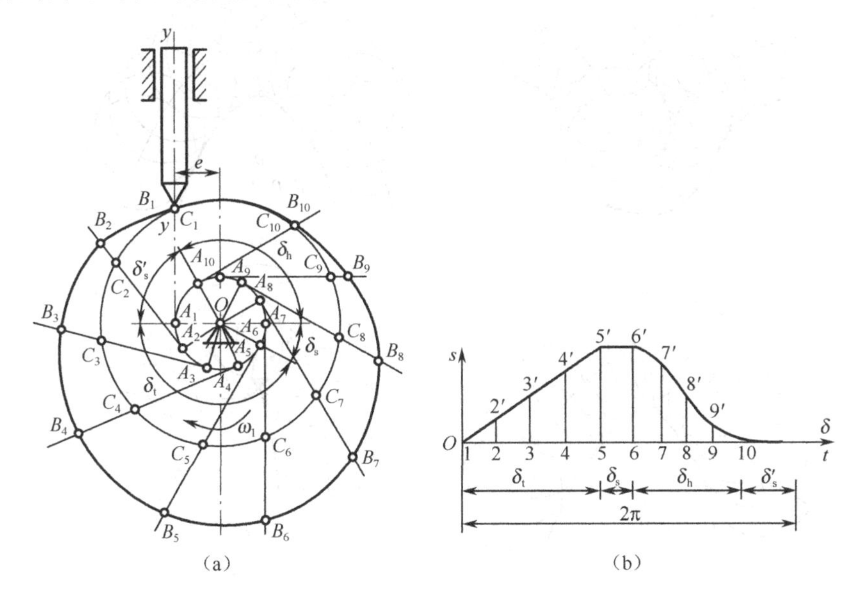

图 4-19　偏置直动尖顶从动件盘形凸轮轮廓的设计

（4）画凸轮轮廓。沿以上切线自基圆开始量取各位置从动件的位移量，使 $C_1B_1=0$，$C_2B_2=22'$、$C_3B_3=33'$……所得的点 B_1、B_2、B_3……便是反转后从动件尖顶的一系列位置，即对应凸轮轮廓上各点的位置，将这些点连成光滑的曲线，即为凸轮轮廓曲线。

4.4 凸轮机构设计中应注意的问题

设计凸轮机构时，不仅要保证从动件能实现预定的运动规律，而且还要求其动力性能良好、体积小、结构紧凑。凸轮机构要满足这些要求，与滚子半径、基圆半径、压力角等基本尺寸的选择有关。

4.4.1 滚子半径的选取

对于滚子从动件凸轮机构，由于凸轮轮廓与滚子之间是滚动摩擦，可减小摩擦与磨损。当凸轮理论轮廓曲线求出后，若滚子半径选择不当，有时可能会使从动件不能准确地实现预期的运动规律。因此，为避免发生运动失真，需要考虑多方面的因素。从滚子本身的结构设计和强度等方面考虑，将滚子半径取大些较好，因为有利于提高滚子的接触强度和寿命，也便于进行滚子的结构设计和安装。但由于滚子半径的大小对凸轮实际廓线的形状有直接影响，因此滚子半径的增大也要受到一定的限制。

下面对滚子半径大小与实际廓线曲率间的关系进行分析。如图 4-20 所示，设凸轮理论轮廓外凸部分或内凹部分的曲率半径用 ρ_0 表示，滚子半径用 r_T 表示，相应位置的实际轮廓的曲率半径用 ρ 表示。

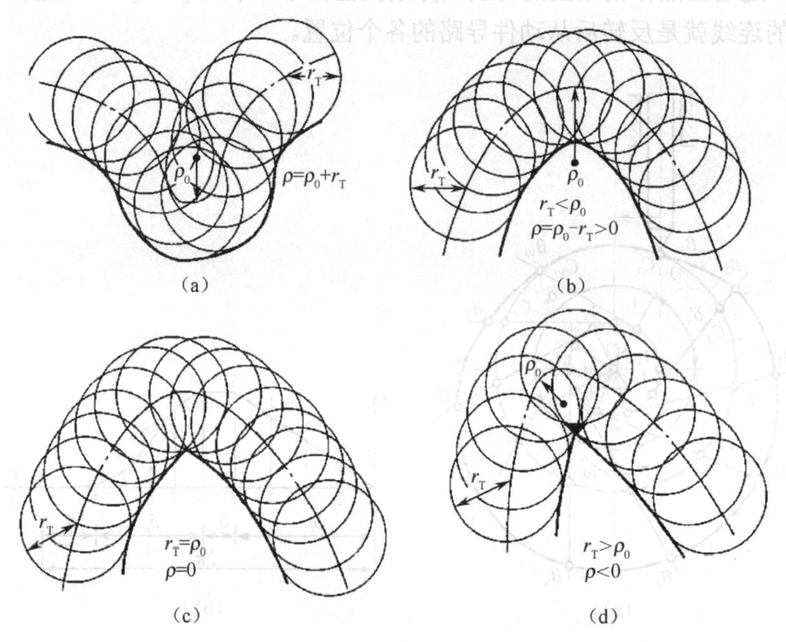

图 4-20　滚子半径的选取对凸轮工作轮廓的影响

当理论轮廓曲线内凹时（见图 4-20（a）），则实际轮廓的曲率半径 $\rho=\rho_0+r_T$，所以，无论滚子半径取何值，凸轮工作轮廓总是光滑曲线，即滚子半径 r_T 的大小可不受凸轮理论轮廓曲线曲率半径 ρ_0 的限制。

当理论轮廓曲线为外凸时，则 $\rho=\rho_0-r_T$，此时：

若 $r_T<\rho_0$（见图 4-20（b）），$\rho>0$，则实际轮廓为一平滑曲线。

若 $r_T=\rho_0$（见图 4-20（c）），$\rho=0$，则凸轮的实际轮廓曲线在该处将出现尖点，极易磨损，磨损后就会改变其运动规律，故不能使用。

若 $r_T>\rho_0$（见图 4-20（d）），$\rho<0$，则实际轮廓曲线相交，相交部分的轮廓曲线在实际加工时将被切去，使这部分的运动规律无法实现，从而出现运动失真。

由此可见，为了使凸轮轮廓在任何位置既不变尖也不相交，滚子半径 r_T 必须小于理论轮廓外凸部分的最小曲率半径 $\rho_{0\min}$。一般取：$r_T<0.8\rho_{0\min}$。为防止凸轮过快磨损，可使凸轮实际轮廓曲线上的最小曲率半径 $\rho_{\min}>1\sim5$mm。此外，由于凸轮基圆半径越大，则凸轮廓线的最小曲率半径 $\rho_{\min}$ 也越大，所以也可按凸轮的基圆半径 r_b 选取 r_T，根据经验，常取 $r_T\leqslant0.4r_b$。

4.4.2 凸轮机构的压力角

1. 压力角及允许值

忽略摩擦力，把凸轮作用于从动件的法向力 $\boldsymbol{F}_n$ 与它的运动方向之间所夹的锐角 α 称为凸轮机构的压力角。压力角是设计凸轮的重要参数。

如图 4-21 所示为对心直动尖顶从动件凸轮机构在推程中的某个位置。如果不考虑摩擦，凸轮给予从动件的力 $\boldsymbol{F}_n$ 沿凸轮轮廓法线 n—n 方向，力 $\boldsymbol{F}_n$ 可分解为两个力：沿从动件运动方向的有用分力 $\boldsymbol{F}_n\cos\alpha$ 和使从动件对导路产生侧向压力的有害分力 $\boldsymbol{F}_n\sin\alpha$。压力角越大，有效分力就越小，有害分力就越大，机构的效率就越低。当压力角增大到一定程度，以致使有害分力 $\boldsymbol{F}_n\sin\alpha$ 引起的摩擦阻力大于有用分力 $\boldsymbol{F}_n\cos\alpha$ 时，无论凸轮加给从动件的作用力有多大，从动件都不能运动，这种现象称为自锁。

由以上分析可以看出，为保证凸轮机构正常工作并具有一定的传动效率，必须对压力角加以限制。由于凸轮轮廓曲线上各点的压力角是变化的，在设计时就应使最大压力角不超过允许值，即 $\alpha_{max}\leqslant[\alpha]$。一般对于直动从动件凸轮机构，其推程的许用压力角$[\alpha]\leqslant30°$，对于摆动从动件凸轮机构，推程中的许用压力角$[\alpha]\leqslant30°\sim45°$。在回程时，从动件仅在弹簧、重力等作用下返回，凸轮轮廓与从动件的受力关系不大，一般不会出现自锁现象，因此，压力角允许大一些，通常取$[\alpha]=70°\sim80°$。

2. 压力角的校核

在采用图解法绘制完凸轮轮廓后，为确保良好的运动特性，应对轮廓推程各处的压力角进行校核，验算其最大压力角是否在许用值范围之内。由于最大压力角 α_{max} 通常会出现在从动件位移曲线上斜率最大的位置，所以在测量时，可在理论轮廓曲线较陡的地方取若干点，作出过这些点的法线和从动件在这些点的运动方向线，求出它们之间所夹的锐角即压力角，看其中最大值是否超过许用的压力角值。如图 4-22 所示为测量压力角的一个简易方法。

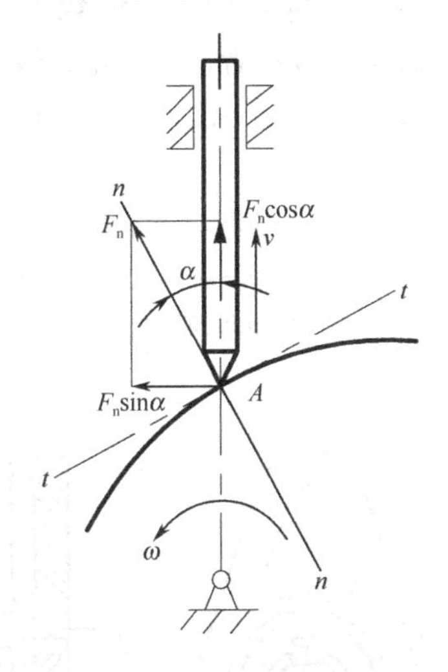

图 4-21　凸轮机构的压力角

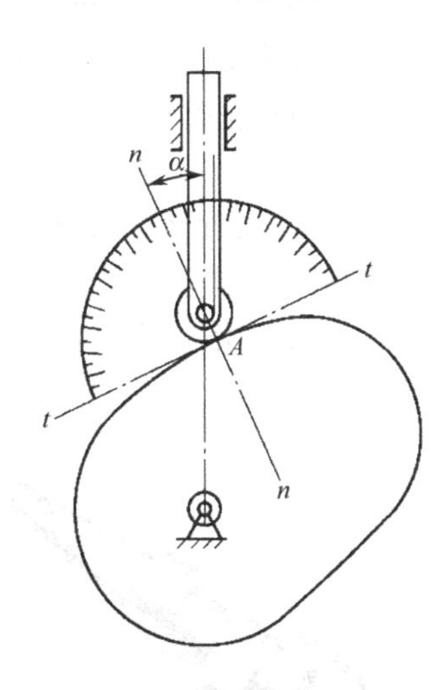

图 4-22　压力角的简易测量法

如果最大压力角 α_{max} 超过许用值，则应考虑修改设计，通常加大基圆半径重新绘制凸轮轮廓曲线，使得 α_{max} 减小（见图 4-23），或将从动件导路适当偏向凸轮转动方向布置（见图 4-24），以减小 α_{max}。

对于平底从动件凸轮机构，由于从动件的受力方向和运动方向一致，压力角始终为零，故传力性能最好。

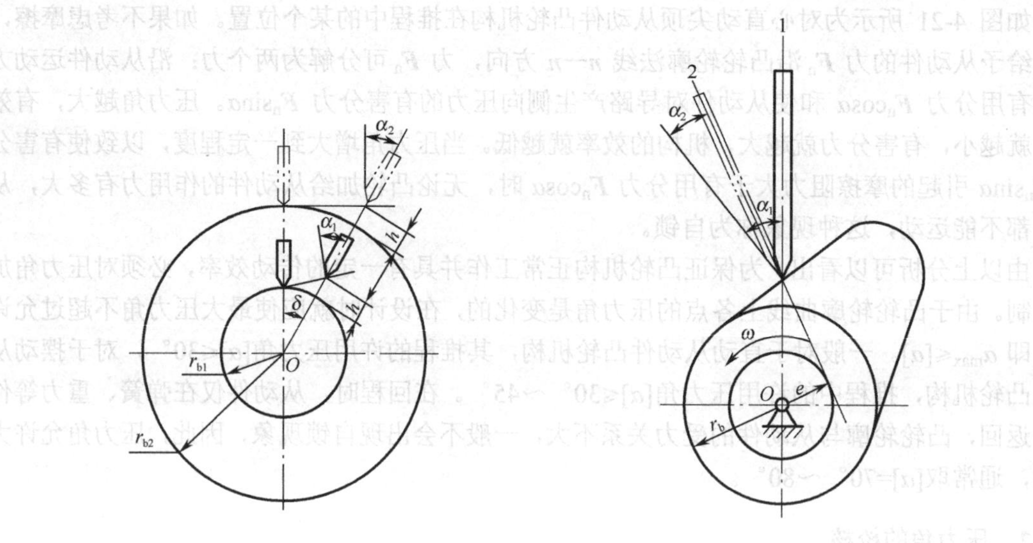
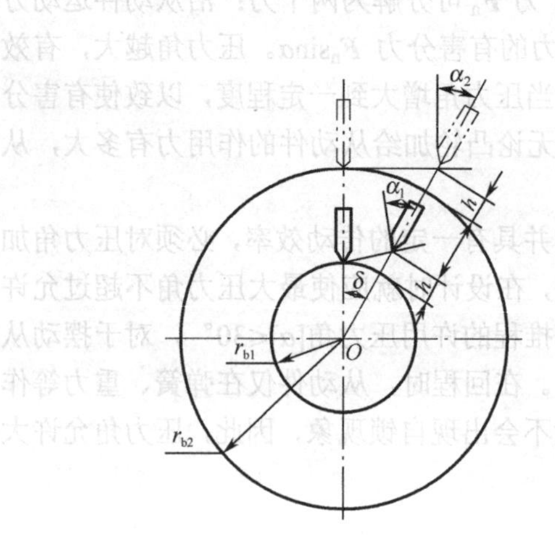

图 4-23　增大基圆半径　　　　图 4-24　偏置与对心从动件的比较

4.4.3　基圆半径的确定

基圆半径也是凸轮设计中的一个重要参数。在设计凸轮机构时，凸轮的基圆半径 r_b 取得越小，所设计的凸轮机构越紧凑。但基圆半径过小又会引起压力角增大，如图 4-23 所示，当凸轮转过相同的转角 δ 且从动件上升相同的位移 h 时，基圆半径较小者，凸轮轮廓较陡，压力角较大；而基圆较大的凸轮轮廓较平缓，压力角较小。因此，在满足 $\alpha_{max} \leqslant [\alpha]$ 的条件下，应选取尽可能小的基圆半径。

设计时，基圆半径可按凸轮的结构选取：当凸轮与轴做成一体时（见图 4-25），$r_b \geqslant r+r_T+$（2～5）mm。当凸轮通过键等形式装在轴上时（见图 4-26），$r_b \geqslant r_h+r_T+$（2～5）mm，其中，r 为凸轮轴的半径，r_T 为滚子半径，r_h 为凸轮轮毂半径。当从动件不带滚子时，$r_T=0$，$r_h=$（1.5～1.7）r。

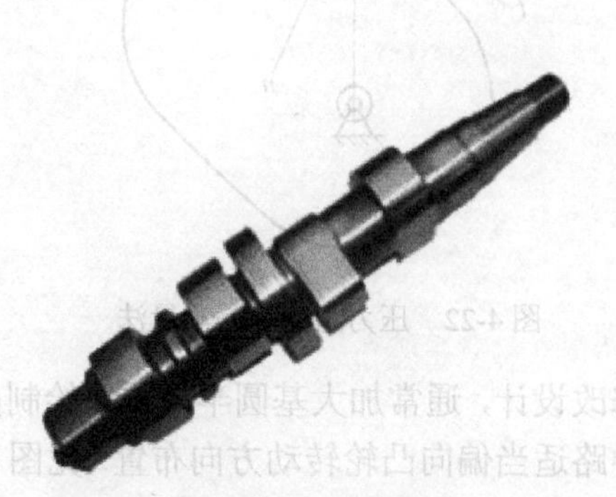

图 4-25　凸轮轴

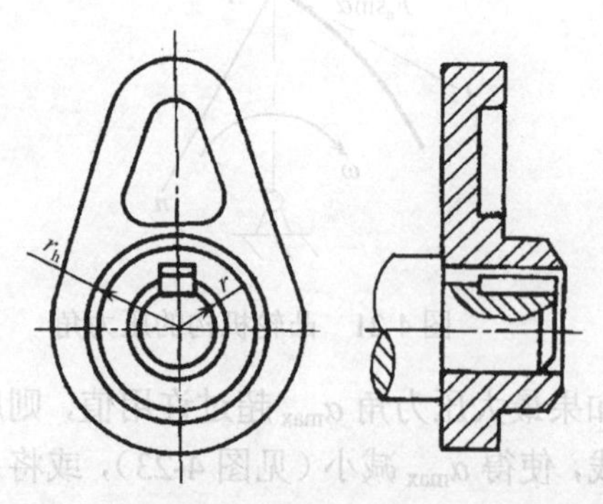

图 4-26　用平键连接

4.4.4　凸轮的结构与材料

1．凸轮在轴上的固定方式

当凸轮轮廓尺寸接近轴径尺寸时，凸轮与轴可做成一体，即为凸轮轴；当二者尺寸相差比较大时，凸轮与轴的固定采用键（见图 4-26）或销（见图 4-27）等连接形式。当凸轮与轴的角度需经常调整时，可采用弹性开口锥套和圆螺母连接（见图 4-28）。

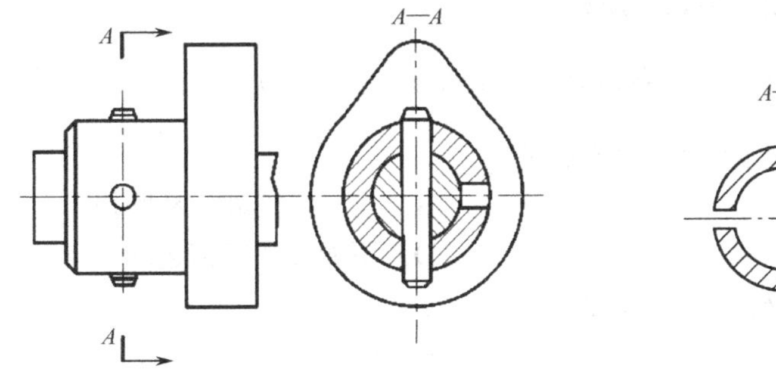

图 4-27　用圆锥销连接

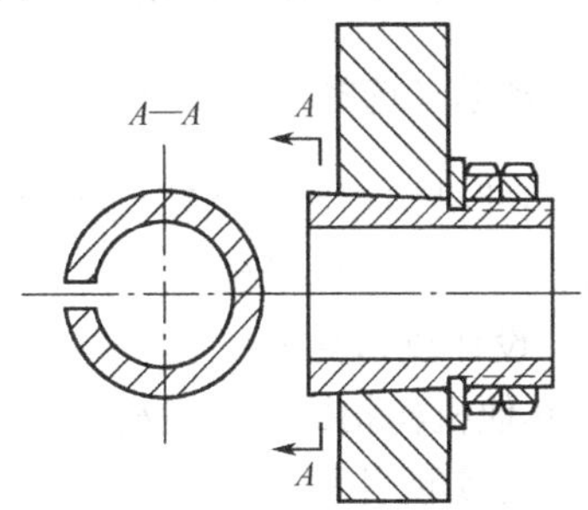

图 4-28　用弹性开口锥套和螺母连接

2．凸轮和滚子的材料

凸轮机构工作时，通常承受冲击载荷，凸轮与从动件接触部分有严重磨损，因此必须合理选择凸轮和滚子的材料，并进行适当的热处理，使滚子和凸轮的工作表面具有较高的硬度和耐磨性，而心部要有较好的韧性以承受冲击。凸轮和滚子常用的材料有 45 钢、20Cr、18CrMnTi 或 T9、T10 等，并经表面淬火处理。

本章小结

本章主要介绍了凸轮机构的组成、类型和特点；凸轮机构的工作过程、从动件的常用运动规律；图解法绘制凸轮轮廓的基本原理和方法，以及设计凸轮机构时应注意的问题。

单元习题

一、判断题（在每题的括号内打上相应的×或√）

1．凸轮机构是一种低副机构。（　　）

2．凸轮机构中，凸轮基圆半径越大，从动件的位移越大。（　　）

3．凸轮机构采用等加速等减速运动规律时，由于在起始点加速度出现有限值的突然变化，因而产生惯性力的突变，结果引起刚性冲击。（　　）

4．凸轮机构的压力角越小，则其动力性能越差，自锁可能性越大。（　　）

5．凸轮机构中，从动件的受力方向与它的运动方向之间所夹的锐角的余角，称为凸轮机构的压力角。（　　）

6．凸轮机构中，尖顶从动件可用于受力较大的高速机构中。（　　）

7．平底从动件盘形凸轮机构，其压力角的数值随从动件的位置而变。（　　）

8．凸轮轮廓的形状取决于从动件的运动规律。（　　）

9．凸轮机构中，从动件作等速运动规律的原因是凸轮作等速转动。（　　）

10．在滚子从动件盘形凸轮机构中，当凸轮理论轮廓曲线外凸部分的曲率半径大于滚子半径时，从动件的运动规律将出现“失真”现象。（　　）

二、选择题（选择一个正确答案，将其前方的字母填在括号中）

1．与连杆机构相比，凸轮机构最大的缺点是_____。（　　）

A．惯性力难以平衡　B．点、线接触，易磨损

C．设计较为复杂　D．不能实现简谐运动

2．与其他机构相比，凸轮机构的最大优点是_____。（　　）

A．可实现各种预期的运动规律　B．便于润滑

C．制造方便，易获得较高的精度　D．从动件的行程可较大

3．凸轮机构从动件的运动规律取决于凸轮的_____。（　　）

A．大小　B．形状　C．厚度　D．表面质量

4．凸轮与从动件接触处的运动副属于_____。（　　）

A．高副　B．转动副　C．移动副

5．要使凸轮机构正常工作，必须以凸轮_____。（　　）

A．做从动件并匀速转动　B．做原动件并变速转动

C．做原动件并匀速转动

6．在凸轮机构的从动件基本类型中，_____从动件可准确地实现任意的运动规律。（　　）

A．尖顶　B．滚子　C．平底

7．凸轮机构中耐磨损又可承受较大载荷的是_____从动件。（　　）

A．尖顶　B．滚子　C．平底

8．_____的磨损较小，适用于没有内凹槽凸轮轮廓曲线的高速凸轮机构。（　　）

A．尖顶从动件　B．滚子从动件　C．平底从动件

9．滚子从动件盘形凸轮的理论廓线和实际廓线之间的关系为_____。（　　）

A．两条廓线相似　B．两条廓线相同

C．两条廓线之间的径向距离相等　D．两条廓线之间的法向距离相等

10．凸轮压力角的大小与基圆半径的关系是_____。（　　）

A．基圆半径越小，压力角偏小　B．基圆半径越大，压力角偏小

C．基圆半径越大，压力角偏大

11．压力角增大时，对_____。（　　）

A．凸轮机构的工作不利　B．凸轮机构的工作有利

C．凸轮机构的工作无影响　D．以上均不对

12．凸轮机构按_____工作时，会产生刚性冲击。（　　）

A．等速运动规律　　B．等加速等减速运动规律

C．简谐运动规律

13．当凸轮基圆半径相同时，采用适当的偏置从动件可_____凸轮机构推程的压力角。（　　）

A．减小　　B．增加　　C．保持原来

14．凸轮轮廓曲线上各点的压力角是_____。（　　）

A．不变的　　B．变化的

15．直动平底从动件盘形凸轮机构的压力角_____。（　　）

A．等于零　　B．不等于零　　C．随凸轮转角而变化

16．若减小凸轮机构的推程压力角 α，则该凸轮机构的凸轮基圆半径将_____，从动件上所受的有害分力将_____。（　　）

A．增大　　B．减小　　C．不变

17．从动件作等速运动规律的位移曲线形状是_____。（　　）

A．斜直线　　B．抛物线　　C．双曲线

18．从动件作等加速等减速运动规律的位移曲线形状是_____。（　　）

A．斜直线　　B．抛物线　　C．双曲线

19．使用滚子从动件的凸轮机构，为避免运动规律失真，滚子半径 r_T 与凸轮理论轮廓曲线外凸部分曲率半径 ρ_0 之间应满足_____。（　　）

A．$r_T<\rho_0$　　B．$r_T=\rho_0$　　C．$r_T>\rho_0$

20．在设计滚子从动件盘形凸轮机构时，轮廓曲线出现交叉，是因为滚子半径 r_T _____该位置理论廓线的曲率半径 ρ_0。（　　）

A．大于　　B．小于　　C．等于

三、综合题

1．凸轮机构分为哪几类？各有什么特点？

2．什么是凸轮的基圆半径？基圆半径的大小与凸轮机构的性能有什么关系？

3．凸轮机构从动件的常用运动规律有哪些？各有什么特点？

4．什么是凸轮的压力角？为减小凸轮机构的压力角，可采取哪些措施？

5．设计一偏置尖顶从动件盘形凸轮，并合理选定从动件导路的偏置方向。已知凸轮以等角速度逆时针方向转动，基圆半径 r_b=40mm，偏距 e=20mm，从动件的运动规律为

凸轮转角/（°）	0～180	180～360
从动件运动	等速上升 30mm	等加速等减速返回原位

6．按上一题给定的条件设计一偏置滚子从动件盘形凸轮，已知滚子半径 r_T=10mm。

7．设计一对心直动滚子从动件盘形凸轮机构。已知凸轮的基圆半径 r_b=30mm，滚子直径 r_T=10mm，从动件的运动规律为

凸轮转角/（°）	0～140	140～180	180～300	300～360
从动件运动	简谐运动上升 30mm	停止不动	等加速等减速返回原处	停止不动

Chapter 5

第5章 间歇运动机构

教学要求

（1）掌握棘轮机构和槽轮机构的工作原理；

（2）熟悉棘轮机构和槽轮机构的类型；

（3）了解不完全齿轮机构和凸轮间歇运动机构的工作原理和特点。

重点与难点

重点：棘轮机构和槽轮机构的工作原理；

难点：棘轮机构和槽轮机构的工作原理。

5.1 棘轮机构

5.1.1 棘轮机构的工作原理及类型

棘轮机构是主动件作往复摆动，从动件作时动时停间歇运动的机构。它主要由棘轮、棘爪和机架等构件组成。按其工作原理，分为齿式棘轮机构和摩擦式棘轮机构两大类。

1．齿式棘轮机构

齿式棘轮机构利用棘爪与棘轮上棘齿的啮合和分离，实现周期性的间歇运动。如图 5-1 所示，它主要由棘爪、摇杆、棘轮和弹簧等组成。棘轮用键与轴固联，棘爪与摇杆铰接，摇杆空套在轴上并绕轴线作往复摆动。当摇杆逆时针摆动时，与摇杆铰接的棘爪插入棘轮的齿槽内，推动棘轮转过一定角度；当摇杆顺时针摆动时，棘爪在棘轮的齿背滑动，此时止动棘爪阻止棘轮反向转动，棘轮静止不动。因此，当主动件摇杆作连续往复摆动时，从动件棘轮将作单向的间歇运动。此外，为了保证止动棘爪工作可靠，用弹簧使棘爪与棘轮齿面始终保持接触。

齿式棘轮机构按其啮合方式分为外啮合棘轮机构（见图 5-1（a））和内啮合棘轮机构（见图 5-1（b））。

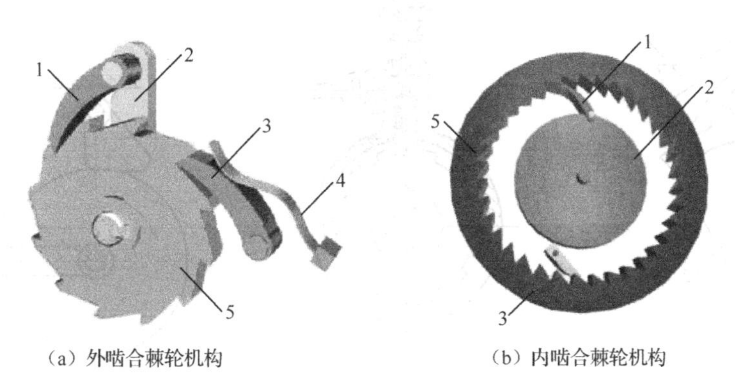

（a）外啮合棘轮机构　　（b）内啮合棘轮机构

1—棘爪；2—摇杆；3—止动棘爪；4—弹簧；5—棘轮

图 5-1　齿式棘轮机构

按从动件的运动形式又可分为单动式、双动式和可变向棘轮机构。

（1）单动式棘轮机构。如图 5-1 所示，当主动件摇杆向某一个方向摆动时，棘轮沿同一方向转过一定角度；当主动件摇杆反向摆动时，棘轮则静止不动。

（2）双动式棘轮机构。如图 5-2 所示，根据棘爪的结构形状，可分为钩头拉杆式（见图 5-2（a））和平头撑杆式（见图 5-2（b））棘轮机构。当主动件摇杆往复摆动一次时，两个棘爪交替推动棘轮沿同一方向间歇转动。

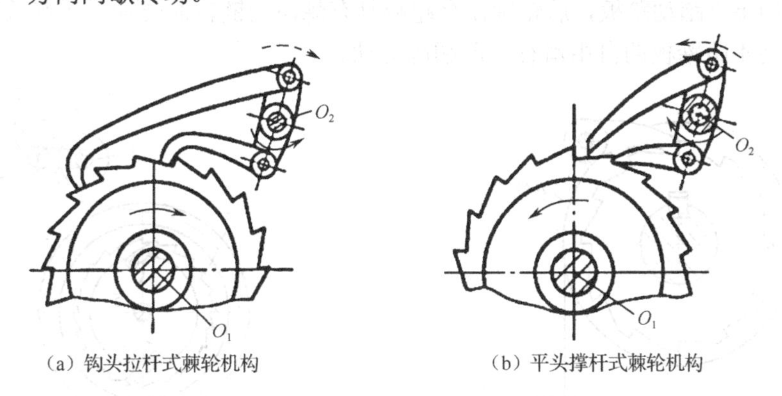

（a）钩头拉杆式棘轮机构　　（b）平头撑杆式棘轮机构

图 5-2　双动式棘轮机构

（3）可变向棘轮机构。如图 5-3（a）所示为可变向棘轮机构，棘轮的轮齿为对称梯形，棘爪可翻转。当棘爪在实线位置时，摇杆与棘爪将使棘轮沿逆时针方向作间歇运动；当棘爪翻转到虚线位置时，棘轮可实现顺时针方向的间歇运动。图 5-3（b）所示为另一种可变向棘轮机构，棘轮的轮齿为矩形，其棘爪可绕自身轴线回转，当棘爪在图示位置时，棘轮将作逆时针方向的单向间歇运动；当把棘爪提起并绕其自身轴线旋转 180° 后再放下时，棘轮将向顺时针方向作单向间歇运动。若把棘爪提起 90° 后再放下，棘爪搁置在壳体的平台上，此时棘爪和棘轮脱开。

2．摩擦式棘轮机构

在齿式棘轮机构中，棘轮每次的转角总是相邻两齿所夹中心角的倍数，即可实现棘轮转角的有级调节；若要实现棘轮转角的无级调节，则可采用图 5-4 所示的摩擦式棘轮机构，它是通过棘爪与棘轮之间的摩擦力来传递运动的。

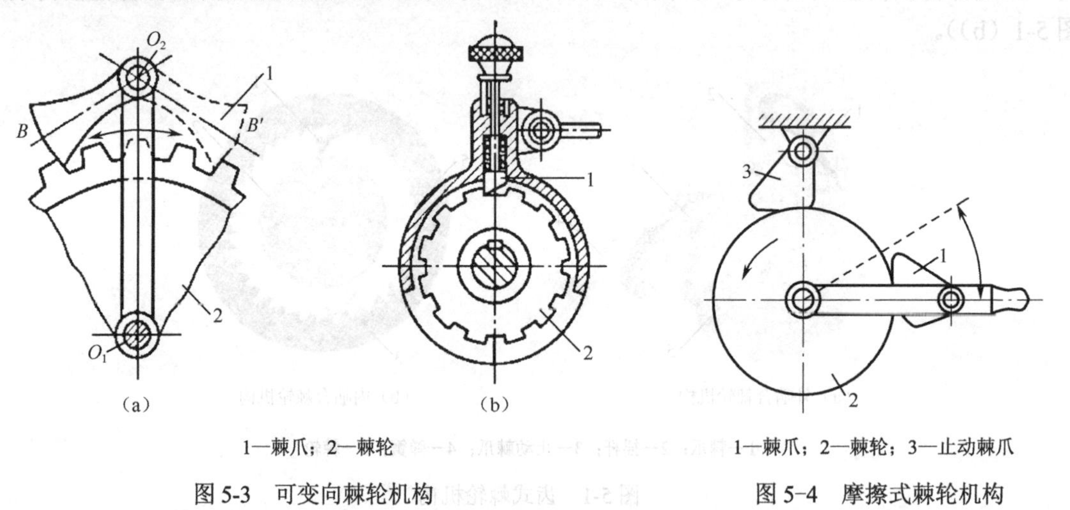

1—棘爪；2—棘轮

图 5-3　可变向棘轮机构

1—棘爪；2—棘轮；3—止动棘爪

图 5-4　摩擦式棘轮机构

5.1.2　棘轮机构的特点及应用

棘轮机构在机械中应用比较广泛，常用于实现间歇进给运动，如牛头刨床工作台的横向进给装置；除此之外，它还能实现制动（如图 5-5 所示的卷扬机制动机构）和超越运动。超越运动就是从动件可以超越主动件而转动的运动，图 5-6 所示为自行车后轮轴上的棘轮机构。当自行车下坡时，如果不踏动踏板，后轮轴便会超越具有棘齿的链轮而转动，让棘爪在棘轮齿背上滑过，从而实现不蹬踏板的自由滑行，即超越运动。

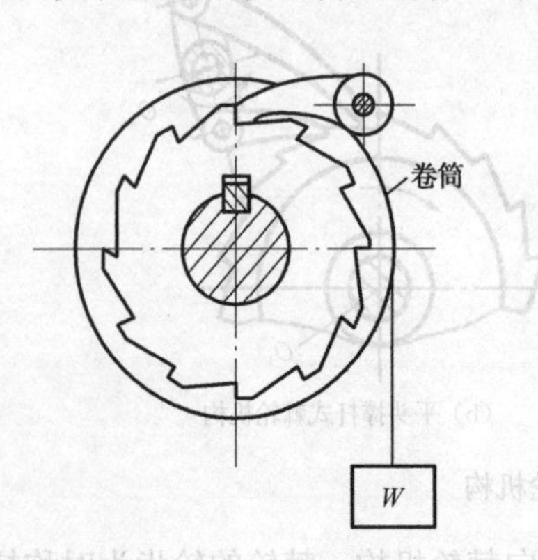

图 5-5　卷扬机制动机构

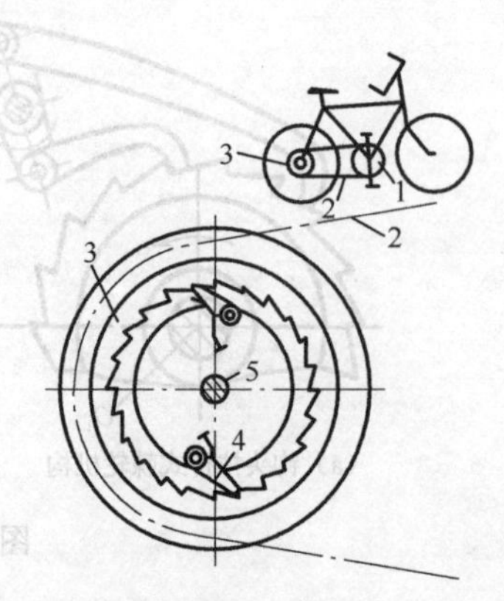

1、3—链轮；2—链条；4—棘爪；5—后轮轴

图 5-6　自行车后轮轴上的棘轮机构

齿式棘轮机构结构简单、制造方便、运动可靠，但在其运动开始和终止时有冲击和噪声，传动精度低，且轮齿易磨损，故不宜用于高速传动和具有很大质量的轴上。摩擦式棘轮机构的棘轮转角在传动中可实现无级调节，传动比较平稳且无噪声，但因靠摩擦力传动，其接触表面易发生滑动，因此常用于低速轻载的场合。

5.2 槽轮机构

5.2.1 槽轮机构的工作原理及类型

槽轮机构是主动件作连续转动，从动件作间歇运动的机构。它主要由具有径向槽的槽轮、带有圆销的拨盘和机架组成，如图 5-7 所示。

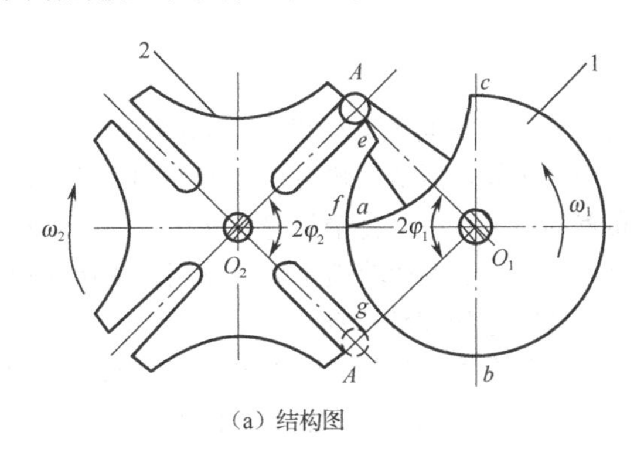

（a）结构图　　（b）实物图

1—拨盘；2—槽轮

图 5-7　外槽轮机构

拨盘是主动件，作等速连续转动，驱动从动件槽轮作时动时停的间歇运动。当拨盘上的圆销 A 未进入槽轮的径向槽时，由于槽轮的内凹圆弧表面被拨盘的外凸圆弧锁住，故槽轮静止不动。当圆销 A 开始进入径向槽时，锁止弧被松开，圆销 A 驱使槽轮顺时针方向转动。当圆销 A 开始脱离径向槽时，槽轮的另一内凹圆弧表面又被拨盘的外凸圆弧锁住而使槽轮静止不动，直到圆销 A 再次进入下一个槽轮的径向槽时，重复上述的运动循环，从而实现槽轮的间歇运动。

槽轮机构主要有两种形式：一种是槽轮转向与拨盘转向相反的外槽轮机构，如图 5-7 所示；另一种是槽轮转向与拨盘转向相同的内槽轮机构，如图 5-8 所示。根据机构中圆销数目的不同，外槽轮机构又分为单圆销、双圆销、多圆销槽轮机构。

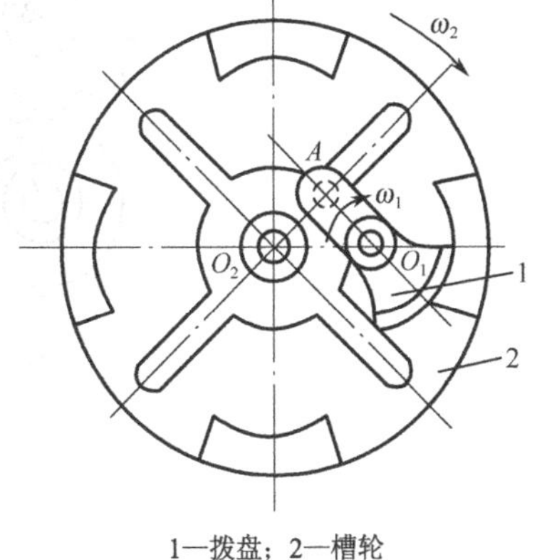

1—拨盘；2—槽轮

图 5-8　内槽轮机构

5.2.2 槽轮机构的特点及应用

槽轮机构结构简单，转位迅速，传动效率高，在进入和脱离接触时运转较平稳，故常在自动或半自动机械及轻工机械中用作转位机构、电影放映机卷片机构。但由于槽轮的转角不可调，转动时有冲击且在转动始末加速度变化较大，故不宜用于高速转动的场合。

5.3 不完全齿轮机构和凸轮间歇运动机构

5.3.1 不完全齿轮机构

1．不完全齿轮机构的工作原理及类型

不完全齿轮机构是由渐开线齿轮机构演变而来的一种间歇运动机构，如图 5-9（a）所示。这种机构的主动轮是仅有一个齿或 n 个齿的不完全齿轮，而从动轮可以是普通的完整齿轮，也可以是由正常齿和带锁止弧的厚齿彼此相间布置的齿轮。在不完全齿轮机构中，当主动轮轮齿进入啮合时，推动从动轮转动；当轮齿退出啮合后，由于主动轮锁止弧的作用，使从动轮静止不动，因而当主动轮连续转动时，从动轮获得时转时停的间歇运动。

不完全齿轮机构主要有外啮合式和内啮合式两种形式。外啮合不完全齿轮机构如图 5-9（a）所示，啮合时两轮转向相反，主动轮顺时针转动一周，从动轮逆时针转 1/8 周，故从动轮每转一周的过程中停歇 8 次；图 5-9（b）所示为内啮合不完全齿轮机构，啮合时两轮转向相同，当主动轮顺时针转动一周时，从动轮顺时针转 1/18 周。

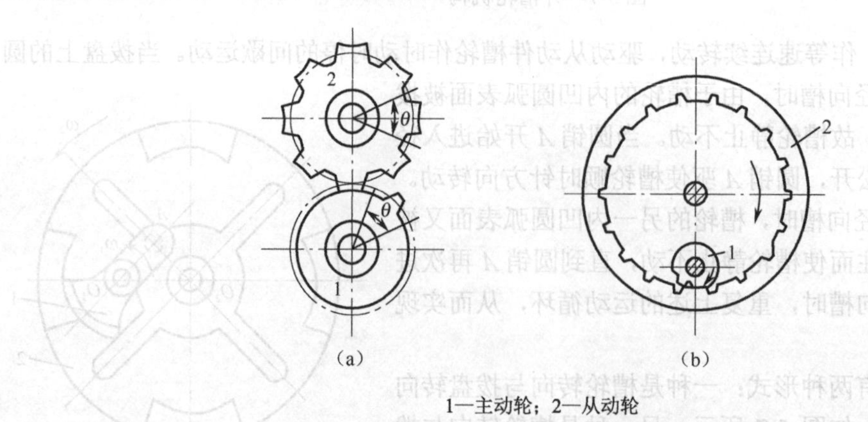

1—主动轮；2—从动轮

图 5-9 不完全齿轮机构

2．不完全齿轮机构的特点及应用

不完全齿轮机构结构简单，设计灵活，工作可靠，且较易实现一个运动周期的多次动、停时间不等的间歇运动，但加工工艺较复杂，有较大冲击，故一般用于低速轻载的场合，如间歇进给机构及计数装置等自动机械和半自动机械中。

5.3.2　凸轮式间歇运动机构

在间歇运动机构中，棘轮机构和槽轮机构虽然应用比较广泛，但其运动速度较低。近年来，随着科技的发展，凸轮式间歇运动机构的应用不断增加。

凸轮式间歇运动机构是利用凸轮的轮廓曲线，通过对转盘上滚子的推动，将凸轮的连续转动变为从动盘的间歇转动的机构。它由凸轮、转盘和机架组成，常见的有圆柱凸轮和蜗杆凸轮间歇机构两种形式。

图 5-10 所示为圆柱凸轮间歇机构，具有曲线沟槽（或凸脊）的圆柱凸轮为主动件，转盘为从动件，转盘上均匀分布着若干个滚子，滚子的轴线与转盘轴线相平行，凸轮轴线与转盘轴线垂直交错。当凸轮转动时，凸轮上的曲线沟槽拨动从动转盘上的滚子，使从动转盘作单向间歇运动。

图 5-11 所示为蜗杆凸轮间歇机构，主动凸轮上有一条凸脊，形状如同一个圆弧面蜗杆，从动转盘的圆柱面上均匀分布着若干个滚子，滚子的轴线沿转盘的径向，其工作原理与圆柱凸轮间歇机构相同，主动件蜗杆凸轮转动带动从动转盘作单向间歇运动。

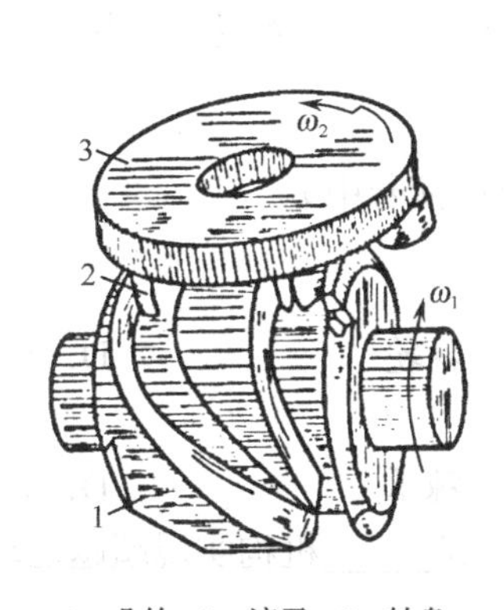

1—凸轮；2—滚子；3—转盘

图 5-10　圆柱凸轮间歇机构

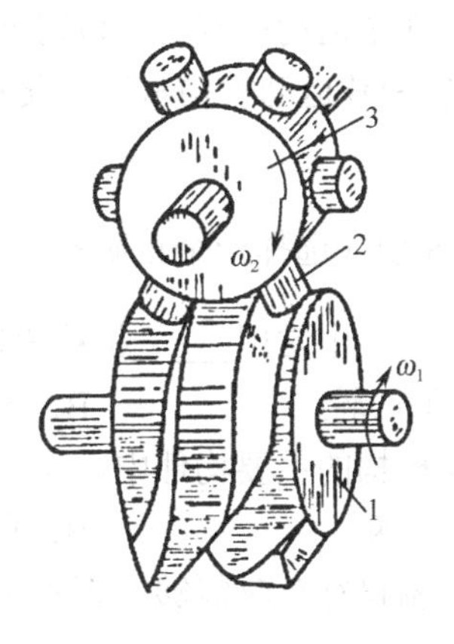

1—凸轮；2—滚子；3—转盘

图 5-11　蜗杆凸轮间歇机构

凸轮间歇运动机构常用于传递交错轴间的间歇传动，其结构简单，运动可靠，转位精确，传动平稳且无噪声。此外，它最突出的优点是可通过选择适当的运动规律来减小负荷和避免冲击，以适应高速运转的要求，但凸轮加工比较复杂，精度、安装及调整要求较高，故适用于高速、高精度的步进进给、分度转位机构中，如制瓶机、纸烟、包装机、高速冲床、多色印刷机等。

本章小结

本章主要介绍了几种常见间歇运动机构的工作原理、类型、特点及应用场合。

单元习题

一、**判断题**（在每题的括号内打上相应的×或√）

1．间歇运动机构是由齿轮机构传动演变而来的，所以齿轮传动的传动比计算方法同样适用于间歇机构。 （ ）

2．能实现间歇运动要求的机构，不一定都是间歇运动机构。 （ ）

3．可变向棘轮机构常用在牛头刨床工作台的横向进给机构中。 （ ）

4．棘轮机构的主动件是棘轮，从动件是棘爪。 （ ）

5．外啮合槽轮机构主动件的转向和从动件的转向是相同的。 （ ）

6．槽轮机构中槽轮的转角大小是可以调节的。 （ ）

7．止动棘爪和锁止圆弧的作用是相同的。 （ ）

8．不完全齿轮机构在运动过程中传动比是变量，而槽轮机构在运动过程中传动比则是常量。 （ ）

9．凸轮间歇运动机构的间歇时间是可调的。 （ ）

10．凸轮间歇运动机构常用于传递交错轴间的间歇传动，故用于高速、高精度的机械装置中。 （ ）

二、**选择题**（选择一个正确答案，将其前方的字母填在括号中）

1．起重设备中常用_____机构来阻止鼓轮反转。 （ ）

A．偏心轮　B．凸轮　C．棘轮　D．摩擦轮

2．棘轮机构的主要构件中，不包括_____。 （ ）

A．曲柄　B．棘轮　C．棘爪　D．机架

3．人在骑自行车时能够实现不蹬踏板的自由滑行，这是_____机构实现超越运动的结果。 （ ）

A．凸轮　B．棘轮　C．槽轮　D．不完全齿轮

4．在单向间歇运动机构中，棘轮机构常用于_____的场合。 （ ）

A．低速轻载　B．高速轻载　C．低速重载　D．高速重载

5．电影院放电影时，是利用电影放映机卷片机内部的_____机构，实现胶片画面的依次停留，从而使人们通过视觉获得连续的场景。 （ ）

A．凸轮　B．飞轮　C．棘轮　D．槽轮

6．单圆销六槽外啮合齿轮机构，若主动件拨盘转一周，则从动件槽轮转_____周。（ ）

A．1　B．1/4　C．1/6　D．1/8

7．由渐开线齿轮机构演变而来的一种间歇运动机构是_____。 （ ）

A．棘轮机构　B．槽轮机构

C．凸轮机构　D．不完全齿轮机构

8．槽轮的槽形是_____。 （ ）

A．轴向槽　B．径向槽　C．弧形槽　D．圆形槽

9．槽轮机构中主动件在工作中作_____运动。　　　　（　　）

A．往复摆动　　B．往复直线　　C．等速　　D．直线

10．六角车床的刀架转位机构是采用的_____。　　　　（　　）

A．棘轮机构　　B．槽轮机构　　C．凸轮机构　　D．齿轮机构

第二篇

机械传动

Chapter 6

第6章 圆柱齿轮传动

教学要求

（1）了解齿轮传动的类型和应用；

（2）掌握渐开线性质、啮合特性、标准直齿圆柱齿轮的主要参数和尺寸计算；

（3）熟悉齿轮正确啮合条件和连续传动条件，能够计算圆柱齿轮的几何尺寸，能正确判断齿轮失效的形式，确定设计准则，并进行强度设计与校核。

重点与难点

重点：圆柱齿轮基本参数的确定与几何尺寸的计算，齿轮正确啮合及连续传动的条件，齿轮的失效形式、计算准则及其受力分析和强度计算；

难点：斜齿圆柱齿轮的当量齿轮、受力分析和强度计算。

技能要求

（1）齿轮参数的测定；

（2）齿轮范成实验；

（3*）齿轮效率的测试。

6.1 齿轮传动的特点与类型

1．齿轮传动的特点

齿轮传动是应用最广泛的一类传动。其主要优点为：

（1）工作圆周速度和功率范围广；

（2）效率较高，寿命长；

（3）传动比稳定；

（4）工作可靠性高；

（5）可实现平行轴、任意角相交轴及交错轴间的传动。

与其他传动相比，齿轮传动有如下缺点：

（1）制造和安装精度的要求较高，成本也较高；

（2）不适于远距离两轴间的传动。

2．齿轮传动的分类

按齿轮两轴线的相对位置，齿轮传动可分为两轴平行、两轴不平行（包括：两轴相交、两轴交错）两类；按轮齿的齿向可分为直齿、斜齿、人字齿和曲齿四种。齿轮传动的类型见图 6-1。

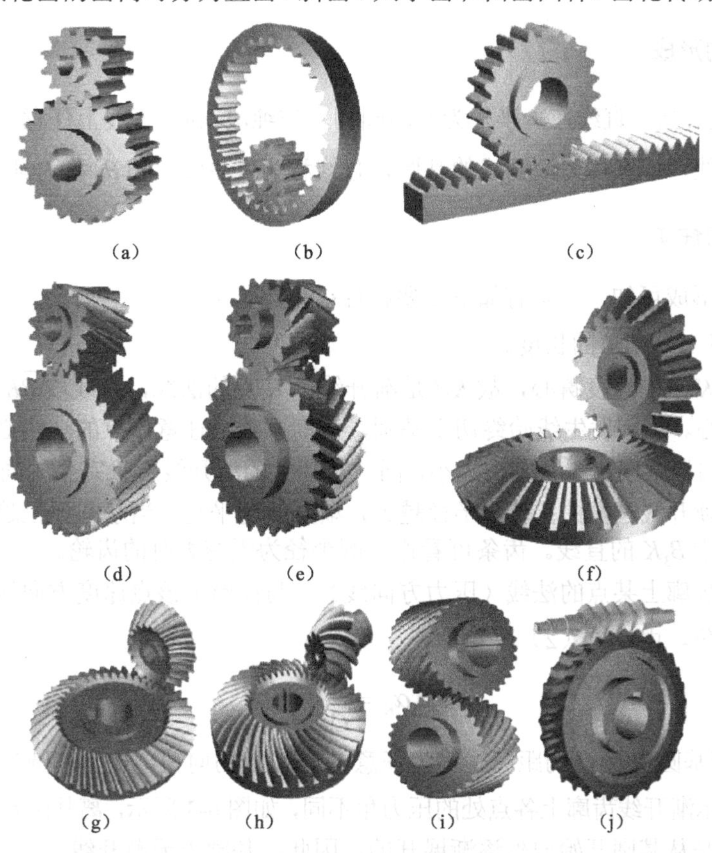

图 6-1　齿轮传动的类型

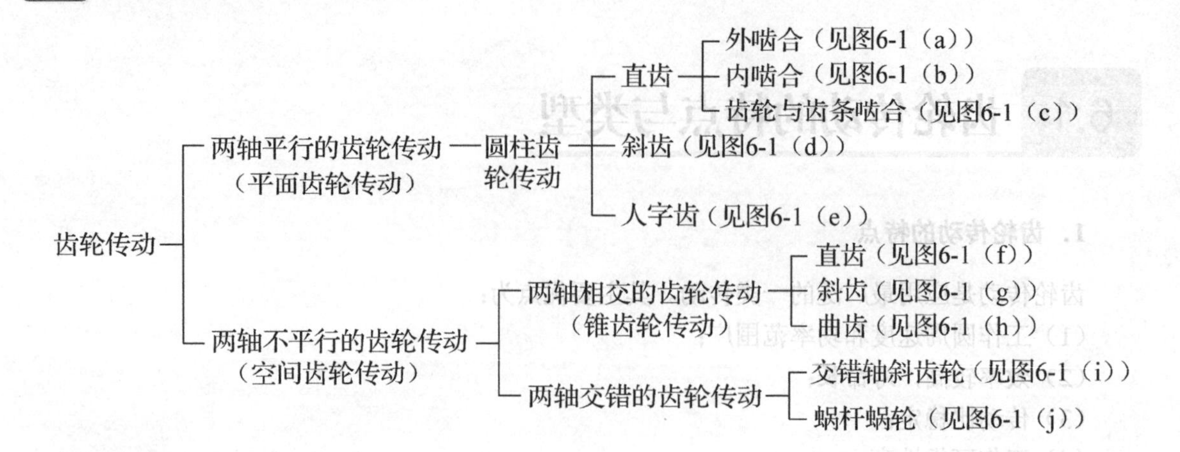

6.2 渐开线齿廓及啮合特点

传动齿轮的常用齿廓有渐开线齿廓、摆线齿廓和圆弧齿廓，其中以渐开线齿廓应用最广，故本章着重讨论渐开线齿轮。

6.2.1 渐开线的形成与性质

1．渐开线的形成

如图 6-2 所示，当一直线在一半径为 r_b 的圆周上作纯滚动时，直线上任意一点 K 的轨迹 $\overset{\frown}{AK}$ 称为该圆的渐开线，该圆称为渐开线的基圆，直线称为发生线，角 θ_K 称为渐开线 $\overset{\frown}{AK}$ 的展角。

2．渐开线的性质

由渐开线的形成可知，它具有如下主要特性：

（1）$\overset{\frown}{AB}$ 等于线段 $\overline{BK}$ 的长度。

（2）B 点是 K 点的速度瞬心，故 KB 是渐开线上 K 点的法线，且线段 $\overline{BK}$ 为其曲率半径，B 点为其曲率中心。又因发生线始终切于基圆，故渐开线上任意一点的法线必与基圆相切。

（3）渐开线的形状取决于基圆的大小，同一基圆上的渐开线形状完全相同。由图 6-3 可知，基圆半径越小，渐开线越弯曲；基圆半径越大，渐开线越平直，当基圆半径趋于无穷大时，渐开线将成为垂直于 B_3K 的直线。齿条可看作基圆半径为无穷大时的齿轮。

（4）渐开线齿廓上某点的法线（压力方向线），与齿廓上该点速度方向线所夹的锐角 α_K，称为该点的压力角。由性质（2）可知

$$\cos\alpha_K = \frac{\overline{OB}}{\overline{OK}} = \frac{r_b}{r_K} \tag{6-1}$$

r_K 为 K 点到基圆中心 O 的距离，称为任意一点 K 处的向径，r_b 为基圆半径。

式（6-1）表示渐开线齿廓上各点处的压力角不同，如图 6-3 所示，离基圆越远，压力角越大。

（5）渐开线是从基圆开始向外逐渐展开的，因此，基圆内无渐开线。

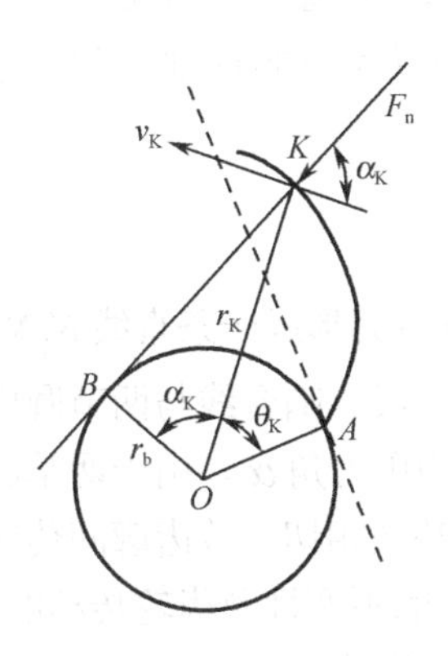

图 6-2　渐开线的形成

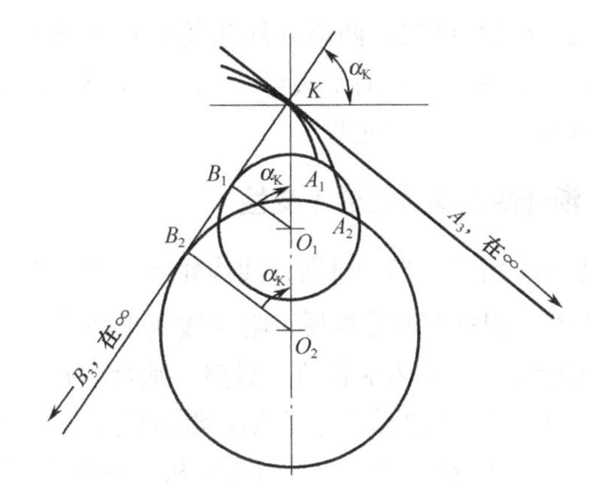

图 6-3　基圆大小对渐开线的影响

6.2.2　渐开线齿廓啮合的基本特性

1．渐开线齿廓传动比的恒定性

图 6-4 所示为一对渐开线齿轮的啮合传动。两齿廓的接触点 K 为啮合点，根据渐开线的性质，过啮合点 K 所作的齿廓公法线为两基圆的内公切线 n—n。该内公切线与两连心线 O_1O_2 的交点称为节点 P；以基圆的圆心为回转中心，过节点 P 所作的圆称为节圆；$\overline{OP}$ 的长度称为节圆半径 r'。由于两轮基圆的大小及其位置均固定不变，同一方向上的内公切线只有一条，故该交点 P 必为一定点。

又$\triangle O_1N_1P \backsim \triangle O_2N_2P$，因此，可得出如下结论：

$$i_{12}=\frac{\omega_1}{\omega_2}=\frac{\overline{O_2P}}{\overline{O_1P}}=\frac{r_2'}{r_1'}=\frac{r_{b2}}{r_{b1}}=\text{常数} \tag{6-2}$$

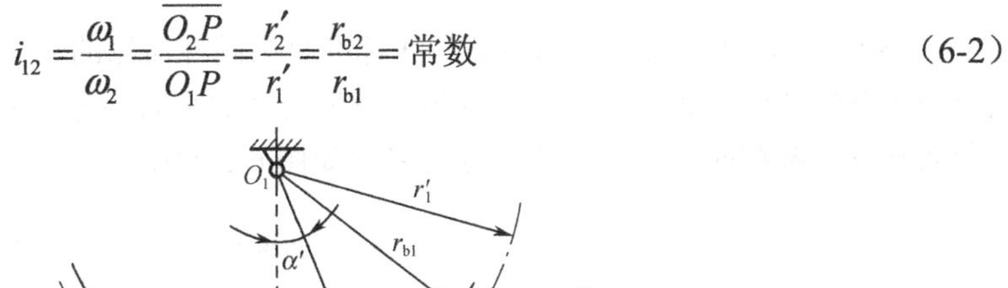

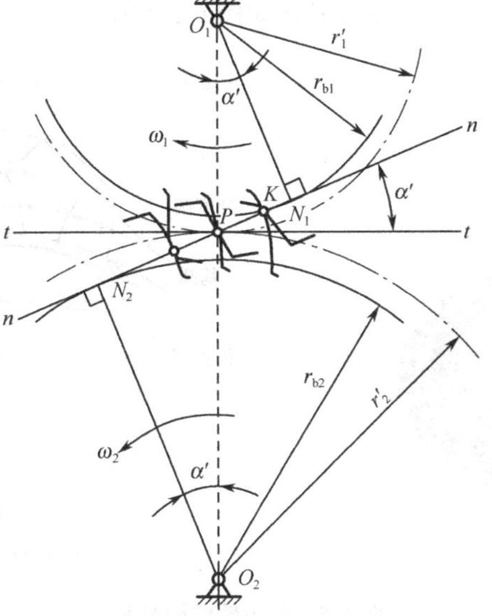

图 6-4　渐开线齿轮的啮合传动

由式（6-2）可知，两渐开线齿轮传动的瞬时速比等于两齿轮基圆半径的反比。当一对渐开线齿轮制成后，两轮的基圆半径已确定，所以一对渐开线齿轮传动的瞬时速比为一常数，即能保证瞬时传动比的恒定性。

2．渐开线齿廓传力的不变性

如图 6-4 所示，当一对渐开线齿轮啮合时，啮合点 K 的轨迹将会形成一条直线 N_1N_2，该线称为啮合线，根据渐开线性质，啮合线属于两轮基圆内公切线的一段。啮合线与两节圆内公切线 t—t 所夹的锐角 α' 称为啮合角。显然，啮合角 α' 即为节点 P 处的压力角 α。由于两基圆同侧内公切线只有一条，依据渐开线性质，渐开线上任一点的法线恒与基圆相切，故齿廓间传递的正压力一定沿着公法线的方向（见图 6-2），从而保证了渐开线齿廓传力的不变性及齿轮传动的平稳性。

综上所述，啮合线、公法线、两基圆的内公切线、正压力作用线四线重合。

3．渐开线齿轮中心距的可微变性

一对渐开线齿轮制成之后，其基圆半径是不能改变的，由式（6-2）可知，即使两轮的中心距稍有改变，其角速比仍保持原值不变，这种性质称为渐开线齿轮中心距的可微变性。渐开线齿轮的这一特点，为齿轮的制造、安装等带来很大的方便。

6.3 渐开线直齿圆柱齿轮的主要参数与几何尺寸的计算

6.3.1 渐开线齿轮各部分的名称与代号

图 6-5（a），（b）所示分别为渐开线标准直齿圆柱齿轮的结构和几何名称。由形状相同的两反向渐开线曲面组成的齿廓称为轮齿，轮齿之间的空间部分称为齿槽，齿轮的轮齿与齿槽均匀分布在整个圆柱面上。齿轮各部分的名称如图 6-5（b）所示。

（a）外齿轮结构

（b）外齿轮各部分名称

图 6-5 外齿轮结构及名称

1. 齿数

在齿轮整个圆周上轮齿的总数称为齿轮的齿数，用 z 表示。

2. 齿顶圆、齿根圆

过齿轮顶端的圆称为齿顶圆，齿顶圆的直径与半径分别用 d_a 和 r_a 表示。
过齿轮槽底的圆称为齿根圆，齿根圆的直径与半径分别用 d_f 和 r_f 表示。

3. 齿厚、齿槽宽和齿距

在任一圆上量得的同一轮齿两侧齿廓间的弧长称为齿厚，用 s_K 表示；在任一圆上量得的同一齿槽两侧齿廓间的弧长称为齿槽宽，用 e_K 表示；在任一圆上量得的相邻两齿同侧齿廓间的弧长称为齿距，用 p_K 表示，显然

$$p_K = s_K + e_K \tag{6-3}$$

4. 分度圆、模数

为确定齿轮各部分的几何尺寸，在齿轮上选择一个圆作为计算的基准，该圆称为分度圆。分度圆上的齿距 p、齿厚 s、齿槽宽 e 满足关系 $p=s+e$，且对于标准齿轮有 $s=e$。

分度圆直径 d、齿距 p 与齿数 z 之间存在如下关系：

$$d = \frac{p}{\pi} z \tag{6-4}$$

式中，π 是无理数，这给齿轮设计、制造和检测带来麻烦。故为计算与测量方便，令 $m = p/\pi$，并称 m 为模数，单位为 mm，代入式（6-4）得

$$d = mz \tag{6-5}$$

规定分度圆处的模数为标准值（标准模数系列见表 6-1）。模数 m 是决定齿轮尺寸的一个基本参数。如图 6-6 所示，模数越大，齿轮的尺寸和承载能力越大。

表 6-1　标准模数系列

第一系列	1　1.25　1.5　2　2.5　3　4　5　6　8　10　12　16　20　25　32　40　50
第二系列	1.25　2.75　（3.25）　3.5　（3.75）　4.5　5.5　（6.5）　7　9　（11）　14　18　22　28　（30）　36　45

注：① 本表适用于渐开线圆柱齿轮，对斜齿轮是指法向模数 m_n。

② 选用模数时，应优先选用第一系列，括号内的模数尽可能不用。

5. 压力角

由渐开线的性质可知，渐开线上各点的压力角不相等。分度圆上的压力角用 α 表示，我国规定 $\alpha = 20°$，此外，某些场合也可采用 $\alpha = 14.5°$、$15°$、$22.5°$、$25°$。

由渐开线上 K 点压力角公式（6-1）得分度圆上的压力角：

$$\cos\alpha = \frac{r_b}{r} \tag{6-6}$$

$$r_b = r\cos\alpha = \frac{mz}{2}\cos\alpha \tag{6-7}$$

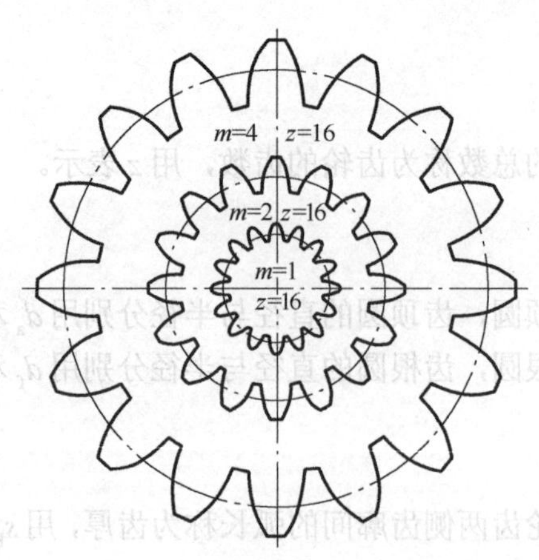

图 6-6 不同模数轮齿大小的比较

由渐开线的性质可知，渐开线的形状由基圆决定，故α是决定渐开线齿廓形状的又一个基本参数。

综上所述，分度圆是齿轮上具有标准模数和标准压力角的圆。

6．齿顶高、齿根高和全齿高

齿顶圆与分度圆之间的径向距离称为齿顶高，用h_a表示；齿根圆与分度圆之间的径向距离称为齿根高，用h_f表示；齿根圆与齿顶圆之间的径向距离称为全齿高，用h表示；它们三者满足关系：$h = h_a + h_f$。

7．齿顶高系数、顶隙系数

规定标准齿轮的齿顶高$h_a = h_a^* m$，齿根高$h_f = (h_a^* + c^*)m$。m、h_a^*和c^*分别为模数、齿顶高系数和顶隙系数。标准正常齿制：h_a^*=1，c^*=0.25；标准短齿制：h_a^*=0.8，c^*=0.3。

将模数、压力角、齿顶高系数、顶隙系数均定为标准值，且分度圆上齿厚等于齿槽宽的齿轮称为标准齿轮。对于标准齿轮$s = e = \frac{1}{2}\pi m$。

内齿轮的结构与几何名称如图 6-7 所示。

（a）内齿轮结构

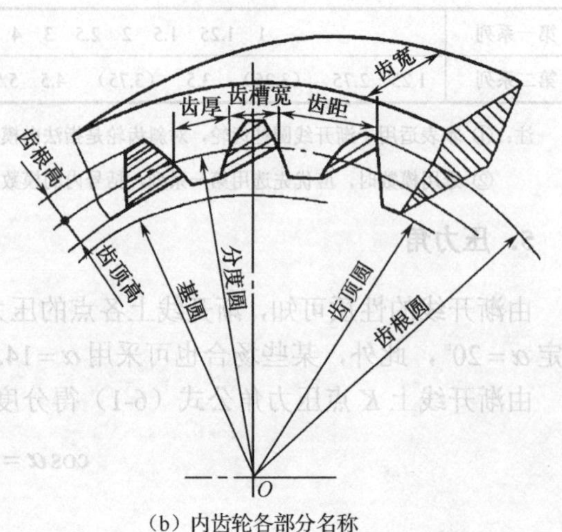

（b）内齿轮各部分名称

图 6-7 内齿轮结构及名称

6.3.2　渐开线标准直齿圆柱齿轮的几何尺寸计算

渐开线标准直齿圆柱齿轮几何尺寸的计算公式见表 6-2。

表 6-2　渐开线标准直齿圆柱齿轮几何尺寸的计算公式

	名　称	符　号	计算公式	
			外　齿　轮	内　齿　轮
基本参数	模数	m	依据齿轮承受载荷、结构条件等确定，并按表 6-1 选用标准值	
	压力角	α	选用标准值 20°	
	齿数	z	根据实际情况选取与计算	
	齿顶高系数	h_a^*	标准正常齿制：$h_a^*=1$，标准短齿制：$h_a^*=0.8$	
	顶隙系数	c^*	标准正常齿制：$c^*=0.25$，标准短齿制：$c^*=0.3$	
几何尺寸计算	顶隙	c	$c=c^*m$	
	齿距	p	$p=\pi m$	
	齿厚	s	$s=\pi m/2$	
	齿槽宽	e	$e=\pi m/2$	
	齿顶高	h_a	$h_a=h_a^*m$	
	齿根高	h_f	$h_f=(h_a^*+c^*)m$	
	全齿高	h	$h=h_a+h_f=(2h_a^*+c^*)m$	
	分度圆直径	d	$d=mz$	
	基圆直径	d_b	$d_b=d\cos\alpha$	
	齿顶圆直径	d_a	$d_a=d+2h_a=(z+2h_a^*)m$	$d_a=d-2h_a=(z-2h_a^*)m$
	齿根圆直径	d_f	$d_f=d-2h_f=(z-2h_a^*-2c^*)m$	$d_f=d+2h_f=(z+2h_a^*+2c^*)m$
	中心距	a	$a=\frac{1}{2}(d_1+d_2)=\frac{1}{2}m(z_1+z_2)$	$a=\frac{1}{2}(d_2-d_1)=\frac{1}{2}m(z_2-z_1)$

【例 6-1】 已知一对外啮合传动的正常齿制标准直齿圆柱齿轮标准安装，$z_1=20$，$a=96$mm，$m=3$mm。求 z_2、d_1、d_2、d_{a1}、d_{a2}。

解： 根据题意，应该先求出 z_2。由式

$$a=\frac{1}{2}m(z_1+z_2)，得$$

$$z_2=44$$

则

$$d_1=mz_1=3\times20=60\text{mm}$$

$$d_2=mz_2=3\times44=132\text{mm}$$

$$d_{a1}=(z_1+2h_a^*)m=(20+2\times1)\times3=66\text{mm}$$

$$d_{a2}=(44+2\times1)\times3=138\text{mm}$$

6.3.3 公法线长度、分度圆弦齿厚与弦齿高

齿轮在加工、检验中，常用测量公法线长度或分度圆弦齿厚的方法来确保齿轮加工的精度。

1．公法线长度

卡尺在齿轮上跨若干齿数 k 所量得齿廓间的法向距离称为公法线长度，用 W 表示。图 6-8 所示为卡尺跨测三个齿时与轮齿相切于 A、B 两点，则线段 AB 即为跨三个齿的公法线长度。根据渐开线性质可得

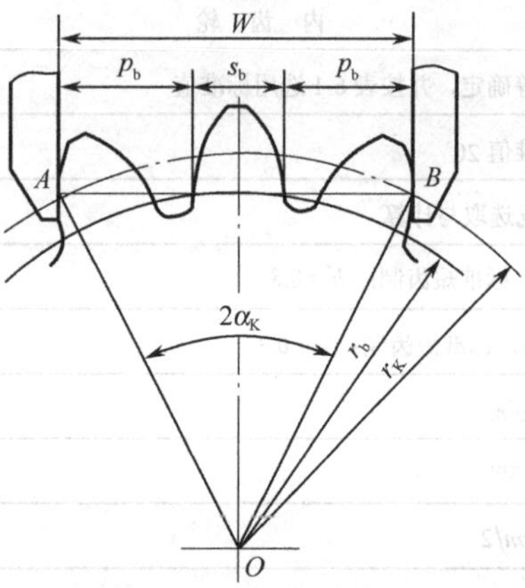

$$W=(3-1)p_b+s_b$$

式中 p_b——基圆齿距；

s_b——基圆齿厚。

当 $\alpha=20^\circ$ 时，经推导整理得齿数为 z 的公法线长度 W 的计算公式为

$$W=m[2.952\,1(k-0.5)+0.014z] \qquad (6\text{-}8)$$

式中 W——公法线长度；

m——模数；

k——跨齿数；

z——所测齿轮的齿数。

图 6-8 齿轮的公法线长度

为保证卡尺与轮齿相切，跨齿数不宜过多或过少。对于标准齿轮，按式（6-9）计算的跨齿数测量的公法线尺寸精度最高。

$$k=\frac{z}{9}+0.5\approx 0.111z+0.5 \qquad (6\text{-}9)$$

k 值应四舍五入取整数，之后代入式（6-8）计算 W 值。

2．分度圆弦齿厚与弦齿高

测量公法线长度适用于直齿圆柱齿轮，对于斜齿圆柱齿轮将受到齿宽条件的限制。此外，对于大模数直齿圆柱齿轮，测量公法线长度也有困难。另外，测量公法线长度也不能用于锥齿轮和蜗轮。在以上几种情况下，通常改测分度圆弦齿厚。

如图 6-9 所示，轮齿两侧渐开线与分度圆交点之间的直线距离 $\overline{AB}$ 称为分度圆弦齿厚，记作 $\bar{s}$。齿顶圆到弦齿厚 $\overline{AB}$ 的径向距离称为分度圆弦齿高，记作 $\bar{h}$。由该图可得分度圆弦齿厚与弦齿高的计算公式为

$$\bar{s}=mz\sin\frac{90^\circ}{z} \qquad (6\text{-}10)$$

$$\bar{h}=m\left[h_a^*+\frac{z}{2}\left(1-\cos\frac{90^\circ}{z}\right)\right] \qquad (6\text{-}11)$$

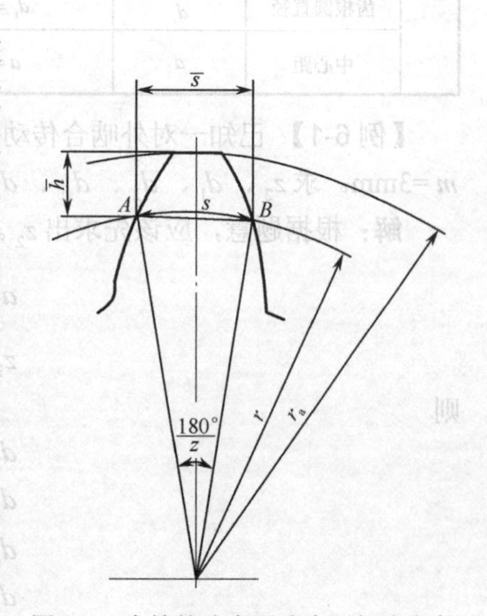

图 6-9 齿轮的分度圆弦齿厚与弦齿高

由于测量分度圆弦齿高是以齿顶圆为基准的，故测量

结果必然受到齿顶圆误差的影响，而公法线长度测量与齿顶圆无关。

6.4 渐开线直齿圆柱齿轮的啮合传动

6.4.1 正确啮合条件

图 6-10 所示为一对渐开线齿轮啮合的情况。由渐开线性质与齿轮啮合基本特性可知，一对渐开线齿廓在任何位置啮合时，其接触点都应在啮合线 N_1N_2 上。因此，当前对轮齿在啮合线上的 K 点接触时，后对轮齿应在啮合线 N_1N_2 上的另一点 M 接触。这样，为保证前后两对轮齿同时在啮合线上接触，轮 1 相邻两轮齿同侧齿廓沿法线的距离 $\overline{K_1M_1}$ 应与轮 2 相邻两轮齿同侧齿廓沿法线的距离 $\overline{K_2M_2}$ 相等。即

$$\overline{K_1M_1}=\overline{K_2M_2}$$

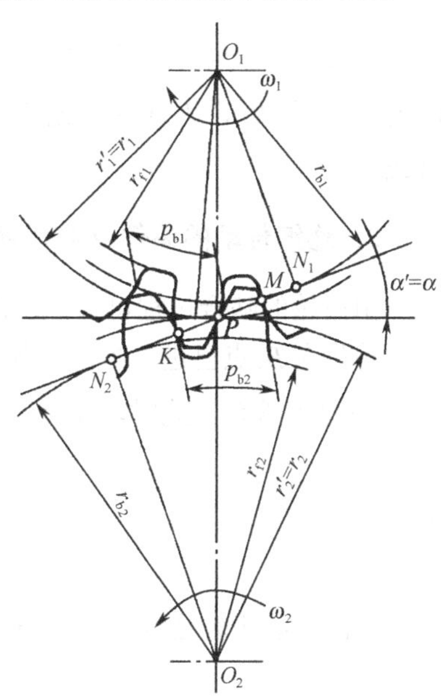

图 6-10　渐开线齿轮正确啮合

依据渐开线的性质可知，齿轮的法向齿距等于基圆齿距 p_b。故一对渐开线齿轮正确啮合的条件为两齿轮的基圆齿距相等，即

$$p_{b1}=p_{b2}$$

设 m_1、m_2，α_1、α_2，p_{b1}、p_{b2} 分别为两轮的模数、压力角和基圆齿距，齿轮 1 与齿轮 2 的基圆齿距 p_b 分别为

$$p_{b1}=p_1\cos\alpha_1=\pi m_1\cos\alpha_1$$

$$p_{b2}=p_2\cos\alpha_2=\pi m_2\cos\alpha_2$$

则有

$$\pi m_1\cos\alpha_1=\pi m_2\cos\alpha_2$$

由于模数和压力角已标准化，要满足上式，必须使

$$\begin{cases} m_1=m_2=m \\ \alpha_1=\alpha_2=\alpha \end{cases} \tag{6-12}$$

式（6-12）表明：一对渐开线齿轮正确啮合的条件是：两齿轮的模数和压力角应分别相等。

6.4.2 渐开线齿轮连续传动的条件及重合度

1. 一对齿轮的啮合过程

如图 6-11 所示，1 为主动轮，2 为从动轮，两轮开始啮合时，由主动轮的齿根部分与从动轮的齿顶部分接触，即由从动轮齿顶圆与啮合线 N_1N_2 的交点 B_2 开始啮合。当两轮继续转动时，啮合点的位置沿啮合线 N_1N_2 向下移动；同时，轮 1 齿廓上的接触点 B_2 由齿根向齿顶移动，而轮 2 齿廓上的接触点 B_2 由齿顶向齿根移动；当啮合点移到齿轮 1 的齿顶圆与啮合线的交点 B_1

时，齿廓啮合终止。

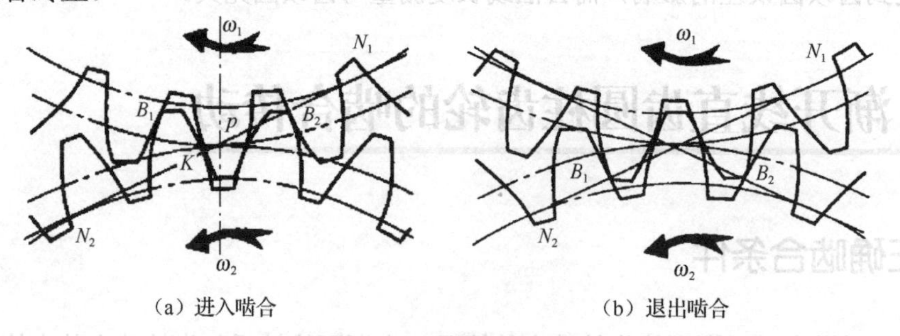

图 6-11 齿轮啮合过程

线段 $\overline{B_1B_2}$ 为啮合点的实际轨迹，称为实际啮合线。当两轮齿顶圆加大时，点 B_2 和 B_1 分别趋近于 N_1 和 N_2，因基圆内无渐开线，故线段 $\overline{N_1N_2}$ 为理论上可能的最大啮合线，称为理论啮合线。

2．连续传动的条件及重合度

由齿轮的啮合过程可知，要使齿轮能连续传动，至少要求前对轮齿在 B_1 点尚未退出啮合前，后对轮齿在 B_2 点已进入啮合。如图 6-11（a）所示，当前对轮齿在 K 点啮合时，其后对轮齿已在 B_2 点进入啮合。此时，实际啮合线 B_1B_2 不小于齿轮的法向齿距 $\overline{B_2K}$，即

$$\overline{B_1B_2} \geqslant \overline{B_2K}$$

而

$$\overline{B_2K}=p_{\mathrm{b}}$$

故一对渐开线齿轮连续传动的条件为

$$\frac{\overline{B_1B_2}}{p_{\mathrm{b}}} \geqslant 1$$

实际啮合线段与基圆齿距之比称为重合度，用 ε 表示，即

$$\varepsilon=\frac{\overline{B_1B_2}}{p_{\mathrm{b}}} \geqslant 1 \qquad (6\text{-}13)$$

重合度越大，表示同时参加啮合的轮齿的对数越多，传动越平稳，承载能力越大，当 ε=1 时便能保证连续传动。对于齿数大于 17 齿的标准齿轮，采用标准安装时，其重合度恒大于 1。

6.4.3 标准安装与标准中心距

要使一对齿轮平稳传动，应保证相啮合的两齿轮的齿侧无间隙，于是两齿轮的节圆作纯滚动，且其中心距等于两轮节圆半径之和（见图 6-12）。因分度圆上 $s_1 = e_1 = s_2 = e_2$，故分度圆必与节圆重合，压力角等于啮合角，此时两齿轮的安装称为标准安装，标准安装的中心距称为标准中心距，用 a 表示。其外啮合圆柱齿轮中心距的计算式为

$$a = r_1' + r_2' = r_1 + r_2 = \frac{1}{2}m(z_1 + z_2) \qquad (6\text{-}14)$$

注意：单个齿轮只有分度圆和压力角，不存在节圆和啮合角。若不按标准中心距安装，则

尽管两齿轮的节圆相切，但两轮的分度圆不相切，此时 $a = r_1' + r_2' \neq r_1 + r_2$，$\alpha \neq \alpha'$。

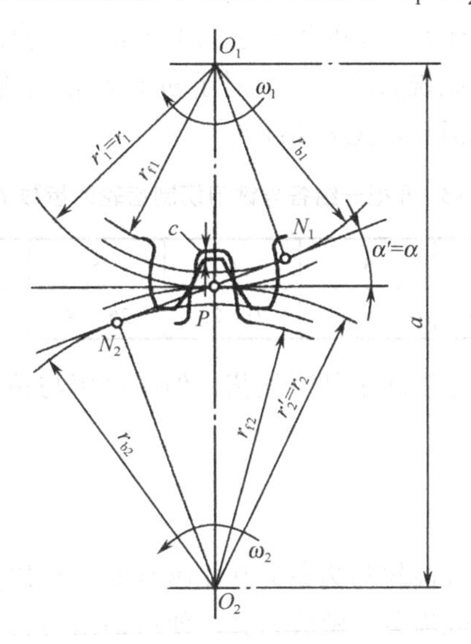

图 6-12　标准中心距

6.5 渐开线齿轮的切齿原理与根切现象

6.5.1　渐开线齿轮的加工方法与切齿原理

齿轮可通过切削、铸造、模锻、热轧、冷冲等方法加工而成，生产中常用的是切削法。切削法按其原理可分为仿形法（亦称成形法）和展成法（亦称范成法）两类。

1．仿形法

在普通铣床上，用轴剖面形状与齿轮槽形相同的圆盘铣刀或指状铣刀，将轮坯齿槽部分材料切去而形成齿廓的方法称为仿形法。常用盘形铣刀（见图 6-13）和指状铣刀（见图 6-14）加工齿轮。铣齿时，铣刀绕自身轴线转动，轮坯沿自身轴线方向进给。待铣出一个齿槽后，将毛坯退回原位置，然后由分度机构将轮坯转过 360°/z，再铣下一个齿槽，直至铣出所有齿槽为止。

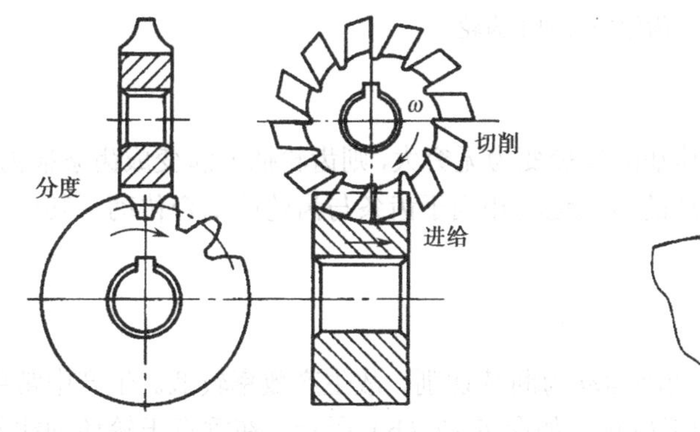

图 6-13　盘形铣刀加工齿轮

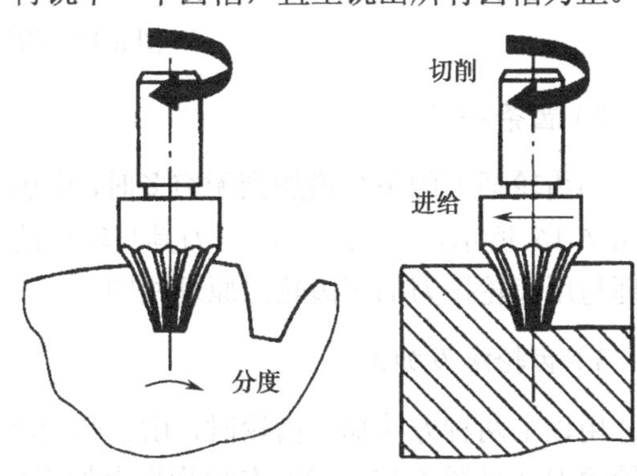

图 6-14　指状铣刀加工齿轮

由渐开线的性质可知，渐开线齿廓形状取决于基圆大小，而 $d_b = mz\cos\alpha$，故其齿廓形状与齿轮的模数、压力角、齿数有关。采用仿形法加工齿轮时，若 m 和 α 一定，则渐开线的形状将随齿轮的齿数而变化。为控制铣刀的数量，对于 m 和 α 相同的铣刀只备 8 或 15 把为一套，每把铣刀可铣一定齿数范围的齿轮，见表 6-3。

表 6-3　8 把一组各号铣刀切制齿轮的齿数范围

刀　号	1	2	3	4	5	6	7	8
齿数范围	12～13	14～16	17～20	21～25	26～34	35～54	55～134	≥135

这种方法加工简单，在普通铣床上便可切齿，但生产率与精度低，故常用于机械修配和单件生产。

2．展成法

展成法是利用一对齿轮（或齿轮与齿条）互相啮合时，其共轭齿廓互为包络线的原理来切齿的。如果把其中一个齿轮（或齿条）做成刀具，便可切出与它共轭的渐开线齿廓。展成法是目前齿轮加工中最常用的一种方法，如插齿、滚齿、剃齿和磨齿等都属于此方法。常用的刀具有齿轮型刀具（如齿轮插刀）和齿条型刀具（如齿条插刀、滚刀）两大类。

1）齿轮插刀

图 6-15 所示为用齿轮插刀加工齿轮的情形。齿轮插刀的外形像一个具有切削刃的渐开线外齿轮，插齿时，插刀与轮坯以恒定传动比（由机床传动系统来保证）作展成运动，同时插刀沿轮坯的轴线作上下往复的切削运动，为防止插刀退刀时划伤已加工的齿廓表面，退刀时，轮坯还需作小距离的让刀运动。为切出轮齿的整个高度，插刀还需要向轮坯中心移动，作径向进给运动。

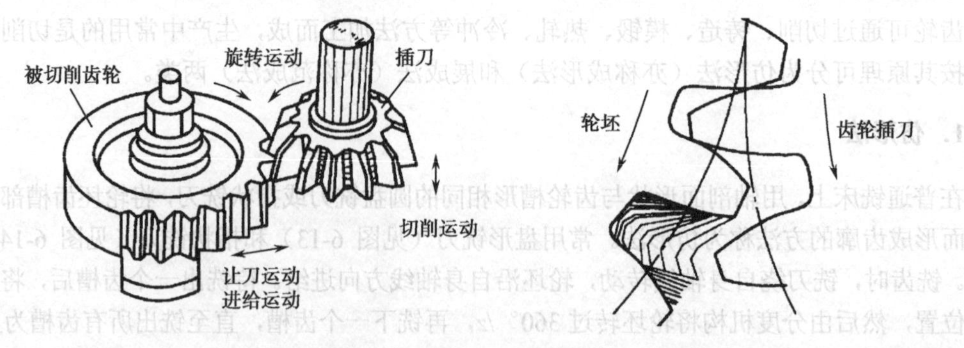

图 6-15　齿轮插刀加工齿轮

2）齿条插刀

当齿轮插刀的齿数增加到无穷多时，其基圆半径变为无穷大，则齿轮插刀演变成齿条插刀。如图 6-16 所示，切制齿廓时，刀具与轮坯的展成运动相当于齿条与齿轮的啮合传动，其切齿原理与用齿轮插刀加工齿轮的原理相同。

3）齿轮滚刀加工

用以上两种方法加工齿轮时，由于其切削运动为断续切削，故生产效率较低。生产中常用齿轮滚刀（见图 6-17（a））在滚齿机上加工齿轮，如图 6-17（b）所示。在垂直于轮坯轴线并通过滚刀轴线的轴向剖面内，刀具与齿坯相当于齿条（刀具刃形）与齿轮的啮合。滚齿加工过程接近于连续切削，故生产效率较高。

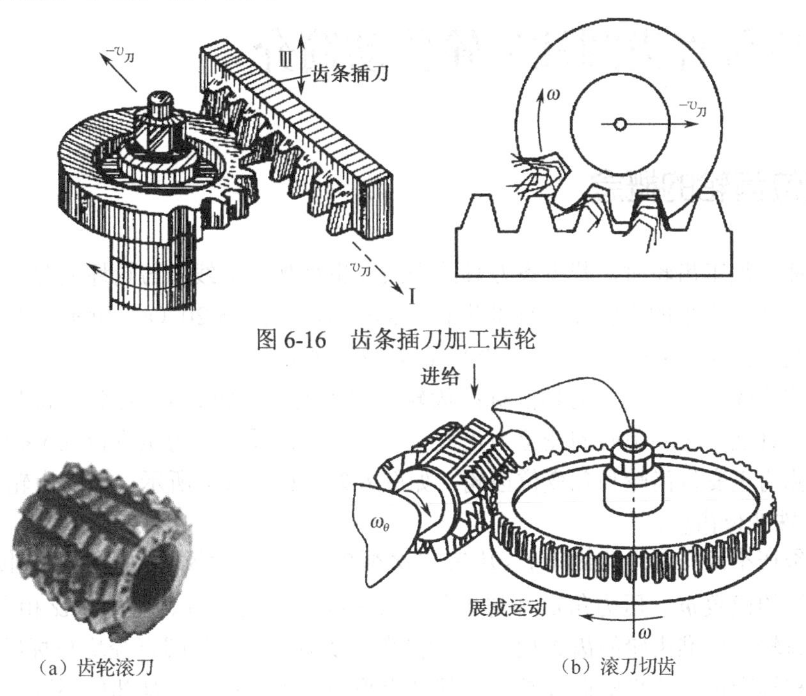

图 6-16 齿条插刀加工齿轮

（a）齿轮滚刀 （b）滚刀切齿

图 6-17 齿轮滚刀加工齿轮

6.5.2 根切现象与最少齿数

当用展成法加工齿轮时，如果被加工齿轮的齿数太少，则轮坯的渐开线齿廓根部会被刀具过多地切削掉（见图 6-18），这种现象称为根切。轮齿根切后，齿根抗弯强度被削弱，由于齿根部分的渐开线被切去，致使一对轮齿的啮合过程缩短，重合度降低，从而影响传动的平稳性。

用齿条插刀或齿轮滚刀加工 α=20°，h_a^*=1 的齿轮时，由图 6-19 可推得不发生根切现象的最少齿数为

$$z_{\min}=\frac{2h_a^*}{\sin^2\alpha}=17 \tag{6-15}$$

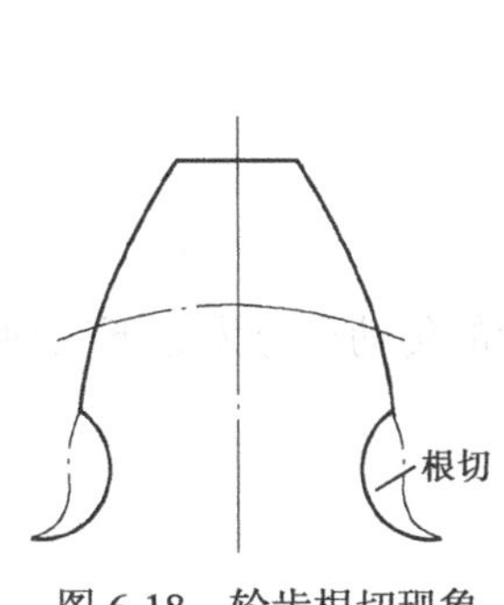

图 6-18 轮齿根切现象

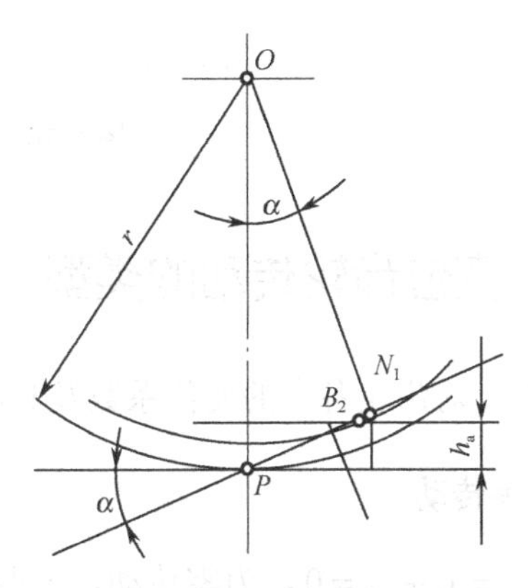

图 6-19 避免根切现象的条件

为避免标准直齿圆柱齿轮发生根切现象，一般选择的齿数应不少于 17。

6.6 变位直齿圆柱齿轮传动简介

6.6.1 变位齿轮的概念

用齿条插刀加工齿轮时，若齿条刀具的中线（也称加工节线）与轮坯的分度圆（也称加工节圆）相切，加工出来的齿轮即为标准齿轮（$s=e$），如图 6-20（a）所示。否则，加工出来的齿轮称为变位齿轮（$s\neq e$），如图 6-20（b），（c）所示。

加工变位齿轮时，刀具相对切削标准齿轮时移动的径向距离 xm 称为变位量，x 称为变位系数，规定刀具远离轮坯中心的变位为正变位（$x>0$）；反之，为负变位（$x<0$）。相应切出的齿轮分别称为正变位齿轮和负变位齿轮，如图 6-20（b），（c）所示。标准齿轮可看成变位系数 $x=0$ 的特殊变位齿轮。

由于齿条在不同高度上的齿距 p、压力角 α 都相同，故无论齿条刀具的节线位置如何变化，切出变位齿轮的模数 m、压力角 α 都与齿条刀具中线上的模数 m、压力角 α 相同，是标准值；另外，变位齿轮与标准齿轮的齿数相同，故它的分度圆直径、基圆直径均与标准齿轮的相同，其齿廓曲线和标准齿轮的齿廓曲线是同一基圆上形成的渐开线，只是部位不同，如图 6-20（d）所示。

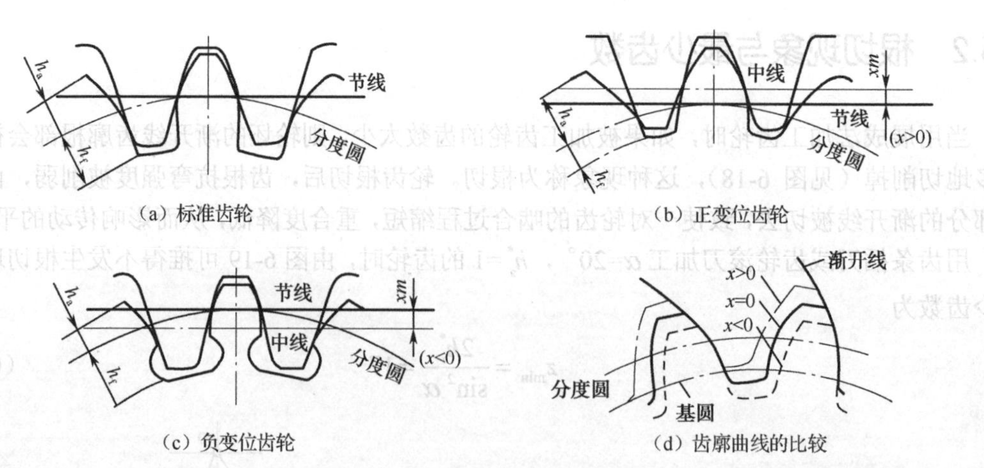

图 6-20 变位齿轮加工原理及齿形

6.6.2 变位齿轮传动的类型

依据一对齿轮各自的变位系数及其和 x_Σ 的不同，变位齿轮的传动可分为如下三种类型：

1. 零传动

若 $x_\Sigma=x_1+x_2=0$，为零传动，分两种情况：

（1）若$x_1 = x_2 = 0$，称为标准齿轮传动，也称为第一类零传动。

（2）若$x_1 = -x_2 \neq 0$，称为高度变位齿轮，也称为第二类零传动。其安装中心距$a' = a$，啮合角$\alpha' = \alpha$；全齿高不变，只是两个齿轮的齿顶高和齿根高发生了变化。

2. 正传动

若$x_\Sigma = x_1 + x_2 > 0$，为正传动。此时，中心距$a' > a$，啮合角$\alpha' > \alpha$，故又称为正角变位齿轮传动。适当分配变位系数的正传动有利于提高其强度和使用寿命，故在机械中被广泛使用。

3. 负传动

若$x_\Sigma = x_1 + x_2 < 0$，为负传动。此时，中心距$a' < a$，啮合角$\alpha' < \alpha$，故又称为负角变位齿轮传动。这种传动对齿轮根部强度有削弱作用，通常只在需要调整中心距时才使用。

6.7 圆柱齿轮的传动精度简介

齿轮在加工过程中，由于刀具和机床自身精度等原因，使加工的齿轮不可避免地产生一定的误差。齿轮精度主要是控制齿轮在运转时齿轮之间传递的精度，它是齿轮设计、制造、检验的依据。设计时应依据使用要求选定恰当的精度等级，以便控制齿轮的误差。

6.7.1 齿轮传动的使用要求

根据齿轮传动的使用要求，齿轮精度主要包括传动精度和齿侧间隙两方面。

1. 传递运动的准确性

要求齿轮在一转范围内实际转角和公称转角之差的总幅度（转角误差的最大值）不超过一定的限度，从而使齿轮副传动比以一转为周期的变化幅度限制在一定范围内。

2. 传动的平稳性

要求齿轮在一转过程中，一齿距范围内的转角误差的最大值不超过一定限度，从而使齿轮副的瞬时传动比的变化（齿轮上各个齿距的转角误差数值）限制在一定范围内，以减小传动时的冲击、振动和噪声。

3. 载荷分布的均匀性

要求齿轮在传动中，两工作齿面接触良好，其接触面积（接触斑点在齿宽、齿高方向所占比例的大小）不低于一定的限度，以避免轮齿过早磨损，影响齿轮寿命。

4. 传动侧隙的合理性

为保证正常润滑，防止传动时轮齿的热变形和弹性变形而咬死，要求啮合轮齿非工作齿面间留有合适的侧隙，但侧隙不宜过大，否则对于经常需要正反转的传动齿轮副，会引起换向冲击并产生空程。

影响上述齿轮传动使用要求或齿轮传动性能的主要原因是齿轮和齿轮副误差。因此，必须规定精度等级，并对齿轮和齿轮副提出一定的检验项目。

6.7.2 齿轮传动精度等级的选择及应用范围

国家标准（GB/T 10095.1—2008）对齿轮同侧齿面公差规定了 13 个精度等级，其中 0 级的精度最高，12 级的精度最低，常用的精度等级为 6～9 级。在设计齿轮时，齿轮精度等级的选择可参考表 6-4。

表 6-4 齿轮传动精度等级的选择及应用

精度等级	圆周速度 v（m/s）			应用
	直齿圆柱齿轮	斜齿圆柱齿轮	直齿圆锥齿轮	
6 级	≤15	≤25	≤9	高速重载的齿轮传动，如飞机、汽车和机床中的重要齿轮，分度机构的齿轮机构
7 级	≤10	≤17	≤6	高速中载或中速重载的齿轮传动，如标准系列减速器中的齿轮，汽车和机床中的齿轮
8 级	≤5	≤10	≤3	机械制造中对精度无特殊要求的齿轮
9 级	≤3	≤3.5	≤2.5	低速及精度要求低的齿轮

在齿轮标准（GB/T 10095.2—2008）中，按照误差的特性及对传动性能的主要影响，将齿轮每个精度等级的各项公差相应分为三个公差组。第Ⅰ公差组反映齿轮传动的准确性；第Ⅱ公差组描述传动的平稳性；第Ⅲ公差组描述载荷分布的均匀性。根据不同机器和不同作用，一个齿轮的公差等级可选为相同的，也可根据需要选择不同的公差等级。

6.8 齿轮的失效形式、设计准则、常用材料及热处理

6.8.1 齿轮的失效形式

齿轮传动是由轮齿的啮合来传递运动和动力的，故其失效形式一般是指传动齿轮轮齿的失效。齿轮轮齿的失效形式主要包括：轮齿折断、齿面点蚀、齿面胶合、齿面磨损及齿面塑性变形五种。

1. 轮齿折断

齿轮工作时，轮齿根部将产生相当大的弯曲应力，并且在齿根的过渡圆角处存在较大的应力集中现象。因此，在多次循环载荷作用下，轮齿通常在齿根部分折断。

齿轮折断分为两类：一类为疲劳折断，它是由于轮齿齿根部分受到较大交变弯曲应力的多次重复作用，弯曲应力超过弯曲疲劳极限时，在齿根受拉一侧产生疲劳裂纹（见图 6-21），随裂纹的不断扩展，最终引起轮齿折断（见图 6-22）。另一类为过载折断，它是轮齿因瞬间意外

的严重过载而引起的突然折断。用淬火钢或铸铁制成的齿轮，容易发生过载折断。

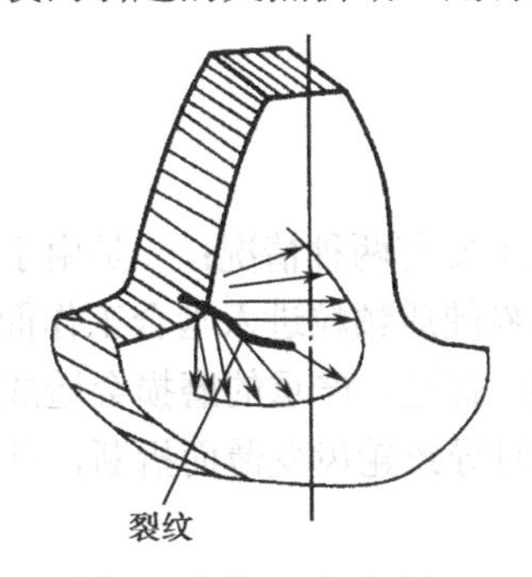

图 6-21　齿根疲劳断裂

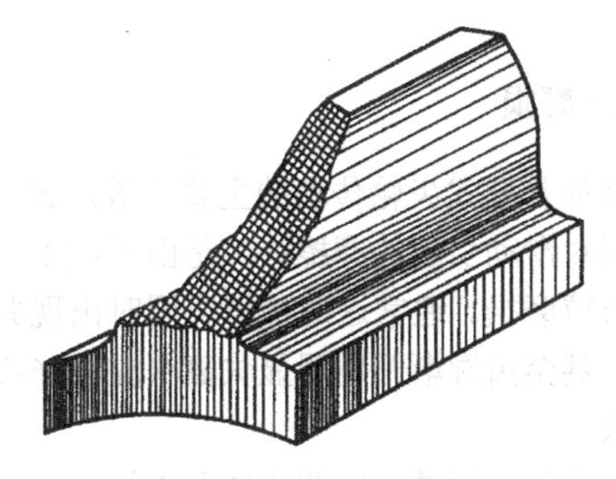

图 6-22　折断的轮齿

采用增大齿根过渡圆角半径，提高材料的疲劳强度和轮齿心部的韧性，提高齿面加工精度，降低表面粗糙度值，强化齿面（如喷丸、滚挤压），增大轴及支承的刚度等措施，均可提高轮齿的抗折断能力。

2．齿面点蚀

轮齿工作时，两齿面在理论上为线接触，但由于齿面的弹性变形而形成微小的接触面积，使其表层的局部应力很大，此应力称为接触应力。齿轮传动时，接触应力按脉动循环变化，齿面在此接触应力长时间的反复作用下，在齿根表层靠近节线处出现微小的疲劳裂纹，加之润滑油渗入裂纹，加速了裂纹的扩展，最终导致齿面金属以甲壳状的小微粒剥落，从而形成麻点，这种现象称为齿面点蚀（见图 6-23）。

齿面点蚀通常出现在润滑良好，齿面硬度较低（硬度≤350HBW）的闭式齿轮传动中。开式传动中，由于齿面磨损较快，点蚀来不及出现或扩展便被磨掉，故通常看不到点蚀现象。

采用增大齿轮直径，提高齿面硬度，降低齿面的表面粗糙度值，增加润滑油的黏度等方法，均可延缓疲劳点蚀现象的发生。

3．齿面胶合

在高速或低速重载的齿轮传动中，由于齿面间压力很大，相对滑动时引起的摩擦使齿面工作区局部产生极高的瞬时温度，致使齿面间的油膜破裂，造成齿面金属直接接触并相互黏结。当两齿面继续相对滑动时，较软齿面的金属沿滑动方向被撕下而形成沟纹状，这种现象称为胶合（见图 6-24）。

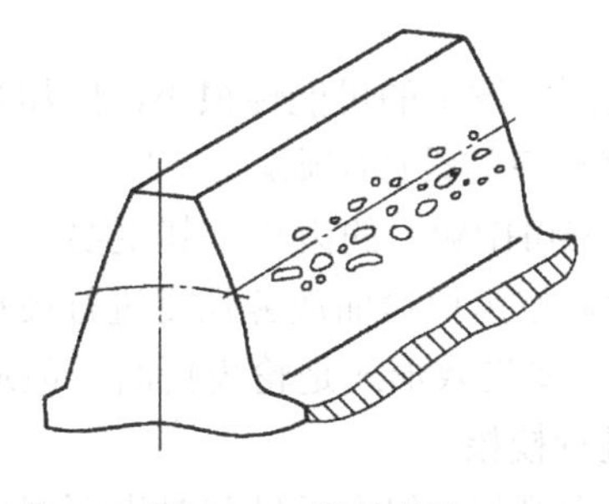

图 6-23　齿面点蚀

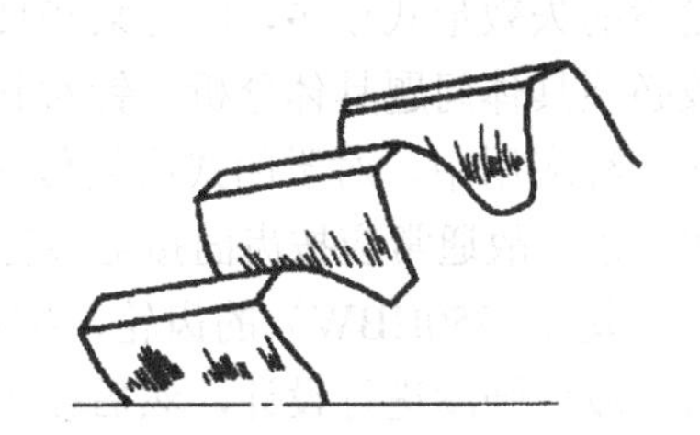

图 6-24　齿面胶合

选用抗胶合的添加剂或特殊高黏度合成齿轮油并限制油温；选用抗胶合能力好的齿轮副材

料；采用不同材料制造配对齿轮，或一对齿轮采用同种材料不同硬度的方法，均可有效防止胶合产生。

4. 齿面磨损

齿面磨损是开式齿轮传动的主要失效形式。齿面磨损主要有两种情况：一是由于轮齿接触表面间的相对滑动引起的摩擦；二是由于灰尘，特别是外界硬质颗粒进入啮合工作面间时，使齿面产生磨粒磨损。通常这两种情况同时出现并相互影响、促进。严重的磨损会造成齿侧间隙不断增大，甚至齿廓渐开线明显失真（见图 6-25），严重时导致轮齿变薄而折断，从而导致齿轮传动失效。

保证工作环境清洁，定期清洁和更换润滑油，降低表面粗糙度值，提高齿面硬度，增大模数等方法，均可防止齿面过快磨损。

5. 齿面塑性变形

齿轮在重载时，较软的齿面会因材料发生屈服而产生局部的塑性变形（见图 6-26），使齿廓失去正确的齿形，从而使啮合不平稳，噪声及振动增大，齿轮无法正常啮合传动。这种失效通常发生在严重过载及频繁启动的传动中。图 6-26 所示为齿面塑性变形的形成机理。

图 6-25 齿面磨损

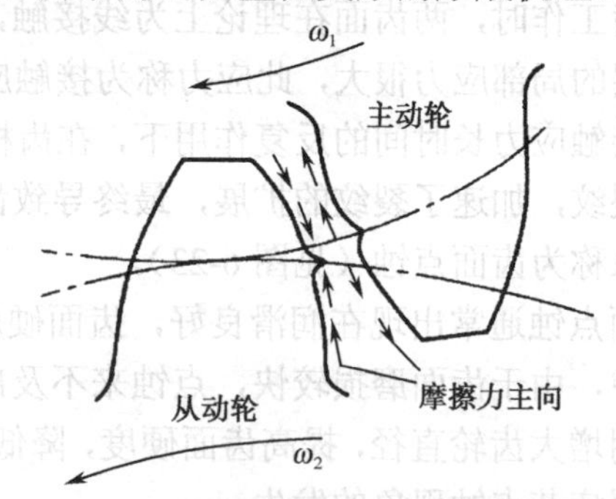

图 6-26 齿面塑性变形的形成机理

采用增加润滑油黏度，提高齿面硬度等措施，均可有效防止齿面塑性变形出现。

轮齿的失效形式很多，除以上五种主要形式外，还可能出现齿面烧伤、齿面融化、电蚀、异物啮入，以及由于不同原因产生的多种腐蚀和裂纹等。

6.8.2 齿轮的设计准则

轮齿的失效形式很多，但对某些具体情况而言，它们同时发生的可能性很小，但却互相影响。故必须具体问题具体分析，针对其主要失效形式确立相应的设计准则。

在工程应用中，对于闭式齿轮传动：软齿面（硬度≤350HBW）的齿轮，其主要失效形式是齿面点蚀，故通常应按齿面接触疲劳强度进行设计，然后按齿根弯曲疲劳强度进行校核；对硬齿面（硬度>350HBW）的齿轮，抗点蚀能力较强，其主要失效形式是轮齿折断，故通常按齿根弯曲疲劳强度进行设计，然后按齿面接触疲劳强度进行校核。

对于开式齿轮传动或铸铁齿轮，其主要失效形式是齿面磨损。但由于目前对齿面磨损尚无可靠有效的计算方法和设计数据，故通常只按轮齿折断进行齿根弯曲疲劳强度设计，考虑磨损的影响时，可将模数适当增大10%～20%，再取相近的标准值，无须校核齿面接触疲劳强度。

6.8.3　齿轮的常用材料、热处理方法

齿轮的常用材料是优质碳素钢和合金结构钢、铸钢和铸铁等。除普通用途的尺寸较小的齿轮采用圆轧钢外，大多数齿轮都采用锻钢制造；对形状复杂、直径较大（d≥500mm）和不易锻造的齿轮，可采用铸钢；对传递功率不大、低速、无冲击的开式传动的齿轮，可选用灰铸铁。为尽量使一对大小齿轮的寿命相当，当选用金属制的软齿面齿轮时，配对两轮齿面的硬度差应保持在30～50HBW或者更多。齿轮常用材料、热处理及其应用见表6-5。

表6-5　齿轮常用材料、热处理及其应用

材　料	牌　号	热处理	硬　度	应用范围
优质碳素钢	45钢	正火	169～217 HBW	低速轻载
		调质	217～255 HBW	低速中载
		表面淬火	48～55 HRC	高速中载或低速重载，冲击小
	50钢	正火	180～220 HBW	低速轻载
合金钢	20Cr	渗碳淬火	56～62 HRC	高速中载，承受冲击
	40Cr	调质	240～260 HBW	中速中载
		表面淬火	48～55 HRC	高速中载，无剧烈冲击
	42SiMn	调质	217～269 HBW	高速中载，无剧烈冲击
		表面淬火	45～55 HRC	
	20CrMnTi	渗碳淬火	56～62 HRC	高速中载，承受冲击
		渗氮	>850HV	
铸钢	ZG310～570	正火	160～210 HBW	中速中载，大直径
		表面淬火	40～50 HRC	
	ZG340～640	正火	170～230 HBW	
		调质	240～270 HBW	
球墨铸铁	QT500-5	正火	147～241 HBW	低、中速轻载，有小的冲击
	QT600-2		220～280 HBW	
灰铸铁	HT200	人工时效（低温退火）	170～230 HBW	低速轻载，有小的冲击
	HT300		187～235 HBW	

齿轮常用的热处理方法有以下几种：

1．调质

调质一般用于中碳钢和中碳合金钢，如45钢、40Cr、42SiMn等。调质处理后齿面硬度一般为220～286HBS。由于硬度不高，故可在热处理后精切齿形，且在使用中易于跑合。

2．正火

正火能消除内应力，细化晶粒，改善力学性能和切削性能。机械强度要求不高的齿轮可用中碳钢正火处理。大直径的齿轮可用铸钢正火处理。

3．表面淬火

表面淬火一般用于中碳钢和中碳合金钢，如45钢、40Cr等。表面淬火后轮齿变形不大，可不磨齿，齿面硬度可达 52～56HRC。由于齿面接触强度高，耐磨性好，轮齿心部有较高的韧性，故能承受一定的冲击载荷。表面淬火的方法有高频淬火和火焰淬火等。

4．渗碳淬火

渗碳钢为含碳量 0.15%～0.25%的低碳钢和低碳合金钢。渗碳淬火后齿面硬度可达 56～62HRC，齿面接触强度高，耐磨性好，轮齿心部具有较高的韧性，常用于受冲击载荷的重要齿轮传动，渗碳淬火后通常要磨齿。

5．渗氮

渗氮是一种化学热处理。渗氮后不再进行其他热处理，齿面硬度可达 60～62HRC。氮化处理温度低，齿的变形小，故适用于难以磨齿的场合，如内齿轮。但由于氮化层很薄，容易压碎，且承载能力不及渗碳淬火，故不适于受冲击载荷及能产生严重磨损的场合。

以上五种热处理中，调质和正火两种热处理后的齿面硬度较低（硬度≤350HBW），为软齿面；其他三种处理后的齿面硬度较高，为硬齿面。软齿面的工艺过程较简单，适用于一般传动。

6.9 标准直齿圆柱齿轮传动的受力分析及强度计算

6.9.1 齿轮的受力分析

对齿轮进行受力分析，不仅是齿轮强度计算的前提，而且是计算支承齿轮的轴及轴承的基础。

如图 6-27 所示，在一对标准安装的标准齿轮传动中，若不计摩擦力，则作用在轮齿上的法向载荷 F_n 垂直作用于齿面。设小齿轮 1 为主动轮，为计算方便，在节点 P 上将 F_n 分解为两个相互垂直的分力：节点 P 处的切向力 F_t；节点 P 处沿齿轮直径方向的径向力 F_r，则

$$\left.\begin{aligned} F_{t1}&=\frac{2T_1}{d_1} \\ F_{r1}&=F_{t1}\cdot\tan\alpha \\ F_{n1}&=\frac{F_{t1}}{\cos\alpha}=\frac{2T_1}{d_1\cos\alpha} \end{aligned}\right\} \tag{6-16}$$

式中 T_1——主动齿轮上的转矩（N·mm），$T_1=9.55\times10^6\dfrac{P}{n_1}$；

d_1——主动齿轮分度圆直径（mm）；

n_1——主动齿轮的转速（r/min）；

α——压力角，$\alpha=20^\circ$（标准齿轮）；

P——传递的功率（kW）。

作用在主动轮节点 P 处的切向力 F_{t1} 的方向与啮合点的线速度方向相反；从动轮的 F_{t2} 与啮合点的线速度方向相同；径向力 F_{r1} 与 F_{r2} 的方向分别由啮合点指向各自的圆心，如图 6-28 所示。

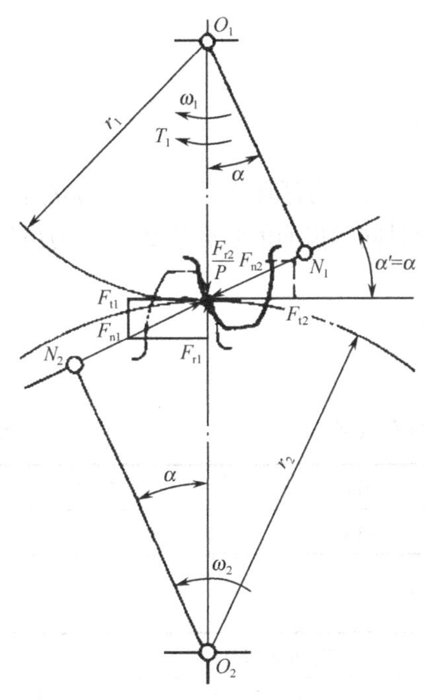

图 6-27　齿轮的受力分析

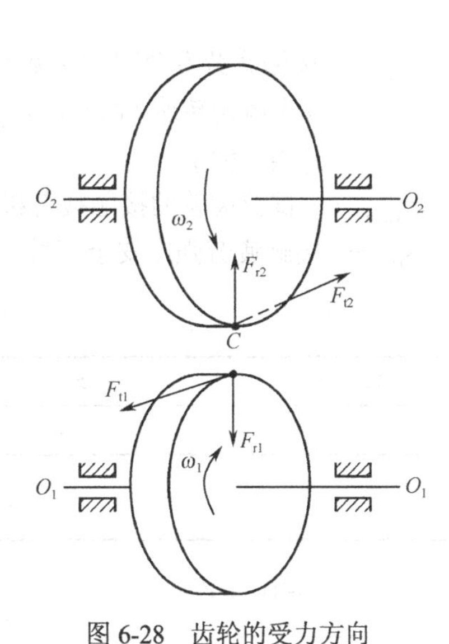

图 6-28　齿轮的受力方向

6.9.2　齿轮的强度计算

1. 齿面接触疲劳强度计算

进行齿面接触疲劳强度计算是为了避免齿轮齿面发生点蚀失效。两齿轮啮合时，疲劳点蚀通常发生在节线附近，因此，取节点处的接触应力为计算依据。齿轮齿面最大应力的计算公式可由弹性力学中的赫兹公式推导得出，经一系列简化，渐开线标准直齿圆柱齿轮传动的齿面接触疲劳强度的计算公式为

校核公式
$$\sigma_H = 3.53 Z_E \sqrt{\frac{KT_1}{bd_1^2} \times \frac{u \pm 1}{u}} \leqslant [\sigma_H] \tag{6-17}$$

设计公式
$$d_1 \geqslant \sqrt[3]{\left(\frac{3.53 Z_E}{[\sigma_H]}\right)^2 \times \frac{KT_1}{\psi_d} \times \frac{u \pm 1}{u}} \tag{6-18}$$

式中　±——“+”用于外啮合，“-”用于内啮合；

Z_E——材料的弹性系数（$\sqrt{\text{MPa}}$），见表 6-6；

σ_H——齿面的实际最大接触应力（MPa）；

K——载荷因数（见表 6-7）；

b——齿宽（mm）；

T_1——主动轮转矩（N·mm）；

μ——齿数比（从动轮的齿数比主动轮的齿数）；

d_1——主动轮的分度圆直径（mm）；

ψ_d——齿宽因数，$\psi_d=b/d_1$（见表 6-8）；

$[\sigma_H]$——轮齿的许用接触应力（MPa）。

$$[\sigma_H]=\frac{Z_N\sigma_{Hlim}}{S_H} \tag{6-19}$$

式中 Z_N——接触疲劳寿命因数（见图 6-29，图中的 N 为应力循环次数，$N=60njL_h$，其中，n 为齿轮转速（r/mim），j 为齿轮转一周时同侧齿面的啮合次数，L_h 为齿轮工作寿命（h））；

σ_{Hlim}——试验齿轮的接触疲劳极限，见图 6-30；

S_H——接触疲劳强度安全因数（见表 6-9）。

表 6-6 材料的弹性系数 Z_E （单位：$\sqrt{MPa}$）

两齿轮材料	均为钢	钢与铸铁	均为铸铁
Z_E	189.8	165.4	144

表 6-7 载荷因数 K

原动机工作情况	工作机的载荷特性		
	平稳、轻微冲击	中等冲击	严重冲击
工作平稳（如电动机、汽轮机）	1.0～1.2	1.2～1.6	1.6～1.8
轻度冲击（如多缸内燃机）	1.2～1.6	1.6～1.8	1.9～2.1
中度冲击（如单缸内燃机）	1.6～1.8	1.8～2.0	2.2～2.4

注：斜齿圆柱齿轮、圆周线速度低、精度高、齿宽因数小时，取小值；直齿圆柱齿轮、圆周线速度高、精度低、齿宽因数大时，取大值。齿轮在两轴承之间对称布置时，取小值；齿轮在两轴承之间不对称布置及悬臂布置时，取大值。

表 6-8 齿宽因数 ψ_d

小齿轮相对于轴承的位置	齿 面 硬 度	
	软齿面（硬度≤350HBW）	硬齿面（硬度>350HBW）
对称布置	0.8～1.4	0.4～0.9
非对称布置	0.6～1.2	0.3～0.6
悬臂布置	0.3～0.4	0.2～0.25

应用式（6-17）和式（6-18）计算时，应注意以下几点：

（1）考虑到齿轮的安装误差，通常小齿轮的齿宽 b_1 比大齿轮的齿宽 b_2 宽 5～10mm，故计算时 b 应按 b_2 值代入。

（2）由于一对啮合齿轮齿面接触应力 σ_{H1} 与 σ_{H2} 大小相同，当两齿轮的材料不一样时，二者许用接触应力 $[\sigma_{H1}]$ 与 $[\sigma_{H2}]$ 一般不相等，因此，用上式计算小齿轮分度圆直径时，应代入较小的值。

（3）由式（6-17）可知，增大齿轮的传动尺寸（如增大直径、中心距等）能降低 σ_H，可提高轮齿的接触疲劳强度。

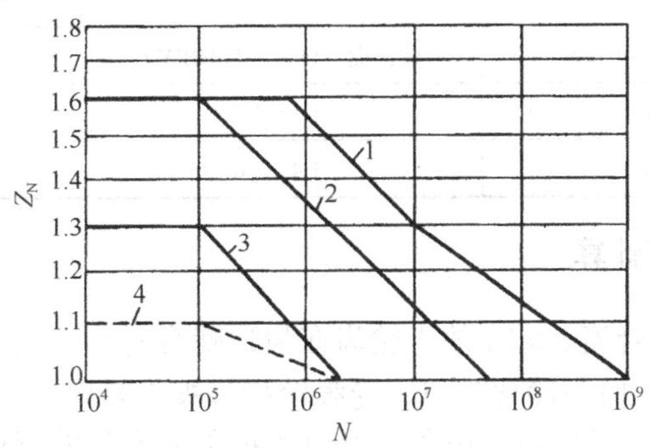

1—碳钢经正火、调质、表面淬火及渗碳、球墨铸铁（允许一定的点蚀）；

2—碳钢经正火、调质、表面淬火及渗碳、球墨铸铁（不允许出现点蚀）；

3—碳钢经调质后气体氮化、氮化钢气体氮化，灰铸铁；

4—碳钢经调质后液体氮化

图 6-29　接触疲劳寿命因数 Z_N

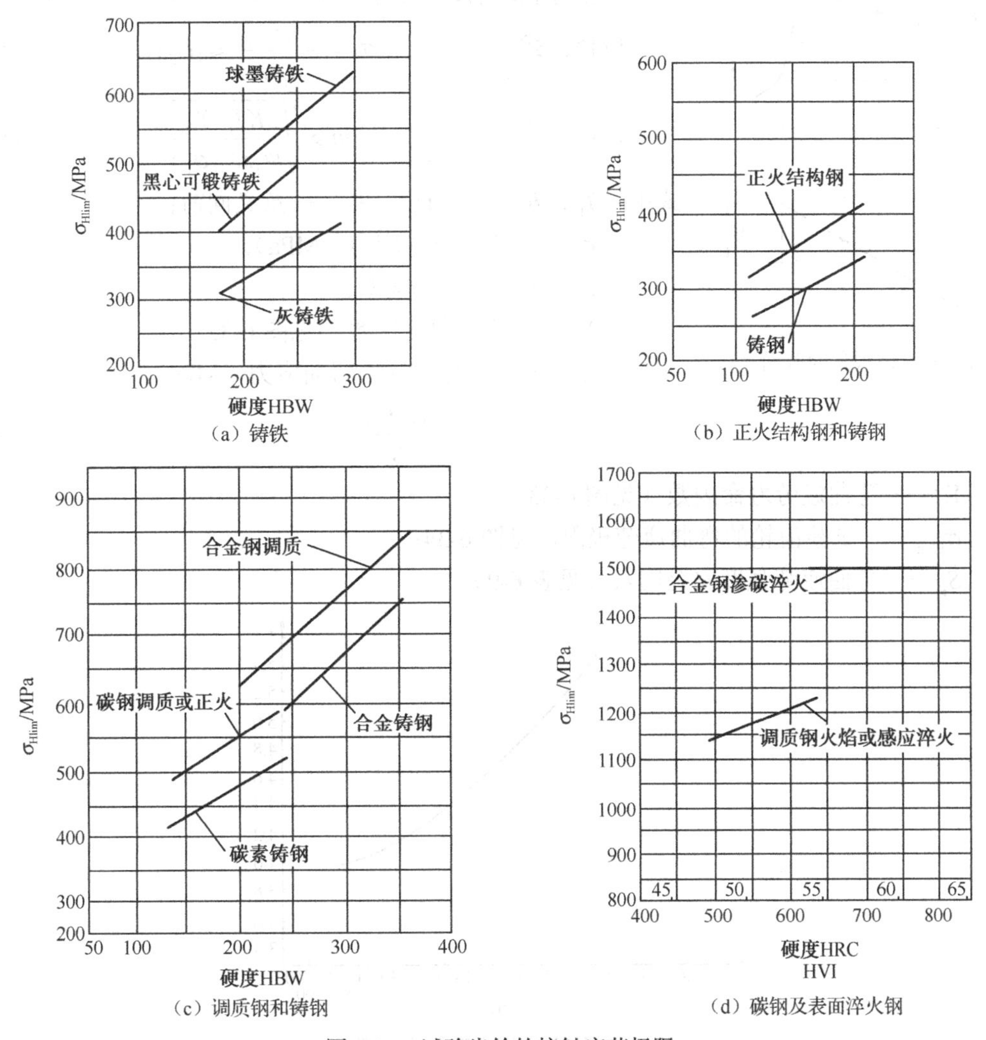

图 6-30　试验齿轮的接触疲劳极限

表 6-9 安全因数 S_H、S_F

安全因数	软齿面（硬度≤350HBW）	硬齿面（硬度>350HBW）	重要的传动、渗碳淬火或铸造齿轮
S_H	1.0～1.1	1.1～1.2	1.3
S_F	1.3～1.4	1.4～1.6	1.6～2.2

2．齿根弯曲疲劳强度计算

由 6.4 节可知，由于重合度$\varepsilon>1$，故当轮齿在齿顶啮合时相邻的一对轮齿也处于啮合状态，载荷应该由两对轮齿分担。但为简化计算，受载轮齿可视作悬臂梁，假设全部载荷仅由一对轮齿承担，并认为载荷F_n作用于轮齿的齿顶，此时齿根部分产生的弯曲应力最大（见图 6-31），因此认为轮齿的根部容易出现折断现象，故将齿根部所在的截面定为危险截面。其危险截面可用30°切线法确定，即作出与轮齿对称中心线成30°夹角并与齿根圆角相切的斜线，而认为两切点连线是危险截面位置，危险截面处齿厚为s_F。

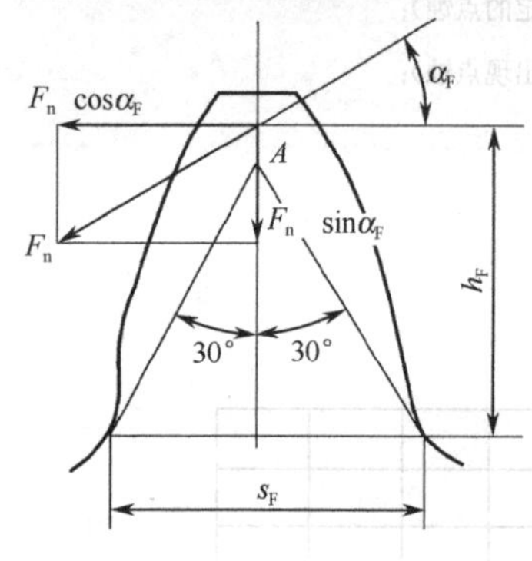

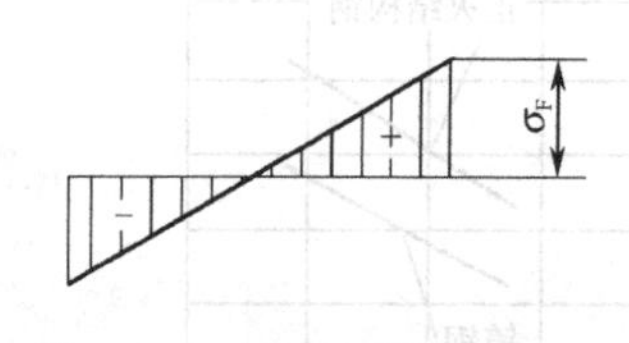

图 6-31 齿根危险截面

经推导整理后，可得齿根弯曲疲劳强度的相应公式为

校核公式
$$\sigma_F=\frac{2KT_1Y_{FS}}{d_1bm}\leqslant[\sigma_F] \tag{6-20}$$

设计公式
$$m\geqslant\sqrt[3]{\frac{2KT_1}{\psi_d z_1^2}\frac{Y_{FS}}{[\sigma_F]}} \tag{6-21}$$

式中 T_1、b、d_1、ψ_d、K——意义同前；

σ_F——齿根弯曲应力（MPa）；

z_1——主动轮的齿数；

Y_{FS}——齿形复合因数，见图 6-32；

$[\sigma_F]$——轮齿的许用弯曲应力（MPa）。

$$[\sigma_F]=\frac{Y_N\sigma_{Flim}}{S_F} \tag{6-22}$$

式中 Y_N——弯曲疲劳寿命因数（见图 6-33）；

σ_{Flim}——试验齿轮的弯曲疲劳极限，见图 6-34；

S_F——弯曲疲劳强度安全因数（见表 6-9）。

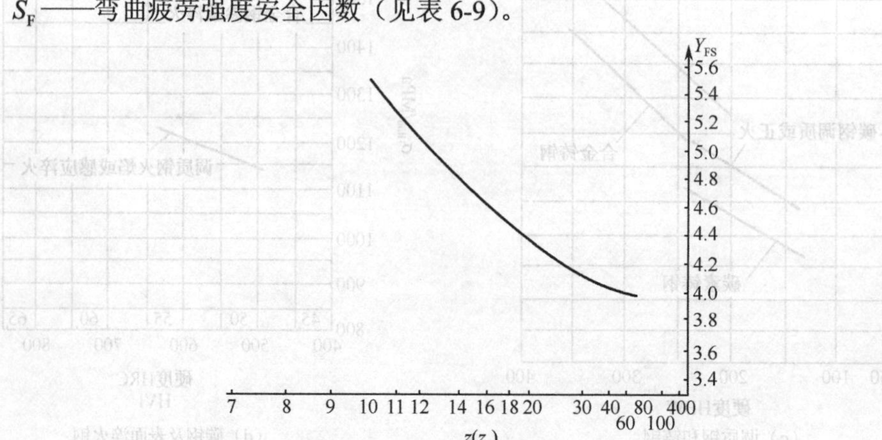

图 6-32 外齿轮的齿形复合因数 Y_{FS}

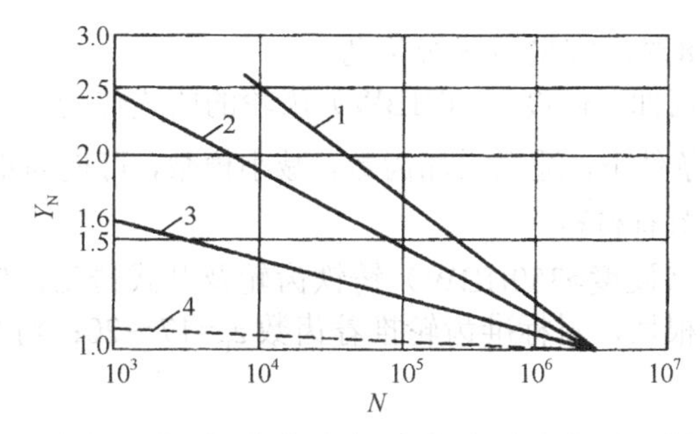

1—碳钢经正火、调质，球墨铸铁；2—碳钢经表面淬火、渗碳；

3—氮化钢气体氮化，灰铸铁；4—碳钢经调质后液体氮化

图 6-33　弯曲疲劳寿命因数 Y_N

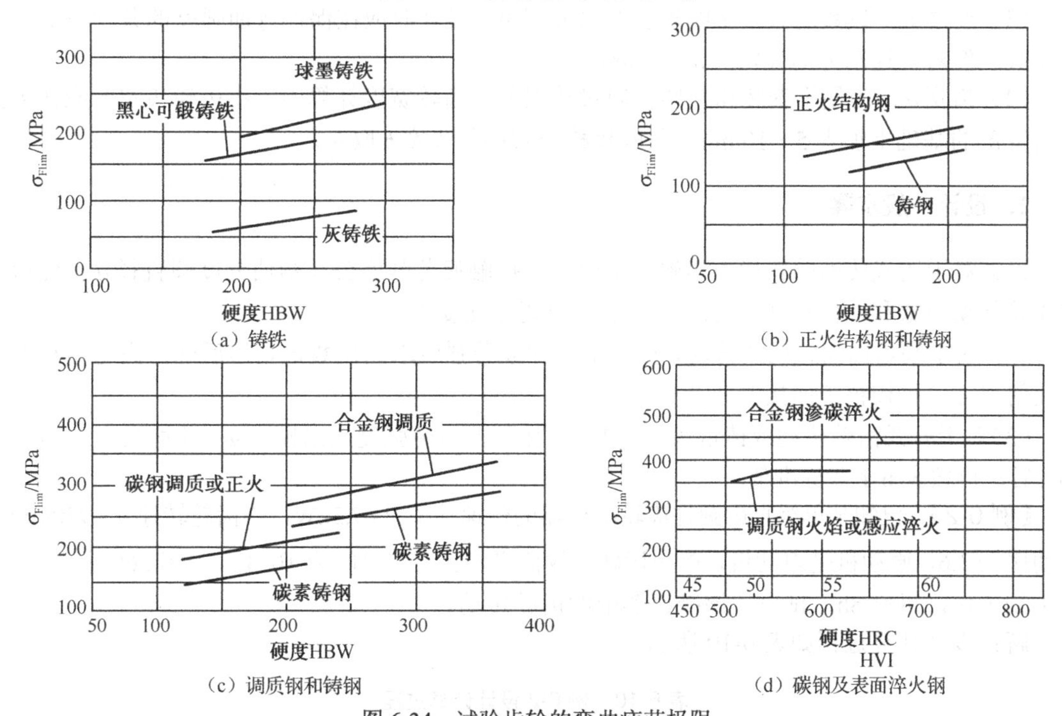

图 6-34　试验齿轮的弯曲疲劳极限

应用式（6-20）和式（6-21）计算时应注意以下几点：

（1）通常两个相啮合齿轮的齿数不相同，故大、小齿轮的许用应力及齿形复合因数也不相等，故必须分别用式（6-20）校核大、小齿轮的弯曲强度，即满足$\sigma_{F1}<[\sigma_{F1}]$和$\sigma_{F2}<[\sigma_{F2}]$。

（2）应用式（6-21）设计计算时，由于配对齿轮的齿数和材料不同，故应将$Y_{FS1}/[\sigma_{F1}]$和$Y_{FS2}/[\sigma_{F2}]$的值比较，取其中的较大值代入，求出的模数 m 应圆整成标准值。

6.9.3　主要参数的选择与设计步骤

1．参数选择

（1）传动比 i。对于单级直齿圆柱齿轮，传动比 $i\leqslant 8$，为避免使齿轮传动的外廓尺寸太大，

推荐值为 $i=3\sim5$；当 $i>8$ 时，宜采用两级传动。

（2）齿数 z_1。对于软齿面（硬度≤350HBW）齿轮的闭式传动，z_1 的取值范围一般为 20～40。在满足齿根弯曲强度条件下，适当增加齿数，减小模数，可提高重合度，对传动平稳有利；同时减小齿顶圆直径，可节省材料。

对于闭式硬齿面齿轮（硬度>350HBW）铸铁齿轮及开式传动，轮齿容易断齿，故应减少齿数，增大模数，为避免根切，对标准齿轮推荐齿数 $z_1=17\sim20$；对高速、易发生胶合的齿轮传动，推荐 $z_1\geqslant25\sim27$。

对于周期性变化的载荷，为避免最大载荷总是作用在某一对或某几对轮齿上而使磨损过于集中，z_1 与 z_2 应互为质数。这样实际传动比可能与要求的传动比有差异，故一般要验算传动比，通常情况下应保证传动比误差在±5%以内。

（3）模数 m。模数的大小影响轮齿的弯曲强度，设计时应在保证弯曲强度的条件下取较小的模数。但对传递动力的齿轮，$m\geqslant2\text{mm}$。

（4）齿宽 b。为便于安装和补偿轴向尺寸误差，齿轮宽度计算中，小齿轮齿宽 b_1 应在大齿轮齿宽 b_2 的基础上加大 5～10mm。强度校核公式中的齿宽 b 取 b_2。

2．设计一般步骤

（1）对于闭式传动的软齿面齿轮，可用齿面接触疲劳强度公式初估分度圆直径 d，然后确定齿轮传动参数和几何尺寸，再进行齿根弯曲疲劳强度校核。

（2）对于硬齿面齿轮闭式传动，按齿根弯曲疲劳强度求出模数 m，然后确定齿轮传动参数和几何尺寸，再校核齿面接触疲劳强度。

（3）对于开式齿轮传动或铸铁齿轮，通常只按弯曲疲劳强度求出模数 m，并适当加大 10%～30%后，再按表 6-1 取标准值。

【例 6-2】 已知某单级直齿圆柱齿轮减速器的传递功率 $P=7.5\text{kW}$，小齿轮转速 $n_1=970\text{r/min}$，传动比 $i=3.6$，原动机是电动机，单向运转，载荷平稳。工作时间为 10 年，一年 260 个工作日，单班制工作，每班 8h，试设计该减速器中的齿轮传动。

解： 设计计算过程如表 6-10 所示。

表 6-10　例 6-2 设计计算过程

设计项目	计算内容和依据	计算结果
1．选择齿轮材料及精度	见表 6-5，小齿轮选用 45 钢调质，则硬度为 230HBW；大齿轮选用 45 钢正火，则硬度为 180 HBW。 初步估计齿轮线速度 $v<5\text{m/s}$，见表 6-4，选择 8 级精度	齿轮材料：45 钢； 热处理：小齿轮调质，大齿轮正火； 精度等级：8 级
2．确定齿轮许用应力	如图 6-30、图 6-34 所示，查得 σ_{Hlim} 与 σ_{Flim}。 见表 6-9，查得 S_H、S_F。 根据题意，齿轮工作年限为 10 年，每年工作 260 天，单班制，每天工作 8h，则 $L_\text{h}=10\times260\times8=20\,800\text{h}$ $N_1=60n_1jL_\text{h}=60\times970\times1\times20\,800=1.21\times10^9$ $N_2=N_1/i=1.21\times10^9/3.6=3.36\times10^8$ 查图 6-29、图 6-33 得	$\sigma_{\text{Hlim1}}=570\text{MPa}$ $\sigma_{\text{Hlim2}}=530\text{MPa}$ $\sigma_{\text{Flim1}}=200\text{MPa}$ $\sigma_{\text{Flim2}}=190\text{MPa}$ $S_\text{H}=1.0$ $S_\text{F}=1.3$

续表

设 计 项 目	计算内容和依据	计 算 结 果
2．确定齿轮许用应力	$Z_{N1}=1$，$Z_{N2}=1.07$，$Y_{N1}=Y_{N2}=1$。 由式（6-19）得 $[\sigma_{H1}]=\dfrac{Z_{N1}\sigma_{Hlim1}}{S_H}=\dfrac{1\times570}{1}$=570MPa $[\sigma_{H2}]=\dfrac{Z_{N2}\sigma_{Hlim2}}{S_H}=\dfrac{1.07\times530}{1}$=567MPa 由式（6-22）得 $[\sigma_{F1}]=\dfrac{Y_{N1}\sigma_{Flim1}}{S_F}=\dfrac{1\times200}{1.3}$=154MPa $[\sigma_{F2}]=\dfrac{Y_{N2}\sigma_{Flim2}}{S_F}=\dfrac{1\times190}{1.3}$=146MPa	L_h=20 800h $N_1=1.21\times10^9$ $N_2=3.36\times10^8$ $Z_{N1}=1$ $Z_{N2}=1.07$ $Y_{N1}=Y_{N2}=1$ $[\sigma_{H1}]$=570MPa $[\sigma_{H2}]$=567MPa $[\sigma_{F1}]$=154MPa $[\sigma_{F2}]$=146MPa
3．按齿面接触疲劳强度设计 （1）小齿轮所传递的转矩 （2）载荷因数 K （3）齿数和齿宽因数 ψ_d （4）材料弹性系数 Z_E （5）计算小齿轮直径 d_1 及模数 m	$T_1=9.55\times10^6\dfrac{P}{n_1}=9.55\times10^6\times\dfrac{7.5}{970}=73\,840\text{N}\cdot\text{mm}$ 见表 6-7，选 K=1.1。 选择小齿轮的齿数 z_1=25，则大齿轮齿数 $z_2=25\times3.6=90$，但一般一对齿轮的齿数互为质数，故取 $z_2=91$。 由于齿轮为对称布置，见表 6-8，选取 ψ_d=1。 两齿轮材料均为钢，查表 6-6 得 $Z_E=189.8\sqrt{\text{MPa}}$。 由于是闭式软齿面，由齿面接触疲劳强度式（6-18）设计 $d_1\geqslant\sqrt[3]{\left(\dfrac{3.53Z_E}{[\sigma_H]}\right)^2\times\dfrac{KT_1}{\psi_d}\times\dfrac{u\pm1}{u}}$ $\geqslant\sqrt[3]{\left(\dfrac{3.53\times189.8}{567}\right)^2\times\dfrac{1.1\times73\,840}{1}\times\dfrac{3.6+1}{3.6}}$ $\geqslant$52.53mm $m=\dfrac{d_1}{z_1}=\dfrac{52.53}{25}$=2.10mm 见表 6-1，取标准模数 $m=2.5$ mm	$T_1=73\,840$ N·mm K=1.1 ψ_d=1 $Z_E=189.8\sqrt{\text{MPa}}$ $d_1\geqslant$52.53mm $m=2.5$ mm
4．计算大、小齿轮的几何尺寸	$d_1=mz_1=2.5\times25$=62.50mm $d_{a1}=(z_1+2h_a^*)m=(25+2\times1)\times2.5$=67.50mm $d_{f1}=(z_1-2h_a^*-2c^*)m=(25-2\times1-2\times0.25)\times2.5$=56.25mm $d_2=mz_2=2.5\times91$=227.5mm $d_{a2}=(z_2+2h_a^*)m=(91+2\times1)\times2.5$=232.5mm $d_{f2}=(z_2-2h_a^*-2c^*)m=(91-2\times1-2\times0.25)\times2.5$=221.25mm $h_1=h_2=(2h_a^*+c^*)m=(2\times1+0.25)\times2.5$=5.63mm $a=\dfrac{1}{2}m(z_1+z_2)=\dfrac{1}{2}\times2.5(25+91)$=145mm $b=\psi_d d_1=1\times62.5=62.5$mm 取 $b_1=70$mm，$b_2=65$mm	$d_1=62.50$mm d_{a1}=67.50mm d_{f1}=56.25mm d_2=227.5mm d_{a2}=232.5mm d_{f2}=221.25mm $h_1=5.63$mm a=145mm $b=62.5$mm $b_1=70$mm $b_2=65$mm
5．校核齿根弯曲疲劳强度	查图 6-32，得 Y_{FS1}=4.2，Y_{FS2}=3.9。 $\sigma_{F1}=\sigma_F=\dfrac{2KT_1Y_{FS}}{d_1bm}=\dfrac{2\times1.1\times73\,840\times4.2}{62.5\times65\times2.5}=67.18\text{MPa}<[\sigma_{F1}]$ $\sigma_{F2}=\sigma_{F1}\dfrac{Y_{FS2}}{Y_{FS1}}=67.18\times\dfrac{3.9}{4.2}=62.38\text{ MPa}<[\sigma_{F2}]$	$Y_{FS1}=4.2$ $Y_{FS2}=3.9$ 齿根弯曲强度安全

续表

设计项目	计算内容和依据	计算结果
6．验算齿轮圆周速度	$v=\frac{n_1\pi d_1}{60\times1000}=\frac{970\times3.14\times62.5}{60\times1000}=3.17\text{m/s}<5\text{m/s}$	圆周线速度合适
7．绘制齿轮工作图（略）	该步包括齿轮结构设计、检测项目等内容	

6.10 斜齿圆柱齿轮传动与强度计算

6.10.1 齿廓曲面的形成与啮合特点

1．齿廓曲面的形成

由于直齿圆柱齿轮的齿线与其轴线方向平行，故垂直于轴线的各平面与其端面完全一样，为了方便，基于端面来探讨直齿圆柱齿轮的齿廓形成与啮合特点。实际上齿廓是这样形成的：发生面 S 与基圆柱相切于母线 CC，当发生面 S 在基圆柱上纯滚动时，发生面上一条与基圆柱母线 CC 平行的直线 KK 在空间的轨迹为一渐开线曲面，对称的两反向渐开线曲面即构成了渐开线直齿圆柱齿轮的一个齿廓，如图 6-35（a）所示。

斜齿轮齿廓曲面的形成与直齿相似，区别在于发生线 KK 不与母线 CC 平行，而与它成一交角 β_b，此角称为基圆柱上的螺旋角，如图 6-35（b）所示。当发生面 S 在基圆柱上纯滚动时，直线 KK 便形成一渐开螺旋面，即为斜齿轮齿廓曲面。

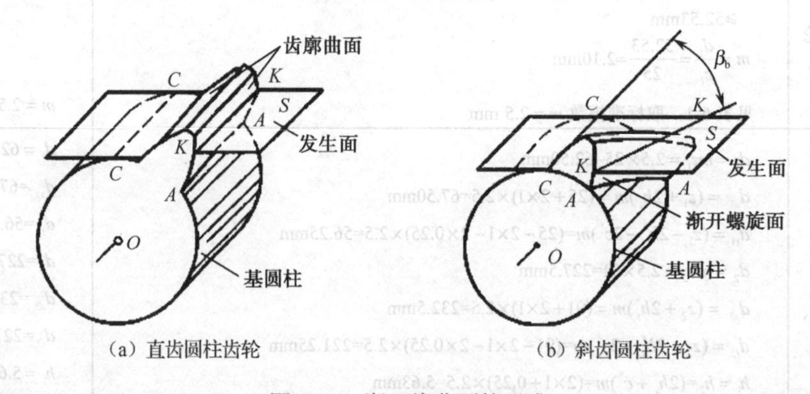

（a）直齿圆柱齿轮　　（b）斜齿圆柱齿轮

图 6-35　渐开线曲面的形成

2．啮合特点

与直齿圆柱齿轮相比，斜齿轮有如下特点：

（1）传动平稳。直齿圆柱齿轮在啮合过程中，两齿廓总是沿整个齿宽同时啮入啮出，从而使齿轮传动过程中产生冲击、振动及噪声，故传动的平稳性较差，如图 6-36（a）所示。而一对斜齿轮在啮合过程中，各接触线的长度是变化的，从开始啮合到脱离啮合的过程中，接触线长度从零逐渐增到最大值，然后由最大值逐渐减小到零，故斜齿轮上所受的力不具有突变性，传动平稳性较好，如图 6-36（b）所示。

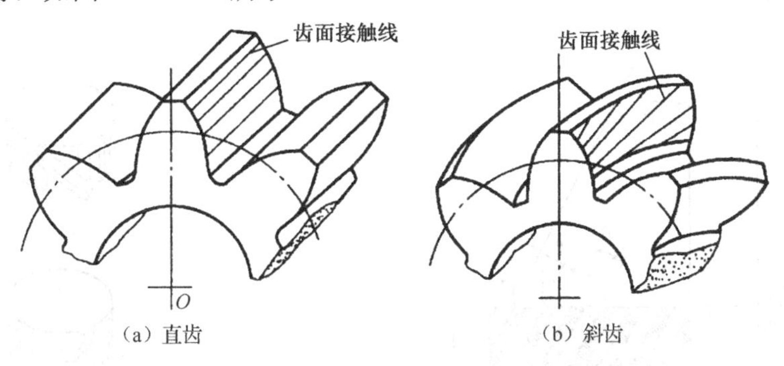

图 6-36　齿形示意

（2）承载能力大。斜齿轮的轮齿相当于螺旋曲面梁，其强度高；斜齿轮的啮合过程比直齿轮的长，同时啮合的轮齿对数多，重合度大，故斜齿轮的承载能力大。

（3）斜齿轮不根切的最少齿数小于直齿轮（详见 6.10.3 节内容）。

（4）存在附加轴向力。因斜齿轮轮齿存在螺旋角，故工作时会产生附加轴向力 F_a，如图 6-37 所示（详见 6.10.6 节内容）。

（5）斜齿轮不能作为滑移齿轮使用。根据斜齿轮的传动特点，斜齿轮一般应用于高速或传递大转矩的场合。

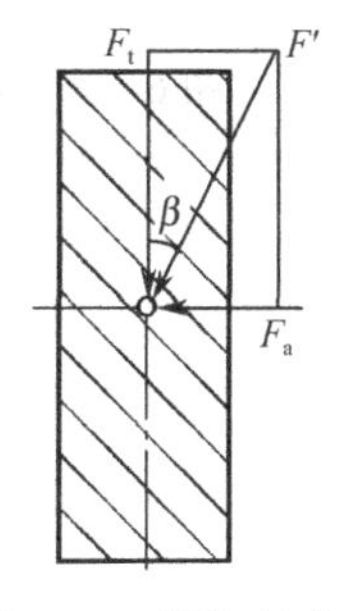

图 6-37　附加轴向力

6.10.2　斜齿圆柱齿轮的基本参数与几何尺寸计算

1. 基本参数

1）螺旋角

如图 6-38 所示，将斜齿轮沿其分度圆柱面展开，分度圆柱面与齿廓曲面相贯的螺旋线会展开成一条斜直线，该线称为齿线。它与齿轮轴线的夹角为 β，称为斜齿轮分度圆柱上的螺旋角，简称螺旋角。通常 β 表示斜齿轮轮齿的倾斜程度，β 越大，重合度越大，传动越平稳。对于斜齿轮一般取 β=8°～20°。对直齿圆柱齿轮，可认为 β=0°。

斜齿轮按其轮齿的旋向分为右旋和左旋两种（见图 6-39）。斜齿轮旋向的判别如下：使轴线垂直于水平面，若齿轮螺旋线右高左低为右旋；反之则为左旋。

2）模数

由于齿线倾斜，斜齿轮端面上的齿形（渐开线）和垂直于轮齿方向的法向齿形不同。与齿线垂直的平面（*n*—*n*）称为法面，与轴线垂直的平面（*t*—*t*）称为端面。相应的圆柱斜齿轮的参数也分端面（加下标 t）和法向参数（加下标 n）两种。

由图 6-38 所示的几何关系可得端面齿距 p_t 与法向齿距 p_n 间的关系为

$$p_n=p_t\cos\beta \tag{6-23}$$

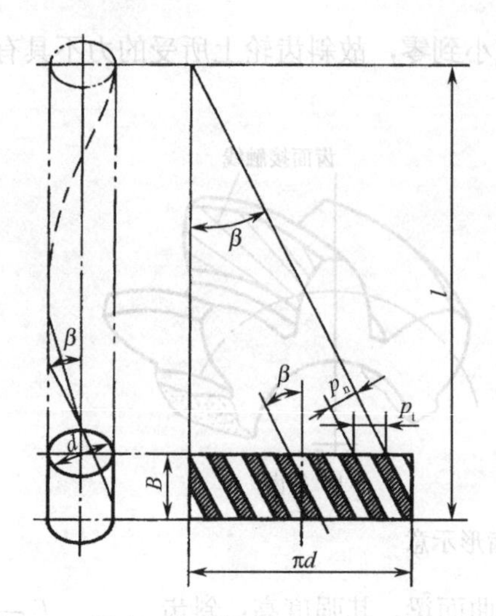

图 6-38 斜齿圆柱齿轮沿分度圆柱面的展开图

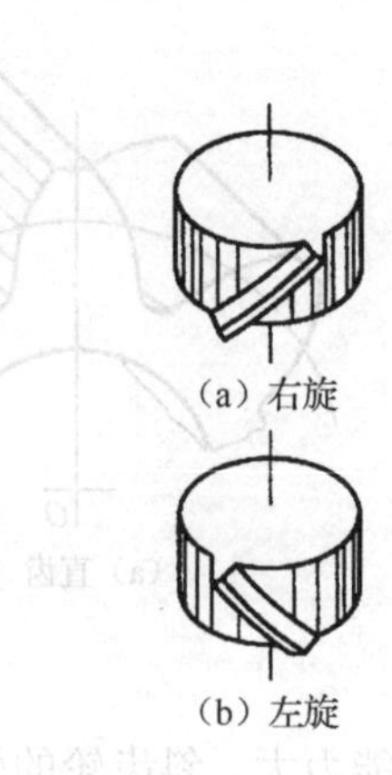

图 6-39 斜齿轮的旋向

因

$$m_t = \frac{p_t}{\pi},\quad m_n = \frac{p_n}{\pi}$$

故

$$m_n = m_t \cos\beta \tag{6-24}$$

3）压力角

由图 6-40 所示的几何关系可得端面压力角 α_t 与法向压力角 α_n 间的关系为

$$\tan\alpha_n = \tan\alpha_t \cos\beta \tag{6-25}$$

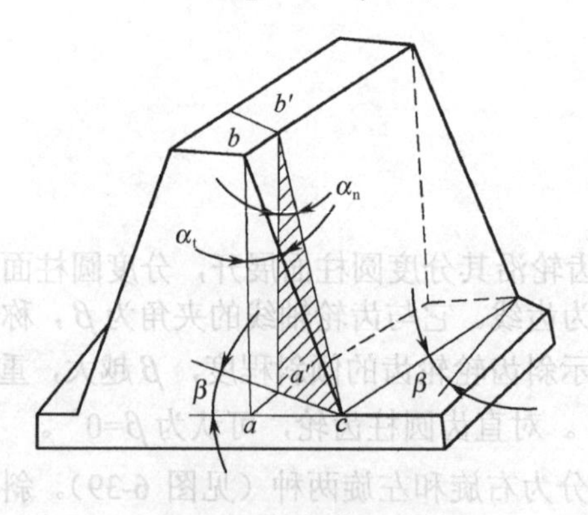

图 6-40 斜齿轮压力角

4）齿顶高系数和顶隙系数

如图 6-40 可知，在法面与端面内斜齿轮的齿顶高和齿根高都相同，因此

$$h_a = h_{an}^* m_n \tag{6-26}$$

$$h_f = (h_{an}^* + c_n^*) m_n \tag{6-27}$$

式中 h_{an}^*——法向齿顶高系数（值见表 6-11）；

c_n^*——法向顶隙系数（值见表 6-11）。

切制斜齿轮时，刀具沿齿线方向进刀，故刀具的齿形参数与轮齿的法面齿形参数相同，故斜齿轮以法面参数为标准值。

2．斜齿轮的几何尺寸计算

斜齿轮传动在端面上相当于直齿轮传动，其几何尺寸计算公式见表 6-11。

表 6-11　标准斜齿圆柱齿轮主要几何尺寸的计算公式

序号	名　称	符号	计 算 公 式
基本参数	模数	m_n	根据齿轮承受载荷、结构条件等确定，并按表 6-1 选用标准值
	压力角	α_n	选用标准值 20°
	螺旋角	β	通常取 β=8°～20°
	齿数	z	根据实际情况选取与计算
	齿顶高系数	h_{an}^*	标准正常齿制：h_{an}^* =1，标准短齿制：h_{an}^* =0.8
	顶隙系数	c_n^*	标准正常齿制：c_n^* =0.25，标准短齿制：c_n^* =0.3
几何尺寸计算	齿顶高	h_a	$h_a = h_{an}^* m_n$
	齿根高	h_f	$h_f = (h_{an}^* + c_n^*)m_n$
	全齿高	h	$h = h_a + h_f = (2h_{an}^* + c_n^*)m_n$
	分度圆直径	d	$d = m_t z = m_n z/\cos\beta$
	齿顶圆直径	d_a	$d_a = d + 2h_a = m_n(z/\cos\beta + 2h_{an}^*)$
	齿根圆直径	d_f	$d_f = d - 2h_f = m_n(z/\cos\beta - 2h_{an}^* - 2c_n^*)$
	中心距	a	$a = m_t(z_1 + z_2)/2 = m_n(z_1 + z_2)/2\cos\beta$

6.10.3　斜齿圆柱齿轮的当量齿数与最少齿数

1．当量齿轮与当量齿数

在用铣刀加工斜齿轮时，铣刀的切削运动是沿着齿线方向的，故需按齿轮的法向齿形来选择铣刀；另外，强度计算时，也需要知道法向齿形。因此，为了方便斜齿轮的设计与加工，需用一个与斜齿轮法面齿形相当的假想直齿轮的齿形来替代。

如图 6-41 所示，设斜齿轮的实际齿数为 z，过斜齿轮分度圆柱轮齿螺旋线上的一点 P 作轮齿的法向剖面，该平面与分度圆柱面的剖面为一椭圆，以椭圆上 P 点处的曲率半径 ρ 为圆柱齿轮的分度圆半径，以斜齿轮的法向模数 m_n 为模数，取标准压力角 α_n 作一直齿圆柱齿轮，称这一假想的直齿圆柱齿轮为该斜齿轮的当量齿轮，其齿数为该斜齿轮的当量齿数，用 z_v 表示，故

$$z_v = \frac{z}{\cos^3\beta} \qquad (6\text{-}28)$$

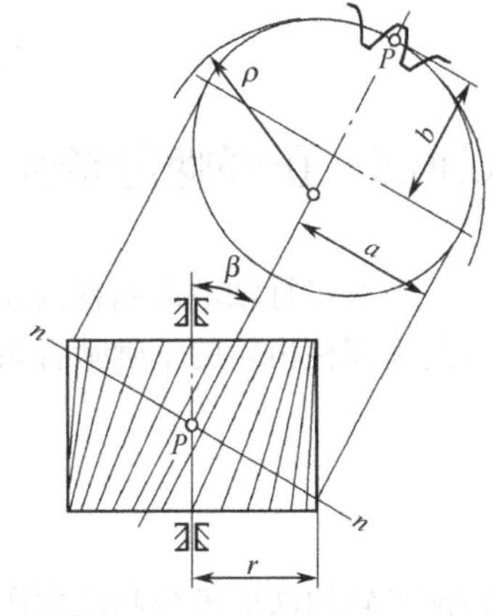

图 6-41　斜齿轮的当量齿轮

2．斜齿圆柱齿轮不发生根切的最少齿数

标准斜齿圆柱齿轮不发生根切的最少齿数$z_{\min}$为

$$z_{\min}=z_{\mathrm{v}}\cos^3\beta=17\cos^3\beta \tag{6-29}$$

可见，斜齿圆柱齿轮不发生根切的最少齿数小于17，这是斜齿轮传动的优点之一。

6.10.4 斜齿圆柱齿轮传动的重合度

图6-42（a），（b）分别表示斜齿轮和直齿轮的分度面。传动时，直齿轮的轮齿沿整个齿宽b从B_1B_1开始啮合，至B_2B_2沿整个齿宽b终止啮合，啮合区内的齿均处于啮合状态。而由于斜齿轮轮齿的方向与齿轮的轴线成一螺旋角β，其啮合并不是沿整个齿宽啮入啮出的，因此，斜齿轮传动的啮合长度增长$\Delta L=b\tan\beta$。若相应的直齿圆柱齿轮传动的重合度为ε_{t}，则斜齿圆柱齿轮的重合度ε表达式为

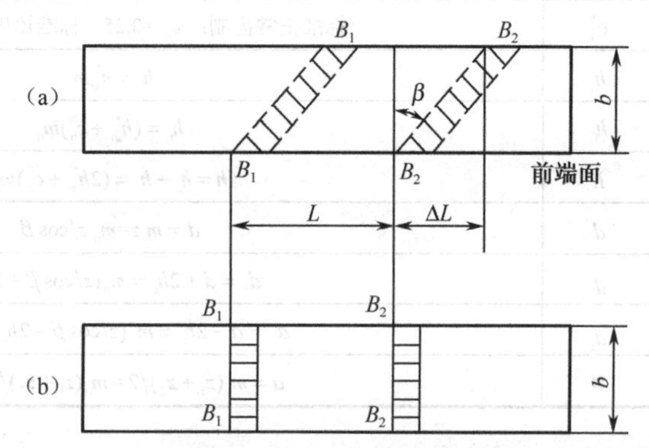

图6-42 斜齿轮传动的重合度

$$\varepsilon=\varepsilon_{\mathrm{t}}+\varepsilon_{\beta}=\varepsilon_{\mathrm{t}}+b\tan\beta/p_{\mathrm{t}} \tag{6-30}$$

式中 ε——斜齿圆柱齿轮重合度；

ε_{t}——端面重合度，即与斜齿轮端面齿廓相同的直齿圆柱齿轮传动的重合度；

ε_{β}——纵向（轴向）重合度，由轮齿倾斜附加的重合度，其值随齿宽b和螺旋角β的增大而增大，可达到很大的数值，这也是斜齿轮传动平稳、承载能力高的主因之一。

6.10.5 正确啮合条件

一对平行轴斜齿圆柱齿轮传动，相当于其端面上一对直齿圆柱齿轮传动。因此，一对外啮合斜齿圆柱齿轮的正确啮合条件为

$$\left.\begin{aligned} m_{\mathrm{n1}}&=m_{\mathrm{n2}}=m_{\mathrm{n}}\\ \alpha_{\mathrm{n1}}&=\alpha_{\mathrm{n2}}=\alpha_{\mathrm{n}}\\ \beta_1&=\pm\beta_2 \end{aligned}\right\} \tag{6-31}$$

即两齿轮的法面模数和法面压力角分别相等，且两齿轮的螺旋角大小相等，外啮合旋向相反，内啮合旋向相同。

6.10.6　斜齿圆柱齿轮传动的受力分析及强度计算

1．齿轮的受力分析

斜齿圆柱齿轮传动的受力情况与直齿圆柱齿轮相似，如图 6-43 所示，若不计摩擦力，则作用在轮齿上的法向载荷 F_n 垂直作用于齿面。设小齿轮 1 为主动轮，为便于分析计算，在节点 P 处将 F_n 分解为三个相互垂直的分力：

切向力 F_t、径向力 F_r、轴向力 F_a，则

$$\left.\begin{aligned} F_{t1}&=\frac{2T_1}{d_1} \\ F_{r1}&=F_{t1}\cdot\frac{\tan\alpha_n}{\cos\beta} \\ F_{a1}&=F_{t1}\tan\beta \end{aligned}\right\} \tag{6-32}$$

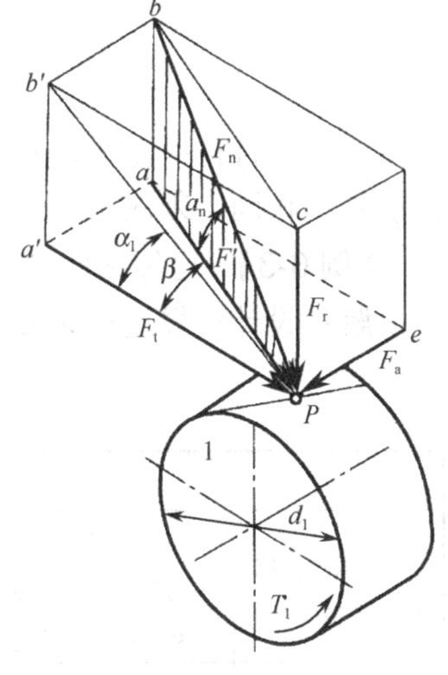

图 6-43　斜齿轮的受力分析

式中　T_1——主动齿轮上的转矩（N·mm）；

d_1——主动齿轮分度圆直径（mm）；

α_n——压力角，$\alpha_n=20°$（标准齿轮）；

β——螺旋角（°）。

作用在主动轮 P 处的切向力 F_{t1} 的方向与啮合点的线速度方向相反，从动轮的 F_{t2} 与啮合点的线速度方向相同；径向力 F_{r1} 与 F_{r2} 的方向分别由啮合点指向各自的圆心；轴向力 F_a 的方向取决于齿轮的转向和轮齿的旋向，可由“左右手定则”来判断，左旋用左手，右旋用右手。如图 6-44 所示，当主动轮的轮齿右旋时，所受轴向力的方向用右手判断，四指沿齿轮转向握轴，伸直大拇指，大拇指的指向即为主动轮所受轴向力的方向。主动轮轴向力与从动轮所受轴向力大小相等、方向相反。

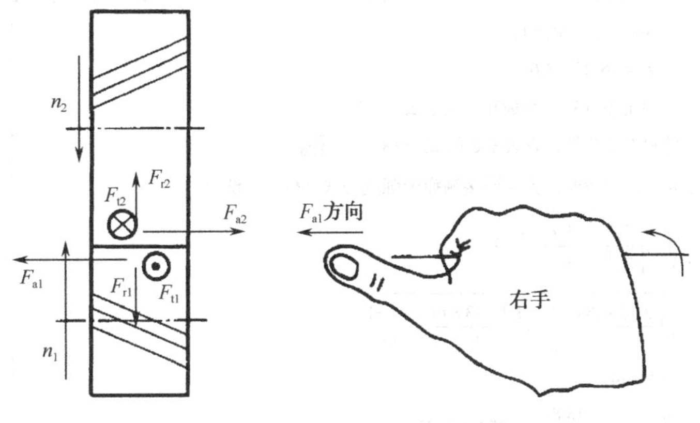

图 6-44　斜齿轮轴向力的判定

2．强度计算

斜齿圆柱齿轮传动的强度计算方法与直齿圆柱齿轮相似。由于斜齿轮齿面为螺旋曲面，故

斜齿轮的接触疲劳强度和弯曲疲劳强度都比直齿轮高，其齿面接触疲劳强度的相关计算公式为

校核公式
$$\sigma_{\mathrm{H}}=3.17Z_{\mathrm{E}}\sqrt{\frac{KT_1}{bd_1^2}\cdot\frac{u\pm1}{u}}\leqslant[\sigma_{\mathrm{H}}] \tag{6-33}$$

设计公式
$$d_1\geqslant\sqrt[3]{\left(\frac{3.17Z_{\mathrm{E}}}{[\sigma_{\mathrm{H}}]}\right)^2\frac{KT_1}{\psi_{\mathrm{d}}}\cdot\frac{u\pm1}{u}} \tag{6-34}$$

齿根弯曲疲劳强度的相关计算公式为

校核公式
$$\sigma_{\mathrm{F}}=\frac{1.6KT_1\cos\beta}{bm_{\mathrm{n}}^2z_1}Y_{\mathrm{FS}}\leqslant[\sigma_{\mathrm{F}}] \tag{6-35}$$

设计公式
$$m_{\mathrm{n}}\geqslant\sqrt[3]{\frac{1.6KT_1\cos^2\beta}{\psi_{\mathrm{d}}z_1^2}\cdot\frac{Y_{\mathrm{FS}}}{[\sigma_{\mathrm{F}}]}} \tag{6-36}$$

式（6-33）～式（6-36）中各符号的意义、单位与确定方法，以及参数选择原则与直齿轮传动基本相同，须注意的是：齿形复合因数 Y_{FS} 应按斜齿轮的当量齿数由图 6-32 选取。

【例 6-3】 已知条件同例 6-2，试设计一对斜齿圆柱齿轮。

解： 设计计算过程如表 6-12 所示。

表 6-12 例 6-3 设计计算过程

设 计 项 目	计算内容和依据	计 算 结 果
1．选择齿轮材料及精度	由于传递功率不大，故采用软齿面传动； 材料与热处理与例 6-2 相同； 初步估计齿轮线速度 v <10m/s，见表 6-4，选择 8 级精度	见例 6-2
2．确定齿轮许用应力	见例 6-2	见例 6-2
3．按齿面接触疲劳强度设计	$T_1=9.55\times10^6\frac{P}{n_1}=9.55\times10^6\times\frac{7.5}{970}=73\,840\ \mathrm{N\cdot mm}$ 见表 6-7，选 K =1.1。	$T_1=73\,840\ \mathrm{N\cdot mm}$ K =1.1
（1）小齿轮所传递的转矩 （2）载荷因数 K （3）齿数和齿宽因数 ψ_{d} 和螺旋角 β （4）材料弹性系数 Z_{E}	选择小齿轮的齿数 z_1 =21，则大齿轮齿数 $z_2=21\times3.6=76$，由于齿轮为对称布置，见表 6-8，选取 ψ_{d} =1。 $\mu=z_2/z_1=76/21=3.6$ 初选螺旋角 β=13°，小齿轮采用右旋。 两齿轮材料均为钢，查表 6-6 得 Z_{E} =189.8 $\sqrt{\mathrm{MPa}}$。 由于是闭式软齿面，由齿面接触疲劳强度公式（6-34）设计 $d_1\geqslant\sqrt[3]{\left(\frac{3.17Z_{\mathrm{E}}}{[\sigma_{\mathrm{H}}]}\right)^2\frac{KT_1}{\psi_{\mathrm{d}}}\cdot\frac{u\pm1}{u}}$ $\geqslant\sqrt[3]{\left(\frac{3.17\times189.8}{567}\right)^2\times\frac{1.1\times73\,840}{1}\times\frac{3.6+1}{3.6}}$ $\geqslant$48.87mm $m_{\mathrm{n}}=\frac{d_1}{z_1}\cos\beta=\frac{48.87}{21}\times0.974\,4=2.27\ \mathrm{mm}$	ψ_{d} =1 $\mu=3.6$ Z_{E} =189.8 $\sqrt{\mathrm{MPa}}$
（5）计算小齿轮直径 d_1 及模数 m_{n}	见表 6-1，取标准模数 $m_{\mathrm{n}}=2.5$ mm。 $a=m_{\mathrm{n}}(z_1+z_2)/2\cos\beta=2.5\times(21+76)/2\cos13°$ =124.44 mm	$m_{\mathrm{n}}=2.5$ mm a =125 mm

续表

设计项目	计算内容和依据	计算结果
（6）确定中心距 a 和螺旋角 β	圆整中心距，取 a =125mm，则 $\beta=\arccos\dfrac{m_n(z_1+z_2)}{2a}=\arccos\dfrac{2.5(21+76)}{2\times125}=14°41'18''$	$\beta=14°41'18''$
4．计算大、小齿轮的几何尺寸	$d_1=\dfrac{m_n z_1}{\cos\beta}=\dfrac{2.5\times21}{\cos14°41'18''}=54.1\text{mm}$ $d_{a1}=m_n(z_1/\cos\beta+2h_{an}^*)$=2.5×(21/cos14°41′18″+2×1)=59.1 $d_{f1}=m_n(z_1/\cos\beta-2h_{an}^*-2c_n^*)$ =2.5×(21/cos14°41′18″−2×1−2×0.25)=47.9mm $d_2=\dfrac{m_n z_2}{\cos\beta}=\dfrac{2.5\times76}{\cos14°41'18''}=195.9\text{mm}$ $d_{a2}=m_n(z_1/\cos\beta+2h_{an}^*)$=2.5×(76/cos14°41′18″+2×1)=200.9mm $d_{f2}=m_n(z_2/\cos\beta-2h_{an}^*-2c_n^*)$ =2.5×(76/cos14°41′18″−2×1−2×0.25)=189.6mm $b=\psi_d d_1=1\times54.1=54.1\text{mm}$，取 $b_1=60\text{mm}$，$b_2=55\text{mm}$	d_1 =54.1mm d_{a1} =59.1mm d_{f1}=47.9mm d_2 =195.9 mm d_{a2} =200.9mm d_{f2}=189.6mm b_1 = 60mm b_2 = 55mm
5．校核齿根弯曲疲劳强度	当量齿数 $z_{v1}=\dfrac{z_1}{\cos^3\beta}=\dfrac{21}{\cos^3 14°41'18''}=23.01$ $z_{v2}=\dfrac{z_2}{\cos^3\beta}=\dfrac{76}{\cos^3 14°41'18''}=83.27$ 查图 6-32，得 Y_{FS1}=4.2，Y_{FS2}=3.88 $\sigma_{F1}=\sigma_F=\dfrac{2KT_1Y_{FS}}{d_1bm}=\dfrac{2\times1.1\times73\,840\times4.2}{54.1\times55\times2.5}$=91.72MPa $<[\sigma_{F1}]$ $\sigma_{F2}=\sigma_{F1}\dfrac{Y_{FS2}}{Y_{FS1}}$=91.72×$\dfrac{3.88}{4.2}$=84.73MPa $<[\sigma_{F2}]$	Y_{FS1}=4.2 Y_{FS2}=3.88 齿根弯曲强度安全
6．验算齿轮圆周速度	$v=\dfrac{n_1\pi d_1}{60\times1\,000}=\dfrac{970\times3.14\times54.1}{60\times1\,000}=2.75\text{m/s}<10\text{m/s}$	圆周线速度合适
7．绘制齿轮工作图（略）	该步包括齿轮结构设计、检测项目等内容	

6.11 圆柱齿轮的结构设计、润滑与维护

6.11.1 圆柱齿轮的结构设计

通过齿轮传动的强度计算，可确定出齿轮的齿数、模数、齿宽、螺旋角、分度圆直径等主要尺寸，但齿圈、轮辐、轮毂等结构形式与尺寸大小，通常由结构设计而定。设计齿轮的结构时，必须综合几何尺寸、毛坯、材料、加工方法、使用要求及经济性等因素。一般先按齿轮的直径大小选定合适的结构形式，再依据荐用的经验公式进行结构设计。

1．齿轮轴

对于圆柱齿轮直径很小的钢制齿轮，若齿根到键槽底部的距离 $y<(2\sim2.5)m_t$，如图 6-45（a）所示，应将齿轮和轴做成一体，称为齿轮轴，如图 6-45（b）所示。

2．实心式齿轮

对于齿顶圆直径 $d_a \leqslant 160\text{mm}$ 的中、小尺寸的钢制齿轮，通常采用锻造毛坯的实心式结构，圆柱齿轮如图 6-46 所示。但航空产品中 $d_a \leqslant 160\text{ mm}$ 的齿轮，也可做成腹板式的。

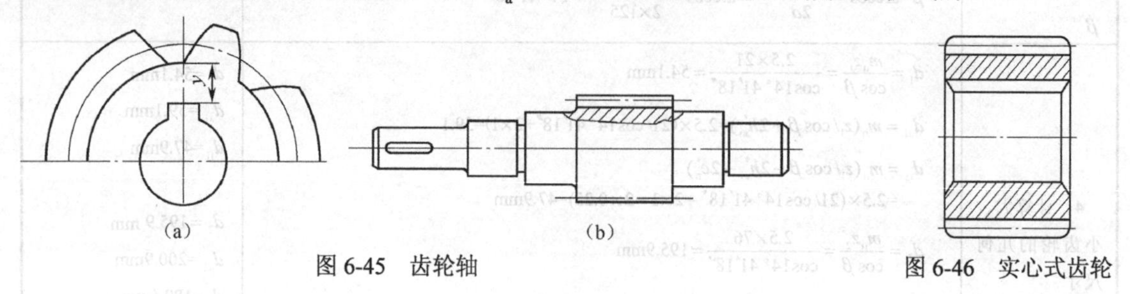

图 6-45　齿轮轴　　　　图 6-46　实心式齿轮

3．腹板式齿轮

对于齿顶圆直径 $d_a \leqslant 500\text{mm}$ 的较大尺寸的齿轮，为减轻质量和节约材料，通常制成腹板式结构，如图 6-47 所示，其结构尺寸的经验公式可参考相关手册。腹板式齿轮常采用锻造毛坯。

4．轮辐式齿轮

当齿顶圆直径 $400 < d_a < 1000\text{mm}$ 时，做成轮辐截面为“十”字形的轮辐式结构齿轮，如图 6-48 所示，其结构尺寸的经验公式可参考相关手册。齿轮毛坯因受锻造设备的限制，轮辐式齿轮毛坯通常由铸铁或铸钢制成。

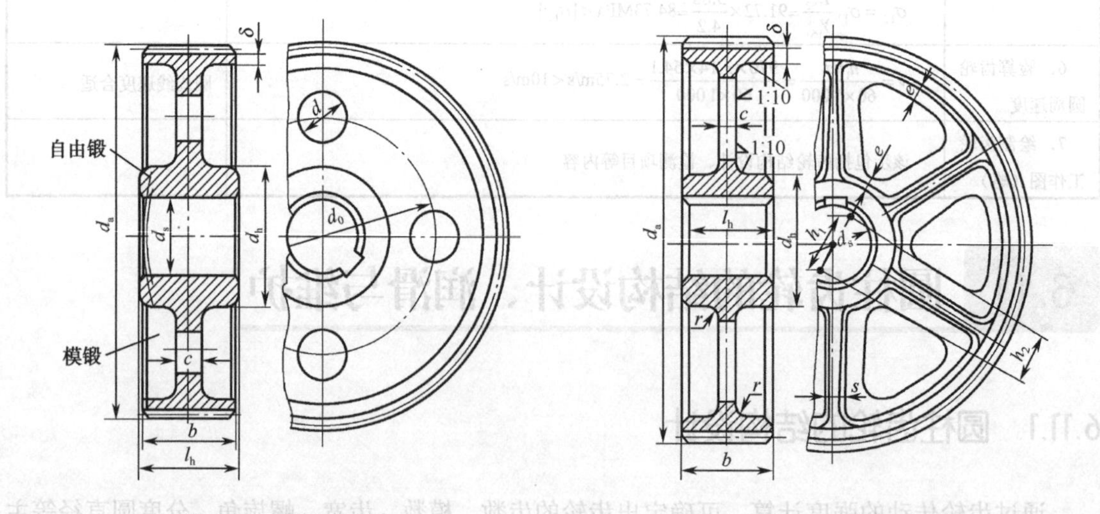

图 6-47　腹板式齿轮　　　　图 6-48　轮辐式齿轮

6.11.2　齿轮传动的润滑

1．润滑方式

开式齿轮传动通常采用人工定期加油润滑，可采用润滑油或润滑脂。

闭式齿轮传动的润滑方式根据齿轮的圆周线速度 v 的大小而定。如图 6-49（a）所示，当 $v \leqslant 12$m/s 时多采用浸油润滑，大齿轮浸入油池一定的深度，齿轮运转时就把润滑油带到啮合区，同时甩到箱壁以散热。对圆柱齿轮浸油深度通常不应超过一个齿高，但亦不应小于 10mm；当 $0.5 < v < 0.8$m/s 时，浸油深度可达齿轮半径的 1/6。

在多级齿轮传动中，当几个大齿轮直径不相等时，可采用带油轮蘸油润滑（见图 6-49（b））。

当 $v > 12$m/s 时，不宜采用浸油润滑，最好采用喷油润滑（见图 6-49（c）），用油泵将润滑油直接喷到啮合区。

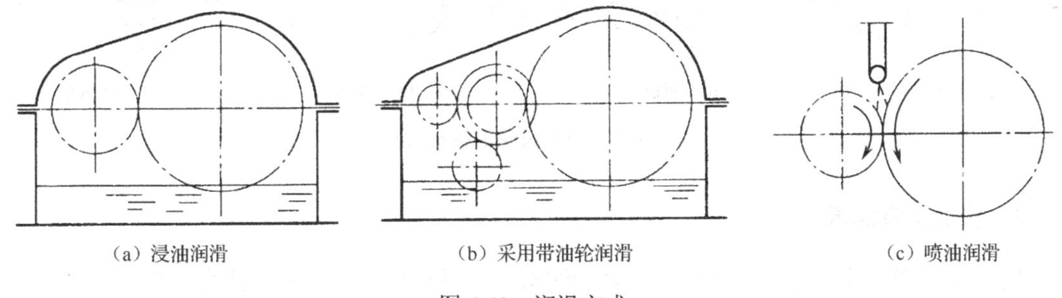

（a）浸油润滑　　（b）采用带油轮润滑　　（c）喷油润滑

图 6-49　润滑方式

2．润滑剂

齿轮传动常用的润滑剂为润滑油或润滑脂。所用的润滑油黏度按表 6-13 选取。

表 6-13　齿轮传动的润滑油运动黏度推荐值

齿轮材料	抗拉强度 σ_b /MPa	圆周线速度 v/（m·s^{-1}）						
		<0.5	0.5～1.0	1.0～2.5	2.5～5.0	5.0～12.5	12.5～25.0	>25.0
		运动黏度 ν/（mm^2·s^{-1}）（40℃）						
塑料、铸铁、青铜	—	350	220	150	100	80	55	—
钢	450～1 000	500	350	220	150	100	80	55
	1000～1 250	500	500	350	220	150	100	80
渗碳或表面淬火	1250～1 580	900	500	500	350	220	150	100

注：1．对于多级齿轮传动，采用各级传动圆周线速度的平均值来选取润滑油黏度。

2．对于 $\sigma_b > 800$MPa 的镍铬钢制齿轮（不渗碳）的润滑油黏度应取高一级的数值。

6.11.3　齿轮传动的维护

正确维护是保证齿轮传动正常工作，延长齿轮使用寿命的必要条件。日常维护工作主要有以下内容：

1．安装与跑合

齿轮、轴承、键等零件安装在轴上，固定及定位应符合技术要求。使用一对新齿轮时，先跑合运转十几至几十小时，运转后清洗箱体，更换新油，才能使用。

2. 检查齿面情况

采用涂色法检查，如图 6-50（a）所示，若色迹处于齿宽中部，且接触面积较大，说明装配良好；如图 6-50（b），（c），（d）所示，若接触部位不合理，会使载荷分布不均，一般可通过调整轴承座位及修理齿面等方法解决。

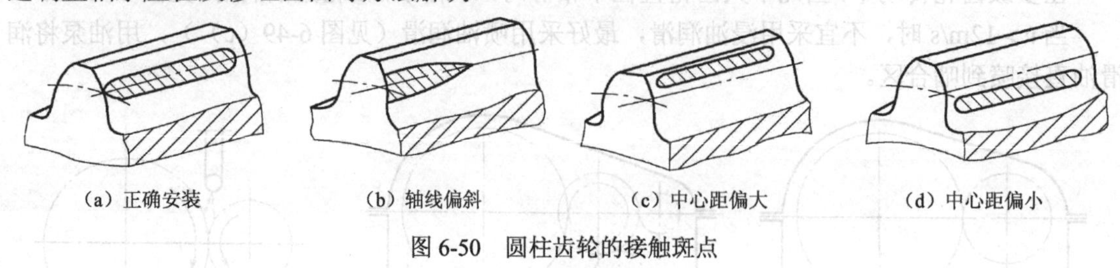

图 6-50 圆柱齿轮的接触斑点

3. 保证正常润滑

按规定润滑方式，定时、定质、定量加润滑油。对自动润滑方式，注意油路是否畅通，润滑机构是否灵活。

4. 监控运转状态

通过看、摸、听，监视有无超常温度、异常响声、振动等不正常现象。发现异常现象，应及时检查加以解决，禁止其“带病工作”。对高速、重载或重要场合的齿轮传动，可采用自动监测装置，对齿轮运行状态的信息进行搜集处理、故障诊断及报警等，实现自动控制，确保齿轮传动的安全、可靠。

5. 装防护罩

对于开式齿轮传动，应装防护罩，以防止灰尘、切屑等杂物侵入齿面，减小齿面磨损，同时保护操作人员的人身安全。

本章小结

本章主要介绍了齿轮传动的啮合原理，传动特点、标准参数、基本尺寸计算，齿轮传动的失效形式，齿轮的材料及其选择原则，圆柱齿轮传动的强度计算。此外，还介绍了齿轮的结构设计及齿轮传动的润滑与维护等内容。

单元习题

一、判断题（在每题的括号内打上相应的×或√）

1. 基圆相同，渐开线形状相同；基圆越大，渐开线越弯曲。 （ ）

2. 渐开线上各点处的压力角不相等，离基圆越近压力角越小，齿根圆上的压力角为零。（ ）

3. 两个压力角相同，而模数和齿数均不相同的正常标准直齿圆柱齿轮，其中轮齿大的齿轮模数较大。（ ）

4. 齿轮的分度圆和节圆是齿顶圆与齿根圆中间的标准圆。（ ）

5. 若一对齿轮接触强度不够，则应增大模数；而齿根弯曲强度不够时，则要加大分度圆直径。（ ）

6. 渐开线齿轮上，基圆直径一定比齿根圆直径小。（ ）

7. 渐开线标准直齿圆柱齿轮传动，由于安装不准确，产生了中心距误差，但其传动比的大小仍保持不变。（ ）

8. 在制造、安装过程中，一对相互啮合的齿轮的中心距的微小误差会改变其瞬时传动比，因此在制造、安装时要求较高。（ ）

9. 测量公法线长度，跨齿数必须按公式计算确定，并圆整为整数，否则，测量的结果不正确。（ ）

10. 一直齿轮和一斜齿轮，只要满足两者的模数和压力角相等就可以正确啮合。（ ）

11. 按标准中心距安装的一对标准直齿圆柱齿轮，同时啮合轮齿的对数越多，传动越平稳。（ ）

12. 齿数少于17的直齿圆柱齿轮，不论在什么条件下切齿加工，齿轮都发生根切。（ ）

13. 采用变位齿轮可制成齿数少于17而不发生根切的齿轮，可实现非标准中心距的无侧隙传动，可使大、小齿轮的抗弯能力接近相等。（ ）

14. 用展成法加工齿轮时，当齿数较少时，有时会发现刀具的顶部切入齿轮的根部，将齿轮根部的渐开线切去的现象，通常称之为根切。（ ）

15. 圆柱齿轮的精度等级，主要根据其承受载荷的大小确定。（ ）

16. 一对直齿圆柱齿轮传动，当两轮材料与热处理方法相同时，两轮的齿根弯曲疲劳强度一定相同。（ ）

17. 在闭式齿轮传动中，一对软齿面齿轮的齿数应互为质数。（ ）

18. 斜齿圆柱齿轮的标准模数和压力角在法面上。（ ）

19. 斜齿圆柱齿轮螺旋角β越大，轮齿越倾斜，则传动的平稳性越好，但轴向力也越大。（ ）

20. 齿轮参数中最基本的参数是齿数、模数、压力角。（ ）

二、选择题（选择一个正确答案，将其前方的字母填在括号中）

1. 常用来传递空间两交错轴运动的齿轮机构是_____。（ ）
   A. 直齿圆柱齿轮　B. 直齿圆锥齿轮　C. 斜齿圆锥齿轮　D. 蜗轮蜗杆

2. 根据渐开线特性，渐开线齿轮的齿廓形状取决于_____的大小。（ ）
   A. 基圆　B. 分度圆　C. 齿顶圆

3. 一对渐开线直齿圆柱齿轮的啮合线相切于_____。（ ）
   A. 两基圆　B. 两分度圆　C. 两齿顶圆　D. 两齿根圆

4. 渐开线在_____上的压力角、曲率半径最小。（ ）
   A. 两基圆　B. 两分度圆　C. 两齿顶圆　D. 两齿根圆

5．影响齿轮承载能力大小的主要参数是_____。（ ）

A．齿数　　B．压力角　　C．模数

6．齿轮上具有标准模数和标准压力角的圆是_____。（ ）

A．齿顶圆　　B．分度圆　　C．基圆

7．压力角α=20°，齿顶高系数h_a^*=1的直齿圆柱齿轮，其齿数在_____范围，基圆直径比齿根圆直径大。（ ）

A．$z<42$　　B．$z\leqslant 42$　　C．$z>42$

8．一对标准齿轮啮合传动时，其啮合角_____其分度圆压力角。（ ）

A．大于　　B．等于

C．小于　　D．可能等于也可能大于

9．一对外啮合斜齿圆柱齿轮传动，两轮除模数、压力角必须分别相等外，螺旋角应满足_____条件。（ ）

A．$\beta_1=\beta_2$　　B．$\beta_1+\beta_2=90°$　　C．$\beta_1=-\beta_2$

10．欲保证一对斜齿圆柱齿轮连续传动，其重合度ε应满足_____条件。（ ）

A．$\varepsilon=0$　　B．$0<\varepsilon<1$　　C．$\varepsilon\geqslant 1$

11．加工直齿圆柱齿轮轮齿时，一般检测_____来确定该齿轮是否合格。（ ）

A．公法线长度　　B．齿厚　　C．齿根圆直径

12．在范成法加工常用的刀具中，_____能连续切削，生产效率更高。（ ）

A．齿轮插刀　　B．齿条插刀　　C．齿轮滚刀　　D．成形铣刀

13．用齿条刀具加工渐开线齿轮时，判断被加工齿轮产生根切的依据是_____。（ ）

A．刀具的齿顶线通过啮合极限点N_1　　B．刀具的齿顶线超过啮合极限点N_1

C．刀具的中线超过啮合极限点N_1　　D．刀具的中线不超过啮合极限点N_1

14．下面_____齿轮的齿顶高增大，齿顶厚变小，齿根圆增大，齿根高减小。（ ）

A．正变位齿轮　　B．负变位齿轮　　C．标准齿轮

15．高速重载齿轮传动中，当散热条件不良时，齿轮的主要失效形式是_____。（ ）

A．轮齿疲劳折断　　B．齿面疲劳点蚀

C．齿面磨损　　D．齿面胶合

16．齿面点蚀多半发生在_____。（ ）

A．齿顶附近　　B．齿根附近　　C．节点附近　　D．基圆附近

17．对齿面硬度≤350HBS的一对齿轮传动，选取齿面硬度时应使_____。（ ）

A．小齿轮齿面硬度<大齿轮齿面硬度　　B．小齿轮齿面硬度≤大齿轮齿面硬度

C．小齿轮齿面硬度>大齿轮齿面硬度

18．对齿轮轮齿材料性能的基本要求是_____。（ ）

A．齿面要软，齿心要韧　　B．齿面要硬，齿心要脆

C．齿面要软，齿心要脆　　D．齿面要硬，齿心要韧

19．设计一对闭式软齿面齿轮传动，在中心距a和传动比i不变的条件下，提高齿面接触疲劳强度最有效的方法是_____。（ ）

A．增大模数，相应减少齿数　　B．提高主、从动轮的齿面硬度

C．提高加工精度　　D．增大齿根圆角半径

20．对于闭式软齿面齿轮传动，宜取较少齿数以增大模数。其目的是_____。（ ）

A．提高齿面的接触强度　　B．减小滑动系数，提高传动效率
C．减小轮齿的切削量　　D．保证轮齿的抗弯强度

21．圆柱齿轮传动的中心距不变，减小模数、增加齿数，可以_____。（　）
A．提高齿轮的弯曲强度　　B．提高齿面的接触强度
C．改善齿轮传动的平稳性　　D．减小齿轮的塑性变形

22．在圆柱齿轮传动中，轮齿的齿面接触疲劳强度主要取决于_____。（　）
A．模数　　B．齿数　　C．中心距　　D．压力角

23．齿轮传动中，齿面接触应力的变化特征可简化为_____。（　）
A．对称循环变应力　　B．脉动循环变应力
C．不变化的静应力　　D．无规律变应力

24．一对齿轮传动，小齿轮材料为 40Cr，大齿轮材料为 45 钢，则它们的接触应力_____。（　）
A．$\sigma_{H1}=\sigma_{H2}$　　B．$\sigma_{H1}>\sigma_{H2}$　　C．$\sigma_{H1}<\sigma_{H2}$　　D．$\sigma_{H1}\geqslant\sigma_{H2}$

25．在设计直齿圆柱齿轮和斜齿圆柱齿轮时，通常取小齿轮齿宽 b_1 大于大齿轮齿宽 b_2，其主要目的在于_____。（　）
A．节省材料　　B．考虑装配时的安装误差
C．提高承载能力　　D．齿面受载均匀

26．在下面各种方法中，_____不能增大齿轮轮齿的弯曲疲劳强度。（　）
A．直径不变而增大模数　　B．齿轮负变位
C．由调质改为淬火　　D．适当增加齿宽

27．斜齿轮传动_____。（　）
A．能用作变速滑移齿轮
B．因承载能力不高，不适宜于大功率传动
C．传动中产生轴向力
D．传动平稳性差

28．一对外啮合斜齿圆柱齿轮传动，当主动轮转向改变时，作用在两轮上的_____方向随之改变。（　）
A．F_r、F_t、F_a　　B．F_t、F_r　　C．F_t、F_a

29．设计一对渐开线标准斜齿圆柱齿轮传动，不应圆整的参数是_____。（　）
A．分度圆直径　　B．齿轮宽度　　C．传动中心距　　D．齿数

30．斜齿圆柱齿轮的齿数与法面模数不变，若增大分度圆螺旋角，则分度圆直径_____。（　）
A．增大　　B．减小　　C．不变

三、综合题

1．一个渐开线直齿圆柱标准齿轮的齿数 $z=17$，压力角 $\alpha=20°$，模数 $m=3$mm，齿顶高系数 $h_a^*=1$，试求齿廓曲线在分度圆和齿顶圆上的曲率半径以及齿顶圆上的压力角。

2．斜齿圆柱齿轮机构中，若要改变中心距，可采用哪几种方法？

3．已知一对渐开线正常齿制标准外啮合直齿圆柱齿轮传动，模数 $m=5$mm，压力角 $\alpha=20°$，

中心距 a=350mm，传动比 i_{12}=1.8，试求两轮的齿数、分度圆直径、齿顶圆直径、基圆直径以及分度圆上的齿厚和齿槽宽。

4．试设计单级直齿圆柱齿轮减速器中的齿轮传动。已知传递功率 P=7.5kW，小齿轮转速 n_1=970r/min，大齿轮转速 n_2=250r/min；电动机驱动，工作载荷比较平稳，单向传动，小齿轮齿数已选定，z_1＝25，材料选 45 钢调质，硬度为 210HBW，大齿轮材料选 45 钢正火，硬度为 180HBW。

5．在图 6-51 所示两级斜齿圆柱齿轮减速器中，Ⅰ轴上齿轮的模数 m_{n1}=3mm，主动轮为右旋，螺旋角 β_1=15°，Ⅱ轴上齿轮的模数 m_{n3}=5mm，z_2=51，z_3=17。

（1）欲使Ⅱ轴上两斜齿轮的轴向力方向相反，Ⅲ轴上齿轮的螺旋角旋向应如何选择？

（2）欲使Ⅱ轴上两斜齿轮的轴向力互相抵消，试求Ⅲ轴上齿轮的螺旋角大小。

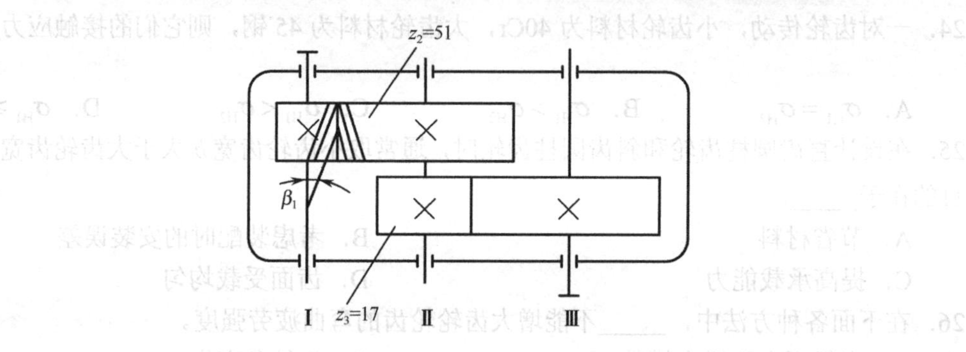

图 6-51　题三-5 用图

Chapter 7

第7章

其他齿轮传动

教学要求

（1）了解锥齿轮、蜗杆传动的类型、特点和应用；

（2）熟悉锥齿轮、蜗杆、蜗轮的基本参数、几何尺寸计算；

（3）掌握标准直齿锥齿轮传动、蜗杆传动的强度计算。

重点与难点

重点：锥齿轮、蜗杆、蜗轮的基本参数、正确啮合条件、几何尺寸及强度计算；

难点：锥齿轮、蜗杆传动的受力分析与强度计算。

7.1 锥齿轮传动

7.1.1 锥齿轮传动的特点和类型

如图 7-1（a）所示，锥齿轮传动用于传递两相交轴的运动和动力，一对锥齿轮的传动可看成两个锥顶共点的圆锥体相互作纯滚动，这两个锥顶共点的圆锥体就是节圆锥。锥齿轮的轮齿分布在圆锥面上，轮齿的齿形从大端到小端逐渐缩小。与圆柱齿轮相似，锥齿轮有基圆锥、分度圆锥、齿顶圆锥、齿根圆锥，如图 7-1（b）所示。对于正确安装的标准锥齿轮传动，其节圆锥与分度圆锥重合。锥齿轮的轮齿有直齿、斜齿和曲齿三种类型，如图 6-1（f），（g），（h）所示，其中直齿锥齿轮应用较广。本节仅介绍常用的轴交角 Σ=90° 的直齿锥齿轮传动。

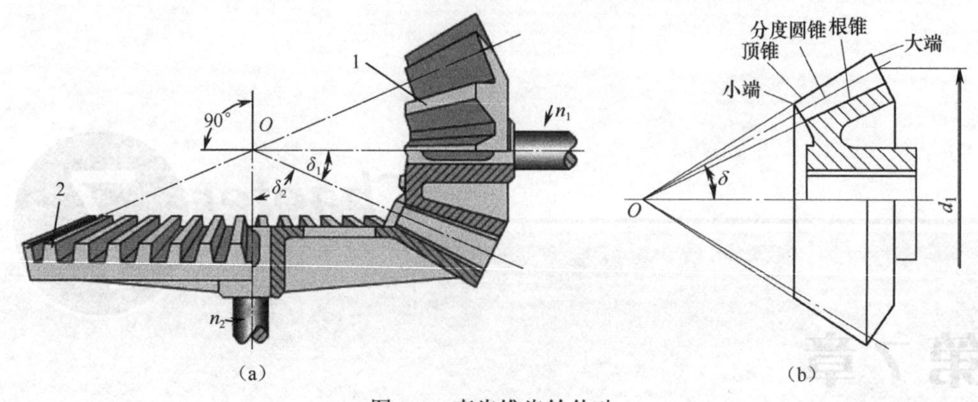

图 7-1 直齿锥齿轮传动

7.1.2 直齿锥齿轮的当量齿数

直齿锥齿轮的齿廓曲线为空间的球面渐开线（这里从略）。由于球面无法展开为平面，因此给设计计算及制造带来不便，故采用近似方法来解决。

图 7-2 所示为锥齿轮的轴向剖视图，大端球面齿廓与轴向剖面的交线为圆弧 $\widehat{ab}$，过 A 点作切线与轴线交于 O_1，以 O_1A 为母线，绕轴线 O_1O 旋转所得的与球面齿廓相切的圆锥体 O_1AB 称为背锥。投影在背锥面上的齿形可近似代替大端球面上的齿形。先将背锥展开，形成一个平面扇形齿轮，再将此扇形齿轮补全，便成为一个完整的标准直齿圆柱齿轮，该圆柱齿轮即为直齿锥齿轮的（强度）当量齿轮，所得齿数 z_v 称为当量齿数。当量齿轮分度圆直径用 d_v 表示，其模数为大端模数，压力角为标准值。

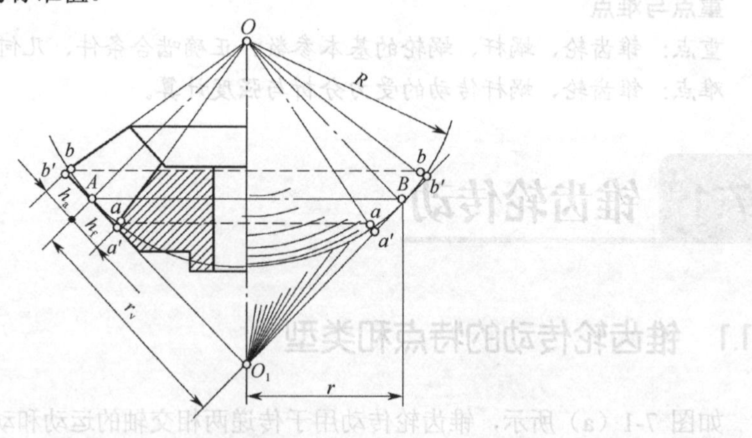

图 7-2 锥齿轮的轴向剖视图

当量齿数 z_v 与实际齿数 z 的关系为

$$z_v = z/\cos\delta \tag{7-1}$$

式中 δ——分度圆锥角。

7.1.3　直齿锥齿轮的正确啮合条件

一对直齿锥齿轮的啮合，可近似看作一对当量齿轮的啮合，其正确啮合条件为

$$\left.\begin{aligned} m_1 = m_2 = m \\ \alpha_1 = \alpha_2 = \alpha \end{aligned}\right\} \tag{7-2}$$

即两轮大端的模数和压力角分别相等。

7.1.4　直齿锥齿轮的基本参数与几何尺寸的计算

1. 基本参数

因大端轮齿尺寸大，计算和测量时相对误差小，同时便于确定齿轮外部尺寸，故定义大端参数为标准值。基本参数包括：大端模数 m、齿数 z、压力角 α、分度圆锥角 δ、齿顶高系数 h_a^*、顶隙系数 c^*，其标准模数见表 7-1。

表 7-1　锥齿轮模数（摘自 GB/T 12368—1990）

0.1	0.12	0.15	0.2	0.25	0.3	0.35	0.4	0.5	0.6	0.7
0.8	0.9	1	1.125	1.25	1.375	1.5	1.75	2	2.25	2.5
2.75	3	3.25	3.5	3.75	4	4.5	5	5.5	6	6.5
7	8	9	10	11	12	14	16	18	20	22
25	28	30	32	36	40	45	50	—	—	—

2. 几何尺寸计算

直齿锥齿轮按顶隙变化的不同可分为不等顶隙收缩齿与顶隙收缩齿锥齿轮。不等顶隙收缩齿锥齿轮的齿顶圆锥、分度圆锥和齿根圆锥的锥顶重合于一点 O，故顶隙从大端到小端逐渐缩小，如图 7-3（a）所示。顶隙收缩齿锥齿轮的分度圆锥和齿根圆锥的锥顶仍然重合，但齿顶圆锥的母线与另一齿轮的齿根圆锥母线相平行，从而保证了顶隙由大端到小端都是相等的，如图 7-3（b）所示。轴交角 $\Sigma=90°$ 的标准直齿锥齿轮的几何尺寸计算公式见表 7-2。

表 7-2　标准直齿锥齿轮主要几何尺寸的计算公式

序号	名　称	符号	计算公式	
			小齿轮	大齿轮
基本参数	模数	m	根据齿轮承受载荷、结构条件等确定，并按表 7-1 选用标准值	
	压力角	α	选用标准值 20°	
	分度圆锥角	δ	$\delta_1=\arctan(z_1/z_2)$	$\delta_2=\arctan(z_2/z_1)$
	齿数	z	根据实际情况选取与计算	
	齿顶高系数	h_a^*	$h_a^*=1$	
	顶隙系数	c^*	$c^*=0.2$	

续表

序号	名　称	符号	计算公式	
			小 齿 轮	大 齿 轮
几何尺寸计算	齿顶高	h_a	$h_a = h_a^* m = m$	
	齿根高	h_f	$h_f = (h_a^* + c^*)m = 1.2m$	
	全齿高	h	$h = h_a + h_f = (2h_a^* + c^*)m$	
	分度圆直径	d	$d = mz$	
	传动比	i	$i = n_1/n_2 = z_2/z_1 = r_2/r_1 = \tan\delta_2 = \cot\delta_1$	
	齿顶圆直径	d_a	$d_{a1} = d_1 + 2h_a\cos\delta_1 = m(z_1 + 2\cos\delta_1)$	$d_{a2} = d_2 + 2h_a\cos\delta_2 = m(z_2 + 2\cos\delta_2)$
	齿根圆直径	d_f	$d_{f1} = d_1 - 2h_f\cos\delta_1 = m(z_1 - 2.4\cos\delta_1)$	$d_{f2} = d_2 - 2h_f\cos\delta_2 = m(z_2 - 2.4\cos\delta_2)$
	锥距	R	$R = \frac{1}{2}\sqrt{d_1^2 + d_2^2} = \frac{d_1}{2}\sqrt{i^2+1} = \frac{m}{2}\sqrt{z_1^2 + z_2^2}$	
	齿顶角	θ_a	不等顶隙收缩齿：$\theta_{a1}=\theta_{a2}=\arctan(h_a/R)$； 等顶隙收缩齿：$\theta_{a1}=\theta_{f2}$，$\theta_{a2}=\theta_{f1}$	
	齿根角	θ_f	$\theta_{f1}=\theta_{f2}=\arctan(h_f/R)$	
	齿顶圆锥面锥角	δ_a	$\delta_{a1}=\delta_1+\theta_a$	$\delta_{a2}=\delta_2+\theta_a$
	齿根圆锥面锥角	δ_f	$\delta_{f1}=\delta_1-\theta_f$	$\delta_{f2}=\delta_2-\theta_f$
	中心距	b	$b=\psi_R R$，齿宽因数 $\psi_R = b/R$， ψ_R =0.25～0.33；$b \leqslant 10m$	

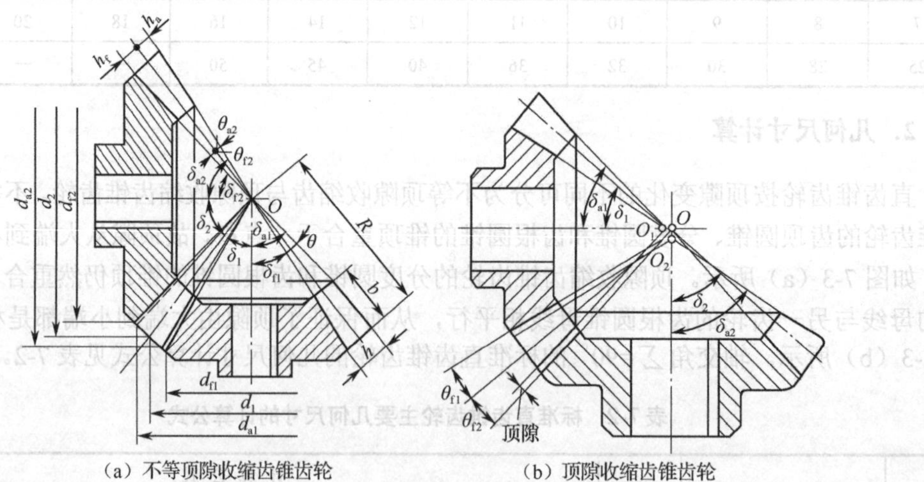

图 7-3　轴交角 Σ=90°的直齿锥齿轮的几何尺寸

7.1.5　齿轮的受力分析

如图 7-4 所示，若忽略摩擦力的影响，则可把集中作用在分度圆锥平均直径 d_{m1} 节点 P 处的法向载荷 F_n，分解为三个相互垂直的分力：切向力 F_t、径向力 F_r 以及轴向力 F_a。则

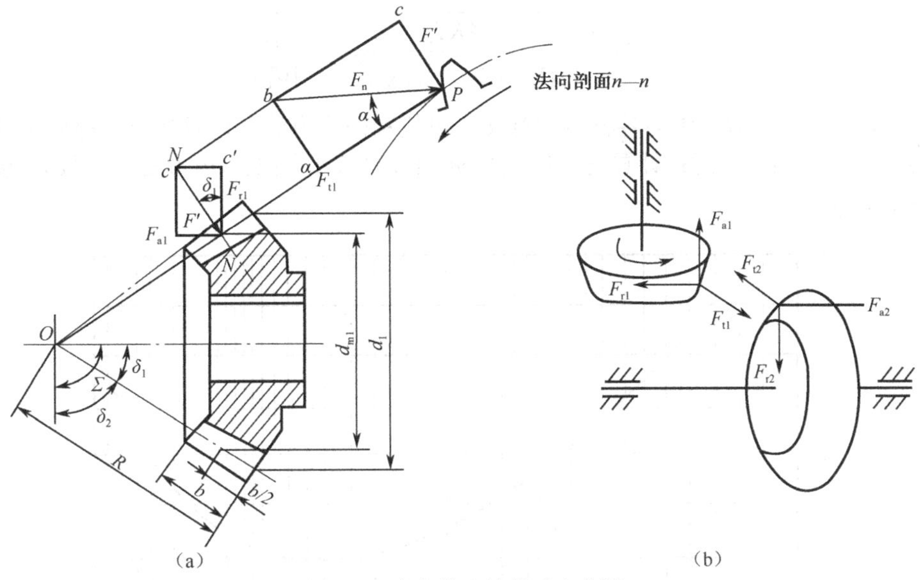

图 7-4　直齿锥齿轮的受力分析

$$\left.\begin{aligned} F_{t1}&=2T_1/d_{m1}\\ F_{r1}&=F'\cos\delta_1=F_{t1}\tan\alpha\cos\delta_1\\ F_{a1}&=F'\sin\delta_1=F_{t1}\tan\alpha\sin\delta_1\end{aligned}\right\} \tag{7-3}$$

式中　T_1——主动齿轮上的转矩（N·mm），$T_1=9.55\times10^6\dfrac{P}{n_1}$；

d_{m1}——主动齿轮齿宽中点处的分度圆直径（mm），$d_{m1}=d_1(1-0.5b/R)=d_1(1-0.5\psi_R)$，$\psi_R$ 见表 7-2。

切向力 F_t 与径向力 F_r 的方向判定法与圆柱齿轮相同，轴向力的方向由齿轮小端指向大端。两直齿锥齿轮的三向分力关系为：$F_{t1}=-F_{t2}$，$F_{r1}=-F_{a2}$，$F_{a1}=-F_{r2}$。

7.1.6　标准直齿锥齿轮传动的强度计算

1．齿面接触疲劳强度

直齿锥齿轮传动的强度计算，可按齿宽中点处的背锥展开所形成的一对当量直齿圆柱齿轮进行近似计算，计算公式如下：

校核公式
$$\sigma_H=\frac{4.98Z_E}{1-0.5\psi_R}\sqrt{\frac{KT_1}{\psi_R d_1^3 u}}\leqslant[\sigma_H] \tag{7-4}$$

设计公式
$$d_1\geqslant\sqrt[3]{\left(\frac{4.98Z_E}{(1-0.5\psi_R)[\sigma_H]}\right)^2\frac{KT_1}{\psi_R u}} \tag{7-5}$$

2．齿根弯曲疲劳强度

校核公式
$$\sigma_F=\frac{4KT_1}{\psi_R(1-0.5\psi_R)^2 z_1^2 m^3\sqrt{u^2+1}}Y_{FS}\leqslant[\sigma_F] \tag{7-6}$$

设计公式
$$m \geqslant \sqrt[3]{\frac{4KT_1}{\psi_R(1-0.5\psi_R)^2 z_1^2 \sqrt{u^2+1}} \cdot \frac{Y_{FS}}{[\sigma_F]}} \tag{7-7}$$

式（7-4）～式（7-7）中的各符号的意义、单位和确定方法，以及参数选择原则与直齿圆柱齿轮传动基本相同。注意：计算得到的模数 m 须按表 7-1 圆整，齿形复合因数 Y_{FS} 按当量齿数由图 7-5 选取。

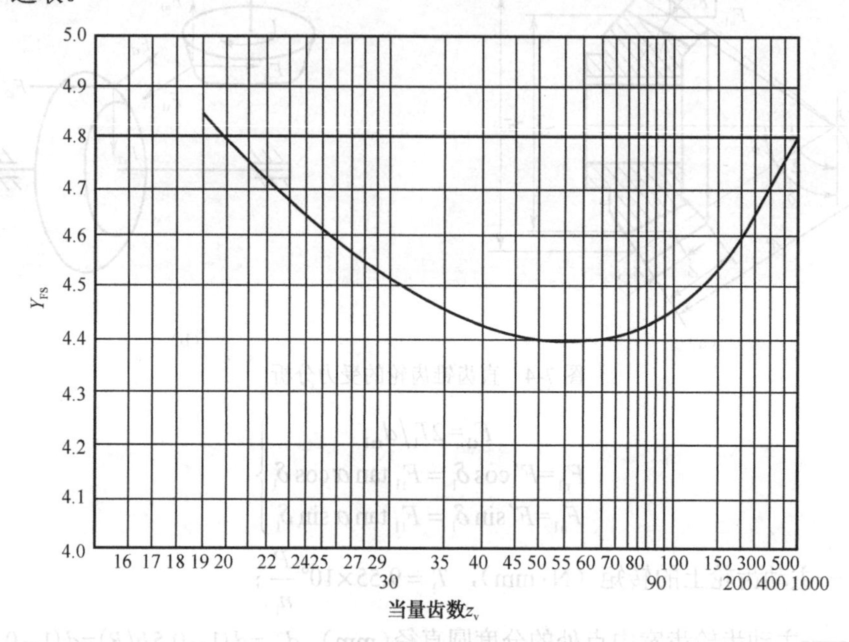

图 7-5　直齿锥齿轮的齿形复合因数

【例 7-1】 试设计一闭式一级减速器中的直齿圆锥齿轮传动。已知 Σ=90°，输入功率 P_1=7.5kW，转速 n_1=1 470r/min，u=3，有轻微冲击，单向运转，小齿轮悬臂布置，电动机驱动。寿命 5 年，每年工作 300 天，每天工作 8h。

解：设计计算过程如表 7-3 所示。

表 7-3　例 7-3 设计计算过程

设 计 项 目	计算内容和依据	计 算 结 果
1. 选择齿轮材料、热处理及精度	根据表 6-5，小齿轮材料用 45 钢，调质：240～260 HBW，计算时取 250 HBW；大齿轮材料用 45 钢，正火：169～217 HBW，取 200 HBW。 初步估计齿轮线速度 v<6m/s，根据表 6-4，齿轮的精度为 7 级	小齿轮：45 钢； 大齿轮：45 钢 精度为 7 级
2. 确定齿轮许用应力	如图 6-30、图 6-34 所示，查得 σ_{Hlim} 与 σ_{Flim}。 见表 6-9，查得 S_H、S_F。 根据题意，齿轮工作年限为 5 年，每年 300 天，单班制，每天工作 8h，则 $L_h = 5\times300\times8 = 12\,000$h $N_1 = 60n_1 jL_h = 60\times1\,470\times1\times12\,000 = 1.058\,4\times10^9$ $N_2 = N_1/i = 1.058\,4\times10^9/3 = 3.528\times10^8$ 查图 6-29、图 6-33 得	σ_{Hlim1}=570MPa σ_{Hlim2}=470MPa σ_{Flim1}=190MPa σ_{Flim2}=160MPa S_H=1.0，S_F=1.3 $N_1 = 1.0584\times10^9$ $N_2 = 3.528\times10^8$

续表

设 计 项 目	计算内容和依据	计 算 结 果
2. 确定齿轮许用应力	$Z_{N1}=1$，$Z_{N2}=1.07$，$Y_{N1}=Y_{N2}=1$ 由式（6-19）得 $[\sigma_{H1}]=\frac{Z_{N1}\sigma_{Hlim1}}{S_H}=\frac{1\times570}{1}=570\text{MPa}$ $[\sigma_{H2}]=\frac{Z_{N2}\sigma_{Hlim2}}{S_H}=\frac{1.07\times470}{1}=503\text{MPa}$ 由式（6-22）得 $[\sigma_{F1}]=\frac{Y_{N1}\sigma_{Flim1}}{S_F}=\frac{1\times190}{1.3}=146\text{MPa}$ $[\sigma_{F2}]=\frac{Y_{N2}\sigma_{Flim2}}{S_F}=\frac{1\times160}{1.3}=123\text{MPa}$	$Z_{N1}=1$，$Z_{N2}=1.07$ $Y_{N1}=Y_{N2}=1$ $[\sigma_{H1}]=570\text{MPa}$ $[\sigma_{H2}]=503\text{MPa}$ $[\sigma_{F1}]=146\text{MPa}$ $[\sigma_{F2}]=123\text{MPa}$
3. 按齿面接触疲劳强度设计 （1）小齿轮所传递的转矩 （2）载荷因数 K （3）齿数和齿宽因数 ψ_d （4）材料弹性系数 Z_E （5）计算小齿轮直径 d_1 及模数 m	$T_1=9.55\times10^6\frac{P}{n_1}=9.55\times10^6\times\frac{7.5}{1\,470}=48\,724\text{N}\cdot\text{mm}$ 见表 6-7，选 $K=1.3$。 取 $z_1=26$，$z_2=uz_1=3\times26=78$，但一般齿数互为质数，故取 $z_2=79$，对传动比的影响 $\Delta u=\frac{3.04-3}{3}\times100=1.33\%<5\%$。 由于齿轮为悬臂布置，见表 6-8，选取 $\psi_d=0.4$。 两齿轮材料均为钢，查表 6-6 得 $Z_E=189.8\sqrt{\text{MPa}}$。 由于是闭式软齿面，由齿面接触疲劳强度公式（7-5）设计 $d_1\geqslant\sqrt[3]{\left(\frac{4.98Z_E}{(1-0.5\psi_R)[\sigma_H]}\right)^2\frac{KT_1}{\psi_R u}}$ $\geqslant\sqrt[3]{\left(\frac{4.98\times189.8}{(1-0.5\times0.4)\times503}\right)^2\times\frac{1.3\times48\,724}{0.4\times3}}$ $\geqslant49.85\text{mm}$ $m=\frac{d_1}{z_1}=\frac{49.85}{26}=1.92=2.10\text{mm}$ 见表 7-1，取标准模数 $m=2.25\text{ mm}$	$T_1=48\,724\text{N}\cdot\text{mm}$ $K=1.3$ $\psi_d=0.4$ $Z_E=189.8\sqrt{\text{MPa}}$ $d_1=49.85\text{mm}$ $m=2.25\text{ mm}$
4. 计算大、小齿轮的几何尺寸	$d_1=mz_1=2.25\times26=58.50\text{mm}$ $d_2=mz_2=2.25\times79=177.75\text{mm}$ $R=\frac{m}{2}\sqrt{z_1^2+z_2^2}=\frac{2.25}{2}\sqrt{26^2+79^2}=93.57\text{ mm}$ $b=\psi_R R=0.4\times93.57=37.43\text{ mm}$ 圆整，并取 $b_1=45\text{mm}$，$b_2=40\text{mm}$ $d_{m1}=d_1(1-0.5\psi_R)$ $=58.5\times(1-0.5\times0.4)=46.8\text{ mm}$ $\delta_2=\arctan(z_2/z_1)=\arctan3=71°33'54''$ $\delta_1=90°-\delta_2=18°26'06''$	$d_1=58.50\text{mm}$ $d_2=177.75\text{mm}$ $R=93.57\text{ mm}$ $b_1=45\text{mm}$， $b_2=40\text{mm}$ $\delta_2=71°33'54''$ $\delta_1=18°26'06''$

续表

设计项目	计算内容和依据	计算结果
5. 校核齿根弯曲疲劳强度 （1）当量齿数 z_{v1}、z_{v2} （2）齿形复合修正因数 Y_{FS} （3）计算弯曲疲劳强度	$z_{v1}=z_1/\cos\delta_1=26/\cos18°26'06''=27.4$ $z_{v2}=z_2/\cos\delta_2=79\cos71°33'54''=249.8$ 查图 6-32，得 $Y_{FS1}=4.2$，$Y_{FS2}=3.9$ $\sigma_F=\dfrac{4KT_1}{\psi_R(1-0.5\psi_R)^2z_1^2m^3\sqrt{u^2+1}}Y_{FS}$ $=\dfrac{4\times1.3\times48\,724}{0.4\times(1-0.5\times0.4)^2\times26^2\times2.25^3\times\sqrt{3^2+1}}\times4.2=36.36\text{MPa}<[\sigma_{F1}]$ $\sigma_{F2}=\sigma_{F_1}\dfrac{Y_{FS2}}{Y_{FS1}}=36.36\times\dfrac{3.9}{4.2}=33.76\text{MPa}<[\sigma_{F2}]$	$z_{v1}=27.4$ $z_{v2}=249.8$ $Y_{FS1}=4.2$ $Y_{FS2}=3.9$ 齿根弯曲强度安全
6. 验算齿轮圆周线速度	$v=\dfrac{n_1\pi d_{m1}}{60\times1\,000}=\dfrac{1\,470\times3.14\times46.8}{60\times1\,000}=3.6\text{m/s}<6\text{m/s}$	圆周线速度合适
7. 绘制齿轮工作图（略）	该步包括齿轮结构设计、检测项目等内容	

7.2 蜗杆传动

7.2.1 蜗杆传动的类型和特点

1. 蜗杆传动的类型

蜗杆传动是由一对交错轴（$\Sigma=90°$）螺旋齿轮机构演变而来的，由蜗杆与蜗轮组成。如图 7-6 所示，它用来传递空间两交错轴之间的运动和动力，一般交错角 $\Sigma=90°$。通常蜗杆为主动件，蜗轮为从动件。蜗杆传动广泛应用于各种机器和仪器中。图 7-7 所示需要在小空间内实现Ⅱ轴至Ⅲ轴的大传动比传动，所选择的就是蜗杆传动。

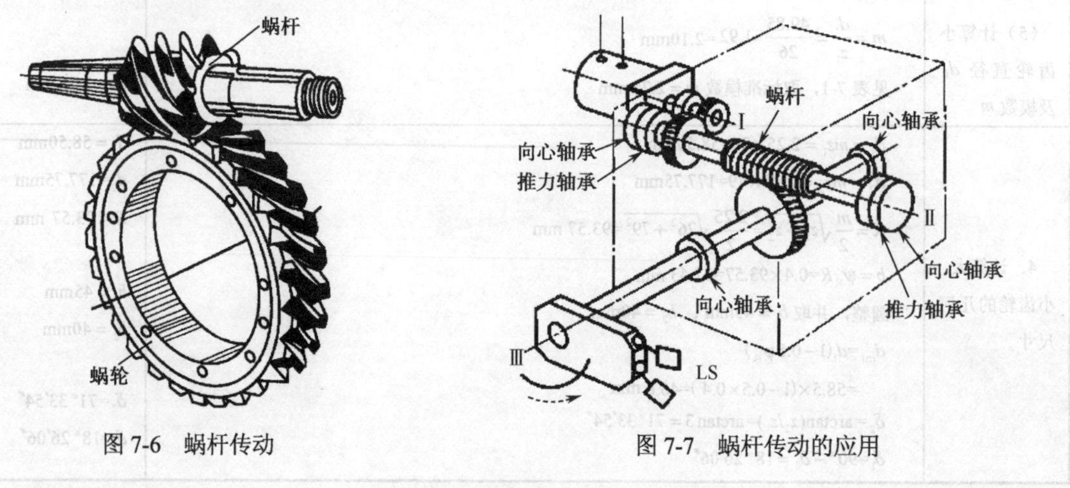

图 7-6 蜗杆传动　　　图 7-7 蜗杆传动的应用

根据蜗杆形状的不同，蜗杆传动可分为圆柱蜗杆传动（见图 7-8（a））、环面蜗杆传动（见

图 7-8（b））和锥面蜗杆传动（见图 7-8（c））。普通圆柱蜗杆按其齿廓形状不同，又可分为阿基米德（ZA）蜗杆、渐开线蜗杆（ZI）和延伸渐开线（ZN）蜗杆。本节仅介绍最简单、常用的阿基米德蜗杆传动。

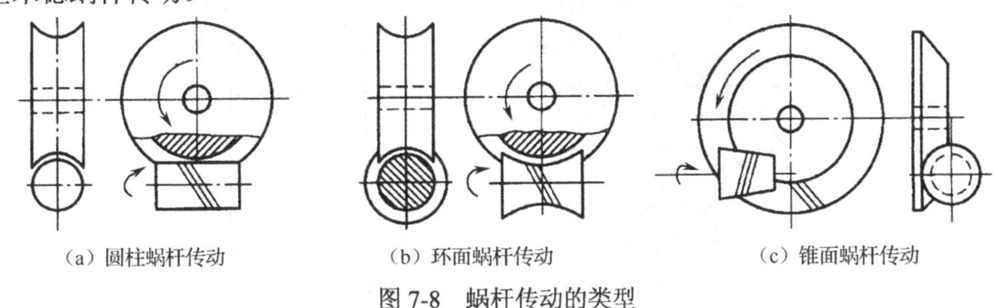

（a）圆柱蜗杆传动　（b）环面蜗杆传动　（c）锥面蜗杆传动

图 7-8　蜗杆传动的类型

2．蜗杆传动的特点

（1）结构紧凑，传动比大。传递动力时，通常 $i_{12}=8\sim100$；传递运动或在分度机构中，i_{12} 可达 500。

（2）蜗杆齿是连续的螺旋齿，因此传动平稳，振动小，噪声低。

（3）当蜗杆的导程角小于相啮合轮齿间的当量摩擦角时，蜗杆传动具有自锁性。因此，只能由蜗杆带动蜗轮转动，而不能由蜗轮带动蜗杆转动。

（4）摩擦损失大，效率低。啮合传动时，蜗杆和蜗轮的齿面间相对滑动速度较大，其效率 η=0.7～0.8，自锁时，效率 $\eta<0.5$，故不适于传递大功率的场合。

（5）蜗轮材料贵重，成本高。为减轻齿面的磨损与胶合，蜗轮通常采用价格昂贵的减摩材料（青铜）制造。

（6）安装时对中心距的尺寸精度要求较高。

7.2.2　圆柱蜗杆的基本参数与几何尺寸的计算

1．蜗杆传动的正确啮合条件

如图 7-9 所示，将垂直于蜗轮轴线且通过蜗杆轴线的平面称为中间平面。在中间平面内，蜗杆与蜗轮的啮合相当于齿轮与齿条的啮合，故规定中间平面上的参数为标准值，传动中的参数、尺寸及强度的计算均以中间平面为准计算。因此，蜗杆传动的正确啮合条件为：中间平面内蜗杆和蜗轮的模数与压力角分别相等，且为标准值；蜗杆的导程角 γ 与蜗轮的螺旋角 β 相等，即

$$\left.\begin{array}{c} m_{x1}=m_{t2}=m \\ \alpha_{x1}=\alpha_{t2}=\alpha \\ \gamma_1=\beta_2 \end{array}\right\} \tag{7-8}$$

2．蜗杆传动的基本参数

蜗杆传动的主要参数有：模数 m、压力角 α、分度圆直径 d_1、直径系数 q、蜗杆的导程角 γ、蜗杆头数 z_1、蜗轮齿数 z_2、传动比 i 等。有关参数的取值见表 7-4。

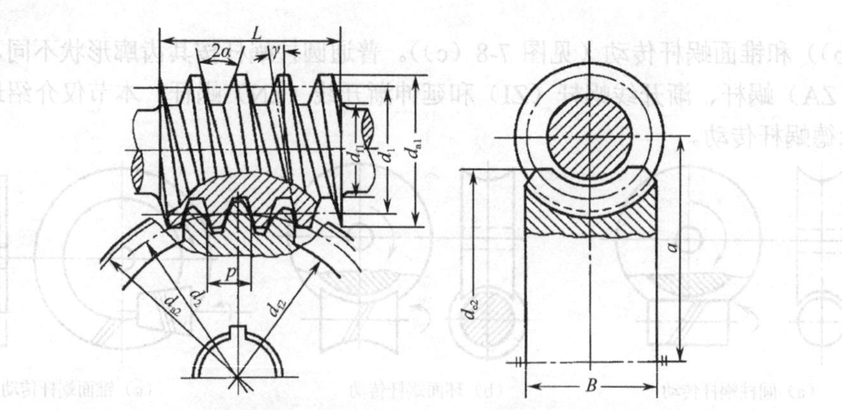

图 7-9 圆柱蜗杆传动的主要参数

表 7-4 蜗杆传动的基本参数（$\Sigma=90°$）（摘自 GB/T 10085—1988）

模数 m /mm	分度圆直径 d_1 /mm	蜗杆头数 z_1	直径系数 q	m^2d_1 /mm³	模数 m /mm	分度圆直径 d_1 /mm	蜗杆头数 z_1	直径系数 q	m^2d_1 / mm³
1	**18**	1	18.000	18	6.3	(80)	1，2，4	12.698	3175
1.25	20	1	16.000	31.25		**112**	1	17.778	4445
	22.4	1	17.920	35	8	(63)	1，2，4	7.875	4032
1.6	**20**	1，2，4	12.500	51.2		80	1，2，4，6	10.000	5376
	28	1	17.500	71.68		(100)	1，2，4	12.500	6400
2	(18)	1，2，4	9.000	72		**140**	1	17.500	8960
	22.4	1，2，4，6	11.200	89.6	10	(71)	1，2，4	7.100	7100
	(28)	1，2，4	14.000	112		90	1，2，4，6	9.000	9000
	35.5	1	17.750	142		(112)	1，2，4	11.200	11200
2.5	(22.4)	1，2，4	8.960	140		**160**	1	16.000	16000
	28	1，2，4，6	11.200	175	12.5	(90)	1，2，4	7.200	14062
	(35.5)	1，2，4	14.200	221.9		112	1，2，4	8.960	17500
	45	1	18.000	281		(140)	1，2，4	11.200	21875
3.15	(28)	1，2，4	8.889	278		200	1	16.000	31250
	35.5	1，2，4，6	11.270	352	16	(112)	1，2，4	7.000	28672
	45	1，2，4	14.286	447.5		140	1，2，4	8.750	35840
	56	1	17.778	556		(180)	1，2，4	11.250	46080
4	(31.5)	1，2，4	7.875	504		250	1	15.625	64000
	40	1，2，4，6	10.000	640	20	(140)	1，2，4	7.000	56000
	(50)	1，2，4	12.500	800		160	1，2，4	8.000	64000
	71	1	17.750	1136		(224)	1，2，4	11.200	89600
5	(40)	1，2，4	8.000	1000		315	1	15.750	126000
	50	1，2，4，6	10.000	1250	20	(180)	1，2，4	7.200	112500
	(63)	1，2，4	12.600	1575		200	1，2，4	8.000	125000
	90	1	18.000	2250		(280)	1，2，4	11.200	175000
6.3	(50)	1，2，4	7.936	1985		400	1	16.000	250000
	63	1，2，4，6	10.000	2500					

注：1. 表中括号中的数字尽量不采用。

2. 表中 d_1 值为黑体的蜗杆是 $\gamma<3°30'$ 的自锁蜗杆。

1）模数 m、压力角 α

模数与压力角为标准参数，见表 7-4。蜗杆与蜗轮压力角的标准值 $\alpha=20°$。

2）蜗杆的导程角 γ

依据蜗杆螺旋线旋向的不同，分为右旋和左旋，通常多用右旋。将蜗杆分度圆柱面展开，螺旋线与垂直于蜗杆轴线的平面所夹的锐角称为蜗杆分度圆柱的导程角 γ，它表示该圆柱面上螺旋线的升角。由图 7-10 所示的几何关系可得

$$\tan\gamma=\frac{p_z}{\pi d_1}=\frac{z_1 p_{x1}}{\pi d_1}=\frac{z_1\pi m}{\pi d_1}=\frac{mz_1}{d_1} \tag{7-9}$$

式中　p_{x1}——轴向齿距（mm）；

p_z——导程（mm），$p_z=z_1 p_{x1}=z_1\pi m$。

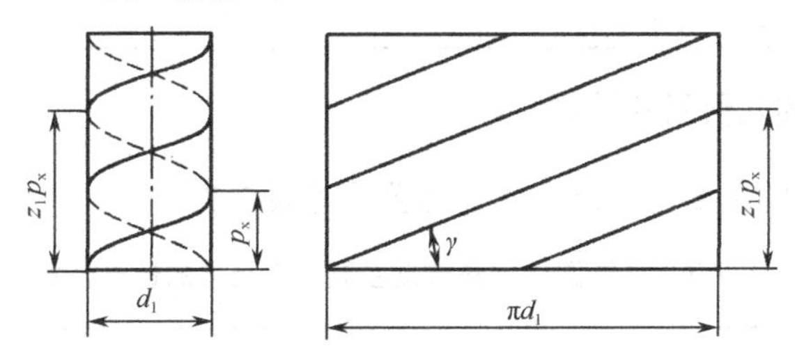

图 7-10　蜗杆分度圆上的导程角 γ

导程角越大，效率越高，但制造越困难；反之，效率越低，制造方便，故通常取 $\gamma<28°$。当 $\gamma\leqslant\varphi_v$（φ_v 为啮合轮齿间的当量摩擦角）时，若蜗杆传动要求自锁，则取 $\gamma<3°30'$。综上所述，常用导程角 $\gamma=3.5°\sim27°$。

3）蜗杆分度圆直径 d_1 和直径系数 q

蜗轮用相当于蜗杆的滚刀加工而成，为限制蜗轮滚刀的数量，将蜗杆分度圆直径 d_1 规定为标准值，且与模数 m 匹配，见表 7-4。

为便于计算，令直径系数 $q=z_1/\tan\gamma$，代入式（7-8）得

$$d_1=mq \tag{7-10}$$

式中，直径系数 q 为导出量，表 7-4 中列出了部分模数与蜗杆分度圆直径 d_1 所对应的值。

4）蜗杆的头数 z_1 和蜗轮的齿数 z_2

蜗杆为主动件时，其传动比为

$$i=n_1/n_2=z_2/z_1 \tag{7-11}$$

蜗杆头数 z_1 主要根据传动比、效率及制造的难易程度等因素选定。对于传动比大或要求自锁的蜗杆传动，常取 $z_1=1$；为提高传动效率，可取较大值 $z_1=2\sim6$，但加工难度增加。通常取蜗轮齿数 z_2=27～80。$z_2<27$ 的蜗轮加工时会产生根切，$z_2>80$ 后，会使蜗轮尺寸过大及蜗杆轴的刚度下降。z_1、z_2 的推荐值可参见表 7-5。

表 7-5　各种传动比时推荐的 z_1、z_2 值

传动比 i	5～6	7～8	9～13	14～24	25～27	28～40	>40
蜗杆头数 z_1	6	4	3～4	2～3	2～3	1～2	1

续表

蜗轮齿数 z_2	29～36	28～32	27～52	28～72	50～81	28～80	>40

5）中心距 a

如图 7-9 所示，蜗杆、蜗轮的标准中心距为

$$a=(d_1+d_2)/2=m(q+z_2)/2 \tag{7-12}$$

对于普通圆柱蜗杆传动，其中心距尾数应取 0 或 5。标准蜗杆减速器的中心距应按表 7-6 取标准值。

表 7-6　蜗杆减速器的标准中心距 a（摘自 GB/T 10085—1988）　　（单位：mm）

40	50	63	80	100	125	160	（180）	200
（225）	250	（280）	315	（335）	400	（450）	500	

3．圆柱蜗杆传动的几何尺寸计算

普通圆柱蜗杆传动的主要几何尺寸的计算公式见表 7-7。

表 7-7　普通圆柱蜗杆传动主要几何尺寸的计算公式

序号	名称	符号	计 算 公 式
基本参数	模数	m	根据齿轮承受载荷、结构条件等确定，并按表 7-4 选用标准值
	压力角	α	选用标准值 20°
	齿数	z	z_1 按表 7-5 确定，$z_2=i_{12}z_1$
	齿顶高系数	h_a^*	$h_a^*=1$
	顶隙系数	c^*	$c^*=0.2$
几何尺寸计算	齿顶高	h_a	$h_{a1}=h_{a2}=h_a^*m$
	齿根高	h_f	$h_{f1}=h_{f2}=(h_a^*+c^*)m$
	分度圆直径	d	$d_1=mq$，按表 7-4 取标准值；$d_2=mz_2$
	蜗杆齿顶圆直径	d_{a1}	$d_{a1}=d_1+2h_{a1}=d_1+2h_a^*m$
	蜗轮齿顶圆直径	d_{a2}	$d_{a2}=d_2+2h_{a2}=d_2+2h_a^*m$
	蜗杆齿根圆直径	d_{f1}	$d_{f1}=d_1-2h_{f1}=d_1-2m(h_a^*+c^*)$
	蜗轮齿根圆直径	d_{f2}	$d_{f2}=d_2-2h_{f2}=d_2-2m(h_a^*+c^*)$
	蜗轮外圆直径	d_{e2}	$z_1=1$ 时，$d_{e2}\leqslant d_{a2}+2m$；$z_1=2$、3 时，$d_{e2}\leqslant d_{a2}+1.5m$； $z_1=4$～6 时，$d_{e2}\leqslant d_{a2}+m$ 或按结构设计确定
	蜗轮齿顶圆弧半径	R_{a2}	$R_{a2}=(d_1/2)-m$
	蜗轮齿根圆弧半径	R_{f2}	$R_{f2}=(d_{a1}/2)+0.2m$
	中心距	a	$a=(d_1+d_2)/2=m(q+z_2)/2$
	蜗轮宽度	b_2	$z_1\leqslant 3$ 时，$b_2\leqslant 0.75d_{a1}$；$z_1=4\sim 6$ 时，$b_2\leqslant 0.67d_{a1}$
	蜗杆宽度	b_1	$z_1=1$、2 时，$b_1\geqslant m(11+0.06z_2)$；$z_1=3\sim 4$ 时，$b_1\geqslant m(12.5+0.09z_2)$

7.2.3 蜗杆传动的失效形式与设计准则

1. 蜗杆传动的失效形式

蜗杆传动的主要失效形式有胶合、弯曲折断、点蚀和磨损等。由于蜗杆传动中齿面间的滑动速度大，效率低，产生的热量大，致使润滑油温度升高而变稀，润滑条件变坏，增大了磨损和胶合的可能性。另外，由于蜗轮在材料的强度或结构方面均较蜗杆弱，故失效一般发生在蜗轮轮齿上。

2. 蜗杆传动的设计准则

综上所述，蜗杆传动的设计准则为：对于开式蜗杆传动，按齿根弯曲疲劳强度进行设计。对于闭式蜗杆传动，按齿面接触疲劳强度进行设计，齿根弯曲疲劳强度进行校核。另外，由于闭式蜗杆传动散热较困难，故需进行热平衡计算。而当蜗杆轴细长且支承跨距大时，还应进行蜗杆轴的刚度计算。

7.2.4 蜗杆传动的常用材料和结构

1. 蜗杆传动的常用材料

针对蜗杆传动的主要失效形式，蜗杆副的材料不仅要求有足够的强度，更要具有良好的减摩、耐磨性及抗胶合的能力。故通常采用青铜作为蜗轮的齿圈配淬硬磨削的钢制蜗杆，材料的具体选择可参考表7-8。

表7-8 蜗杆与蜗轮推荐选用的材料

名称	材料名称（牌号）	使用特点	应用场合
蜗杆	40、45、40Cr、40CrNi、42SiMn	表面淬火（45～55HRC），磨削（Ra：1.6～0.8μm）	中速中载、一般传动、载荷稳定
	15Cr、20Cr、40CrMnTi、20CrNi	渗碳淬火（58～63HRC），磨削（Ra：1.6～0.8μm）	高速重载、重要传动、载荷变化大
	40、45、40Cr	调质（220～300HBW），切削（Ra：6.3μm）	低速轻中载、不重要传动
蜗轮	铸锡青铜（ZCuSn10P1）	减摩、耐磨性好，抗胶合能力强，切削性好，但强度低、价格贵、易点蚀	$v_s \leqslant 12$ m/s（砂模铸造），$v_s \leqslant 25$ m/s（金属模铸造）的高速重载传动
	铸锡锌铅青铜（ZCuSn5Pb5Zn5）		$v_s \leqslant 10$ m/s（砂模铸造），$v_s \leqslant 12$ m/s（金属模铸造）的较高速的一般传动
	铸铝铁青铜（ZCuAl10Fe3）	耐冲击，强度较高，切削性好，价格便宜，但抗胶合能力远比锡青铜差	$v_s \leqslant 10$ m/s（砂模、金属模铸造）的较低速、载荷稳定的一般重要传动
	灰铸铁（HT150、HT200）	铸造与切削性能好，价格低，抗点蚀和胶合能力强，但冲击韧性差	$v_s \leqslant 2$ m/s（HT150），$v_s \leqslant 2 \sim 5$ m/s（HT200）的低速轻载传动

2. 蜗杆传动的结构

当蜗杆螺旋部分的直径不大时，常与轴做成一个整体，称为蜗杆轴。当蜗杆螺旋部分的直径较大时，可将轴与蜗杆分开制作。按蜗杆螺旋部分的加工方法，分为车制与铣制蜗杆，如图 7-11（a），（b）所示。

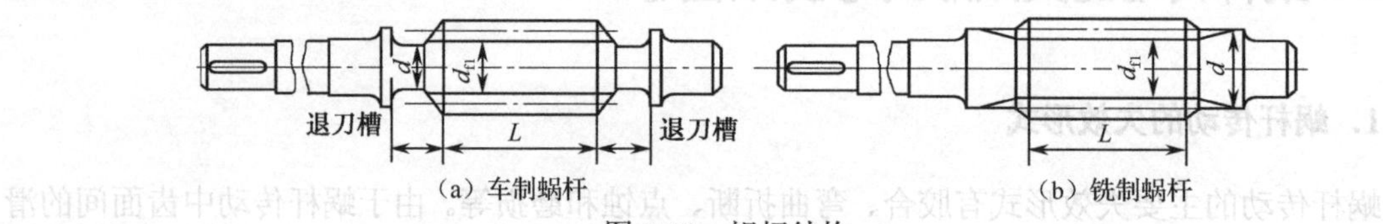

（a）车制蜗杆　（b）铣制蜗杆

图 7-11　蜗杆结构

常用蜗轮的结构有整体浇铸式（见图 7-12（a））、齿圈压配式（见图 7-12（b））、拼铸式（见图 7-12（c））、螺栓连接式（见图 7-12（d））。

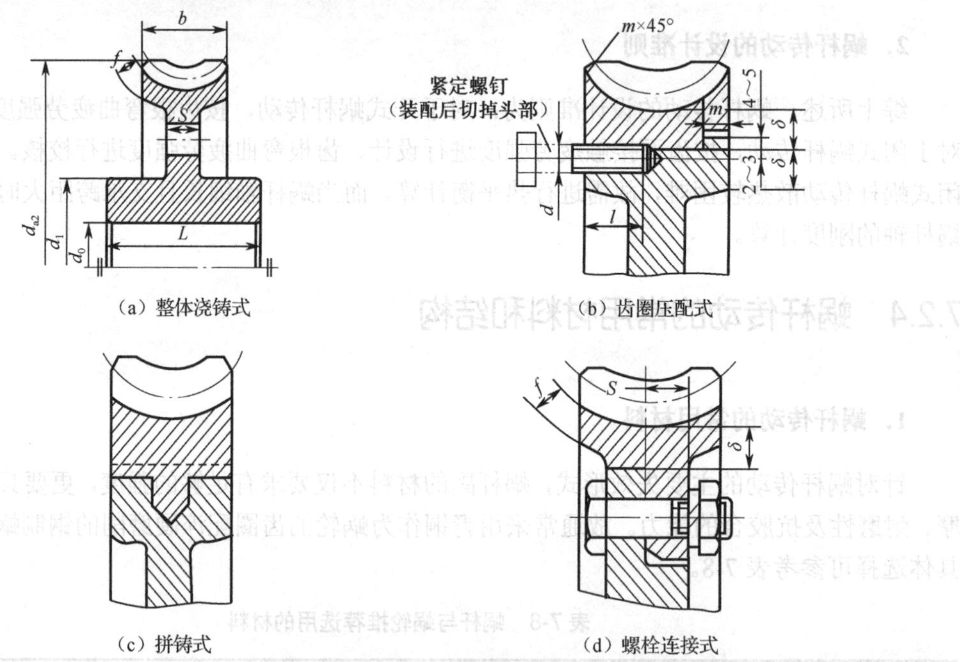

（a）整体浇铸式　（b）齿圈压配式

（c）拼铸式　（d）螺栓连接式

图 7-12　蜗杆传动的类型

整体浇铸式主要用于铸铁蜗轮或 $d<100\text{mm}$ 的小尺寸蜗轮。当蜗轮尺寸大时，为节约材料，齿圈用贵重材料制造，轮芯用钢或铸铁制成，此为齿圈压配式。采用该结构时，齿圈和轮芯间可用过盈配合，并沿接合面圆周装上 4～8 个螺钉。为便于钻孔，应将螺孔中心线向材料较硬的一边偏移 2～3mm。当尺寸中等且需成批制造时，一般在铸铁轮芯上浇铸出青铜齿圈，此为拼铸式。当尺寸较大或齿圈磨损后需要更换时，其轮圈与轮芯可用铰制孔用螺栓来连接，此为螺栓连接式。

7.2.5　蜗杆传动的强度计算

1．受力分析

如图 7-13（a）所示，若忽略摩擦力的影响，则可把集中作用在节点 P 处的法向载荷 F_n 分解为三个相互垂直的分力：切向力 F_t、径向力 F_r 以及轴向力 F_a。则

$$\left.\begin{aligned}F_{a1}=F_{t2}=\frac{2T_2}{d_2}\\F_{t1}=F_{a2}=\frac{2T_1}{d_1}\\F_{r1}=F_{r2}=F_{t2}\tan\alpha\end{aligned}\right\}\tag{7-13}$$

式中　T_1、T_2——蜗杆、蜗轮上的转矩（N·mm），$T_2=T_1i\eta$，η 为蜗杆传动的效率，在闭式传动中初步估算时按如下估取：当 z_1 为 1、2、3、4 时，η 分别为 0.7、0.8、0.85、0.9；

d_1、d_2——蜗杆、蜗轮分度圆直径（mm）。

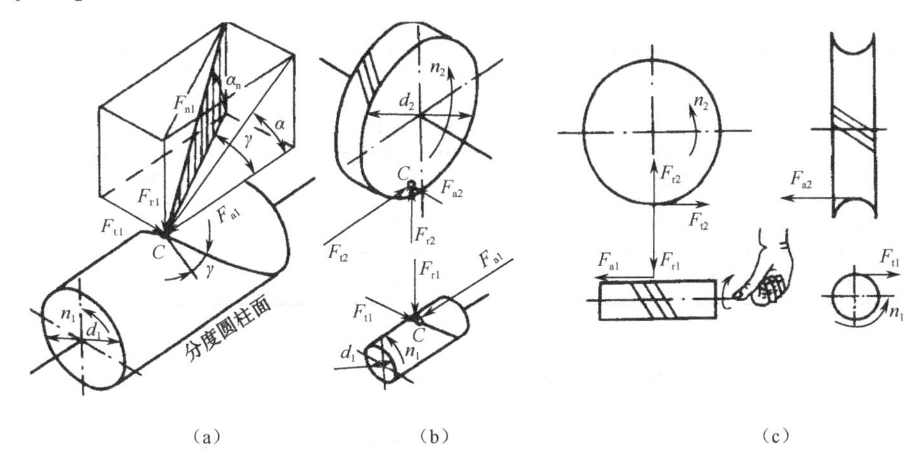

图 7-13　蜗杆的受力分析

切向力 F_t、径向力 F_r 方向的判定方法与斜齿圆柱齿轮相同。蜗杆的轴向力 F_a 不仅与蜗杆的转向有关，而且与蜗杆的螺旋方向有关。判定方法如下：当蜗杆是右旋（或左旋）时，伸出右手（或左手）半握拳，四指指向蜗杆的转向，此时拇指所指的方向为蜗杆的轴向力方向，蜗轮的转向由蜗轮与蜗杆接触点处的切向力确定，如图 7-13（b）所示。蜗杆、蜗轮的三向分力关系为：$F_{t1}=-F_{a2}$，$F_{r1}=-F_{r2}$，$F_{a1}=-F_{t2}$。

2．蜗杆传动的强度计算

蜗杆传动的失效一般发生在蜗轮上，所以只需进行蜗轮轮齿的强度计算。蜗杆的强度可按轴的强度计算方法进行，必要时还要进行蜗杆的刚度校核。经推导，蜗轮齿面接触疲劳强度的计算公式为

校核公式　$$\sigma_H=3.25Z_E\sqrt{\frac{KT_2}{d_1d_2^2}}=3.25Z_E\sqrt{\frac{KT_2}{m^2d_1z_2^2}}\leqslant[\sigma_H]\tag{7-14}$$

设计公式　$$m^2d_1\geqslant KT_2\left(\frac{3.25Z_E}{[\sigma_H]z_2}\right)^2\tag{7-15}$$

式中　K——载荷因数，用于考虑工作情况、载荷集中和动载荷的影响，由表 7-9 查取；

Z_E——材料的弹性系数，由表 7-10 查取；

$[\sigma_H]$——蜗轮材料的许用应力（MPa）。

铝青铜及铸铁的许用应力与滑动速度 v_s（$v_s = v_1/\cos\gamma = v_2/\sin\gamma$，$v_1$、$v_2$ 分别为蜗杆与蜗轮分度圆周上的线速度）有关，而与应力循环次数无关，校核时直接从表 7-11 中查取；锡青铜蜗轮材料的许用应力 $[\sigma_H]$ 与应力循环次数 N 的关系为

$$[\sigma_H]=Z_N[\sigma_{0H}] \tag{7-16}$$

式中　$[\sigma_{0H}]$——基本许用接触应力（MPa），由表 7-12 查取。

Z_N——寿命因数，$Z_N=\sqrt[8]{10^7/N}$。

当 $N>25\times10^7$ 时，取 $N=25\times10^7$；当 $N<2.6\times10^5$ 时，取 $N=2.6\times10^5$。应力循环次数 N 的计算方法与齿轮的相同。

表 7-9　载荷因数 K

原动机工作情况	工作机的载荷特性		
	平稳、轻微冲击	中等冲击	严重冲击
工作平稳（如电动机、汽轮机）	0.8～1.95	0.9～2.34	1.0～2.75
轻度冲击（如多缸内燃机）	0.9～2.34	1.0～2.75	1.25～3.12
中度冲击（如单缸内燃机）	1.0～2.75	1.25～3.12	1.5～3.51

注：1. 小值用于每日间断工作，大值用于长期连续工作。

2. 载荷变化大、速度大、蜗杆刚度大时取大值，反之取小值。

表 7-10　材料的弹性系数 Z_E　　（单位：$\sqrt{\text{MPa}}$）

蜗杆材料	蜗轮材料		
	铸锡青铜	铸铝青铜	灰铸铁
钢	155.0	156.0	162.0
球墨铸铁	—	—	156.6

表 7-11　铝青铜及铸铁蜗轮的许用应力 $[\sigma_H]$　　（单位：MPa）

蜗轮材料	蜗杆材料	滑动速度 v_s/（m·s^{-1}）							
		0.25	0.5	1	2	3	4	6	8
ZCuAl10Fe3 ZCuAl10Fe3Mn2	淬火钢①	—	250	230	210	180	160	120	90
HT150、HT200 （120～150HBW）	渗碳钢	160	130	115	90	—	—	—	—
HT150（120～150HBW）	调质钢	140	110	90	70	—	—	—	—

注：①蜗杆未经淬火时，需将表中的 $[\sigma_H]$ 降 20%。

表 7-12　铸锡青铜蜗轮的许用应力 $[\sigma_{0H}]$　　（单位：MPa）

蜗轮材料	铸造方法	滑动速度 v_s/（m·s^{-1}）	许用应力 $[\sigma_{0H}]$ 蜗杆齿面硬度 ≤350HBW	>45HRC
ZCuSn10P1	砂型	≤12	180	200
	金属型	≤25	200	220
ZCuSn5Pb5Zn5	砂型	≤10	110	125
	金属型	≤12	135	150

注：锡青铜的基本许用接触应力为应力循环次数 $N=10^7$ 时之值；当 $N\neq10^7$ 时，需将表中的数值乘以寿命因数 Z_N。

7.2.6　蜗杆传动的安装、效率、润滑与热平衡计算

1．蜗杆传动的安装方式

蜗杆传动的安装方式有蜗杆上置和下置两种。当蜗杆的速度大于 4～5m/s 时，为避免蜗杆搅油损失过大，采用蜗杆上置的形式，如图 7-14（a）所示；当采用浸油润滑时，蜗杆尽量下置，如图 7-14（b）所示。

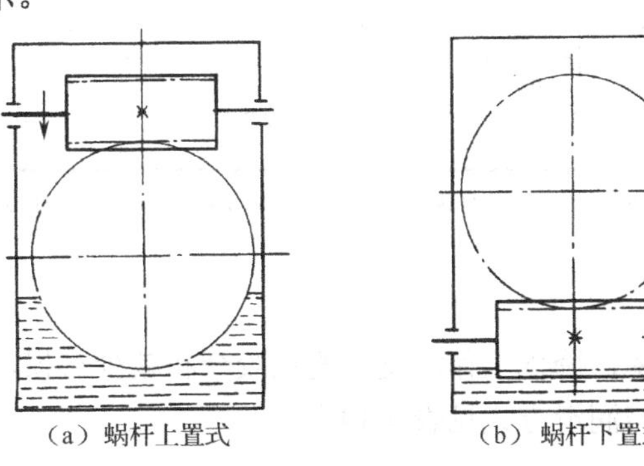

（a）蜗杆上置式　　（b）蜗杆下置式

图 7-14　蜗杆传动的安装方式

2．蜗杆传动的效率

闭式蜗杆传动的功率损失包括：齿面间啮合摩擦损失、轴承摩擦损失、搅油损失。因后两项的影响较小，故蜗杆传动的总效率为

$$\eta=(0.96\sim0.98)\frac{\tan\gamma}{\tan(\gamma+\varphi_v)} \tag{7-17}$$

式中　γ——蜗杆的导程角；

φ_v——当量摩擦角，$\varphi_v=\arctan f_v$，当量摩擦因数 f_v 由表 7-13 查取。

表 7-13 当量摩擦因数和当量摩擦角

蜗轮材料	锡青铜				铝青铜		灰铸铁			
蜗杆齿面硬度	≥45HRC		<45HRC		≥45HRC		≥45HRC		<45HRC	
滑动速度 v_s /（m·s⁻¹）	f_V ①	φ_V ①	f_V	φ_V	f_V ①	φ_V ①	f_V ①	φ_V ①	f_V	φ_V
0.01	0.110	6° 17′	0.120	6° 51′	0.180	10° 12′	0.180	10° 12′	0.190	10° 45′
0.05	0.090	5° 09′	0.100	5° 43′	0.140	7° 58′	0.140	7° 58′	0.160	9° 05′
0.1	0.080	4° 34′	0.090	5° 09′	0.130	7° 24′	0.130	7° 24′	0.140	7° 58′
0.25	0.065	3° 43′	0.075	4° 17′	0.100	5° 43′	0.100	5° 43′	0.120	6° 51′
0.50	0.055	3° 09′	0.065	3° 43′	0.090	5° 09′	0.090	5° 09′	0.100	5° 43′
1.0	0.045	2° 35′	0.055	3° 09′	0.070	4° 00′	0.070	4° 00′	0.090	5° 09′
1.5	0.040	2° 17′	0.050	2° 52′	0.065	3° 43′	0.065	3° 43′	0.080	4° 34′
2.0	0.035	2° 00′	0.045	2° 35′	0.055	3° 09′	0.055	3° 09′	0.070	4° 00′
2.5	0.030	1° 43′	0.040	2° 17′	0.050	2° 52′	—	—	—	—
3.0	0.028	1° 36′	0.035	2° 00′	0.045	2° 35′	—	—	—	—
4	0.024	1° 22′	0.031	1° 47′	0.040	2° 17′	—	—	—	—
5	0.022	1° 16′	0.029	1° 40′	0.035	2° 00′	—	—	—	—
8	0.018	1° 02′	0.026	1° 29′	0.030	1° 43′	—	—	—	—
10	0.016	0° 55′	0.024	1° 22′	—	—	—	—	—	—
15	0.014	0° 48′	0.020	1° 09′	—	—	—	—	—	—
24	0.013	0° 45′	—	—	—	—	—	—	—	—

注：① 当蜗杆齿面硬度≥45HRC 时，φ_v 值指蜗杆齿面经磨削（Ra 为 0.4～1.6μm），蜗杆传动经磨合，并充分润滑的情况。

3．蜗杆传动的润滑

为了提高蜗杆传动的效率，降低工作温度，避免胶合和减少磨损，必须进行良好的润滑。蜗杆传动所用润滑油的黏度与润滑方式见表 7-14。

表 7-14 蜗杆传动润滑油的黏度与润滑方式

滑动速度 v_s /（m·s⁻¹）	≤1	<1.5～2.5	≤2.5～5	>5～10	>10～15	>15～25	>25
工作条件	重载	重载	中载	—	—	—	—
运动黏度 $v_{40℃}$/（mm²·s⁻¹）	1 000	680	320	220	150	100	68
润滑方式	浸油润滑			浸油或喷油润滑	压力喷油润滑		

4．蜗杆传动的热平衡计算

由于蜗杆传动的效率低，工作时产生的热量大，在连续工作的闭式蜗杆传动中，若散热条件不好，易产生齿面胶合，故应对其进行热平衡计算，以保证油温在规定的范围内。

单位时间内由摩擦损耗而产生的热量为

$$Q_1 = 1000P_1(1-\eta) \tag{7-18}$$

式中　P_1——蜗杆传动的输入功率（kW）；

η——蜗杆传动的总效率。

经箱体表面单位时间内散发的热量为

$$Q_2 = K_s A(t_1 - t_0) \tag{7-19}$$

式中　K_s——箱体的表面传热系数，K_s=8.7～17.5 W/（m^2·℃），大值用于通风条件良好的环境；

A——传动装置散热的计算面积（m^2），散热面积可按长方体表面积估算，但需除去不与空气接触的面积，凸缘和散热片面积按 50%计算；

t_1——润滑油的工作温度，通常限制在 60～70℃，最高不超过 80℃；

t_0——周围空气的温度，通常取 20℃。

由热平衡方程可求得达到热平衡时的油温为

$$t_1 = \frac{1000P_1(1-\eta)}{K_s A} + t_0 \tag{7-20}$$

选定润滑油的工作温度 t_1 后，也可由热平衡方程得出该传动装置所必需的散热面积为

$$A = \frac{1000P_1(1-\eta)}{K_s(t_1 - t_0)} \tag{7-21}$$

若实际散热面积小于最小散热面积，或润滑油的工作温度超过 80℃，则需采取下列措施提高散热能力。

（1）增加散热面积。在箱体上铸出或焊上散热片。

（2）提高散热系数。在蜗杆轴端装风扇强迫通风，如图 7-15（a）所示。

（3）加冷却装置。采用上述方法后，若散热能力不够，可在箱体油池内装蛇形循环冷却水管，如图 7-15（b）所示。

（4）装置压力喷油循环润滑系统。油泵将高温的润滑油抽到箱体外，经过滤器、冷却器后，喷射到传动的啮合部位，如图 7-15（c）所示。

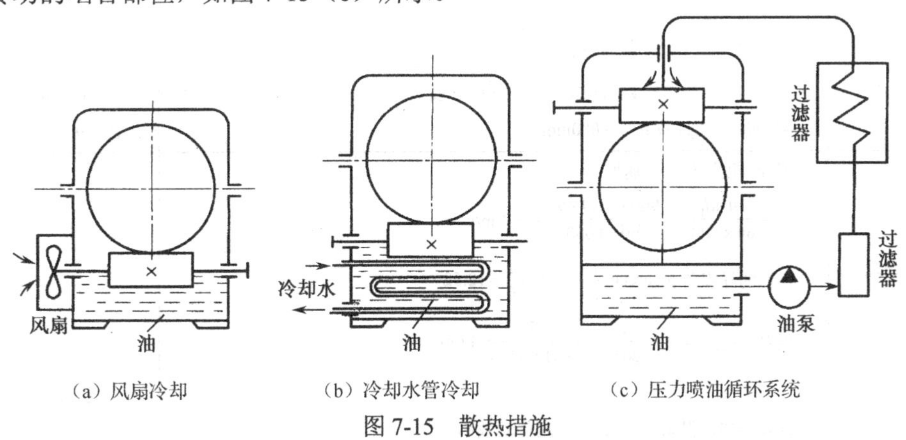

（a）风扇冷却　　（b）冷却水管冷却　　（c）压力喷油循环系统

图 7-15　散热措施

【例 7-2】 试设计一闭式一级减速器中的普通圆柱蜗杆传动。已知蜗杆输入功率 P_1= 9kW，蜗杆转速 n_1=960r/min，蜗轮转速 n_2=48r/min，载荷平稳，单向工作。寿命 5 年，每年工作 300 天，每天工作 8h。

解： 设计计算过程如表 7-15 所示。

表 7-15 例 7-2 设计计算过程

设计项目	计算内容和依据	计算结果
1．选择材料	查表 7-8，蜗杆材料用 45 钢，经表面淬火，表面硬度为 45～50HRC；蜗轮材料为 ZCuSn10P1，金属铸造	蜗杆：45 钢；热处理：表面淬火（45～50HRC）；蜗轮：ZCuSn10P1
2．确定主要参数	计算传动比 $i_{12}=n_1/n_2=960/48=20$，参考表 7-5，取 $z_1=2$，$z_2=iz_1=20\times2=40$	$z_1=2$ $z_2=40$
3．按齿面接触疲劳强度设计 （1）初步确定蜗轮上的转矩	按 $z_1=2$，初步估计 $\eta=0.8$，则蜗轮的转矩为 $T_2=T_1 i\eta$ $=9.55\times10^6\times\dfrac{P_1 i\eta}{n_1}=9.55\times10^6\times\dfrac{9\times20\times0.8}{960}$ $=1\,432\,500\ \text{N}\cdot\text{mm}$	$T_2=1\,432\,500\ \text{N}\cdot\text{mm}$
（2）载荷因数 K	由于工作载荷平稳，查表 7-9，选 $K=1.1$。	$K=1.1$
（3）确定材料弹性系数 Z_E	查表 7-10，选取 $Z_E=155\sqrt{\text{MPa}}$。	$Z_E=155\sqrt{\text{MPa}}$
（4）确定许用接触应力 $[\sigma_H]$	查表 7-12，得 $[\sigma_{0H}]=220\text{MPa}$。 应力循环次数： $N=60n_2 jL_h=60\times48\times1\times5\times300=5.256\times10^7$ 寿命因数：$Z_N=\sqrt[8]{10^7/N}=0.81$ 许用接触应力：$[\sigma_H]=Z_N[\sigma_{0H}]=0.81\times220=178.2\ \text{MPa}$	$[\sigma_H]=178.2\ \text{MPa}$
（5）确定 m 及蜗杆直径 d_1	由齿面接触疲劳强度公式（7-15）设计 $m^2 d_1\geqslant KT_2\left(\dfrac{3.25Z_E}{[\sigma_H]z_2}\right)^2$ $\geqslant1.1\times1\,432\,500\times\left(\dfrac{3.25\times155}{178.2\times40}\right)^2\geqslant7\,870\text{mm}^3$ 见表 7-4，初选模数 $m=10$ mm；蜗杆分度圆直径 $d_1=90$ mm；直径系数 $q=9.000$；此时 $m^2d_1=9\,000\text{mm}^3$	$m=10$ mm $d_1=90$ mm
4．计算传动效率 （1）计算滑动速度	蜗杆分度圆处的线速度 $v_1=\dfrac{n_1\pi d_1}{60\times1\,000}=\dfrac{960\times3.14\times90}{60\times1\,000}=4.5\ \text{m/s}$ 蜗杆的导程角 $\gamma=\arctan\dfrac{z_1}{q}=\arctan\dfrac{2}{9}\approx12.52^\circ$ 相对滑动速度 $v_s=\dfrac{v_1}{\cos\gamma}=\dfrac{4.5}{\cos12.53^\circ}\approx4.6\text{m/s}$	$v_s=4.6\text{m/s}$
（2）计算传动效率	查表 7-13，得 $\varphi_v=1°\ 19'$，则传动效率 $\eta=(0.96\sim0.98)\dfrac{\tan\gamma}{\tan(\gamma+\varphi_v)}$ $\eta=0.97\times\dfrac{\tan12.52^\circ}{\tan(12.52^\circ+1.32^\circ)}\approx0.874$	$\eta=0.874$

续表

设 计 项 目	计算内容和依据	计 算 结 果
（3）校验 m^2d_1	蜗轮上的转矩 $T_2 = T_1 i\eta$ $= 9.55\times10^6 \times \frac{P_1 i\eta}{n_1} = 9.55\times10^6 \times \frac{9\times20\times0.874}{960}$ $=1\,565\,000\ \mathrm{N\cdot mm}$ $m^2d_1 \geqslant KT_2\left(\frac{3.25Z_E}{[\sigma_H]z_2}\right)^2$ $\geqslant 1.1\times1\,565\,000\times\left(\frac{3.25\times155}{178.2\times40}\right)^2 \geqslant 8\,598\mathrm{mm}^2 < 9\,000\mathrm{mm}^2$ 故原参数强度足够	T_2 =1 565 000 N · mm $m^2d_1 = 8\,598\mathrm{mm}^3$
5．计算几何尺寸与热平衡计算（略）		

本章小结

本章介绍了锥齿轮与蜗杆传动的类型、特点，然后以最普通的直齿锥齿轮与阿基米德圆柱蜗杆传动为例，介绍了这两类传动正确啮合的条件、基本参数、几何尺寸及强度计算等内容。

单元习题

一、判断题（在每题的括号内打上相应的×或√）

1．锥齿轮传动用于传递两相交轴之间的运动与动力。　（　　）

2．锥齿轮传动中，锥齿轮所受的轴向力与径向力为一对平衡力。　（　　）

3．为简化直齿锥齿轮的强度计算，把直齿轮传动看成过齿宽中点处的背锥展开所形成的当量直齿圆柱齿轮传动。　（　　）

4．标准直齿圆锥齿轮的标准模数是大端与小端的平均模数。　（　　）

5．蜗杆传动连续平稳，故适合传递大功率的场合。　（　　）

6．蜗杆分度圆直径 $d_1 = mz_1$。　（　　）

7．在其他条件都相同的情况下，蜗杆的头数 z_1 越多，效率越高，传递功率越大。（　　）

8．蜗杆头数 z_1 越多，则其分度圆柱导程角就越大。　（　　）

9．蜗杆传动的正确啮合条件之一是蜗杆的端面模数与蜗轮的端面模数相等。　（　　）

10．因为蜗轮直径要比蜗杆大，所以蜗杆传动的失效多发生在蜗杆的轮齿上。　（　　）

二、**选择题**（选择一个正确答案，将其前方的字母填在括号中）

1．锥齿轮的接触疲劳强度按当量圆柱齿轮的公式计算，当量齿轮的齿数、模数是锥齿轮的_____。（　　）

A．实际齿数，大端模数　　B．当量齿数，平均模数

C．当量齿数，大端模数　　D．实际齿数，平均模数

2．直齿锥齿轮的标准模数是_____。（　　）

A．小端模数　　B．大端模数

C．齿宽中点法向模数　　D．齿宽中点的平均模数

3．设计锥齿轮时，齿形复合因数 Y_{FS} 按_____选取。（　　）

A．锥齿轮的当量齿数　　B．锥齿轮的实际齿数

C．锥齿轮的当量齿数与实际齿数的平均值　　D．任意一种都可以

4．直齿锥齿轮强度计算时，是以_____为计算依据的。（　　）

A．大端当量直齿锥齿轮　　B．齿宽中点处的直齿圆柱齿轮

C．齿宽中点处的当量直齿圆柱齿轮　　D．小端当量直齿锥齿轮

5．常用来传递两相交轴运动的齿轮机构是_____。（　　）

A．直齿圆柱齿轮　　B．斜齿圆柱齿轮　　C．圆锥齿轮　　D．蜗轮蜗杆

6．与齿轮传动相比，_____不能作为蜗杆传动的优点。（　　）

A．传动平稳，噪声小　　B．传动效率高

C．可产生自锁　　D．传动比大

7．在蜗杆传动中最常见的是_____传动。（　　）

A．阿基米德蜗杆　　B．渐开线蜗杆

C．延伸渐开线蜗杆　　D．圆弧面蜗杆

8．计算轴交角 $\Sigma=90^\circ$ 的锥齿轮传动的传动比，下列公式中不正确的是_____。（　　）

A．$i=d_1/d_2$　　B．$i=z_2/z_1$　　C．$i=\cot\delta_2$

9．按规定蜗杆传动中间平面的参数为标准值，即_____是标准值。（　　）

A．蜗杆的轴向参数和蜗轮的端面参数

B．蜗轮的轴向参数和蜗杆的端面参数

C．蜗杆和蜗轮的端面参数

10．普通圆柱蜗杆和蜗轮传动的正确啮合条件是_____。（　　）

A．$m_{x1}=m_{x2}=m$，$\alpha_{x1}=\alpha_{x2}=\alpha$，$\gamma_1=-\beta_2$　　B．$m_{x1}=m_{t2}=m$，$\alpha_{x1}=\alpha_{t2}=\alpha$，$\gamma_1=\beta_2$

C．$m_{n1}=m_{t2}=m$，$\alpha_{n1}=\alpha_{t2}=\alpha$，$\gamma_1=\beta_2$

11．在蜗杆传动中，当其他条件相同时，增加蜗杆头数 z_1，则传动效率_____。（　　）

A．提高　　B．减小　　C．不变　　D．都有可能

12．在 m 与 z_1 一定时，蜗杆的直径系数 q 越大，则_____。（　　）

A．传动效率越低，蜗杆的刚性越好　　B．传动效率越低，蜗杆的刚性越差

C．传动效率越高，蜗杆的刚性越好　　D．传动效率越高，蜗杆的刚性越差

13．提高蜗杆传动效率的最有效的方法是_____。（　　）

A．增大模数 m　　B．增加蜗杆头数 z_1

C．增大直径系数 q　　D．减小直径系数 q

14．起吊重物用的手动蜗杆传动，宜采用_____的蜗杆。（　　）

A．单头、小导程角　　B．单头、大导程角

C．多头、小导程角　　D．多头、大导程角

15．对闭式蜗杆传动进行热平衡计算的主要目的是_____。（　　）

A．防止润滑油受热后膨胀外溢，造成环境污染

B．防止润滑油温度过高而使润滑条件恶化

C．防止蜗轮材料在高温下机械性能下降

D．防止蜗轮蜗杆发生热变形后，正确啮合条件受到破坏

16．蜗杆传动中，若蜗杆和蜗轮的轴交角为 $\Sigma=90°$，则_____。（　　）

A．$\gamma_1=\beta_2$　　B．$\gamma_1=90°-\beta_2$　　C．$\gamma_1=-\beta_2$

17．尺寸较大的蜗轮，常采用铸铁轮芯配上青铜轮缘，这主要是为了_____。（　　）

A．使蜗轮导热性良好　　B．使其热膨胀小

C．节约青铜

18．高速重要的蜗杆传动中，蜗轮的材料应选用_____。（　　）

A．淬火合金钢　　B．铸锡青铜　　C．铸铝铁青铜

19．蜗杆传动中较为理想的材料组合是_____。（　　）

A．钢和铸铁　　B．钢和青铜　　C．铜和铝合金　　D．钢和钢

20．蜗杆传动的当量摩擦因数 f_v 随齿面相对滑动速度 v_s 的增大而_____。（　　）

A．增大　　B．减小

C．不变　　D．可能增大，也可能减小

三、综合题

1．试分析图 7-16 中各齿轮在啮合传动时所受的力，并在图中表示出斜齿轮 3、4 的旋向。要求Ⅱ轴上的轴向力最小。

2．如图 7-17 所示为蜗杆传动，蜗轮 2 和滚筒 3 为固定连接。试问：

（1）蜗轮是右旋还是左旋？

（2）为使重物 G 上升，在图中标出蜗杆的转动方向。

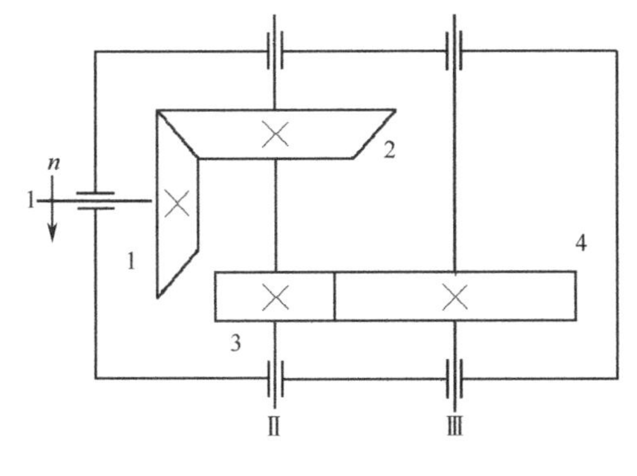

图 7-16　题三-1 用图

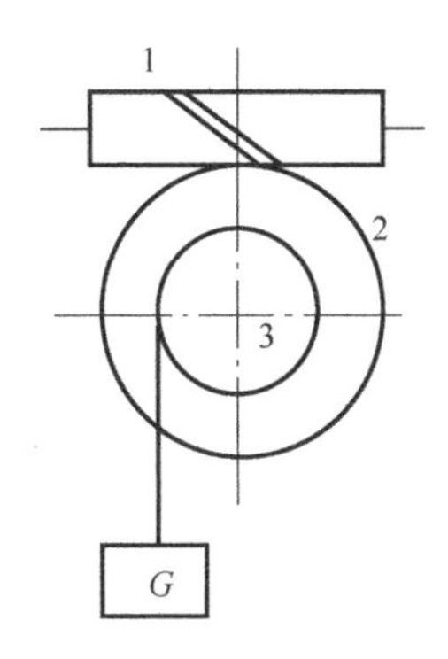

图 7-17　题三-2 用图

3．有一标准圆柱蜗杆传动，已知模数 m =8mm，传动比 i =20，蜗杆分度圆直径 d_1 =80mm，蜗杆头数 z_1 =2。试计算该蜗杆传动的主要几何尺寸。

4．试设计某闭式正交直齿锥齿轮传动，小齿轮主动，传递功率 P_1=3kW，转速 n_1 =320r/min，n_2 =400r/min。原动机为电动机，载荷有中等冲击，小齿轮悬臂布置，长期单向运转。

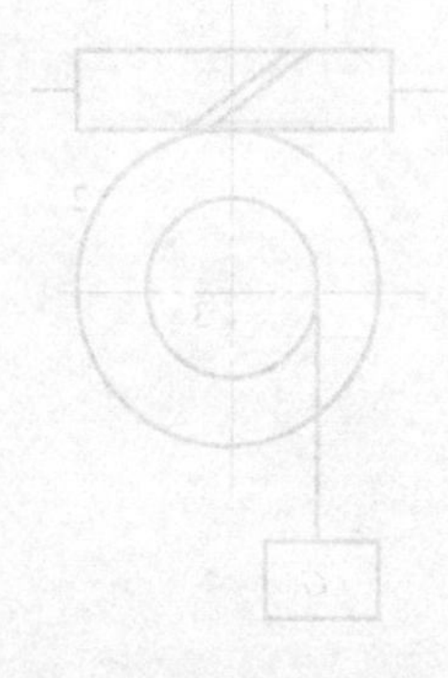

Chapter 8

第8章

轮系与减速器

教学要求

理解轮系的分类；掌握轮系中任意构件转速的大小和方向的计算与判断；了解复合轮系的概念；了解减速器的类型及其构造。

重点与难点

重点：定轴轮系和周转轮系传动比的计算；

难点：周转轮系传动比的计算。

技能要求

减速器的拆装。

8.1 轮系的类型

由齿轮的啮合特性和传动特点可知，一对齿轮传动时的传动比不宜太大。但是，在实际机械中，为了获得较大的传动比，或为了将输入轴的一种转速转换成输出轴的多种转速等原因，通常将多对齿轮组合在一起进行传动。这种由多对齿轮组成的传动系统称为齿轮系（简称轮系）。

根据轮系中各齿轮的轴线是否平行，可分为平面轮系与空间轮系。若轮系中各齿轮的轴线平行，则称为平面轮系；否则称为空间轮系。

根据轮系中各齿轮的轴线在空间位置是否固定，可分为定轴轮系、周转轮系和复合轮系三大类。

8.1.1 定轴轮系

如图 8-1 所示，当轮系运转时，若所有齿轮的轴线相对机架都固定不变，则该轮系称为定轴轮系。

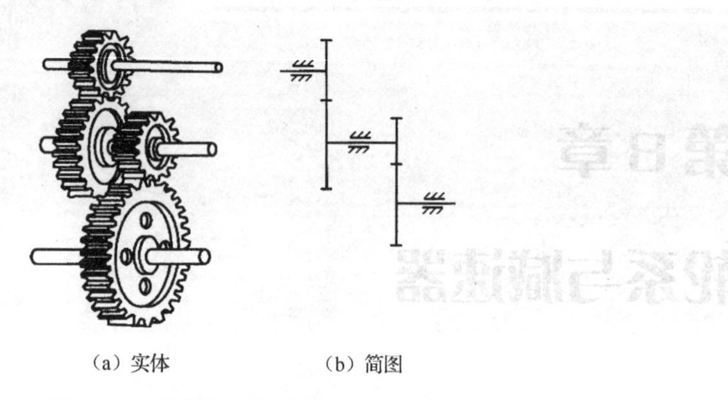

（a）实体　　（b）简图

图 8-1　二级圆柱齿轮减速器中的轮系

8.1.2 周转轮系

如图 8-2 所示，轮系传动时，至少有一个齿轮的轴线绕另一齿轮的固定轴线转动，则该轮系称为周转轮系。图 8-2（a），（b），（c）所示的周转轮系中，活套在构件 H 上的齿轮 2，不仅绕自身轴线 $O'O'$ 回转，而且随构件 H 绕固定轴线 OO 回转，它像太阳系中的行星一样，兼有自转和公转，故称齿轮 2 为行星齿轮；支承行星轮 2 的构件 H 称为行星架或系杆；与行星轮 2 相啮合且绕自身固定轴线转动的齿轮 1 和 3 称为太阳轮或中心轮。在周转轮系中，常以太阳轮和行星架作为运动的输入、输出构件，故又常称它们为周转轮系的基本构件。

根据周转轮系的自由度不同可分为行星轮系与差动轮系。

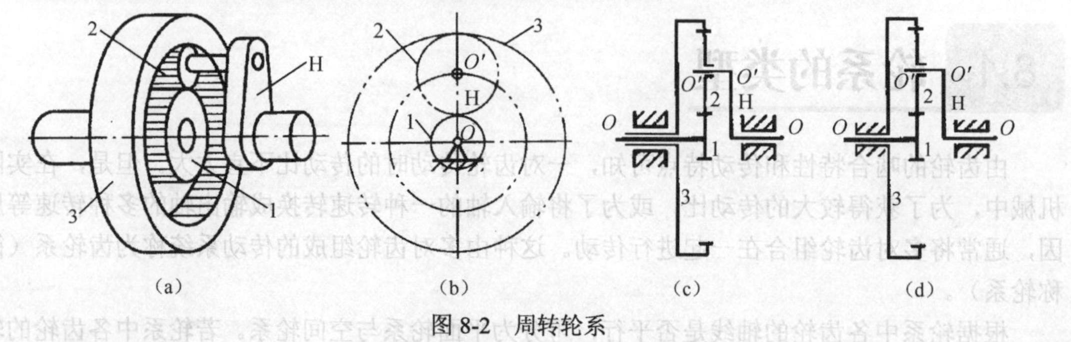

（a）　（b）　（c）　（d）

图 8-2　周转轮系

1．行星轮系

图 8-2（d）所示的周转轮系中，太阳轮 3 固定不动，该轮系的自由度等于 1。自由度等于 1 的周转轮系称为行星轮系。

2．差动轮系

图 8-2（c）所示的周转轮系中，两个中心轮均不固定，该轮系的自由度等于 2。自由度等于 2 的周转轮系称为差动轮系。

8.1.3　复合轮系

若轮系由定轴轮系与周转轮系组成，或由两个以上单一的周转轮系组成，则称该轮系为复合轮系。如图 8-3 所示为一定轴轮系与一周转轮系的复合轮系。

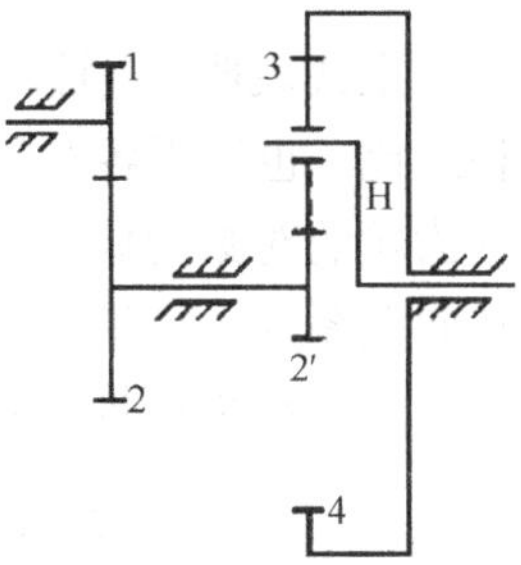

1
3
H
2′
2
4

图 8-3　复合轮系

8.2　定轴轮系的传动比

8.2.1　定轴轮系传动比的概念

轮系中首末两轮的转速之比（或角速度之比）称为轮系的传动比，确定一个轮系的传动比应包括两方面的内容：传动比大小的计算；主从动轮转向关系的确定。只有这样才能完整地表达输入与输出轮之间的运动关系。

8.2.2　定轴轮系传动比的计算

1．传动比计算公式的推导

如图 8-4 所示，一对齿轮传动的传动比为

$$i_{12}=\frac{n_1}{n_2}=\pm\frac{z_2}{z_1}$$

外啮合时，若主、从动齿轮转向相反，则取“－”号；内啮合时，主、从动齿轮转向相同，取“＋”号。其转向也可用箭头表示，如图 8-4 所示。

现以图 8-5 所示的平面定轴轮系为例，推导平面定轴轮系传动比的计算公式。

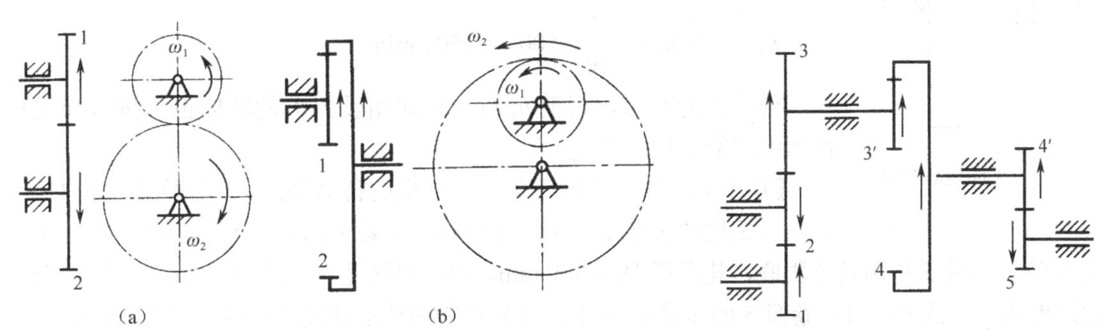

图 8-4　一对圆柱齿轮的传动比

图 8-5　平面定轴轮系的传动比

设齿轮 1 为首轮，齿轮 5 为末轮，各轮的转速为 n_1、n_2、n_3、n_4、n_5，齿数为 z_1、z_2、z_3、z_4、z_5。则各对齿轮的传动比分别为

$$i_{12}=\frac{n_1}{n_2}=-\frac{z_2}{z_1} \qquad i_{23}=\frac{n_2}{n_3}=-\frac{z_3}{z_2} \qquad i_{3'4}=\frac{n_{3'}}{n_4}=+\frac{z_4}{z_{3'}} \qquad i_{4'5}=\frac{n_{4'}}{n_5}=-\frac{z_5}{z_{4'}}$$

将以上各式等号两边分别相乘，得首末两轮的传动比为

$$i_{15}=i_{12}i_{23}i_{3'4}i_{4'5}=\frac{n_1n_2n_{3'}n_{4'}}{n_2n_3n_4n_5}=\left(-\frac{z_2}{z_1}\right)\left(-\frac{z_3}{z_2}\right)\left(+\frac{z_4}{z_{3'}}\right)\left(-\frac{z_5}{z_{4'}}\right)=(-1)^3\frac{z_2z_3z_4z_5}{z_1z_2z_{3'}z_{4'}}=(-1)^3\frac{z_3z_4z_5}{z_1z_{3'}z_{4'}}$$

上式表明：定轴轮系传动比的大小等于所有从动轮齿数的连乘积与所有主动轮齿数的连乘积之比，也等于各对齿轮传动比的连乘积。其正负号取决于轮系中外啮合齿轮的对数，当外啮合齿轮的对数为偶数时，取正号；当外啮合齿轮的对数为奇数时，取负号。另外，定轴轮系的转向关系也可用箭头在图上逐对标出，如图 8-5 所示。

以上结果可推广到一般情况，设 G 为首轮，K 为末轮，则该轮系的传动比为

$$i_{GK}=\frac{n_G}{n_K}=(-1)^m\frac{\text{齿轮}G\text{至}K\text{间各从动轮齿数的连乘积}}{\text{齿轮}G\text{至}K\text{间各主动轮齿数的连乘积}} \tag{8-1}$$

式中 m——外啮合齿轮的对数；

n_G——轮系中首轮的转速（r/min）；

n_K——轮系中末轮的转速（r/min）。

另外，图 8-5 中的齿轮 2 同时与齿轮 1 和 3 啮合，对于齿轮 1，它是从动轮，对于齿轮 3，它又是主动轮。故其齿数不影响传动比的大小，只起改变转向的作用，这种齿轮称为惰轮（也称介轮）。

2．应用传动比计算公式时注意的要点

应用式（8-1）时应注意以下几点：

（1）用 $(-1)^m$ 判断转向的方法，只限于各齿轮轴线相互平行的平面定轴轮系。

（2）对于空间定轴轮系，其传动比的大小仍可用式（8-1）计算。但其转动方向只能用箭头在图上标出，而不能用 $(-1)^m$ 来确定。

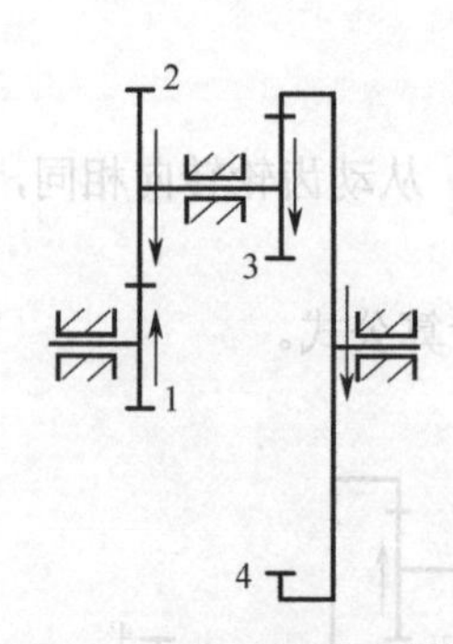

图 8-6 平面定轴轮系

【例 8-1】 如图 8-6 所示一平面定轴轮系，已知 n_1=500r/min，z_1=20，z_2=40，z_3=30，z_4=50。求 n_4 的大小，并判定其方向。

解： 由式（8-1）得

$$i_{14}=\frac{n_1}{n_4}=(-1)^m\frac{z_2z_4}{z_1z_3}=(-1)^{-1}\times\frac{40\times50}{20\times30}=-\frac{10}{3}$$，则

$$n_4=-\frac{3}{10}n_1=-\frac{3}{10}\times500=-150\,\text{r/min}$$

传动比为负值，说明 n_4 与 n_1 转向相反。n_4 的转向也可按啮合关系在图中用箭头标注判定。

【例 8-2】 图 8-7 所示为一卷扬机的传动简图。已知蜗杆 1 为右旋，$z_1=1$，蜗轮的齿数 $z_2=42$；其余各轮齿数为：$z_{2'}=18$，$z_3=78$，$z_{3'}=18$，$z_4=55$，卷筒 5 与齿轮 4 固联，其直径 $D_5=400$ mm，电动机转速 $n_1=1500$ r/min，重物被提升的速度为 v。试求：（1）卷筒 5 的转速 n_5 大小；（2）重物的移动速度 v；（3）提升重物时，电动机的旋转方向。

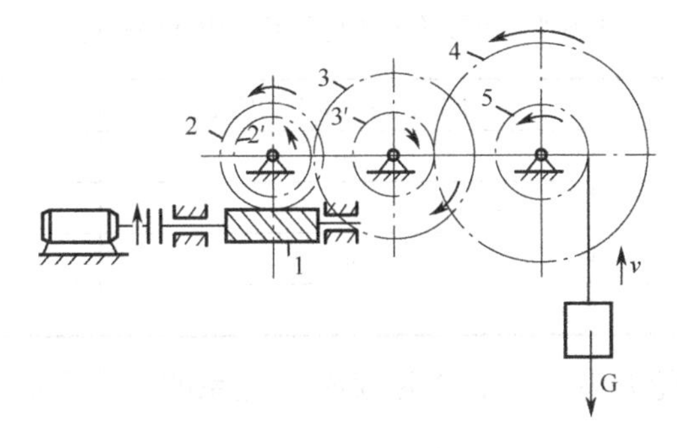

图 8-7　空间定轴轮系

解：（1）由于该轮系为包含圆柱齿轮与蜗杆传动的空间定轴轮系，故仅可用式（8-1）计算该轮系传动比的大小，其方向只能用箭头标注来判定。传动比的大小为

$$i_{14}=\frac{n_1}{n_4}=\frac{z_2z_3z_4}{z_1z_{2'}z_{3'}}$$，则有

$$n_4=\frac{z_1z_{2'}z_{3'}}{z_2z_3z_4}n_1=\frac{1\times18\times18}{42\times78\times55}\times1\,500\approx2.70\text{r/min}$$

因为齿轮 4 与卷筒 5 在同一轴上，故

$$n_5=n_4=2.70\text{ r/min}$$

（2）$v=\dfrac{n_5\pi D}{60\times1\,000}=\dfrac{2.70\times3.14\times400}{60\times1\,000}\approx0.057\text{ m/s}$

（3）用箭头标注法可知电动机的转向如图 8-7 所示。

8.3 周转轮系的传动比

由于周转轮系中行星轮 2 的轴线不仅自转，而且公转，故该轮系的传动比不能直接应用定轴轮系的传动比公式计算。

如图 8-8（a）所示为一周转轮系，现采用“反转法”，即假设给整个周转轮系加上一个绕轴线 OO，且与行星架 H 的转向相反、大小相等的 n_H，则行星架 H 静止不动。由相对运动原理可知，各构件间的相对运动关系并不改变。于是所有齿轮的轴线位置相对行星架都固定不变，从而得到一个假想的定轴轮系，如图 8-8（b）所示。该转化而来的假想的定轴轮系称为原周转轮系的转化轮系。在转化轮系中行星架的转速为零，各构件转化前后的转速见表 8-1。

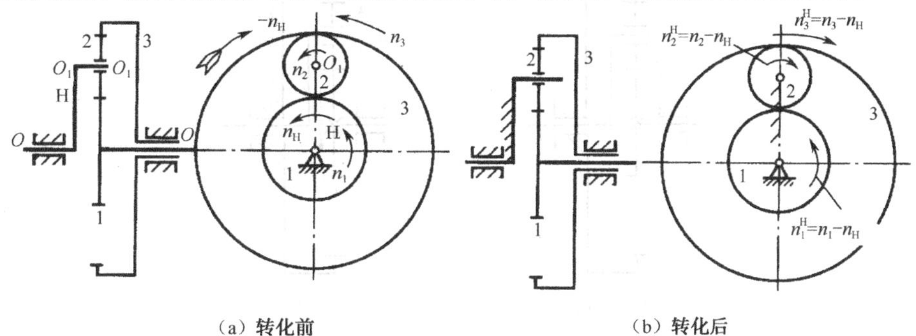

图 8-8　周转轮系的转化

表 8-1 周转轮系转化前后各构件的转速

构 件	周转轮系中各构件的转速	转化轮系中各构件的转速
轮 1	n_1	$n_1^{\mathrm{H}}=n_1-n_{\mathrm{H}}$
轮 2	n_2	$n_2^{\mathrm{H}}=n_2-n_{\mathrm{H}}$
轮 3	n_3	$n_3^{\mathrm{H}}=n_3-n_{\mathrm{H}}$
行星架 H	n_{H}	$n_{\mathrm{H}}^{\mathrm{H}}=n_{\mathrm{H}}-n_{\mathrm{H}}=0$

既然周转轮系的转化轮系为一定轴轮系，则转化轮系的传动比 i_{13}^{H} 可应用定轴轮系传动比的公式（8-1）计算，即

$$i_{13}^{\mathrm{H}}=\frac{n_1^{\mathrm{H}}}{n_3^{\mathrm{H}}}=\frac{n_1-n_{\mathrm{H}}}{n_3-n_{\mathrm{H}}}=(-1)^1\frac{z_2z_3}{z_1z_2}=-\frac{z_3}{z_1}$$

式中，齿数比前的负号表示转化轮系中齿轮 1、3 的转向相反。

依据上述原理，可将上式推广为一般形式：

$$i_{GK}^{\mathrm{H}}=\frac{n_G^{\mathrm{H}}}{n_K^{\mathrm{H}}}=\frac{n_G-n_{\mathrm{H}}}{n_K-n_{\mathrm{H}}}=(-1)^m\frac{\text{齿轮}G\text{至}K\text{间各从动轮齿数的连乘积}}{\text{齿轮}G\text{至}K\text{间各主动轮齿数的连乘积}} \tag{8-2}$$

式中 n_G——轮系中首轮 G 的转速（r/min）；

n_K——轮系中末轮 K 的转速（r/min）；

m——轮系中首轮 G 至末轮 K 间外啮合齿轮的对数。

利用上式可计算周转轮系的传动比及未知各构件转速，使用时应注意以下几点：

（1）i_{GK}^{H} 表示转化轮系中首轮 G 与末轮 K 的传动比，$i_{GK}^{\mathrm{H}}\neq i_{GK}$。

（2）齿轮 G、K 与行星架 H 的轴线必须重合，否则不能应用该公式。

（3）把 n_G、n_K、n_{H} 代入公式计算时，必须将表示转向的“±”的数值一起代入。在代入前可先假设某一转向为正，则其余齿轮与其相同者为正，反之为负。

（4）齿数比值前的“±”号表示转化轮系中 n_G^{H} 与 n_K^{H} 的转向关系。若转化轮系为平面定轴轮系，则可用 $(-1)^m$ 判断转向的方法判定齿轮的转向；若转化轮系为空间定轴轮系，则只能用箭头标注法判定。

【例 8-3】 如图 8-9(a)所示的周转轮系中，已知 $z_1=27$，$z_2=17$，$z_3=61$，$n_1=6\,000$ r/min，求传动比 $i_{1\mathrm{H}}$ 和行星架 H 的转速 n_{H}。

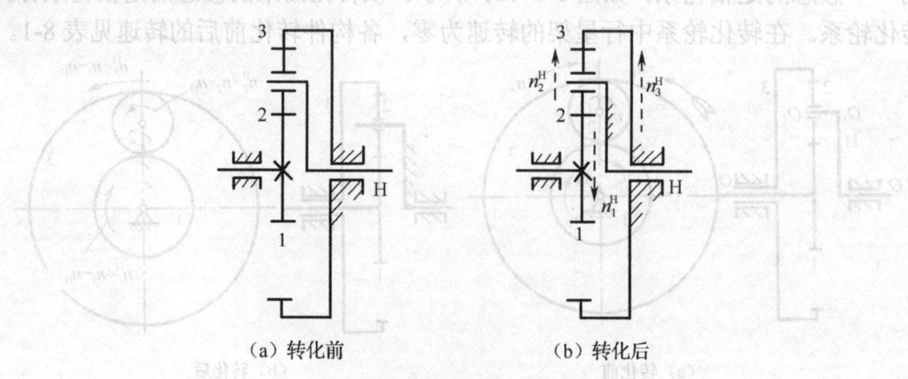

（a）转化前　（b）转化后

图 8-9 周转轮系（1）

解： 如图 8-9（a）所示的周转轮系中，由于太阳轮 3 固定，故此为行星轮系。图 8-9（b）所示为转化后的轮系，因该轮系中各个齿轮的轴线平行，故其为平面定轴轮系，可直接应用式（8-2）计算。由式（8-2）得

$$i_{13}^{\mathrm{H}}=\frac{n_1^{\mathrm{H}}}{n_3^{\mathrm{H}}}=\frac{n_1-n_{\mathrm{H}}}{n_3-n_{\mathrm{H}}}=(-1)^1\frac{z_2z_3}{z_1z_2}=-\frac{z_3}{z_1}$$

因为 $n_3=0$，所以

$$\frac{n_1-n_{\mathrm{H}}}{0-n_{\mathrm{H}}}=1-i_{1\mathrm{H}}=-\frac{z_3}{z_1}$$

代入数值，解之得

$$i_{1\mathrm{H}}=1+\frac{61}{27}\approx 3.26$$

$$n_{\mathrm{H}}=\frac{n_1}{i_{1\mathrm{H}}}=\frac{6\,000}{3.26}\approx 1\,840\ \mathrm{r/min}$$

上式说明 n_{H} 与 n_1 的转向相同。

注意： 齿数比值前的“±”也可用箭头标注法判定。如图 8-9（b）所示，n_1^{H} 与 n_3^{H} 相反（虚线箭头表示转化轮系中各齿轮的转向），故齿数比值前的符号为“－”。

【例 8-4】 如图 8-10 所示的周转轮系中，已知 $z_1=60$，$z_2=40$，$z_{2'}=z_3=20$，若 n_1 与 n_3 均为 120 r/min，但转向相反（如图中实线箭头所示），求 n_{H} 的大小和方向。

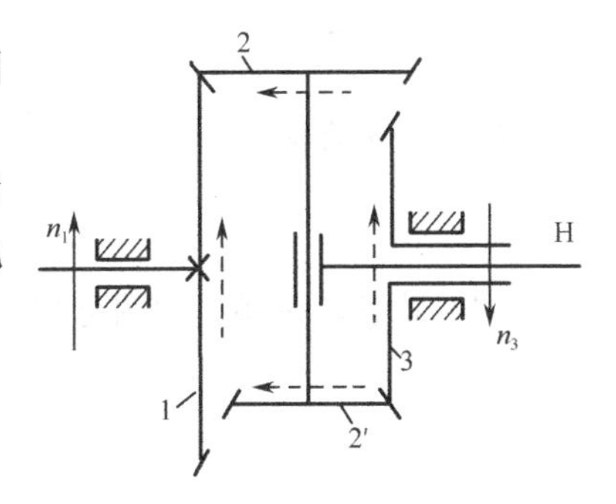

图 8-10　周转轮系（2）

解： 如图 8-10 所示的周转轮系中包含锥齿轮，故转化后的轮系为空间定轴轮系。现将 H 固定，用虚线箭头画出转化轮系中各轮的转向。由式（8-2）得

$$i_{13}^{\mathrm{H}}=\frac{n_1^{\mathrm{H}}}{n_3^{\mathrm{H}}}=\frac{n_1-n_{\mathrm{H}}}{n_3-n_{\mathrm{H}}}=+\frac{z_2z_3}{z_1z_{2'}}$$

上式中的“+”号是由转化轮系中首末两轮 1、3 的转向决定的（图中 1、3 两轮的虚线箭头同向）。

设以实线箭头的方向为正方向，则 $n_1=120\ \mathrm{r/min}$，$n_3=-120\ \mathrm{r/min}$。有

$$\frac{120-n_{\mathrm{H}}}{-120-n_{\mathrm{H}}}=+\frac{40\times 20}{60\times 20}$$

解之得

$$n_{\mathrm{H}}=+600\ \mathrm{r/min}$$

n_{H} 为正值，说明其转向与 n_1 相同。

注意： 本例中的实线箭头表示周转轮系中各轮的真实转向，而虚线箭头表示转化轮系中各轮的转向。另外，行星轮 $2-2'$ 的轴线和轮 1（或轮 3）及行星架 H 的轴线不平行，故不能用式（8-2）计算 n_2。

8.4* 复合轮系的传动比

因整个复合轮系不可能转化为单一的定轴轮系，故不能只用一个统一的公式来求解。计算复合轮系时，首先必须将复合轮系中包含的各个基本定轴轮系和周转轮系分解开来，再分别按8.3节与8.4节的方法列方程组，最后联立求解其传动比。

分解各个轮系的关键在于找出各个基本周转轮系。寻找基本周转轮系的一般步骤为：行星架→行星轮（被行星架支承的齿轮）→太阳轮（几何轴线与行星架的回转轴线相重合，直接与行星轮相啮合且轴线固定的齿轮即为太阳轮）。这组行星轮、行星架、中心轮便构成一个基本周转轮系。重复上述过程，找出所有的基本周转轮系后，剩下的便为定轴轮系部分。

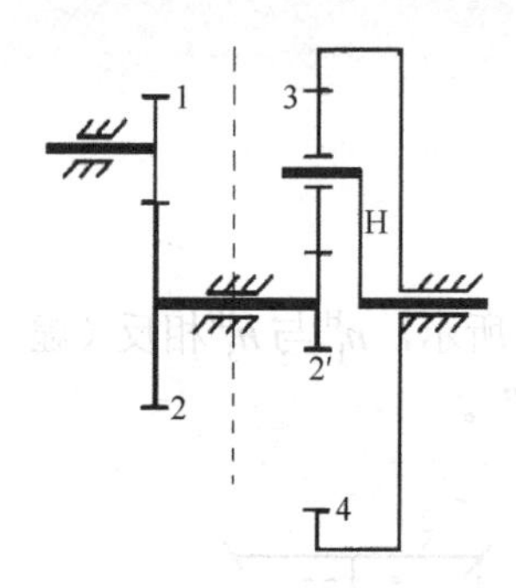

图 8-11 复合轮系

【例 8-5】 如图 8-11 所示的复合轮系中，已知 $z_1=20$，$z_2=40$，$z_{2'}=20$，$z_3=30$，$z_4=80$。求传动比 $i_{1\mathrm{H}}$。

解：（1）分解轮系。如图 8-11 所示的复合轮系中各包含一个定轴轮系和周转轮系。周转轮系由行星架 H、行星轮 3、太阳轮 2′ 与 4 组成；定轴轮系由齿轮 1 与 2 组成。

（2）定轴轮系传动比。

$$i_{12}=\frac{n_1}{n_2}=-\frac{z_2}{z_1} \quad ①$$

（3）周转轮系传动比。

$$i_{2'4}^{\mathrm{H}}=\frac{n_{2'}-n_{\mathrm{H}}}{n_4-n_{\mathrm{H}}}=(-1)^m\frac{z_3z_4}{z_{2'}z_3}=-\frac{z_4}{z_{2'}} \quad ②$$

（4）找各轮关系。由图可知，$n_2=n_{2'}$，$n_4=0$，代入式①、②，得

$$i_{12}=\frac{n_1}{n_2}=-\frac{40}{20} \quad ③$$

$$i_{2'4}^{\mathrm{H}}=\frac{n_2-n_{\mathrm{H}}}{0-n_{\mathrm{H}}}=-\frac{80}{20} \quad ④$$

（5）联立求解。由式③得，$n_2=-\frac{1}{2}n_1$，将其代入式④可得

$$\frac{-0.5n_1-n_{\mathrm{H}}}{0-n_{\mathrm{H}}}=0.5i_{1\mathrm{H}}+1=-4$$

解之得

$$i_{1\mathrm{H}}=-10$$

8.5 减速器

减速器是指原动机与工作机之间独立的闭式传动装置，由封闭在箱体内的齿轮或蜗杆传动所组成，用于降低转速并相应地增大转矩或改变转动方向。由于其具有传递运动准确可靠，结构紧凑，效率高，寿命长等优点而得到了广泛的应用。生产中使用的减速器目前已经标准化和

系列化，使用时可根据具体的工作情况选择。

8.5.1　减速器的类型

依据齿轮轴线相对于机体的位置固定与否，减速器可分为定轴齿轮减速器和行星齿轮减速器。定轴齿轮减速器包括：圆柱齿轮减速器、圆锥齿轮减速器、圆锥-圆柱齿轮减速器、蜗杆减速器；行星齿轮减速器包括：渐开线行星齿轮减速器、摆线针轮行星减速器、谐波齿轮减速器等。

依据传动的结构形式，可分为展开式、同轴式和分流式减速器。

8.5.2　定轴齿轮减速器

这里仅介绍常见的展开式一级与二级定轴齿轮减速器。常见的减速器形式及特点见表 8-2。

表 8-2　常用定轴齿轮减速器的类型、特点和应用场合

类　型	级　数	传 动 简 图	推荐传动比	特点及应用
圆柱齿轮减速器	一级	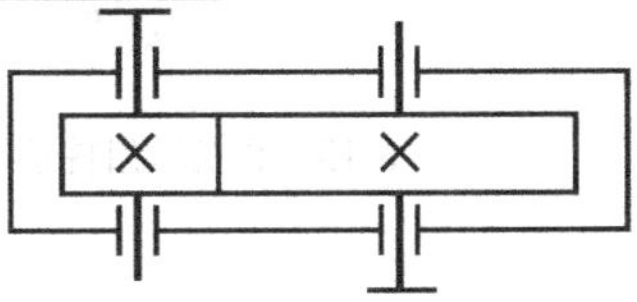	≤8～10 常用： 直齿≤5 斜齿≤6	直齿轮用于较低速度（$v \leq 8$m/s）的场合，斜齿轮用于较高速度的场合，人字齿用于载荷较大的传动中
	二级	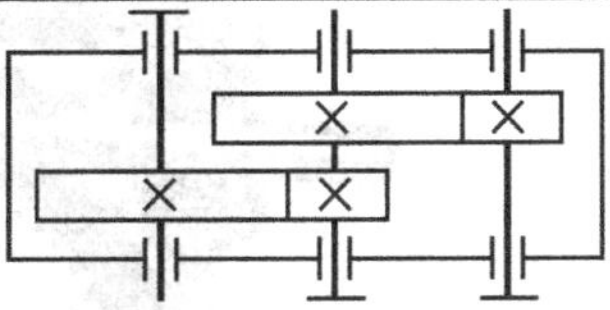	8～60	由于齿轮相对于轴承为不对称布置，轴应具有较高的刚度。一般采用斜齿轮，低速级也可采用直齿轮，总传动比较大，结构简单，应用广。常用于载荷稳定的场合
圆锥齿轮减速器	一级	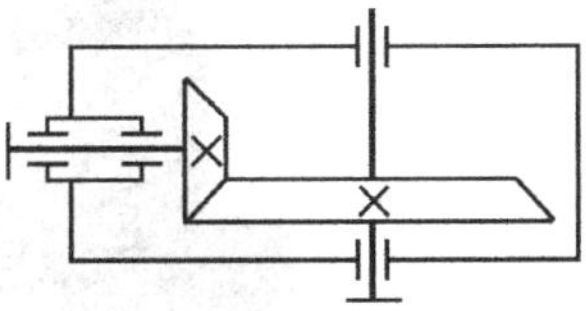	直齿≤6 常用≤3	传动比不宜太大，用于输入和输出轴垂直相交的场合
圆锥-圆柱齿轮减速器	二级	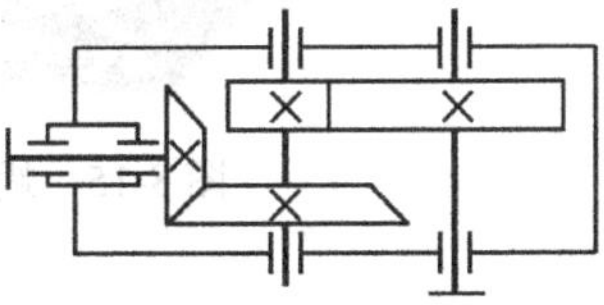	直齿锥齿轮 8～22 斜齿圆柱齿轮 8～40	锥齿轮应用在高速级，使齿轮尺寸不致过大，否则加工困难。锥齿轮可用直齿或弧齿。圆柱齿轮可用直齿或斜齿
蜗杆减速器	一级　上置式	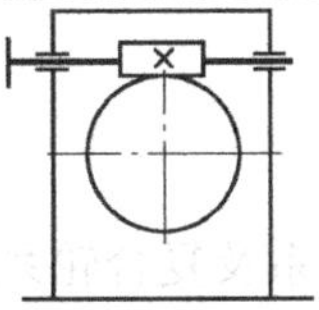	8～80	蜗杆在上面，润滑不方便，拆装方便，蜗杆的圆周速度可高些
	一级　下置式	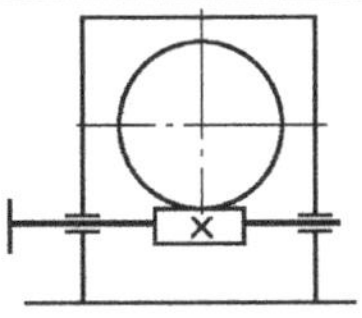		蜗杆在下面，润滑不方便，效果较好，但蜗杆搅油损失大，一般用在圆周速度 v<4～5m/s 的场合

8.5.3 定轴齿轮减速器的构造

减速器结构因其类型、用途的不同而不同。但无论何种类型的减速器，其结构都是由箱体、轴系部件及附件组成的。典型定轴齿轮减速器的零部件及附件的名称如图 8-12 所示。图 8-12～图 8-15 所示分别为一级圆柱齿轮减速器、圆锥-圆柱齿轮减速器、二级圆柱齿轮减速器、蜗杆减速器的实物图。

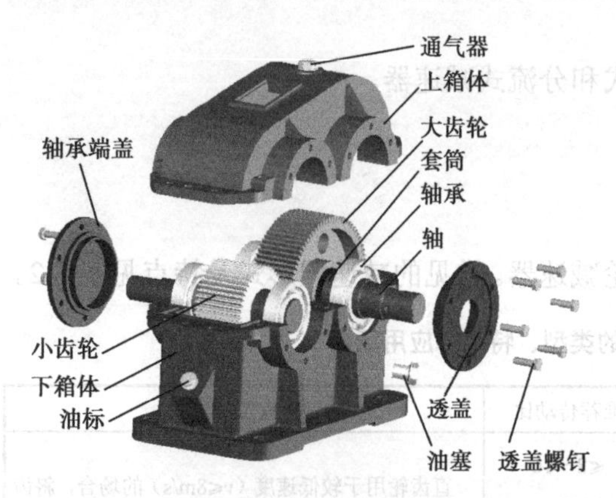

图 8-12 一级圆柱齿轮减速器结构

图 8-13 圆锥-圆柱齿轮减速器实物图

图 8-14 二级圆柱齿轮减速器实物图

图 8-15 蜗杆减速器实物图

本章小结

本章介绍了轮系的类型、特点，定轴轮系、周转轮系及复合轮系传动比的计算，以及展开式定轴轮系减速器的类型与构造。

单元习题

一、判断题（在每题的括号内打上相应的×或√）

1．对基本轮系，根据其运动时各轮轴线位置是否固定可分为定轴轮系和周转轮系两大类。（　　）

2．在轮系中，输出轴与输入轴的角速度（或转速）之比称为轮系的传动比。（　　）

3．定轴轮系中所有齿轮的轴线都固定。（　　）

4．定轴轮系的传动比，等于该轮系的所有从动轮齿数连乘积与所有主动轮齿数连乘积之比。（　　）

5．行星轮系的自由度为 1，差动轮系的自由度为 2。（　　）

6．定轴轮系与行星轮系的主要区别在于系杆是否转动。（　　）

7．轮系中对传动比大小不起作用，只改变从动轴回转方向的齿轮称为惰轮。（　　）

8．平行轴定轴轮系传动比计算公式中，-1 的指数 m 表示轮系中相啮合的圆柱齿轮的对数。（　　）

9．轮系中的某一个中间齿轮，既可以是前级齿轮副的从动轮，又可以是后一级的主动轮。（　　）

10．轮系可以实现多级的变速要求。（　　）

二、选择题（选择一个正确答案，将其前方的字母填在括号中）

1．轮系________。（　　）

A．不能获得很大的传动比　　B．不能作较远距离传动

C．能合成运动但不能分解运动　　D．能实现变向变速要求

2．_______是周转轮系的基本构件。（　　）

A．行星架和中心轮　　B．行星轮、惰轮和中心轮

C．行星轮、行星架和中心轮　　D．行星轮、惰轮和行星架

3．在传动中，各齿轮轴线位置固定不动的轮系称为________。（　　）

A．周转轮系　　B．定轴轮系

C．行星轮系　　D．混合轮系

4．确定平行轴定轴轮系传动比符号的方法为________。（　　）

A．只可用 $(-1)^m$ 确定

B．只可用画箭头方法确定

C．既可用 $(-1)^m$ 确定也可用画箭头方法确定

D．用画箭头方法确定

5．定轴轮系的传动比大小与轮系中惰轮的齿数_______。（　　）

A．有关　　B．无关　　C．成正比

6．轮系中，________转速之比称为轮系的传动比。（　　）

A．末轮与首轮　　B．末轮与中间轮　　C．首轮与末轮

7．一轮系有 3 对齿轮参加传动，经传动后，则输入轴与输出轴的旋转方向______。（　　）

A．相同　　B．相反　　C．不变　　D．不定

三、综合题

1．图 8-16 所示的轮系中，已知：$\omega_1 = 20\text{rad/s}$，$z_1 = z_3 = 10$，$z_2 = z_4 = 15$，$z_5 = z_6 = 8$，求 ω_6。

2．如图 8-17 所示的滚齿机工作台的传动中，已知 $z_1 = 15$，$z_2 = 28$，$z_3 = 15$，$z_4 = 35$，$z_9 = 40$，被切齿轮 B 的齿数为 64。试求传动比 i_{75}。

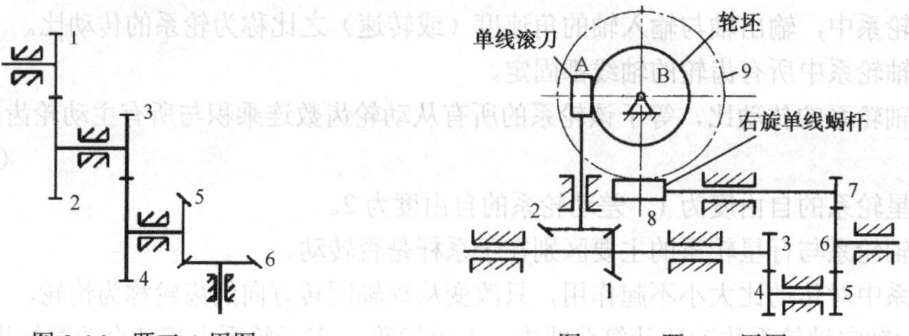

图 8-16　题三-1 用图　　　图 8-17　题三-2 用图

3．如图 8-18 所示的行星轮系，已知 $z_1 = 30$，$z_2 = 18$，$z_{2'} = 15$，$z_3 = 60$，各轮均为标准齿轮，且模数相同，试求 z_4，并计算传动比 i_{1H} 大小及行星架 H 的转向。

4．如图 8-19 所示的差动轮系，已知 $z_1 = 30$，$z_2 = 25$，$z_{2'} = 20$，$z_3 = 75$，n_1=200r/min，n_3=200r/min，转向如图所示，求行星架转速 n_H 的大小和方向。

图 8-18　题三-3 用图　　　图 8-19　题三-4 用图

5．如图 8-20 所示机构中的各齿数，已知 $z_1 = z_3$=z_4=20，$z_2 = 24$，$z_{2'} = z_{3'}$=40，$z_{4'}$=30，$z_5 = 90$，n_1=n_5=1 440r/min，转向如图所示，求 n_H 的大小和方向。

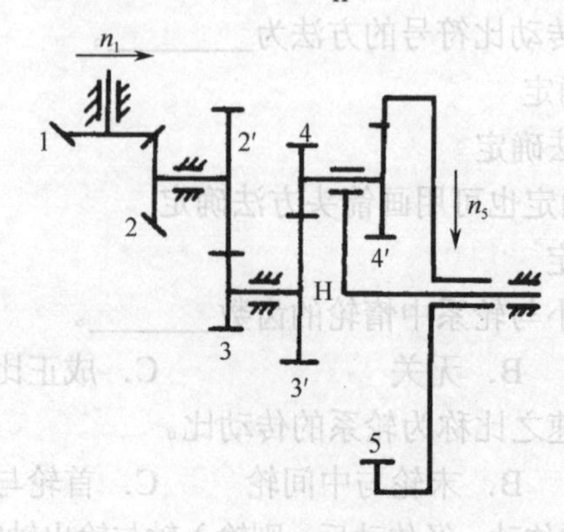

图 8-20　题三-5 用图

Chapter 9

第9章 带传动与链传动

教学要求

（1）了解带传动的主要类型、特点及应用；

（2）掌握带传动的工作原理、传动能力分析及失效形式等基本知识；

（3）掌握V带的结构标准及传动设计，能正确选用并使用带传动；

（4）了解链传动的工作原理、特点和应用，以及滚子链的传动设计及使用维护等。

重点与难点

重点：带传动、滚子链传动的设计计算；

难点：带传动、滚子链传动的设计计算。

技能要求

*V带效率的测试。

9.1 带传动的工作原理、类型及特点

带传动是通过中间挠性件传递运动和动力的，与齿轮传动相比，具有结构简单、成本低廉、中心距较大等优点，因此在工程上得到了广泛的应用。

9.1.1 带传动的工作原理

带传动一般由主动轮、从动轮、紧套在两轮上的传动带及机架组成，如图 9-1 所示。带呈环形，并以一定的张紧力作用在带轮上，使带和带轮相互压紧，当原动机驱动主动带轮转动时，由于带与带轮之间的摩擦或啮合作用，带动从动带轮一起转动，从而实现运动和动力的传递。

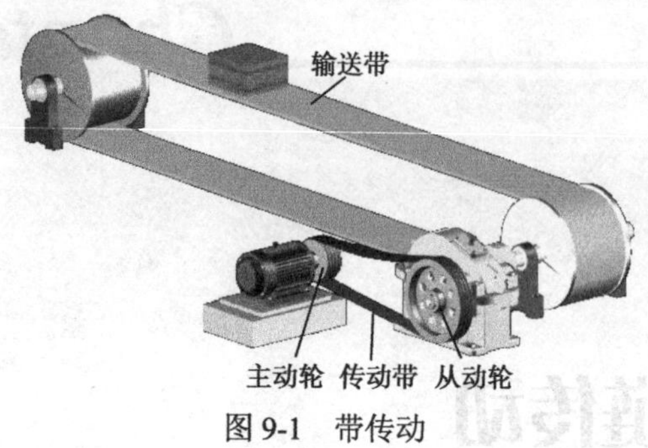

图 9-1 带传动

9.1.2 带传动的类型

1．按传动原理分

按传动原理分为摩擦式带传动和啮合式带传动。

（1）摩擦式带传动。靠紧套在带轮上的传动带与带轮接触面间产生的摩擦力来传递动力（见图 9-2），应用最为广泛。

（2）啮合式带传动。靠传动带内侧凸齿与带轮外缘上齿槽的啮合来实现运动和动力的传递（见图 9-3）。

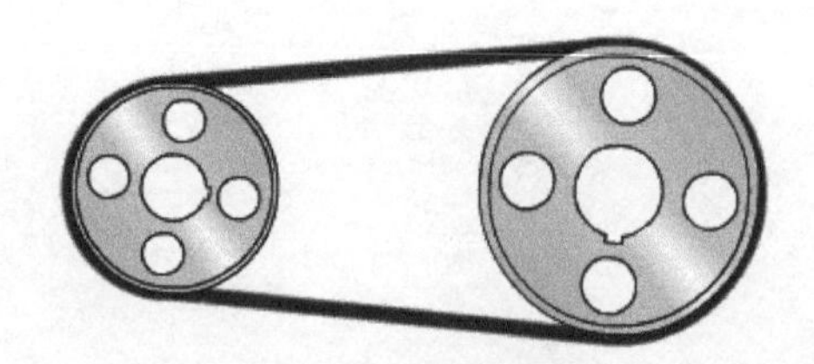
图 9-2 摩擦式带传动

图 9-3 啮合式带传动

2．按传动带的截面形状分

按传动带的截面形状分为平带、V 带、圆形带、多楔带和齿形带（同步带）等。

（1）平带。如图 9-4（a）所示，平带的截面形状为扁平矩形，内周为工作面，靠带的环形内表面与带轮外表面的压紧产生摩擦力。其结构简单，带的挠性较好，带轮容易制造，多用于两轴平行、转向相同、中心距较大的场合。

（2）V 带。如图 9-4（b）所示，V 带的截面形状为梯形，两侧面为工作面，靠带的两侧与轮槽侧面的压紧产生摩擦力。与平带传动比较，在带对带轮的压紧力和摩擦因数相同的条件下，

V 带传动的摩擦力大，故能传递较大功率，结构也较紧凑，因此 V 带在机械传动中应用最为广泛。它适用于短中心距和较大传动比的场合，在垂直或倾斜的传动中亦能良好工作。

（3）圆形带。如图 9-4（c）所示，圆形带的横截面为圆形，靠带与轮槽的压紧产生摩擦力。它只用于低速小功率传动，如缝纫机、磁带盘的传动等。

（4）多楔带。如图 9-4（d）所示，多楔带是在平带基体上由多根 V 带组成的传动带，靠楔面之间产生的摩擦力而工作。接触工作面数较多，摩擦力和横向刚度都较大，兼有 V 带的优点和平带的挠性，适用于结构紧凑且传递功率较大的场合，特别适用于要求 V 带根数多或轮轴垂直于地面的传动。

（5）齿形带。如图 9-4（e）所示，齿形带一般指同步齿形带，近年来出现的同步齿形带传动具有一般啮合传动的优点，无滑动，能保证准确的传动比，允许在较高的速度下工作，结构紧凑。其缺点是制造安装的要求较高。

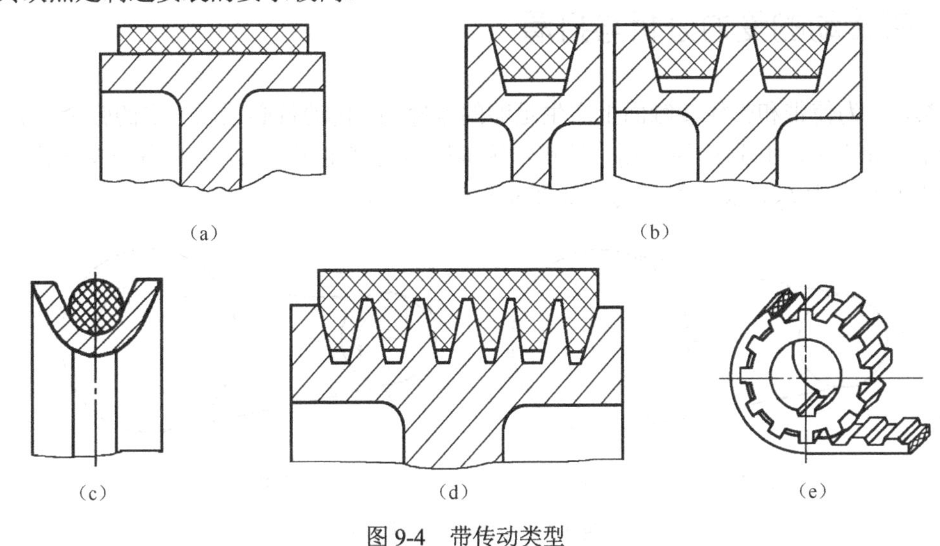

图 9-4　带传动类型

3．按用途分

按用途分为传动带和输送带，如图 9-1 所示。传动带主要用于传递动力；输送带主要用于输送物品。

9.1.3　带传动的特点

与齿轮传动相比，带传动的主要优点是：

（1）带具有良好的挠性和弹性，有缓冲、吸振作用，因此工作平稳、噪声小；

（2）过载时，带在带轮上产生打滑，从而防止其他零件的损坏，起安全保护作用；

（3）结构简单，传动平稳，适合两轴中心距较大的传动；

（4）装拆方便，造价低廉。

其主要缺点是：

（1）带是弹性体，在传动中存在着弹性滑动，故不能保证准确的传动比；

（2）传动效率较低，由于有张紧力，与之相配的轴和轴承受力较大，带的寿命较短；

（3）结构尺寸较大，不够紧凑；

（4）不适于高温、易燃及有腐蚀性的场合使用。

综上所述，带传动多用于传递功率不大，速度适中，传动比要求不严格，且中心距较大的场合。一般带的工作速度 v=5～30m/s，传动比 $i\leqslant7$，传递功率 $P\leqslant50$kW，机械效率 η=0.94～0.96。在多级传动系统中，通常将它置于高速级（直接与原动机相连），这样可起过载保护作用，同时可减小其结构尺寸及重量。

9.2 摩擦式带传动的工作情况分析

9.2.1 带传动的受力分析与打滑

安装时，为使带和带轮接触面上产生足够的摩擦力，传动带必须以一定的张紧力 F_0 紧套在两带轮上。静止时，由于 F_0 的作用，带和带轮接触面上产生正压力，带的任一横截面上都受到相同大小的张紧力 F_0，又称初拉力，如图 9-5（a）所示。

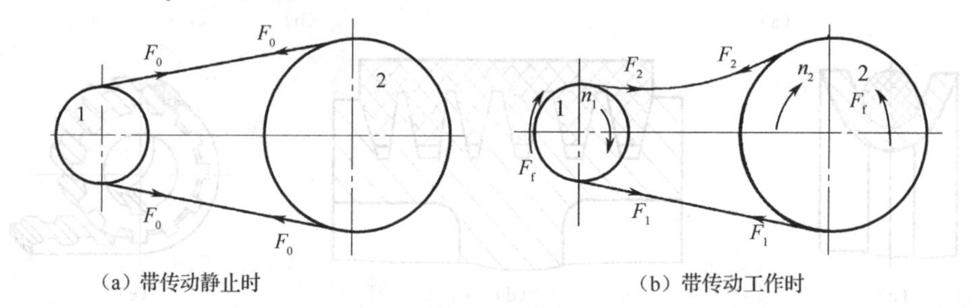

图 9-5 带传动的受力分析

传动带工作时，主动轮对带的摩擦力和带的运动方向相同，从动轮对带的摩擦力与带的运动方向相反，如图 9-5（b）所示。当主动轮 1 以转速 n_1 转动时，带与带轮之间产生摩擦力 F_f，由于摩擦力的作用，带在带轮两边的拉力不再相等，绕上主动轮之前的一边被拉紧，称为紧边，拉力由 F_0 增大到 F_1；绕上从动轮之前的一边被放松，称为松边，拉力由 F_0 减小到 F_2。紧边和松边的拉力差为（F_1-F_2），称为有效拉力，即带传动的有效圆周力，用 F 表示。有效圆周力在数值上等于带与带轮接触面间摩擦力的总和 $\sum F_f$，即

$$F=F_1-F_2=\sum F_f \tag{9-1}$$

带传动能够传递的功率 P（kW）为

$$P=Fv/1000 \tag{9-2}$$

式中 F——带传递的有效圆周力（N）；

v——带速（m/s）。

由以上分析可知，当功率 P 一定时，带速 v 越小，要求带传递的圆周力 F 越大，则带与带轮接触面间的摩擦力总和 $\sum F_f$ 就越大，所要求的初拉力 F_0 也就越大。当初拉力 F_0 大到一定程度时就会降低带的寿命，所以应限制带速 v。

若带速 v 不变，传递功率 P 就取决于带的有效圆周力 F，当初拉力 F_0 一定时，带与带轮接触面间的摩擦力总和有一极限值，当工作载荷增大到使带所能传递的有效拉力 F 超过该极限

值时，带将在带轮上相对滑动，这种现象称为打滑。这时主动轮还在转动，但从动轮转速急剧降低，甚至停止转动，失去正常的工作能力。因此，打滑会使带磨损加剧，传动效率降低，传动失效，在带传动工作中应予避免。

通常认为传动带工作时在弹性范围内其总长不变，即紧边拉力的增加量与松边拉力的减少量相等。故有

$$F_1 - F_0 = F_0 - F_2$$
$$F_1 + F_2 = 2F_0 \tag{9-3}$$

传动带即将打滑时，紧边拉力 F_1 与松边拉力 F_2 的关系可用欧拉公式表示，即

$$F_1 / F_2 = e^{f\alpha} \tag{9-4}$$

式中　f——当量摩擦因数；

α——带轮包角（rad），包角指带与带轮接触弧所对应的中心角；

e——自然对数的底（e=2.718）。

由以上公式可知，带传动的最大有效圆周力 F 与摩擦因数 f 、包角 α 和初拉力 F_0 有关。张紧力 F_0 越大，作用在带轮上的正压力越大，摩擦力也越大，所传递的最大有效拉力 F 也越大。但张紧力 F_0 过大时，将使带发热，磨损加剧，工作寿命缩短。当张紧力 F_0 过小时，将使带在带轮上发生跳动和打滑，使带传动的工作能力得不到充分发挥。带轮包角 α 越大，带和带轮接触面上所产生的摩擦力总和越大，因而带传动的最大有效拉力 F 也越大。

因此，在带传动中，应确定适当的张紧力 F_0 和包角 α ，以增大摩擦力 F_f ，避免打滑，从而获得较大的有效圆周力 F ，提高带传动的效率。一般要求小带轮包角 $\alpha \geq 120°$ 。

9.2.2　带的应力分析

传动带工作时，如图 9-6 所示，在带的横截面上存在三种应力：拉应力、离心应力和弯曲应力。

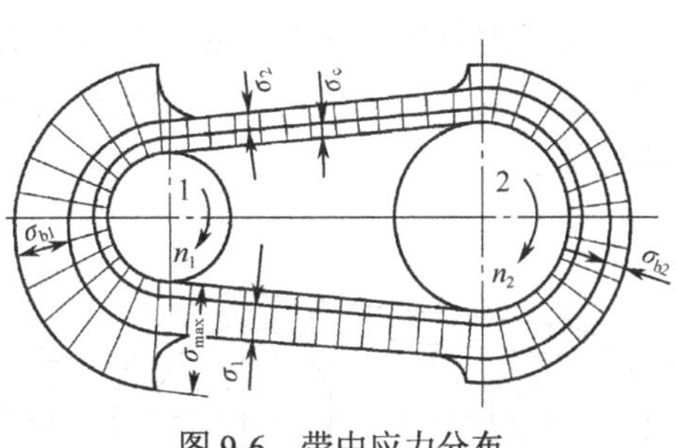

图 9-6　带中应力分布

1. 拉应力 σ_1、σ_2

拉应力是指由紧、松边拉力产生的应力。

$$\sigma_1 = F_1 / A \tag{9-5}$$
$$\sigma_2 = F_2 / A \tag{9-6}$$

式中　A——带的横截面积（mm^2）；

σ_1——紧边拉应力；

σ_2——松边拉应力。

由于 $F_1 > F_2$ ，故 $\sigma_1 > \sigma_2$ 。由此可知，绕在主动轮上的拉应力由 σ_1 逐渐降至 σ_2 ；绕在从动轮上的拉应力则由 σ_2 逐渐增至 σ_1 。

2. 离心应力 σ_c

带在带轮上运动时，由于自身质量将产生离心力，离心力使带受拉，在截面上均产生离心拉应力 σ_c 。

$$\sigma_c = qv^2 / A \tag{9-7}$$

式中　q——每米带长的质量（kg/m）；

　　　v——带的线速度（m/s）；

　　　A——带的横截面积（mm^2）。

根据式（9-7），转速越快，带的质量越大，σ_c就越大，故传动带的速度不宜过高，高速传动时，应采用材质较轻的带。

3．弯曲应力σ_b

带绕过带轮时发生弯曲，从而引起弯曲应力σ_b，故σ_b只存在于带与带轮相接触的部分。

$$\sigma_b \approx 2Ey_0 / d_d \tag{9-8}$$

式中　E——带的弹性模量（MPa）；

　　　y_0——带的节面至最外层的距离（mm）；

　　　d_d——带轮直径（mm）。

根据式（9-8），带绕过带轮时，带越厚，带轮直径越小，带所受的弯曲应力越大。因此小带轮处的弯曲应力σ_{b1}大于大带轮处的弯曲应力σ_{b2}。设计时应限制小带轮的最小直径，详见9.4节内容。

上述三种应力在带上的分布情况如图9-6所示，各截面应力的大小用自该处引出的径向线（或垂直线）的长短来表示。带中所产生的最大应力发生在带的紧边进入小带轮处，最大应力为

$$\sigma_{max} = \sigma_1 + \sigma_c + \sigma_{b1} \tag{9-9}$$

由图9-6可知，带某一截面上的应力随着带的运转而变化，带绕过带轮的次数越多，转速越高，带越短，应力变化越频繁。

9.2.3　带传动的弹性滑动与传动比

带是弹性体，受力时会产生弹性变形。由于带在紧、松边上所受的拉力不同，因而产生的弹性变形也不同。传动时，紧边拉力F_1大于松边拉力F_2，因此紧边产生的伸长量大于松边的弹性伸长量。

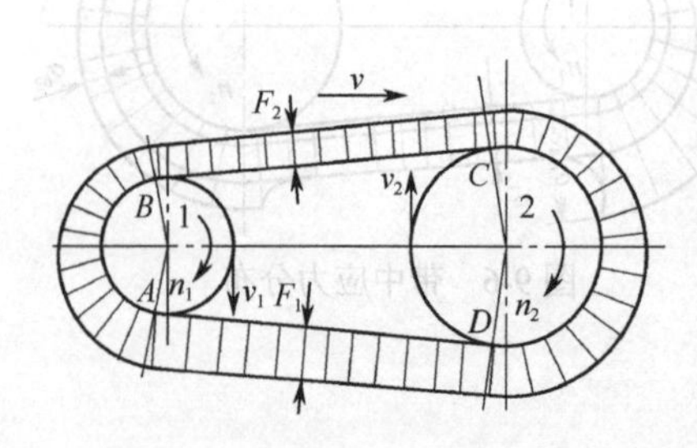

图9-7　带传动中的弹性滑动

如图9-7所示，当带的紧边在A点进入主动轮1时，带速v与轮1的圆周速度v_1相等，但在主动轮1由A点旋转至B点的过程中，带所受的拉力由F_1减小到F_2，其弹性伸长量也逐渐减小，从而使带沿着轮1面产生向后的微量滑动，造成带速v逐渐小于主动轮的圆周速度v_1，在B点带速降为v_2。同理，带在从动轮2由C点旋转至D点的过程中，带所受的拉力由F_2逐渐增大到F_1，其弹性伸长量也逐渐增大，这时带沿着轮2面向前滑动，致使带速大于轮2的圆周速度v_2，在D点带速又升为v_1。

这种由于带的弹性变形而引起的带与带轮之间的相对滑动称为弹性滑动。由于弹性滑动的影响，使从动轮的圆周速度v_2低于主动轮的圆周速度v_1，从而降低了带的传动效率，并使带的温度升高，引起传动带磨损。而弹性滑动的大小随外载荷的大小而变化，当外载荷增大时，带两边的拉力差也随之增加，弹性滑动越加严重，其速度损失也越大，这就是带传动比不恒定的原因。

可见，弹性滑动和打滑的内在机理是完全不同的。打滑是指过载引起的全面滑动，是可以

避免的；而弹性滑动是由拉力差引起的，只要传递圆周力，就必然会发生弹性滑动，因此弹性滑动是带传动的固有特性，是不可避免的物理现象。

显然，弹性滑动使从动轮圆周速度 v_2 低于主动轮的圆周速度 v_1，其速度变化可用滑动率来表示：

$$\varepsilon = \left[\left(v_1 - v_2\right)/v_1\right] \times 100\% = \left[\left(\pi n_1 d_{d1} - \pi n_2 d_{d2}\right)/\pi n_1 d_{d1}\right] \times 100\% \tag{9-10}$$

因此带传动的传动比为

$$i = \frac{n_1}{n_2} = \frac{d_{d2}}{d_{d1}}(1-\varepsilon) \tag{9-11}$$

式中　n_1、n_2——主、从动轮的转速（r/min）；

d_{d1}、d_{d2}——主、从动轮的直径（mm）。

一般传动带正常工作时，其滑动率在 1%～2%，通常可不予考虑。故带的传动比为 $i = \frac{n_1}{n_2} \approx \frac{d_{d2}}{d_{d1}}$。

9.2.4　带传动的疲劳强度

由前所述，带运行时，作用在带上某点的应力，随着它运行位置的变化而不断变化。显然，传动带在变应力的反复作用下极易产生脱皮、撕裂，最终导致疲劳破坏而失效，因此，影响带的工作寿命的主要因素是疲劳破坏，而带的疲劳破坏又与最大应力和循环次数有关。

设计带传动时，为了保证带传动正常工作，应在保证带传动不打滑的前提下，使带具有一定的疲劳强度和寿命。因此，为保证带的使用寿命，应该考虑以下几方面的因素：

1．降低应力循环次数

带在单位时间内绕过带轮的次数 $n = v/L$，即带长 L 越长，应力循环次数越少，在相同应力下的使用寿命就越长。

2．降低最大应力 σ_{max}

由紧边拉应力 $\sigma_1 = F_1/A = (F_0 + 0.5F)/A$ 可知，控制初拉力 F_0 至关重要。如果 F_0 过小，带与带轮之间能产生的有效圆周力过小；但如果 F_0 过大，σ_1 随之增大，会使带的寿命降低。因此，初拉力应控制适当。

由离心拉应力 $\sigma_c = qv^2/A$ 可知，应限制带的工作速度 v。若带速 v 过大，σ_c 在 σ_{max} 中的比例过大，因而有效工作应力所占比例必然减小，故通常应使 v<30m/s。

由弯曲应力 $\sigma_c \approx 2Ey_0/d_d$ 可知，小带轮直径 d_{d1} 越小，带的弯曲应力越大。因此，对于指定型号的带，d_{d1} 不允许小于某一尺寸，但同时要注意 d_{d1} 过大将使带传动的结构尺寸过大。

此外，传动比 i 和小带轮的包角 α_1 也影响带的寿命。如果 i=1，则 $d_{d2}=d_{d1}$，带绕过两带轮时产生相同的弯曲应力 $\sigma_{b1}=\sigma_{b2}$。如果 i>1，则 $d_{d2}>d_{d1}$，带绕过带轮 2 时产生较小的弯曲应力 $\sigma_{b2}<\sigma_{b1}$。这可减轻疲劳现象，延长使用寿命。

对于包角 α_1，由前述可知，α 越大，维持一定的圆周力 F 所需要的初拉力 F_0 越小，相应的紧边和松边的拉力也越小，将有助于提高带的寿命。但是传动比 i 和包角 α 正好是一对相矛盾的因素，设计时应根据经验数据取相对合适的数值。

9.3 普通 V 带及 V 带轮

V 带的类型很多，除普通 V 带外，还有窄 V 带、宽 V 带、齿形 V 带、楔形带等，其中普通 V 带应用最广。

9.3.1 普通 V 带的结构及标准

标准普通 V 带是无接头的环形带，截面呈梯形，如图 9-8 所示，由包布层、顶胶层、抗拉层（强力层）和底胶层四部分组成。包布层是 V 带的保护层，由胶帆布制成。顶胶层和底胶层均由橡胶制成，在胶带弯曲时分别承受拉伸和压缩作用。抗拉层是承受基本拉力的部分，按其结构可分为帘布芯（见图 9-8（a））和绳芯（见图 9-8（b））两种。帘布芯结构的 V 带制造方便，抗拉强度较高；绳芯结构的 V 带柔性好，抗弯强度较高，适用于转速较高、载荷不大和带轮直径较小的场合。

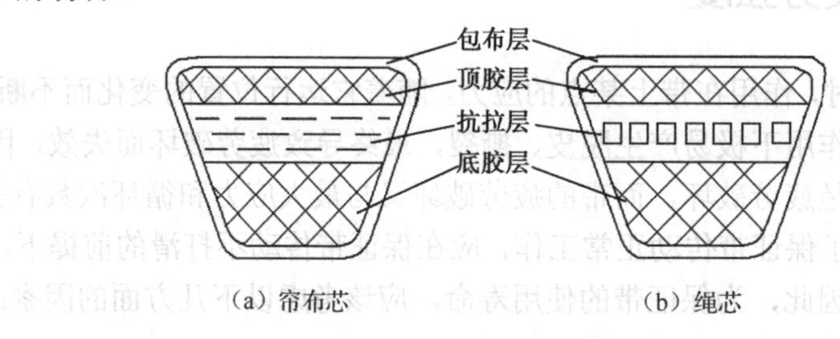

图 9-8 V 带的构造

普通 V 带已标准化，按截面尺寸由小到大分为 Y、Z、A、B、C、D、E 七种型号，见表 9-1。当带绕过带轮时，顶胶层伸长，底胶层缩短，带中保持长度不变的中性层称为节面，节面宽度称为节宽 b_d，当带绕在带轮上弯曲时，其节宽保持不变。

表 9-1 普通 V 带的截面尺寸（摘自 GB 11544—97）

型号	Y	Z	A	B	C	D	E
b_d/mm	5.3	8.5	11.0	14.0	19.0	27.0	32.0
b/mm	6	10	13	17	22	32	38
h/mm	4	6	8	11	14	19	25
θ/(°)	40						
每米带长的质量 q/(kg·m^{-1})	0.04	0.06	0.10	0.17	0.30	0.62	0.90

在 V 带轮上，与 V 带节宽处于同一位置的轮槽宽度，称为基准宽度，仍以 b_d 表示，基准宽度处的带轮直径，称为 V 带轮的基准直径，即 V 带轮的公称直径，用 d_d 表示。在规定的张紧力下，带的节面（线）长度称为带的基准长度，即带的公称长度，用 L_d 表示。在标准中，每种型号都规定了几种不同的基准长度，见表 9-2。

表 9-2　普通 V 带基准长度的尺寸系列值（摘自 GB 11544—97）

L_d/mm	Y	Z	A	B	C	D	E
200	*						
224	*						
250	*						
280	*						
315	*						
355	*						
400	*	*					
450	*	*					
500	*	*					
560		*					
630		*	*				
710		*	*				
800		*	*				
900		*	*	*			
1 000		*	*	*			
1 120		*	*	*			
1 250		*	*	*			
1 400		*	*	*			
1 600		*	*	*	*		
1 800		*	*	*	*		
2 000			*	*	*		
2 240			*	*	*		
2 250			*	*	*		
2 800			*	*	*	*	
3 150			*	*	*	*	
3 550			*	*	*	*	
4 000			*	*	*	*	
4 500				*	*	*	*
5 000				*	*	*	*
5 600					*	*	*
6 300					*	*	*
7 100					*	*	*
8 000					*	*	*
9 000					*	*	*
10 000					*	*	*
11 200						*	*
12 500						*	*
14 000						*	*
16 000						*	*

注：各型号普通 V 带基准长度用相应的符号*表示。

普通 V 带标记内容和顺序为：型号、基准长度公称值、标准号。例如，按 GB 11544—97 制造的基准长度为 1 400mm 的 A 型普通 V 带标记为：A1400 GB 11544—97。

带的标记通常压印在带的外表面上，以供识别选购。

9.3.2 普通 V 带轮

普通 V 带轮一般用灰铸铁 HT150 或 HT200 制造，转速较高时可用钢制带轮，小功率时可用铝合金或工程塑料制造。

V 带轮通常由轮缘、轮毂和轮辐组成。根据轮辐结构的不同，常用的 V 带轮分为四种类型，如图 9-9 所示。

（a）实心式

（b）腹板式

(c) 孔板式

（d）轮辐式

图 9-9 V 带轮结构

轮缘是带轮安装传动带的外缘环形部分。V 带轮轮缘制有与带的根数、型号相对应的轮槽，具体尺寸见表 9-3。轮毂是带轮与轴配合的部分，轮辐是连接轮缘和轮毂的部分。其结构形式可根据带轮直径的大小决定。

表 9-3 普通 V 带轮轮槽尺寸 （单位：mm）

H	6.3	9.5	12	15	20	28	33
$h_{a\min}$	1.6	2.0	2.75	3.5	4.8	8.1	9.6
e	8	12	15	19	25.5	37	44.5
f	7	8	10	12.5	17	23	29
b_d	5.3	8.5	11.0	14.0	19.0	27.0	32.0
$\delta_{\min}$	5	5.5	6	7.5	10	12	15
B	$B=(z-1)e+2f$ (z 为槽轮数)						
φ 32°	≤60						
φ 34°		≤80	≤118	≤119	≤315		
φ 36°	>60					≤475	≤600
φ 38°		>80	>118	>190	>315	>475	>600

直径较小（$d_d \leqslant$（2.5～3）d_0，d_0 为轴的直径）的带轮其轮缘与轮毂直接相连，不再有轮辐部分，又称实心式带轮；中等直径的带轮采用腹板式（$d_d \leqslant 300$mm）或孔板式（$d_d-2h_f-2\delta-d_1 \geqslant 100$mm，$d_1$ 为轮毂直径）；直径 $d_d \geqslant 350$mm 时采用轮辐式。带轮其他结构尺寸可参照机械设计手册确定。

普通 V 带的楔形角 θ 均为 40°，而 V 带轮的轮槽角却根据带轮直径不同而分别为 32°、

34°、36°和 38°。其原因是带绕上带轮而弯曲时，其截面形状发生改变而使带的截面楔角变小，且带轮直径越小，这种现象越显著。为使带的侧面与轮槽侧面能很好地接触，应使轮槽角 φ 小于 V 带的截面楔形角 θ。

9.4 普通 V 带传动的设计

9.4.1 V 带传动的失效形式和设计准则

通过带传动的工作情况分析，带传动的主要失效形式为打滑和疲劳破坏。因此，带传动的设计准则是，在保证带传动不打滑的前提下，具有一定的疲劳强度和寿命。

为保证带传动不打滑，必须限制带传动所需传递的有效拉力不超过最大的有效拉力 F_{max}，F_{max} 在数值上等于摩擦力的极限值。

带的最大应力应满足要求：

$$\sigma_{max} = \sigma_1 + \sigma_c + \sigma_{b1} \leqslant [\sigma] \tag{9-12}$$

式中 $[\sigma]$——疲劳强度的许用应力。

9.4.2 单根 V 带的基本额定功率

带传动的基本额定功率与很多因素有关，一般在传动比 $i=1$，包角 $\alpha=180°$，特定带长，工作平稳的条件下，通过特定实验和计算得到各种截面型号的单根 V 带所能传递的极限功率，称为单根 V 带传动的基本额定功率 P_0。P_0 值见表 9-4，设计时可以直接选用。

表 9-4　普通 V 带的基本额定功率 P_0　（单位：kW）

型号	小带轮基准直径 d_{d1}/mm	小带轮转速 n_1/r·min^{-1}											
		200	400	700	800	980	1 200	1 460	1 600	1 800	2 000	2 400	2 800
Y	20					0.02	0.02	0.02	0.03	0.03	0.03	0.04	0.04
	25				0.03	0.03	0.03	0.04	0.05	0.05	0.05	0.06	0.07
	28				0.03	0.04	0.04	0.05	0.05	0.06	0.06	0.07	0.08
	31.5			0.03	0.04	0.04	0.05	0.06	0.06	0.07	0.07	0.08	0.09
	35.5			0.04	0.05	0.05	0.06	0.06	0.07	0.07	0.08	0.09	0.12
	40			0.04	0.05	0.06	0.09	0.08	0.09	0.10	0.11	0.12	0.14
	45		0.04	0.05	0.06	0.07	0.09	0.08	0.11	0.11	0.12	0.14	0.16
	50		0.05	0.06	0.07	0.08	0.09	0.11	0.12	0.13	0.14	0.16	0.18
Z	50		0.06	0.09	0.10	0.12	0.14	0.16	0.17	0.18	0.20	0.22	0.26
	56		0.06	0.11	0.12	0.14	0.17	0.19	0.20	0.22	0.25	0.30	0.33
	63		0.08	0.13	0.15	0.18	0.22	0.25	0.27	0.30	0.32	0.37	0.41
	71		0.09	0.17	0.20	0.23	0.27	0.31	0.33	0.36	0.39	0.46	0.50
	80		0.14	0.20	0.22	0.26	0.30	0.36	0.39	0.41	0.44	0.50	0.56
	90		0.14	0.22	0.24	0.28	0.33	0.37	0.40	0.44	0.48	0.54	0.60

续表

型号	小带轮基准直径 d_{d1}/mm	小带轮转速 n_1/r · min^{-1}											
		200	400	700	800	980	1 200	1 460	1 600	1 800	2 000	2 400	2 800
A	75	0.16	0.27	0.42	0.45	0.52	0.60	0.68	0.73	0.78	0.84	0.92	1.00
	80	0.18	0.31	0.49	0.52	0.61	0.71	0.81	0.87	0.94	1.01	1.12	1.22
	90	0.22	0.39	0.63	0.68	0.79	0.93	1.07	1.15	1.24	1.34	1.50	1.64
	100	0.26	0.47	0.77	0.83	0.97	1.14	1.32	1.42	1.54	1.66	1.87	2.05
	112	0.30	0.56	0.93	1.00	1.18	1.39	1.62	1.74	1.89	2.04	2.30	2.51
	125	0.37	0.67	1.11	1.19	1.40	1.66	1.93	2.07	2.25	2.44	2.74	2.98
	140	0.43	0.78	1.31	1.41	1.66	1.96	2.29	2.45	2.66	2.87	3.22	3.48
	160	0.51	0.94	1.56	1.69	2.00	2.36	2.74	2.94	3.17	3.42	3.80	4.06
B	125	0.48	0.84	1.34	1.44	1.67	1.93	2.20	2.33	2.50	2.64	2.85	2.96
	140	0.59	1.05	1.69	1.82	2.13	2.47	2.83	3.00	3.23	3.42	3.70	3.85
	160	0.74	1.32	2.16	2.32	2.74	3.17	3.64	3.86	4.15	4.40	4.75	4.89
	180	0.88	1.59	2.53	2.81	3.30	3.85	4.41	4.68	5.02	5.30	5.67	5.76
	200	1.02	1.85	3.06	3.30	3.86	4.50	5.51	5.46	5.83	6.13	6.47	6.43
	224	1.19	2.17	3.59	3.86	4.50	5.26	5.99	6.33	6.73	7.02	7.25	6.95
	250	1.37	2.50	4.14	4.46	5.22	6.04	6.85	7.20	7.63	7.87	7.89	7.14
	280	1.58	2.89	4.77	5.13	5.93	6.90	7.78	8.13	8.46	8.60	8.22	6.80
C	200	1.39	2.41	3.80	4.07	4.66	5.29	5.86	6.07	6.28	6.34	6.02	5.01
	224	1.70	2.99	4.78	5.12	5.89	6.71	7.47	7.75	8.00	8.06	7.75	6.08
	250	2.03	3.62	5.82	6.23	7.18	8.21	9.06	9.38	9.63	9.62	8.75	6.65
	280	2.42	4.32	6.99	7.52	8.65	9.81	10.47	11.06	11.22	11.04	9.50	6.13
	315	2.66	5.14	8.34	8.92	10.23	11.53	12.48	12.72	12.67	12.14	9.43	4.16

当带传动的实际传动比与上述实验条件不同时，即传动比 $i \neq 1$ 时，$d_{d1} \neq d_{d2}$，带绕过小带轮时的弯曲应力 σ_{b1} 大于带绕过大带轮时的弯曲应力 σ_{b2}，此时带所能传递的功率有所增加，故应对基本额定功率 P_0 加以修正，即在 P_0 的基础上加上实际条件下功率增量 ΔP_0，ΔP_0 值列于表 9-5 中。

当实际工作条件不符合实验条件时，P_0 修正后得到实际工作条件下单根 V 带所能传递的功率$[P_0]$，计算公式如下

$$[P_0]=(P_0+\Delta P_0)K_\alpha K_L \tag{9-13}$$

式中 K_α——包角修正因数，见表 9-6；

K_L——长度修正因数，见表 9-7。

表 9-5 单根普通 V 带 $i \neq 1$ 时额定功率的增量 ΔP_0 （单位：kW）

型号	传动比 i	小带轮转速 n_1/r · min^{-1}											
		200	400	700	800	980	1 200	1 460	1 600	1 800	2 000	2 400	2 800
Y	1.19～1.24	0.00	0.00	0.00	0.00	0.00	0.00	0.01	0.01	0.01	0.01	0.01	0.01
	1.25～1.34	0.00	0.00	0.00	0.00	0.01	0.01	0.01	0.01	0.01	0.01	0.01	0.01
	1.35～1.51	0.00	0.00	0.00	0.00	0.01	0.01	0.01	0.01	0.01	0.01	0.01	0.02
	1.52～1.99	0.00	0.00	0.00	0.00	0.01	0.01	0.01	0.01	0.01	0.01	0.02	0.02
	≥2	0.00	0.00	0.00	0.00	0.01	0.01	0.01	0.01	0.02	0.02	0.02	0.02

续表

型号	传动比 i	小带轮转速 n_1/r · min^{-1}											
		200	400	700	800	980	1 200	1 460	1 600	1 800	2 000	2 400	2 800
Z	119～1.24	0.00	0.00	0.00	0.01	0.01	0.01	0.01	0.02	0.02	0.02	0.02	0.03
	1.25～1.34	0.00	0.00	0.01	0.01	0.01	0.02	0.02	0.02	0.02	0.02	0.02	0.03
	1.35～1.51	0.00	0.00	0.01	0.01	0.02	0.02	0.02	0.02	0.02	0.03	0.03	0.03
	1.52～1.99	0.01	0.01	0.01	0.02	0.02	0.02	0.02	0.02	0.03	0.03	0.03	0.04
	≥2	0.01	0.01	0.02	0.02	0.02	0.02	0.03	0.03	0.03	0.04	0.04	0.04
A	119～1.24	0.01	0.03	0.05	0.05	0.06	0.08	0.09	0.11	0.12	0.13	0.16	0.19
	1.25～1.34	0.02	0.03	0.06	0.06	0.07	0.10	0.11	0.13	0.14	0.16	0.19	0.23
	1.35～1.51	0.02	0.04	0.07	0.08	0.08	0.11	0.13	0.15	0.17	0.19	0.23	0.26
	1.52～1.99	0.02	0.04	0.08	0.09	0.10	0.13	0.15	0.17	0.19	0.22	0.26	0.30
	≥2	0.03	0.05	0.09	0.10	0.11	0.15	0.17	0.19	0.21	0.24	0.29	0.34
B	119～1.24	0.04	0.07	0.12	0.14	0.17	0.21	0.25	0.28	0.32	0.35	0.42	0.49
	1.25～1.34	0.04	0.08	0.15	0.17	0.20	0.25	0.31	0.34	0.38	0.42	0.51	0.59
	1.35～1.51	0.05	0.10	0.17	0.20	0.23	0.30	0.36	0.39	0.44	0.49	0.59	0.69
	1.52～1.99	0.06	0.11	0.20	0.23	0.26	0.34	0.40	0.45	0.51	0.56	0.68	0.79
	≥2	0.06	0.13	0.22	0.25	0.30	0.38	0.46	0.51	0.57	0.63	0.76	0.89
C	119～1.24	0.10	0.20	0.34	0.39	0.47	0.59	0.71	0.78	0.88	0.98	1.18	1.37
	1.25～1.34	0.12	0.23	0.41	0.47	0.56	0.70	0.85	0.94	1.06	1.17	1.41	1.64
	1.35～1.51	0.14	0.27	0.48	0.55	0.65	0.82	0.99	1.10	1.23	1.37	1.65	1.92
	1.52～1.99	0.16	0.31	0.55	0.63	0.74	0.94	1.14	1.25	1.41	1.57	1.88	2.19
	≥2	0.18	0.35	0.62	0.71	0.83	1.06	1.27	1.41	1.59	1.76	2.12	2.47

表 9-6　包角修正因数 K_α

包角 α_1/(°)	70	80	90	100	110	120	130	140	150	160	170	180	190	200	210	220
K_α	0.56	0.62	0.68	0.73	0.78	0.82	0.86	0.89	0.92	0.95	0.98	1.00	1.05	1.10	1.15	1.20

表 9-7　长度修正因数 K_L

基准带长 L_d/mm	K_L						
	普通 V 带						
	Y	Z	A	B	C	D	E
200	0.81						
224	0.82						
250	0.84						
280	0.87						
315	0.89						
355	0.92						
400	0.96	0.87					
450	1.00	0.89					

续表

基准带长 L_d/mm	K_L						
	普通V带						
	Y	Z	A	B	C	D	E
500	1.02	0.91					
560		0.94					
630		0.96	0.81				
710		0.99	0.82				
800		1.00	0.85				
900		1.03	0.87	0.81			
1 000		1.06	0.89	0.84			
1 120		1.08	0.91	0.86			
1 250		1.11	0.93	0.88			
1 400		1.14	0.96	0.90			
1 600		1.16	0.99	0.93	0.84		
1 800		1.18	1.01	0.95	0.85		
2 000			1.03	0.98	0.88		
2 240			1.06	1.00	0.91		
2 500			1.09	1.03	0.93		
2 800			1.11	1.05	0.95	0.83	
3 150			1.13	1.07	0.97	0.86	
3 550			1.17	1.10	0.98	0.89	
4 000			1.19	1.13	1.02	0.91	
4 500				1.15	1.04	0.93	0.90
5 000				1.18	1.07	0.96	0.92
5 600					1.09	0.98	0.95
6 300					1.12	1.00	0.97
7 100					1.15	1.03	1.00
8 000					1.18	1.06	1.02
9 000					1.21	1.08	1.05
10 000					1.23	1.11	1.07
11 200						1.14	1.10
12 500						1.17	1.12
14 000						1.20	1.15
16 000						1.22	1.18

9.4.3 普通V带传动的设计内容

普通 V 带传动设计的主要内容是：确定给定工作条件下 V 带的型号、长度和根数；带轮的材料、结构和尺寸；传动中心距，作用在轴上的压力 F_Q 等。

1．确定计算功率 P_c

$$P_c = K_A P \tag{9-14}$$

式中　K_A——工作情况因数，如表 9-8 所示；

P——带传动所需传递的额定功率（kW）。

表 9-8　工作情况因数

工作情况		原动机					
		软启动			负载启动		
		每日工作小时数/h					
		≤10	10～16	>16	≤10	10～16	>16
载荷平稳	液体搅拌机、离心式水泵、通风机和鼓风机(≤7.5kW)、离心式压缩机、轻型输送机等	1.0	1.1	1.2	1.1	1.2	1.3
载荷变动小	带式输送机、通风机（>7.5 kW）、发动机、金属切削机床、印刷机、压力机、木工机械等	1.1	1.2	1.3	1.2	1.3	1.4
载荷变动较大	起重机、斗式提升机、往复式水泵、纺织机械、橡胶机械、重载输送机等	1.2	1.3	1.4	1.3	1.5	1.6
载荷变动大	破碎机、磨碎机等	1.3	1.4	1.5	1.4	1.6	1.8

注：1．软启动是指普通笼型交流发电机、同步电动机、n>600r/min 的内燃机。

2．负载启动是指交流发电机（双笼型、单相）、直流发电机、单缸发动机、n≤600r/min 的内燃机。

3．反复启动、正反转频繁、工作条件恶劣等场合，K_A 应乘以 1.1。

2．选择 V 带型号

根据计算功率 P_c 和小带轮转速 n_1，由图 9-10 选取 V 带的带型。当 P_c 和 n_1 坐标交点位于或接近两种型号区域边界处时，可取相邻两种型号同时计算，比较结果，然后择优选用。

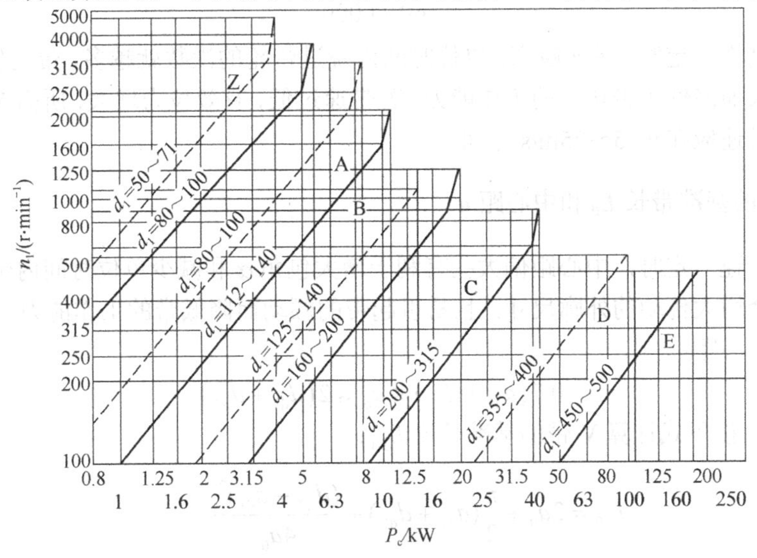

图 9-10　普通 V 带选型

3．确定带轮基准直径 d_{d1}、d_{d2}

选择较小直径的带轮，传动装置外轮廓尺寸较小，重量轻；反之带轮直径增大，带速提高，所需 V 带的根数减少，但外轮廓尺寸增大。通常，小带轮直径 d_{d1} 先按表 9-9 选取最小值，取 $d_{d1} \geqslant d_{d\min}$，然后根据公式 $d_{d2}=i\,d_{d1}$，计算大带轮基准直径 d_{d2}，并圆整为系列值。

表 9-9　普通 V 带轮最小基准直径及带轮直径系列　　（单位：mm）

<table>
<tr><td colspan="2">V 带型号</td><td>Y</td><td>Z</td><td>A</td><td>B</td><td>C</td><td>D</td><td>E</td></tr>
<tr><td colspan="2">$d_{d\min}$</td><td>20</td><td>50</td><td>75</td><td>125</td><td>200</td><td>355</td><td>500</td></tr>
<tr><td colspan="2">推荐直径</td><td>≥28</td><td>≥71</td><td>≥100</td><td>≥140</td><td>≥200</td><td>≥335</td><td>≥500</td></tr>
<tr><td rowspan="7">常用 V 带轮基准直径系列</td><td>Y</td><td colspan="7">20，25，28，35，40，45，50，56，63，71，75，80，85，90，95，100，106，112，118，125，132，140，150，160，170，100，200，212，224，236，250，265，280，300，315，355，375，400</td></tr>
<tr><td>Z</td><td colspan="7">50，56，63，71，75，80，85，90，95，100，106，112，118，125，132，140，150，160，170，180，200，212，224，236，250，265，280，300，315，355，375，400，425，450，475，500，530，560，600，630</td></tr>
<tr><td>A</td><td colspan="7">75，80，85，90，95，100，106，112，118，125，132，140，150，160，170，100，200，212，224，236，250，265，280，300，315，355，375，400，425，450，475，500，530，560，600，630，670，710，750，800</td></tr>
<tr><td>B</td><td colspan="7">125，132，140，150，160，170，100，200，212，224，236，250，265，280，300，315，355，375，400，425，450，475，500，530，560，600，630，670，710，750，800，900，1 000，1 060，1 120</td></tr>
<tr><td>C</td><td colspan="7">200，212，224，236，250，265，280，300，315，355，375，400，425，450，475，500，530，560，600，630，670，710，750，800，900，1 000，1 060，1 120，1 250，1 600</td></tr>
<tr><td>D</td><td colspan="7">355，375，400，425，450，475，500，530，560，600，630，670，710，750，800，900，1 000，1 060，1 120，1 250，1 600，2 000，2 500</td></tr>
<tr><td>E</td><td colspan="7">500，530，560，600，630，670，710，750，800，900，1 000，1 060，1 120，1 250，1 600，2 000，2 500</td></tr>
</table>

4．验算带速 v

$$v=\frac{\pi d_{d1} n_1}{60\times 1\,000} \tag{9-15}$$

当传递的功率一定时，带速越高，单位时间内绕过带轮的次数就越多，带的使用寿命越短，并因离心力太大而降低了带传动的工作能力；若带速过低，有效拉力增大，所需 V 带根数增多。因此，设计时带速应在 v=5～25m/s 之间。

5．确定带的基准带长 L_d 和中心距 a

传动比和带速一定时，中心距偏大些有利于增大包角 α 和减少单位时间内带的绕转次数。但中心距过大会增大传动的外廓尺寸，且易引起带的颤动而降低带的工作能力。因此，设计时可按下式初选中心距：

$$0.7\left(d_{d1}+d_{d2}\right)\leqslant a_0 \leqslant 2\left(d_{d1}+d_{d2}\right) \tag{9-16}$$

初选 a_0 后，按下式计算 V 带的基准长度 L_{d0}：

$$L_{d0}=2a_0+\frac{\pi}{2}(d_{d1}+d_{d2})+\frac{(d_{d2}-d_{d1})^2}{4a_0} \tag{9-17}$$

根据此基准长度计算值 L_{d0}，查表 9-2 选定带相近的基准长度 L_d。

传动的实际中心距 a，按下式近似计算：

$$a \approx a_0 + \frac{L_d - L_{d0}}{2} \quad (9\text{-}18)$$

考虑安装、调整和补偿张紧力的需要，中心距的调节范围为

$$\left.\begin{aligned} a_{min} &= a - 0.015L_d \\ a_{max} &= a + 0.03L_d \end{aligned}\right\} \quad (9\text{-}19)$$

6．校验小带轮包角 α_1

包角越大，带与轮面的接触弧越大，摩擦力也随之增加。

由于 $\alpha_2 > \alpha_1$，所以打滑常发生在小带轮上。为了提高带传动的承载能力，防止打滑，对于普通 V 带传动，通常取 $\alpha_1 > 120°$ 。小带轮包角可按下式计算：

$$\alpha_1 = 180° - \frac{d_{d2} - d_{d1}}{a} \times 57.3° \quad (9\text{-}20)$$

根据上式，小带轮包角 α_1 与带轮的基准直径 d_{d1}、d_{d2} 有关。传动比越大，d_{d1} 与 d_{d2} 之差越大，则包角 α_1 越小。若 α_1 过小，需增大中心距或降低传动比，也可增设张紧轮或压带轮。所以，V 带传动一般取 $i \leqslant 7$，推荐 i=2～5。

7．确定 V 带根数 z

V 带根数 z 可按下式计算：

$$z = \frac{P_c}{[P_0]} = \frac{P_c}{(P_0 + \Delta P_0)K_\alpha K_L} \quad (9\text{-}21)$$

式中　$[P_0]$——单根 V 带所能传递的功率。

带的根数应向上圆整，为使各根带受力比较均匀，带传动使用的根数不宜太多，一般取 2～5 根为宜，最多不能超过 8～10 根，否则应改选型号或加大带轮直径后重新设计。

8．单根 V 带的初拉力 F_0

适当的初拉力是保证带传动正常工作的必要条件。单根 V 带的初拉力 F_0 按下式计算：

$$F_0 = 500\frac{P_c}{vz}\left(\frac{2.5}{K_\alpha} - 1\right) + qv^2 \quad (9\text{-}22)$$

9．带作用在轴上的压力 F_Q

为了设计带轮轴和轴承，必须确定作用在轴上的径向压力 F_Q，否则会影响其强度和寿命。一般不考虑松边、紧边的拉力差，近似按带两边的初拉力的合力来计算。由图 9-11 可知

$$F_Q = 2zF_0 \sin\frac{\alpha_1}{2} \quad (9\text{-}23)$$

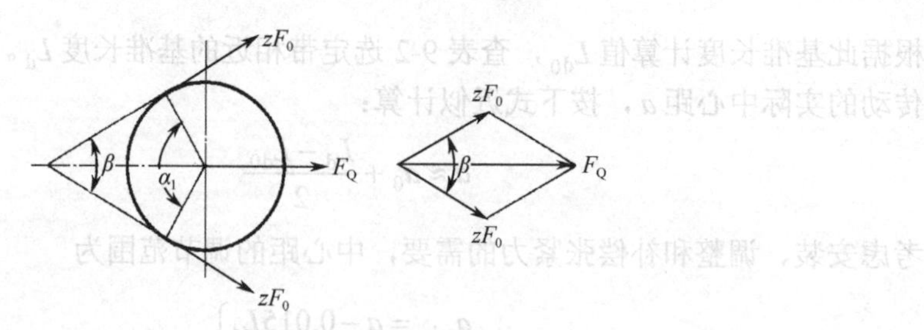

图 9-11 作用在带轮轴上的载荷

10．带轮的结构设计

带轮设计主要包括以下内容：确定结构形式、结构尺寸、轮毂尺寸、材料，画出带轮工作图。

11．设计结果

列出带型号、带的基准长度 L_d、带的根数 z、带轮直径 d_{d1} 和 d_{d2} 及中心距、轴上压力 F_Q 等。

【例 9-1】 设计一带式输送机的普通 V 带传动，已知电动机额定功率 P=10kW，转速 n_1=1 440 r/min，要求从动轮转速 n_2=480r/min，两班制，并要求结构较为紧凑，工作中有轻微振动。

解： 设计计算过程如表 9-10 所示。

表 9-10 例 9-1 设计计算过程

设 计 项 目	计算内容和依据	计 算 结 果
1. 确定计算功率 P_c	因载荷变动较小、两班制工作和负荷启动，查表 9-8 取 K_A=1.2。 故 $P_c=K_AP$=1.2×10kW =12kW	P_c=12 kW
2. 选择带型	根据 P_c 和 n_1，由图 9-10 知其计算点在 B、C 型界线之间，这时可同时选取 B、C 两种型号的 V 带分别试算，下面先以 B 型带进行计算	B 型带 C 型带
3. 确定带轮基准直径 d_{d1}、d_{d2}	由表 9-9 可知，d_{d1}=140mm。 $d_{d2}=id_{d1}$=1 440/480×140 mm =420mm 选取最接近的标准值直径系列值 d_{d2}=425mm	d_{d1}=140 mm d_{d2}=425 mm
4. 验算带速 v	$v=\dfrac{\pi d_{d1}n_1}{60\times 1\,000}=\dfrac{3.14\times 140\times 1\,440}{60\times 1\,000}$ =10.55 m/s 带速 v 要求在 5～25 m/s 之间，符合要求	v=10.55 m/s
5. 确定带的基准带长 L_d 和中心距 a	为满足结构紧凑的要求，对上列两种情况分别按下式初选中心距： $0.7(d_{d1}+d_{d2})\leqslant a_0\leqslant 2(d_{d1}+d_{d2})$ $0.7\times(140+425)\leqslant a_0\leqslant 2\times(140+425)$ 代入数据得：395.5≤a_0≤1 130，如果取 a_0=500mm，计算 V 带的基准长度 L_0。 $L_{d0}=2a_0+\dfrac{\pi}{2}(d_{d1}+d_{d2})+\dfrac{(d_{d2}-d_{d1})^2}{4a_0}$ $=2\times 500+\dfrac{\pi}{2}\times(140+425)+\dfrac{(425-140)^2}{4\times 500}$ =1 927.7 mm 根据此基准长度计算值 L_{d0}，查表 9-2 选定带相近的基准长度 L_d=2 000 mm。 传动的实际中心距 a： $a\approx a_0+\dfrac{L_d-L_{d0}}{2}=500+\dfrac{2\,000-1927.7}{2}$=536 mm 考虑安装、调整和补偿张紧力的需要，中心距应有一定的调节范围，即 $a_{min}=a-0.015L_d$ =506 mm $a_{max}=a+0.03L_d$ =596 mm	L_d=2 000 mm 506mm≤a≤596mm

续表

设 计 项 目	计算内容和依据	计 算 结 果
6. 校验小带轮包角α_1	$\alpha_1=180^\circ-\frac{d_{d2}-d_{d1}}{a}\times57.3^\circ$ $=180^\circ-\frac{425-140}{536}\times57.3^\circ=149.5^\circ$ 通常取$\alpha_1>120^\circ$，合适	$\alpha_1=149.5^\circ$
7. 确定 V 带根数z	V 带根数z可根据设计功率P_c，按下式计算。 查表 9-4～表 9-7 知，$P_0=2.75$ kW，$\Delta P_0=0.17$ kW，$K_\alpha=0.95$，$K_L=0.98$，则 $z=\frac{P_c}{[P_0]}=\frac{P_c}{(P_0+\Delta P_0)K_\alpha K_L}=4.41$ 带的根数应圆整，取$z=5$。 为使各根带受力比较均匀，带传动使用的根数不宜太多，一般取 2～5 根为宜，因此，$z=5$ 符合要求。 按上述计算方法，重新计算 C 型带，其计算结果为$d_{d1}=200$mm，$d_{d2}=600$mm，$v=15.07$ m/s，$L_d=2\,240$ mm，$a=452$ mm，$\alpha_1=129^\circ$，$z=2$。 由计算结果可知，本例选 B 型或 C 型带均能满足使用要求，若考虑使结构紧凑，则可选用 C 型带。由此可知，带传动设计时，有时需要选择两种乃至三种带型并取不同的小带轮直径进行计算，以从中选取较优的结果	$z=5$ 由计算结果可知，本例选 B 型或 C 型带均能满足使用要求，若考虑使结构紧凑，则可选用 C 型带
8. 单根 V 带的初拉力F_0	$F_0=500\frac{P_c}{vz}\left(\frac{2.5}{K_\alpha}-1\right)+qv^2=219$ N 式中，查表 9-1，$q=0.3$	$F_0=219$ N
9. 带作用在轴上的压力F_Q	$F_Q=2zF_0\sin\frac{\alpha_1}{2}=2\,113$ N	$F_Q=2\,113$ N
10. 带轮的结构设计（略）		

9.5 带传动的张紧、安装与维护

9.5.1 带传动的张紧

为了使带与带轮间产生正压力，带在安装时必须张紧。另外，带在张紧力的长期作用下，会逐渐松弛，使带的初拉力减小，传动能力降低。为始终保持一定的初拉力，带传动中应设置张紧装置。常见的张紧装置如图 9-12 所示。

其中，图 9-12（a），（b）所示为定期调整中心距的张紧装置，设有调整螺栓，可随时调整电动机的位置，图 9-12（a）适用于两轴水平或倾斜不大的传动；图 9-12（b）适用于垂直或接近垂直的传动。图 9-12（c）所示为自动张紧装置，是靠电动机和机架的自重，使带轮随同电动机绕固定轴摆动，达到自动张紧的目的，多用于小功率传动。图 9-12（d），（e）所示为带轮中心距固定的张紧轮装置，主要用于中心距不可调整的场合，其传动不能逆转，使带只受单向弯曲。其中，图 9-12（d）为定期张紧装置，张紧轮应安装在带的松边内侧，同时，张紧轮应尽量靠近大带轮，以免小带轮的包角减小太多；图 9-12（e）为自动张紧装置，张紧轮安装在带的松边外侧，并尽量靠近小带轮处，这样可增大小带轮的包角，常用于中心距小、传动比大的场合，其寿命短，适宜平带传动。

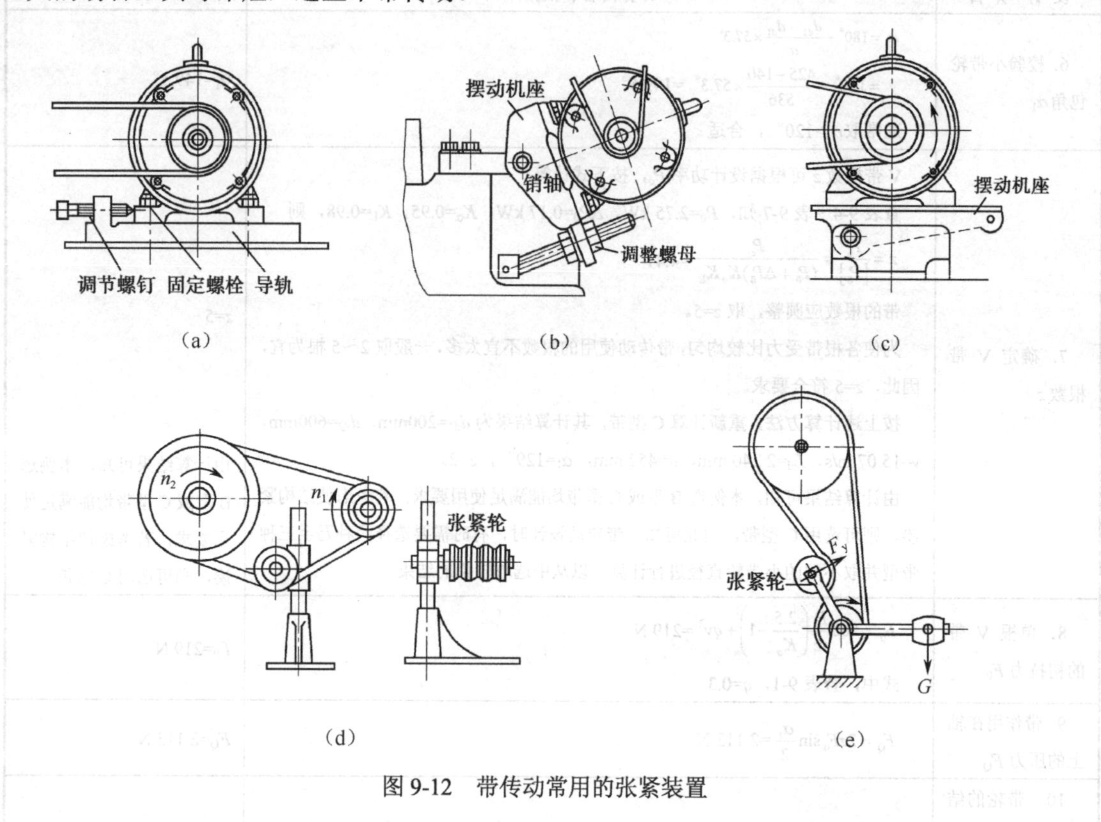

图 9-12 带传动常用的张紧装置

9.5.2 带传动的安装和维护

为保证带传动能正常工作并延长寿命，对其进行正确的安装、使用和维护十分重要。因此，一般应注意以下几点：

（1）安装时两带轮轴线应保持平行，且两轮相对应的 V 带型槽应对齐，其误差不得超过 20′，如图 9-13 所示，以免带被扭曲致使侧面过度磨损，甚至使带脱落。

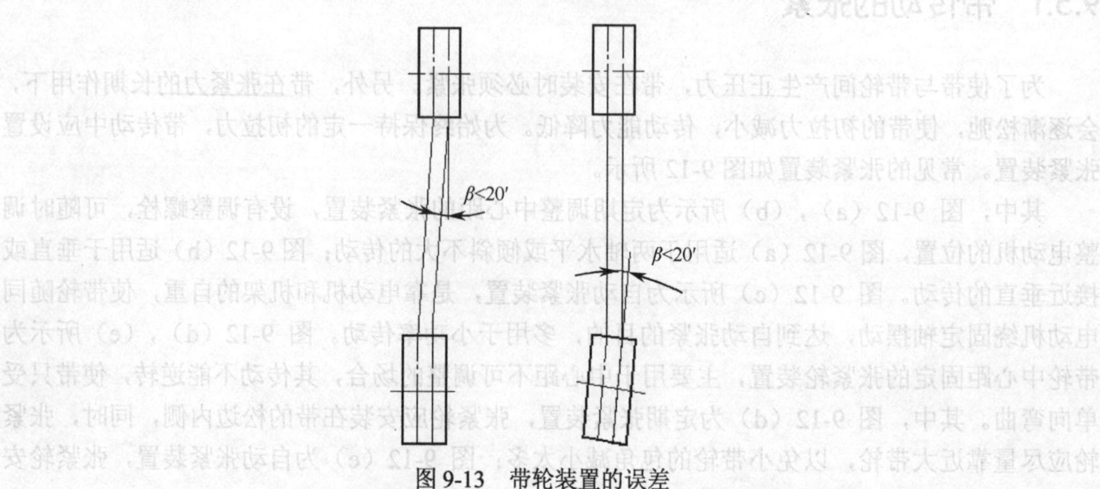

图 9-13 带轮装置的误差

（2）安装时先缩小中心距，然后套上 V 带，再作调整。安装时不得硬撬，以免损坏带的工作表面和降低带的弹性。

（3）V 带在带轮轮槽中应处于正确的位置，如图 9-14 所示，带的顶面应与带轮外缘平齐，底面与带轮槽底间应有一定的间隙，以保证带两侧工作面与轮槽全部贴合，过高或过低都不利于带的正常工作。

（4）V 带的张紧程度要适当。过紧，带的张紧力过大，传动时磨损加剧，寿命缩短；过松，不能保证足够的张紧力，传动时易打滑，传动能力不能充分发挥。实践证明，在中等中心距情况下，V 带安装后，用大拇指能按下 15mm 左右时，则张紧程度合适，如图 9-15 所示。

（5）应保持带的清洁，严防带与矿物油、酸、碱等介质接触，也不宜在阳光下曝晒。

（6）多根带的传动，坏了少数几根，不要用新带补上，以免新旧带并用，长短不一，受载不均匀而加速新带损坏，一般可用未损坏的旧带补全或全部换新。

（7）为确保安全，传动装置须设防护罩。

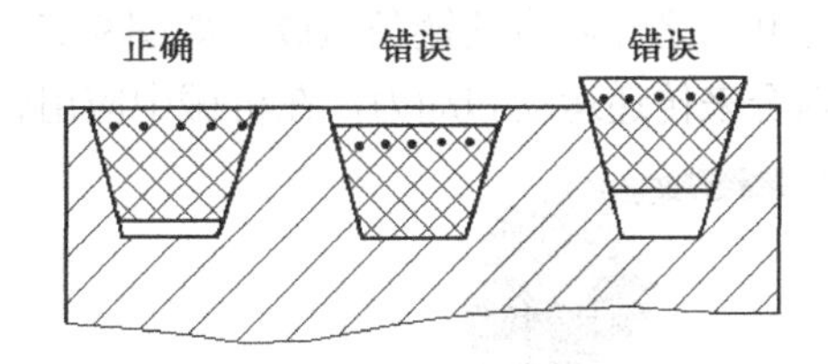

图 9-14　带在轮槽中的正确位置

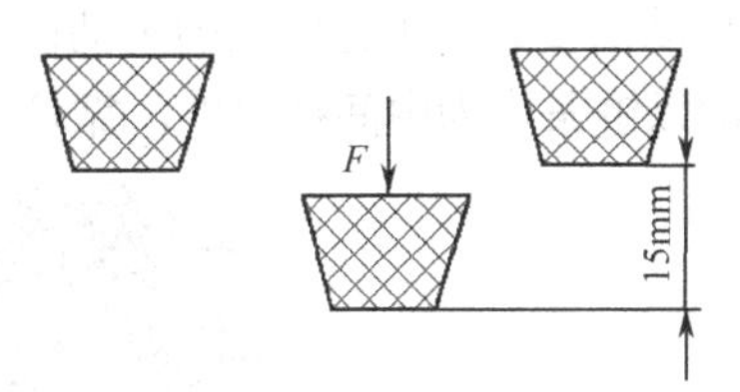

图 9-15　V 带的张紧程度

9.6 同步带传动简介

同步带传动是带传动和齿轮传动相结合的一种新型传动。同步带内环表面成齿形，带轮的轮缘表面也制有相应的齿，带与带轮是靠啮合进行传动的，如图 9-16 所示。同步带传动综合了带传动和链传动的特点，其强力层为多股绕制的钢丝绳或玻璃纤维绳，用聚氨酯或氯丁橡胶为基体。由于强力层受载后变形很小，能保持同步带节距 P_b（在规定的张紧力下，同步带相邻两齿对称中心线间沿节线测量的距离）不变，故带与带轮间无相对滑动，保证了同步传动。这种传动带薄而轻，故可用于较高速度传动，线速度 v ＝30～50 m/s，传动比 i=10（有时允许为 20），传动效率 η=0.98。

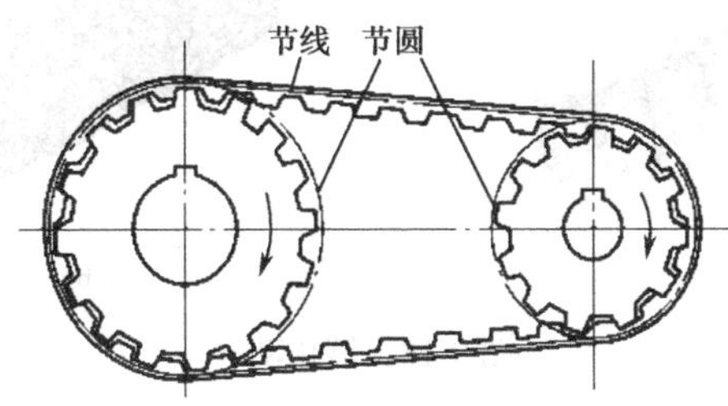

图 9-16　同步带传动

同步带传动具有下列特点：

（1）由于齿形带与带轮是靠齿啮合，不会滑动，传动比准确。

（2）齿形带是挠性体，能吸收冲击和减小噪声。

（3）因为不是靠摩擦力传动，所以带的初拉力较小，轴和轴承所受的力也较小，但中心距要求较严，制造和安装精度要求较高。

（4）由于齿形带较薄，可用在线速度高及带轮直径小的场合。

综上所述，同步带传动多用于高速、轻载，要求传动比较准确的机械中，如计算机、磨床等。

9.7* 链传动

9.7.1 概述

链传动由安装在平行轴上的主动链轮、从动链轮和与之相啮合的链条组成，如图9-17所示。这种传动以链条作为中间挠性件，靠轮齿与链节的啮合来传递运动和动力，在机械中应用较广。

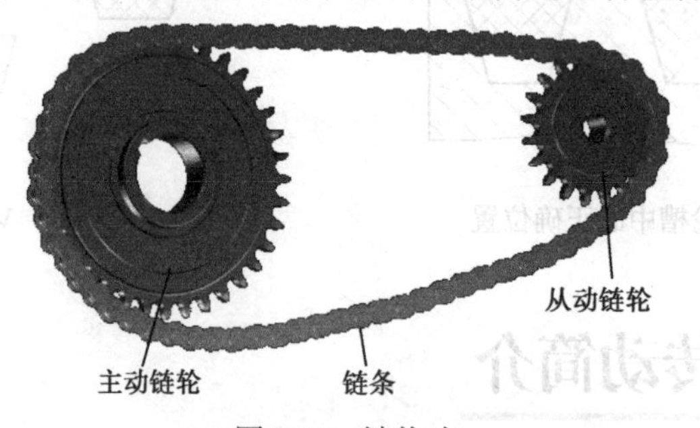

图9-17 链传动

根据用途的不同，链传动分为传动链、起重链和牵引链。传动链主要用来传递动力和运动，起重链主要用于起重机械中提升重物，牵引链主要用于链式输送机移动重物。

根据结构形式的不同，传动链主要有滚子链（见图9-18（a））和齿形链（见图9-18（b））两种，齿形链又称无声链以及弯板滚子链。各种形式的链都已经标准化。目前，滚子链结构简单，磨损较轻，故应用最广，本节将重点介绍滚子链的结构、运动特性和一般设计问题。

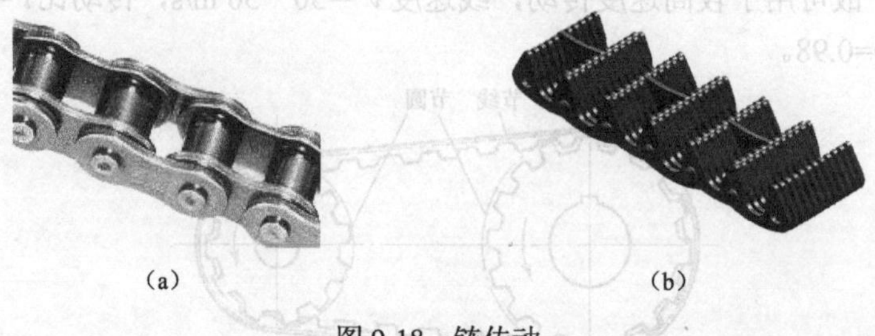

图9-18 链传动

链传动与带传动相比，具有以下优点：链传动没有弹性滑动和打滑，能保持准确的平均传动比；张紧力小，对轴的压力小；传递功率大，过载能力强，能在低速、重载下较好地工作；能适应恶劣环境（如多尘、油污、腐蚀和高强度场合）；工况相同时，链传动的结构较为紧凑。与齿轮传动相比，链传动的制造与安装精度要求较低，成本低廉，易实现较大中心距的传动，结构简单，重量轻。

链传动的主要缺点是瞬时链速和瞬时传动比不恒定，工作中有冲击和噪声，传动平稳性差，磨损和拉长后易发生跳齿，不宜在载荷变化大和急速反向的传动中工作。

因此，链传动适合于传动比准确，两轴间距离较远，工作条件恶劣，不宜采用带、齿轮的传动场合。一般要求传动比 $i \leqslant 6$，传递功率 $P \leqslant 100\,\text{kW}$，中心距 $a < 5\,\text{m}$，链速 $v < 15\,\text{m/s}$，效率 η=0.92～0.98。

9.7.2　滚子链和链轮

1．滚子链的结构和标准

滚子链由内链板 1、外链板 2、销轴 3、套筒 4 和滚子 5 五部分组成，如图 9-19 所示。内链板与套筒、外链板与销轴之间均采用过盈配合；套筒与销轴、滚子与套筒之间均采用间隙配合。当链条与链轮啮合时，内、外链板可随套筒、销轴作相对转动，且又相对挠曲；滚子则沿链轮齿廓滚动，减小了链条与轮齿间的相互摩擦与磨损。内、外链板制成“∞”字形，以使链板各横截面的抗拉强度相近，减小链条的重量及运动惯性力。

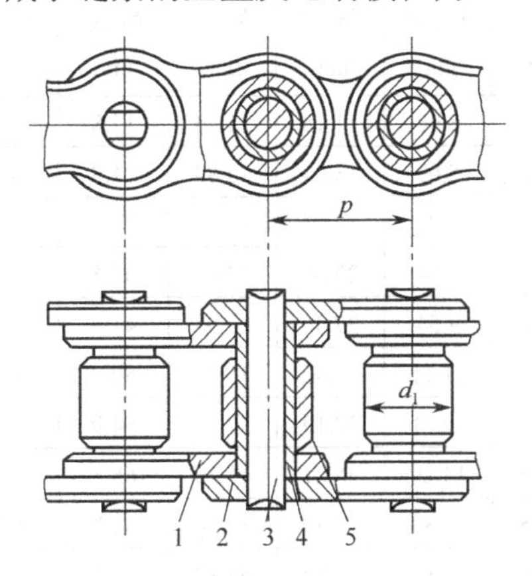

1—内链板；2—外链板；3—销轴；4—套筒；5—滚子

图 9-19　链传动

滚子链使用时为封闭环形，其长度用链节数表示。链节数一般以偶数为宜，这样构成环状的接头处正好是内、外链板相接，接头处可用开口销（见图 9-20（a））或弹簧夹（见图 9-20（b））将销轴进行轴向固定，前者用于大节距链，后者用于小节距链。若链节数为奇数，则必须采用过渡链节（见图 9-20（c）），这种链节在工作时，链板需要承受附加的弯矩作用，强度约降低 20%，因此设计时应避免采用奇数链节数。

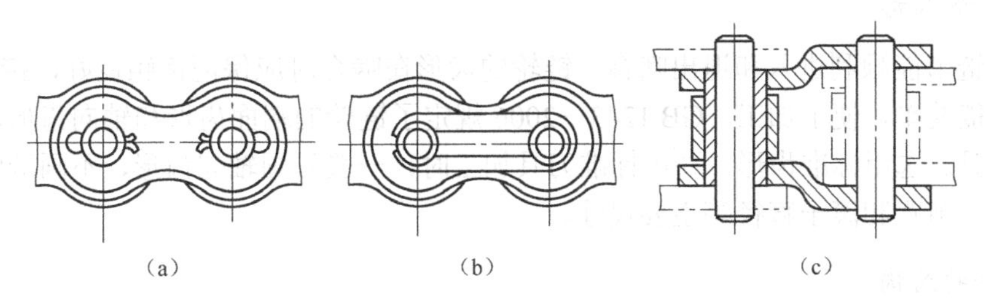

图 9-20　滚子链的接头链节

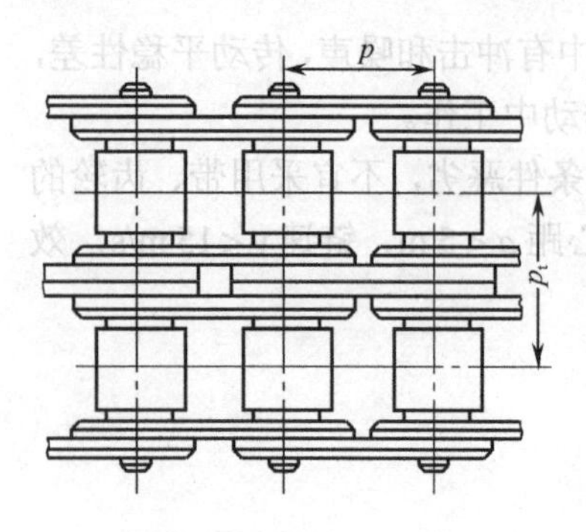

图 9-21　双排滚子链结构

链条在拉直情况下，相邻销轴的中心距称为节距，以 p 表示，它是滚子链的基本特性参数。节距大，链条各部分尺寸也大，可传递功率也随之增大。因此，当需要传递大功率而又要求结构尺寸较小时，可采用节距较小的双排链（如图 9-21 所示）或多排链。多排链由于制造困难，装配误差等原因使各排受载不均，故排数不宜过多，基本上四排以上很少使用。

滚子链分为 A、B 两个系列，都已标准化。A 系列滚子链较为常用，其基本参数和尺寸见表 9-11，从表中可知链号数越大，链的尺寸就越大，其承载能力也就越高。

表 9-11　A 系列滚子链基本参数和尺寸

链号	节距	排距	滚子外径	内链节内宽	销轴直径	内链节外宽	外链节内宽	销轴长度	止锁端加长量	内链板高度	单排极限拉伸载荷	单排每米质量（近似值）
	p/mm	p_t/mm	d_{max}/mm	b_{1min}/mm	d_{zmax}/mm	b_{2max}/mm	b_{3max}/mm	b_{4max}/mm	b_{5max}/mm	h_{max}/mm	Q_{min}/N	q/(kg·m^{-1})
8A	12.7	14.38	7.92	7.85	3.98	11.18	11.23	17.8	3.9	12.7	13 800	0.60
10A	15.875	18.11	10.16	9.40	5.09	13.84	13.89	21.8	4.1	15.09	21 800	1.00
12A	19.05	22.78	11.91	12.57	5.96	17.75	17.81	26.9	4.6	18.08	31 100	1.50
16A	25.05	29.29	15.88	15.75	7.94	22.61	22.66	33.5	5.4	24.13	55 600	2.60
20A	31.75	35.76	19.05	18.90	9.54	27.46	27.51	41.1	6.1	30.18	86 700	3.80
24A	38.10	45.44	22.23	25.22	11.11	35.46	35.51	50.8	6.6	36.20	124 600	5.60
28A	44.45	48.87	25.40	25.22	12.71	37.19	37.24	54.9	7.4	42.24	169 000	7.50
32A	50.80	58.55	28.58	31.55	14.29	45.21	45.26	65.5	7.9	48.26	222 400	10.10
40A	63.50	71.55	39.68	37.85	19.84	54.89	54.94	80.3	10.2	60.33	347 000	16.10
48A	76.20	87.83	47.63	47.35	23.80	67.82	67.87	95.5	10.5	72.39	500 400	22.60

滚子链的标记为：链号—排数×整链链节数　标准号。

例如：按 GB/T 1243—2006 制造，A 系列，节距为 19.05 mm，单排，88 节的滚子链可标记为：12A—1×8 GB/T 1243—2006。

链条材料为经过热处理的合金钢或碳素钢，设计时具体牌号及热处理后的硬度值见有关标准。

2．滚子链链轮的结构

1）链轮的齿形

为保证链节能顺利进入和退出啮合，链轮的齿形在啮合时应保证接触良好，接触应力小，其形状尽可能简单，便于加工。GB 1243—2006 规定了链轮的端面齿形和轴向齿形，并具有相应的标准刀具。选用标准齿形，并用标准刀具加工时，一般只画轴向齿形，不画端面齿形，但须注明齿数、节距和滚子直径等主要尺寸。

2）链轮的结构

链轮结构通常由轮缘（齿圈）、轮辐和轮毂三部分组成，如图 9-22 所示。一般小直径的链轮可用实心式；中等直径的链轮多用孔板式，大直径链轮采用装配式结构，齿圈和轮毂的连接方式可用焊接、铆接或螺栓连接。

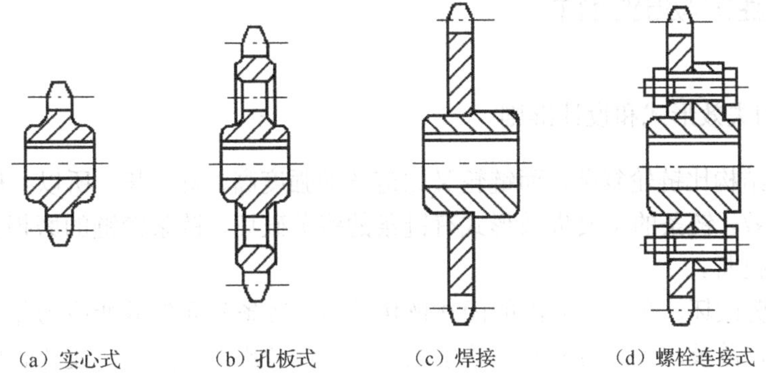

（a）实心式　（b）孔板式　（c）焊接　（d）螺栓连接式

图 9-22　滚子链轮的结构

3）链轮的材料

链轮材料应保证具有足够的强度和良好的耐磨性及耐腐蚀性。常用中碳钢或中碳合金钢，对于受动载荷和传递大功率的重要链轮，可采用低碳合金钢；对于载荷平稳，速度较低，齿数较多的从动轮，可采用铸铁制造。

由于小链轮的啮合次数多于大链轮，磨损和冲击也较严重，故小链轮所用材料应比大链轮好，齿面硬度也应较高。

9.7.3　链传动的运动特性

1．链传动的传动比

由于链条的内、外链板是刚性件，链条绕入链轮后形成折线，链节在链轮上呈多边形分布，因此，链传动的运动情况相当于链条绕在多边形轮上，其边长相当于链条节距 p，边数相当于链轮的齿数 z，链轮每转一周，链条转过的长度应为 pz，当两链轮的齿数为 z_1、z_2，两链轮转速分别为 n_1、n_2 时，则链条的平均速度为

$$v=\frac{z_1 p n_1}{60\times 1\,000}=\frac{z_2 p n_2}{60\times 1\,000} \tag{9-24}$$

平均传动比为

$$i=\frac{n_1}{n_2}=\frac{z_2}{z_1} \tag{9-25}$$

2．链速的不均匀性

链传动工作时，链节在链轮上呈多边形分布，链条的瞬时水平分速度、垂直分速度和瞬时传动比均作周期性的变化，产生动载荷，从而导致运动的不均匀性和链条的上下抖动，形成连续不断的冲击、振动和噪声，这种现象称为链传动的多边形效应。

链轮转速越高，链的节距越大，链轮齿数越少，链速的波动也就越大，引起的动载荷也越大。因此在设计时，必须对链速加以限制。此外，选取小节距的链条，也有利于减小动载荷及

运动的不均匀性。

9.7.4 滚子链传动的设计

1．链传动的失效形式和设计准则

由于链条的结构比链轮复杂，而链轮又比链条的强度高、寿命长，所以一般链传动的失效主要是链条的失效。链条的主要失效形式有链条的疲劳破坏、链条铰链的磨损、链条铰链的胶合、链条的静力拉断。

（1）链条疲劳破坏。在正常润滑的闭式链传动中，链条各元件受变应力作用，达到一定的应力循环次数后，链板产生疲劳断裂，滚子表面产生疲劳剥落。因此，疲劳破坏是决定链传动能力的主要因素。

（2）链条铰链磨损。链条在工作中，相邻链节间要发生相对转动，因而使销轴与套筒、套筒与滚子间发生摩擦，引起磨损。由于磨损使链条的平均节距增大，滚子与链轮齿廓的啮合点逐渐向齿顶外移，引起跳齿、掉链、噪声增大以及其他破坏等。这是开式传动或工作条件恶劣、润滑不良的链传动的主要失效形式。

（3）链条铰链胶合。当转速很高、载荷很大、润滑不当时，套筒和销轴间由于摩擦使得接触面温度升高而发生黏结效应，所以元件表面易发生胶合破坏。

（4）链条静力拉断。低速、重载的链条过载时，由于静强度不足而导致链条被拉断。

根据以上分析，链传动设计是根据链条的疲劳强度和寿命进行的。

其设计方法有两种，对于中、高速链传动（$v \geqslant 0.6$m/s），采用抗疲劳破坏为主的设计方法；对于低速链传动（$v<0.6$m/s），主要失效形式是过载拉断，应进行静强度计算。

2．设计计算的基本方法及主要参数的选择

设计链传动时，已知数据和条件为：传递的功率 P、主动链轮转速 n_1 和从动链轮转速 n_2（或传动比 i）、载荷的性质、工作条件等。

设计应完成的工作内容：选定链轮的齿数 z_1 和 z_2、材料、结构，确定滚子链的型号、链节距 p、链节数 L_p，确定排数和传动的中心距 a，并绘制链轮零件工作图。

1）*确定链传动比 i*

设计链传动时，其传动比可用式（9-25）计算。通常传动比 $i \leqslant 7$，推荐 i=2～3.5。当工作速度 $v \leqslant 2$m/s，且载荷平稳时，链传动比可达 10。由于传动比过大时，链条在小链轮上的包角就过小，啮合的齿数减少，将加剧链条的磨损，容易引起跳链或脱链，影响正常的传动；同时还会使传动的外廓尺寸加大，故当传动比较大时，采用二级或二级以上的链传动。

2）链轮齿数 z_1、z_2

链轮齿数对链传动的平稳性和使用寿命影响很大，齿数过少会使运动的不均匀性加剧，因此要限制小链轮的最少齿数，通常取 $z_{min} \geqslant 17$；齿数过多则会因磨损引起节距增长，导致滚子与链轮齿的接触点向链轮齿顶移动，进而发生跳齿和脱链现象，致使传动失效，所以大链轮对齿数也要限制，一般应使 $z_{max} \leqslant 200$。设计时，小链轮齿数可根据链速从表 9-12 中选取，大链

轮齿数 $z_2 = iz_1$。由于链节数常为偶数，为使磨损均匀，链轮齿数一般取为奇数。链轮齿数优先选用以下数列：17、19、21、23、25、38、57、76、95、114。

表 9-12　小链轮齿数 z_1 的选择

链速 v(m/s)	0.6～3	3～8	＞8
齿数 z_1	≥17	≥21	≥25

3）确定计算功率 P_c

链传动的设计准则为计算功率 P_c 小于或等于许用功率，其 P_c 的计算公式为

$$P_c = \frac{K_A P}{K_Z K_P} \tag{9-26}$$

式中　P——链传递的名义功率（kW）；

K_A——工况因数，见表 9-13；

K_Z——小链轮齿数因数，见表 9-14；

K_P——多排链因数，见表 9-15。

表 9-13　工况因数 K_A

载 荷 种 类	动　力　机		
	内燃机液力传动	电动机、汽轮机	内燃机机械传动
平稳载荷	1.0	1.0	1.2
中等冲击载荷	1.2	1.3	1.4
较大冲击载荷	1.4	1.5	1.7

表 9-14　小链轮齿数因数 K_Z

z_1	9	11	13	15	17	19	21	23	25	27	29	31	33	35
K_Z	0.446	0.554	0.664	0.775	0.887	1.00	1.11	1.23	1.34	1.46	1.58	1.70	1.81	1.94

表 9-15　多排链因数 K_P

排　　数	1	2	3	4
K_P	1.0	1.7	2.5	3.3

4）选择链条节距 p 及排数，确定链型号

链节距的大小不仅反映了链条和链轮各部分尺寸的大小，而且也决定了链传动承载能力的大小，它是链传动最重要的参数。节距越大，能传递的功率越大，但运动的不均匀性、动载荷、噪声等也相应增大。因此，在满足承载能力的条件下，应尽可能选用小节距的单排链。高速重载时可选用小节距的多排链，在低速重载时，才选用大节距单排链。

一般根据链传动的计算功率 P_c 和小链轮的转速 n_1，由图 9-23（或机械设计手册）选取链条节距 p 和链型号。

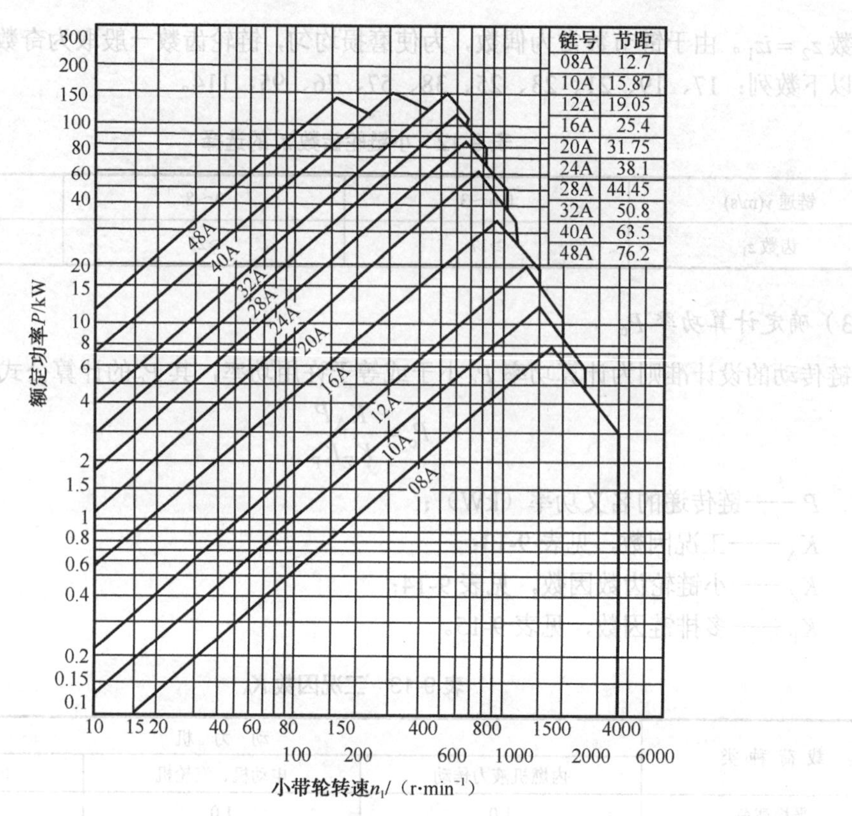

图 9-23 滚子链额定功率曲线

5）确定中心距和链节数 L_p

中心距也是影响链传动的重要参数。当链速不变，中心距过小时，单位时间内链条曲伸次数和应力循环次数增多，链的磨损和疲劳将加剧，同时链在小链轮上的包角较小，与小链轮啮合的齿数少，每个轮齿所受的载荷增大，易出现跳齿和脱链现象；若中心距过大，则松边垂度过大，工作时容易引起链条上下颤动。设计时，一般初选中心距 a_0 =（30～50）p，最大可为 $a_{0\max}=80p$。链节数 L_p 的计算公式为

$$L_p=\frac{2a_0}{p}+\frac{z_1+z_2}{2}+\frac{p}{a_0}\left(\frac{z_2-z_1}{2\pi}\right)^2 \tag{9-27}$$

计算出的链节数 L_p 应圆整为整数，最好取偶数，这样链不需要过渡链节，便可构成封闭环。其链条总长为 $L=p\cdot L_p$。

根据链节数 L_p，就能计算出链传动的理论中心距 a。

$$a=\frac{p}{4}\left[\left(L_p-\frac{z_1+z_2}{2}\right)+\sqrt{\left(L_p-\frac{z_1+z_2}{2}\right)^2-8\left(\frac{z_2-z_1}{2\pi}\right)^2}\right] \tag{9-28}$$

为保证链条松边有合适的垂度 f，$f=(0.01\sim0.02)\,a$，实际中心距应较理论中心距小 2～5mm。中心距一般设计成可调的，以便链节铰链磨损后能调节链条的张紧程度，否则应设有张紧装置。

6）验算链速并确定润滑方式

链速过高，会增加链传动的动载荷和噪声，因此，必须对链速加以限制，一般要求满足下式：

$$v=\frac{pz_1n_1}{60\times1\,000}\leqslant 15\ \text{m/s} \tag{9-29}$$

若不符合此要求，应调整设计参数重新计算。

然后根据已确定的链节距和链速查图 9-24 确定链传动的润滑方式。

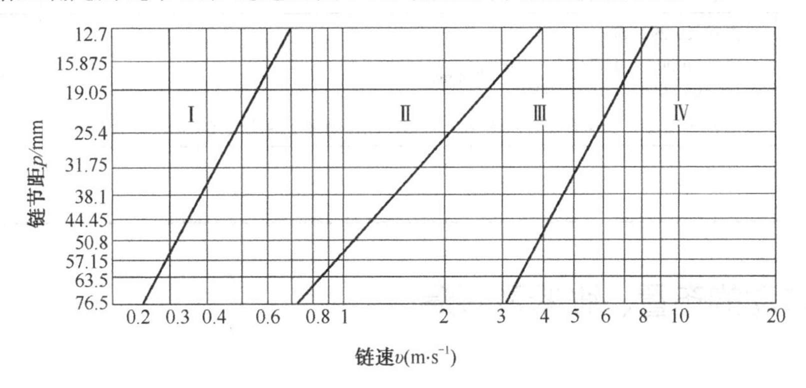

Ⅰ—人工定期润滑；Ⅱ—滴油润滑；Ⅲ—油池或飞溅润滑；Ⅳ—压力喷油润滑

图 9-24　推荐的润滑方式

7）设计链轮并绘制其工作图

确定链轮材料，确定其结构尺寸，验算小链轮轮毂孔直径不得大于最大许用直径，其值参见有关机械设计手册。

【例 9-2】 试设计一链式输送机上的滚子链传动，选用 P=8.5kW，n_1=1 450r/min 的电动机驱动，载荷平稳，传动比 i=3。

解： 设计计算过程如表 9-16 所示。

表 9-16　例 9-2 设计计算过程

设 计 项 目	计算内容和依据	计 算 结 果
1．确定链轮齿数 z_1、z_2	假定链速 v=3～8 m/s，由表 9-12 选 z_1=23； 大链轮齿数 $z_2=iz_1$ =3×23=69	z_1=23 z_2=69
2．确定链条节距 p	由表 9-13 查得 K_A=1.2，由表 9-14 查得 K_Z=1.23，由表 9-15 查得 K_P=1.7（按双排链考虑）。由式（9-26）得 $P_c=\frac{K_AP}{K_ZK_P}=\frac{1.2\times8.5}{1.23\times1.7}$=4.87kW 根据 P_c=4.87kW，n_1=1 450r/min，由图 9-23 选定链号为 08A，节距为 p=12.7mm	p=12.7mm
3．确定中心距和链节数 L_p （1）初选中心距 a_0 （2）确定链节数 L_p	取 a_0=40p=40×12.7=508mm $L_p=\frac{2a_0}{p}+\frac{z_1+z_2}{2}+\frac{p}{a_0}\left(\frac{z_2-z_1}{2\pi}\right)^2=\frac{2\times508}{12.7}+\frac{23+69}{2}+\frac{12.7}{508}\left(\frac{69-23}{2\times3.14}\right)^2$=127.3 取链节数 L_p=128	a_0=508 mm L_p=128

续表

设计项目	计算内容和依据	计算结果
（3）计算中心距 a	$a=\frac{p}{4}\left[\left(L_p-\frac{z_1+z_2}{2}\right)+\sqrt{\left(L_p-\frac{z_1+z_2}{2}\right)^2-8\left(\frac{z_2-z_1}{2\pi}\right)^2}\right]$ $=\frac{12.7}{4}\left[\left(128-\frac{23+69}{2}\right)+\sqrt{\left(128-\frac{23+69}{2}\right)^2-8\left(\frac{69-23}{2\pi}\right)^2}\right]$ =512.3mm 考虑安全垂度，取 a=513mm	a=513mm
4．验算链速	由式（9-29）得 $v=\frac{pz_1n_1}{60\times1000}=\frac{12.7\times23\times1450}{60\times1000}=7.06\text{m/s}$ 由表 9-12 知，链速合适；由图 9-24 查得，此传动采用油池或飞溅润滑方式润滑	v=7.06 m/s
5. 设计链轮并绘制其工作图（略）		

9.7.5 链传动的布置、张紧及润滑

1．链传动的布置

链传动的布置是否合理，对其工作能力、使用寿命都有较大的影响。链传动的布置应注意以下原则：

（1）为保证链传动的正确啮合，两链轮的回转平面应在同一铅垂面内，且两轴线平行，如图 9-25（a）所示。

（2）两链轮中心连线最好水平布置或者与水平线夹角小于 45°，如图 9-25（b）所示，尽量避免与水平线夹角等于 90°。

（3）一般链传动的紧边在上，松边在下，以避免松边下垂量增大后，链条和链轮卡死或松边与紧边碰撞。

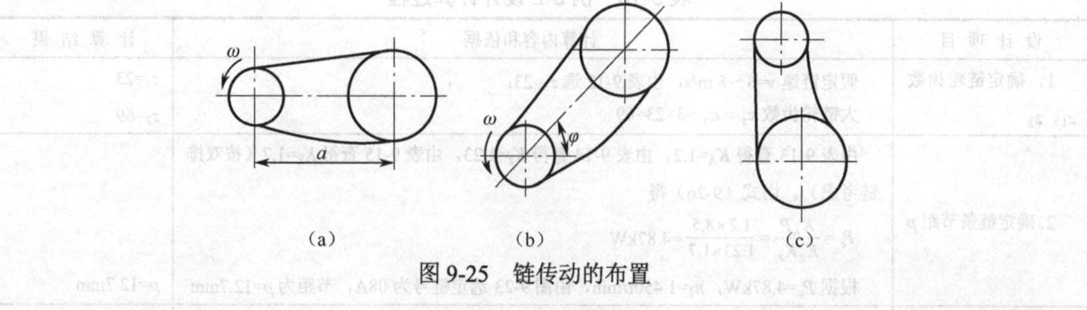

图 9-25 链传动的布置

（4）必须采用垂直传动时，两链轮应偏置，使两链轮中心不在同一铅垂面内，如图 9-25（c）所示，否则应采用张紧装置。

2．链传动的张紧

链传动张紧的目的在于调节链条松边的垂度，增大包角和补偿链条磨损后的伸长，使链条与链轮啮合良好，减轻冲击和振动。

传动中，当铰链磨损使链长增大而导致松边垂度过大时，可采取如下张紧措施：

（1）调整中心距，使链条张紧。

（2）采用张紧轮，使链条张紧。张紧轮一般布置在松边的外侧，它可以是链轮，也可以是无齿的辊轮。

（3）拆除 1～2 个链节，缩短链长，使链张紧。

3．链传动的维护

链传动的润滑十分重要，特别是对高速、重载的链传动非常重要。良好的润滑可缓和冲击，减轻磨损，延长链条使用寿命。常用的润滑油有 L-AN22～L-AN46 机械油，温度较低时选黏度低的润滑油，温度较高时选黏度高的润滑油。在低速重载的链传动中可采用沥青含量高的黑油或润滑脂，并且应定期涂抹和清洗。常用的润滑方法见表 9-17。

表 9-17　滚子链的润滑方法和供油量

润滑方式	简　图	说　明	供 油 量
人工定期润滑		用油刷或油壶定期在链条松边的内、外链板间隙中注油	每班加油一次
滴油润滑		用油杯通过油管将油滴入松边链条元件各摩擦面间	每分钟供油 5～20 滴
油浴润滑		具有不漏油的外壳，链条浸入油池	链条浸入油中的深度为 8～12mm
溅油润滑		具有不漏油的外壳，由甩油轮将油甩起进行润滑	链条不浸入油池，甩油轮浸油深度为 12～15mm
压力润滑		具有不漏油的外壳，润滑油由油泵经油管喷在链条上，喷油嘴设在链条啮入处，循环的润滑油还可起冷却作用	每个喷油口供油量可根据链节距及链速大小查有关手册

注：开式链传动和不易润滑的链传动，可以定期拆下链条，先用煤油清洗干净，干燥后再浸入油池中，待铰链间充满润滑油后再安装使用。

本章小结

带传动和链传动都适合远距离传动，在机械传动中应用较广。本章主要介绍带传动的工作原理、类型及特点；带传动的受力分析及失效形式；V带的弹性滑动与打滑；普通V带和带轮的结构；普通V带传动的设计；带传动的张紧、安装与维护；简单介绍了同步带传动，链传动的组成、特点和应用；链传动的结构、运动特性及设计；链传动的布置、张紧及润滑。

单元习题

一、**判断题**（在每题的括号内打上相应的×或√）

1．带传动的弹性滑动是不可避免的，打滑是可以避免的。（ ）
2．V带的横截面为梯形，下面是工作面。（ ）
3．V带型号中，截面尺寸最小的是A型。（ ）
4．V带的基准长度是指在规定的张紧力下，位于带轮基准直径上的周线长度。（ ）
5．带传动不能保证传动比准确不变的原因是易发生打滑现象。（ ）
6．带传动打滑总是在两轮上同时开始。（ ）
7．V带根数越多，受力越不均匀，故选用时一般V带不应超过8～10根。（ ）
8．带传动中，若小带轮为主动轮，则带的最大应力发生在带进入主动轮处。（ ）
9．V带传动设计中，限制小带轮的最小直径主要是为了限制弯曲应力。（ ）
10．V带传动的张紧轮最好布置在松边外侧靠近大带轮处。（ ）
11．带传动采用张紧装置的目的是减轻带的弹性滑动。（ ）
12．一组V带中发现其中有一根已不能使用，只要换上一根新的就行。（ ）
13．安装V带时，V带的内圈应牢固贴紧带轮槽底。（ ）
14．链传动和带传动都属于挠性件传动。（ ）
15．链传动中，限制链轮最少齿数的目的之一是为了防止链节磨损后脱链。（ ）
16．多排链排数一般不超过3或4排，主要是为了使各排受力均匀。（ ）
17．链传动只能用于轴线平行的传动。（ ）
18．一般套筒滚子链用偶数节是为避免采用过渡链节。（ ）
19．滚子链传动时，链条的外链板与销轴之间可相对转动。（ ）
20．链条的节距标志其承载能力，节距越大，承受的载荷也越大。（ ）

二、**选择题**（选择一个正确答案，将其前方的字母填在括号中）

1．V带传动的特点是________。（ ）
A．缓和冲击，吸收振动 B．传动比准确 C．能用于环境较差的场合
2．平带、V带传动主要依靠________传递运动和动力。（ ）
A．带的紧边拉力 B．带和带轮接触面间的摩擦力 C．带的预紧力

3．下列普通 V 带中以______型带的截面尺寸最小。（　　）

A．A　　B．C　　C．E　　D．Y

4．______传动具有传动比准确的特点。（　　）

A．平带　　B．普通 V 带　　C．啮合式带

5．V 带传动中，带截面楔角为 40°，带轮的轮槽角应______ 40°。（　　）

A．大于　　B．等于　　C．小于

6．带传动正常工作时不能保证准确的传动比是因为______。（　　）

A．带的材料不符合虎克定律　　B．带容易变形和磨损

C．带在带轮上打滑　　D．带的弹性滑动

7．带传动中，v_1 为主动轮圆周速度，v_2 为从动轮圆周速度，v 为带速，这些速度之间存在的关系是______。（　　）

A．$v_1=v_2=v$　　B．$v_1>v>v_2$

C．$v_1<v<v_2$　　D．$v_1=v>v_2$

8．带传动工作时产生弹性滑动是因为______。（　　）

A．带的预紧力不够　　B．带的紧边和松边拉力不等

C．带绕过带轮时有离心力　　D．带和带轮间摩擦力不够

9．带传动打滑总是______。（　　）

A．在小带轮上先开始　　B．在大轮上先开始　　C．在两轮上同时开始。

10．带传动中，若小带轮为主动轮，带的最大应力发生在带______处。（　　）

A．进入主动轮　　B．进入从动轮　　C．退出主动轮

11．V 带轮槽角小于带楔角的目的是______。（　　）

A．增加带的寿命

B．便于安装

C．可以使带与带轮间产生较大的摩擦力

12．V 带传动设计中，限制小带轮的最小直径主要是为了______。（　　）

A．使结构紧凑

B．限制弯曲应力

C．限制小带轮上的包角

D．保证带和带轮接触面间有足够的摩擦力

13．带传动采用张紧装置的目的是______。（　　）

A．减轻带的弹性滑动　　B．提高带的寿命

C．改变带的运动方向　　D．调节带的预紧力

14．带传动的主要失效形式是带的______。（　　）

A．疲劳拉断和打滑　　B．磨损和胶合

C．胶合和打滑　　D．磨损和疲劳点蚀

15．中等中心距的普通 V 带的张紧程度是以用大拇指能按下______为宜。（　　）

A．5mm　　B．10mm　　C．15mm

16．链传动设计中，一般链轮的最多齿数限制在 z_{max}=120 以内，是为了______。（　　）

A．减小链传动的不均匀

B．限制传动比

C．减小链节磨损后链从链轮上脱落下来的可能性

D．保证链轮轮齿的强度

17．套筒滚子链的链板一般制成“∞”字形，其目的是_______。（ ）

A．使链板美观

B．使各截面强度接近相等，减轻重量

C．使链板减小摩擦

18．设计链传动时，链节数最好取_______。（ ）

A．偶数　　B．奇数

C．质数　　D．链轮齿数的整数倍

19．链传动的张紧轮应装在_______。（ ）

A．靠近小链轮的松边上　　B．靠近小链轮的紧边上

C．靠近大链轮的松边上　　D．靠近大链轮的紧边上

20．滚子链中，套筒与内链板之间采用的是_______。（ ）

A．间隙配合　　B．过渡配合　　C．过盈配合

三、设计计算题

1．试设计一带式输送机的普通 V 带传动，已知电动机额定功率 P=11kW，转速 n_1=970r/min，传动比 i=2.5，两班制工作。

2．试设计一螺旋输送机用套筒滚子链传动，选用 P=7.5kW，主动链轮转速 n_1=960 r/min，从动链轮转速 n_2=320r/min，中等冲击载荷。

第三篇

轴系零部件

Chapter 10

第10章 连接

教学要求

（1）了解螺纹连接的类型、特点、结构及应用场合；

（2）掌握螺栓连接的预紧、防松的目的和方法；

（3）了解键连接及花键连接的基本类型、特点和应用场合；

（4）掌握键的类型及尺寸的选择方法，并能对平键连接进行强度校核计算；

（5）了解销连接的类型、特点及应用。

重点与难点

重点：螺栓连接的预紧及防松，平键连接的选用及校核计算；

难点：平键连接的选用及校核计算。

10.1 概述

机器是由若干零件组成的，这些零件只有连接起来才能构成完整的机器。实践表明，机器中的大多数损坏都是在连接处发生的，日常的维护、检修也经常围绕着连接进行。因此连接是组成机器的一个重要环节。

通常，机械连接根据连接件有无相对位置的变化分为动连接和静连接两类。被连接件有相对位置变化的连接称为动连接；被连接件无相对位置变化，不允许产生相对运动的连接称为静连接。

根据拆开连接件时是否会损坏其中某一零件，静连接又分为可拆连接和不可拆连接。可拆连接是拆开连接时不损坏连接中任一零件的连接，故多次拆装不影响其使用性能，常用的有螺纹连接、键连接、销连接、花键连接等；不可拆连接是拆开连接时至少要损坏连接中某一零件才能拆开的连接，常用的有铆接、焊接、粘接等。

此外，过盈配合也属于连接范畴，它介于可拆连接和不可拆连接之间。多数情况下过盈配合拆卸时，都会引起表面损坏和配合松动，这种情况可视为不可拆连接；如果过盈量不大，多次拆装对连接件损坏不大，则可视为可拆连接。

设计中选用何种连接，主要考虑其使用性能及经济性要求。一般来说，采用可拆连接是由于结构、安装、维修和运输上的需要；而采用不可拆连接，多数是由于工艺和经济上的要求。本章主要讨论静连接问题。

10.2 螺纹连接

10.2.1 螺纹

1. 螺纹的形成、分类

如图 10-1（a）所示，将底边为πd_2的直角三角形绕在直径为d_2的圆柱体上，其底边与圆柱底面对齐，三角形的斜边就在圆柱表面形成一条螺旋线。取一牙型平面，如图 10-1（b）所示，使其沿着螺旋线运动，运动时保持此图形通过圆柱体轴线，则此牙型平面的空间轨迹即构成螺纹。加工时，成形刀具以一定速度作直线进给运动，工件作匀速旋转运动便可。

螺纹按照不同的分类方法有不同的种类，常用的分类方法有如下几种：

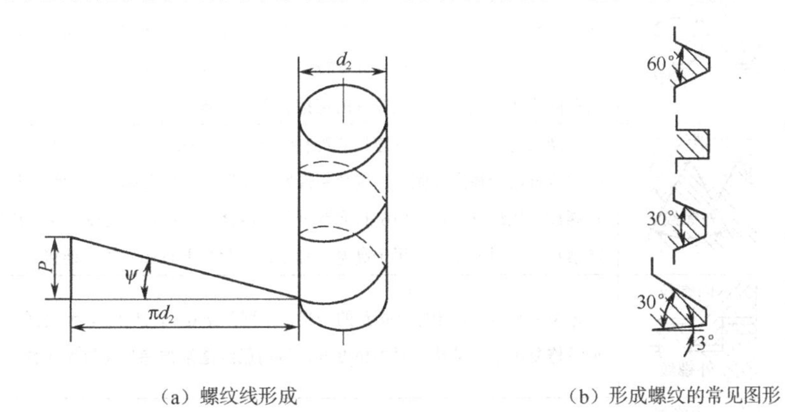

（a）螺纹线形成　　（b）形成螺纹的常见图形

图 10-1　螺纹的形成

（1）按形成表面的不同分为内螺纹和外螺纹。在孔表面形成的螺纹称为内螺纹，在圆柱体或圆锥体表面形成的螺纹称为外螺纹，内螺纹和外螺纹共同组成螺旋副。

（2）按牙型分为三角形螺纹（又分普通螺纹、管螺纹）、矩形螺纹、梯形螺纹、锯齿形螺纹等，如图 10-2 所示。

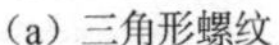
（a）三角形螺纹

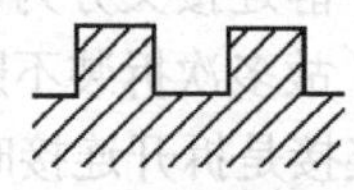
（b）矩形螺纹

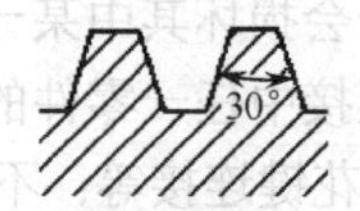

（c）梯形螺纹

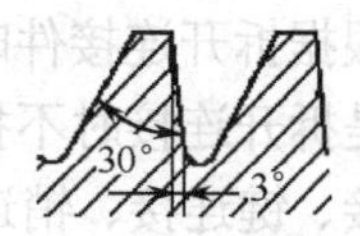

（d）锯齿形螺纹

图 10-2 螺纹的牙型

（3）按工作性质分为连接螺纹（起连接作用）和传动螺纹（起传动作用）。其中，连接螺纹的牙型主要是三角形螺纹；传动螺纹的牙型有矩形螺纹、梯形螺纹、锯齿形螺纹。

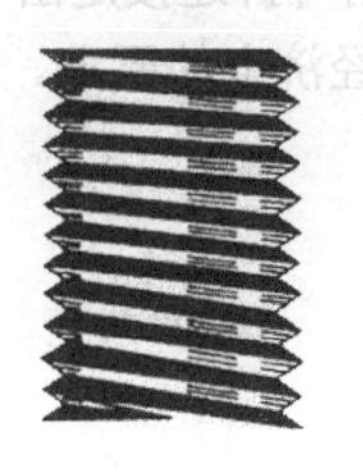
（a）左旋

（b）右旋

图 10-3 螺纹的旋向

（4）按旋向的不同分为左旋螺纹和右旋螺纹，如图 10-3 所示。将螺纹体的轴线垂直放置时，螺旋线的可见部分自左向右上升的，为右旋；反之为左旋。通常用右旋螺纹，有特殊要求时才用左旋螺纹。

（5）按线数的不同分为单线螺纹和多线螺纹。若螺纹是由一根螺旋线形成的则称单线螺纹，若由多根等距螺旋线形成则称多线螺纹，其中单线螺纹自锁性好，多线螺纹传动效率高。

（6）按计量单位的不同分为英制螺纹和公制螺纹（又称米制），我国多采用公制螺纹。

2．常用的螺纹

表 10-1 列出了常用螺纹的类型、牙型和应用。

表 10-1 常用螺纹

类型			牙型图	特点和应用
连接用螺纹	三角螺纹	普通螺纹	内螺纹 60° 外螺纹	牙型为等边三角形，牙型角α=60°，β=30°。同一公称直径按螺距 P 的大小分为细牙螺纹和粗牙螺纹。粗牙螺纹主要用于一般连接。细牙螺纹的螺距小，升角小，牙的深度浅，自锁性能较好，螺杆强度较高，但不耐磨，容易滑扣，常用于受冲击、振动和变载荷的连接，也用于薄壁零件的连接和微调装置
		管螺纹	内螺纹 外螺纹 55°	管螺纹是专门用于管件连接的英制细牙三角形螺纹，牙型角α=55°，β=27.5°，内外螺纹旋合后无径向间隙，连接紧密性好，其管螺纹的公称直径为管内径。此外还有圆锥管螺纹，螺纹分布在 1∶16 的圆锥面上，旋合后利用自身的变形保证连接的紧密性，不需填料，密封简单，适用于高温、高压或密封性要求高的管路连接
传动用螺纹	矩形螺纹		内螺纹 外螺纹	牙型为正方形，牙厚是螺距的一半，牙型角α=0°，β=0°。牙根强度较低，螺旋副磨损后修复困难，补偿、对中精度低，目前已经逐渐被梯形螺纹所代替
	梯形螺纹		30° 内螺纹 外螺纹	牙型为等腰梯形，牙型角α=30°，β=15°。当量摩擦因数比三角形螺纹小，传动效率较高；牙根强度比矩形螺纹高，承载能力强，容易加工，对中性好，可补偿磨损间隙，故综合传动性能好，是最常用的传动螺纹
	锯齿形螺纹		内螺纹 3° 30° 外螺纹	牙型为不等腰梯形，牙型角α=33°，β=3°，非工作面的牙侧角β=30°。外螺纹牙根处有较大的圆角以减小应力集中，兼有矩形螺纹传动效率高，梯形螺纹牙根强度高的特点，但只能用于单向受力的螺纹连接或传动中

在机械制造中除了使用上述螺纹外，还可根据自身需要制作其他特殊的螺纹，具体方法可查阅相关机械手册。

3．螺纹的主要参数

以圆柱普通螺纹为例说明螺纹的主要参数，如图10-4所示。

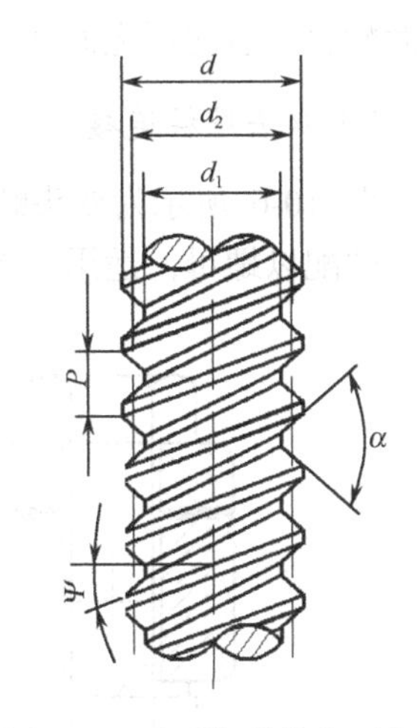

图10-4 普通螺纹的主要参数

大径d（D）——螺纹的最大直径，即与外螺纹牙顶（内螺纹牙底）相重合的假想的圆柱面直径，在标准中规定为公称直径。

小径d_1（D_1）——螺纹的最小直径，即与外螺纹牙底（内螺纹牙顶）相重合的假想的圆柱面直径。常用于螺纹连接的强度计算。

中径d_2（D_2）——为一圆柱假想直径，在这个假想的圆柱面上，螺纹牙宽和牙槽相等。常用于螺纹连接的几何计算，$d_2 \approx 0.5(d+d_1)$。

线数n——螺纹的螺旋线数目。

螺距P——螺纹相邻两个牙型上对应点间的轴向距离。

导程P_h——螺纹上任一点沿同一条螺旋线转一周所移动的轴向距离，$P_h = nP$。

牙型角α——螺纹轴向截面内，螺纹牙型相邻两侧边的夹角。螺纹牙型的侧边与螺纹轴线的垂线间的夹角为牙侧角β。对于对称的牙型，其牙侧角为$\beta = \frac{1}{2}\alpha$。

升角ψ——螺旋线的切线与垂直于螺纹轴线的平面间的夹角。其计算公式为

$$\psi = \arctan\frac{P_h}{\pi d_2} = \arctan\frac{nP}{\pi d_2} \tag{10-1}$$

螺纹接触高度h——内、外螺纹旋合后的接触面径向高度。

4．螺纹的代号

螺纹代号由特征代号和尺寸代号组成。细牙普通螺纹用字母M与公称直径×螺距表示；粗牙普通螺纹用字母M与公称直径表示。当螺纹左旋时，在代号之后加“LH”字母。

例如：M30——表示公称直径为30mm的粗牙普通螺纹。

M30×1.5——表示公称直径为30mm，螺距为1.5mm的细牙普通螺纹。

M30×1.5LH——表示公称直径为30mm，螺距为1.5mm的左旋细牙普通螺纹。

10.2.2 螺纹连接的基本类型和螺纹连接件

螺纹连接是利用螺旋副，将两个或两个以上的零件刚性地连接起来。各种螺纹及螺纹连接件大多已国标化，由专门厂家生产，所以质量有保证，互换性好。而且螺纹连接由于具有结构简单、装拆方便、连接可靠、成本低廉等优点，所以应用广泛。

1．螺纹连接的基本类型及用途

螺纹连接有四种基本类型：螺栓连接、双头螺柱连接、螺钉连接以及紧定螺钉连接。

1）螺栓连接

根据连接方式的不同，螺栓连接又分为普通螺栓连接（见图 10-5（a））、铰制孔用螺栓连接（见图 10-5（b））。螺栓连接适用于被连接件不太厚又需经常装拆的场合。其中，普通螺栓连接装配后，孔与螺栓杆间留有间隙，螺栓只受轴向力；铰制孔用螺栓连接，采用基孔制过渡配合，装配后无间隙，主要承受横向载荷，也可作定位用。

2）双头螺柱连接

图 10-6 所示为双头螺柱连接。双头螺柱两端均制有螺纹，装配时，一端旋入被连接件，另一端配以螺母；适用于经常拆卸且被连接件之一较厚且不便加工通孔的场合。

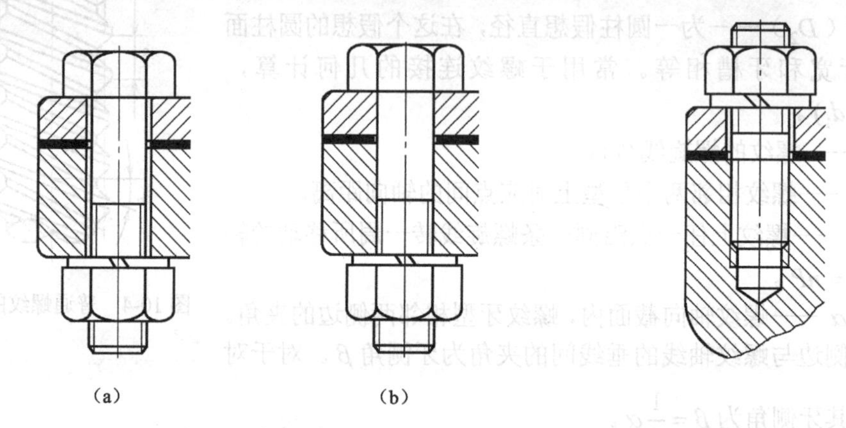

（a）　（b）

图 10-5　螺栓连接　　图 10-6　双头螺柱连接

3）螺钉连接

图 10-7 所示为螺钉连接。螺钉的结构形状与螺栓类似，但螺钉头部形式较多。其适用场合与双头螺柱连接相似，但多用于受力不大，不常装拆的场合。其特点是不用螺母，螺钉直接拧入被连接件的螺孔中。

4）紧定螺钉连接

图 10-8 所示为紧定螺钉连接。紧定螺钉的头部和尾部形式很多，适用于固定两零件的相对位置，并可传递较小的力及转矩。其特点是将螺钉旋入被连接件的螺孔中，末端顶住另一被连接件的表面或顶入相应的坑中，以固定两零件的相对位置，多用于轴上零件与轴的固定。

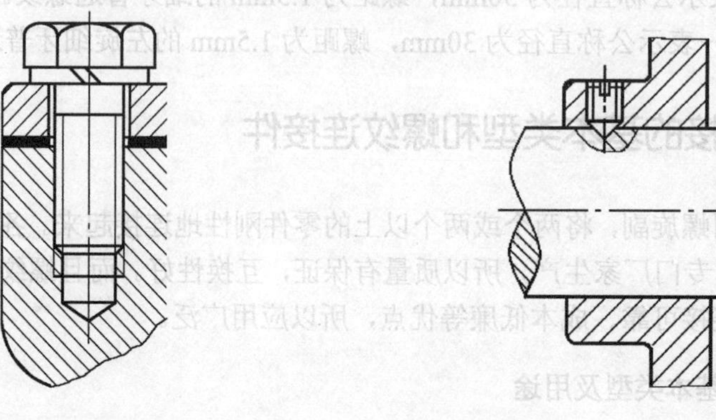

图 10-7　螺钉连接　　图 10-8　紧定螺钉连接

2. 螺纹连接件的主要类型

在机械制造中常见的螺纹连接件有螺栓、双头螺柱、螺钉、螺母、垫圈等，这些零件的结构和尺寸都已标准化，设计时应根据标准选用。

1）六角头螺栓

如图 10-9 所示为六角头螺栓。螺栓杆部制有一段螺纹或全螺纹，螺纹可用粗牙或细牙。根据对螺栓加工要求的不同，螺栓分为粗制、半精制和精制三种，在机械制造中主要应用半精制和精制螺栓两种。

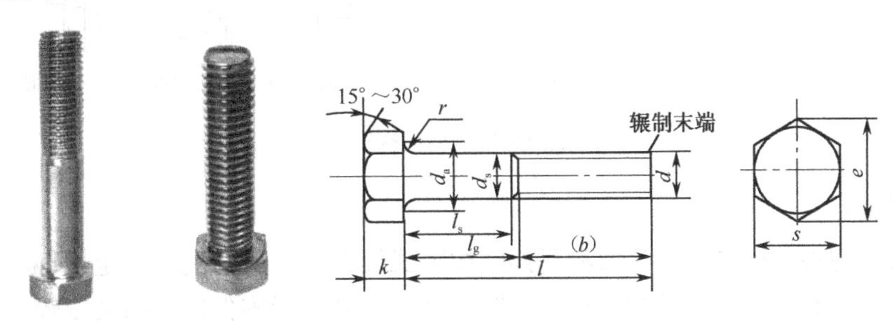

图 10-9　六角头螺栓

2）双头螺柱

如图 10-10 所示为双头螺柱。双头螺柱是一个两头都切有螺纹的杆，两端螺纹可相同或不同，螺柱可带退刀槽或制成全螺纹，螺柱的一端常旋入铸铁或有色金属的螺孔中，旋入螺孔的深度要根据被连接零件的材料而定，旋入后即不拆卸；另一端则用于安装螺母以固定其他零件。

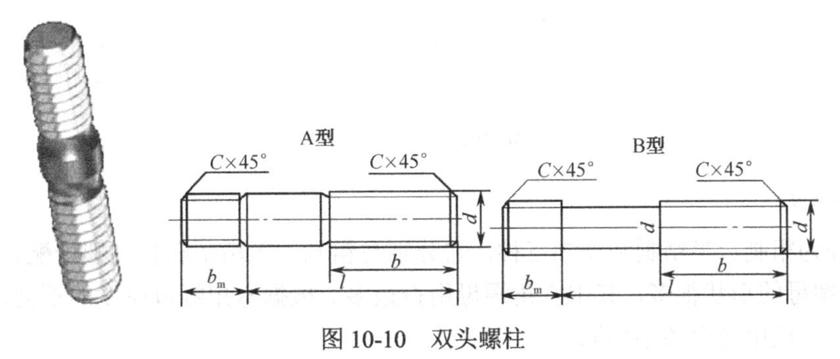

图 10-10　双头螺柱

3）连接螺钉

如图 10-11 所示，连接螺钉头部形状较多，其螺杆部分与螺栓相同。螺钉头部形状有六角头、圆柱头、圆头、盘头和沉头等，头部旋具槽有一字槽、十字槽和内六角孔等形式。十字槽螺钉头部强度高，对中性好，便于自动化装配；内六角孔螺钉能承受较大的扳手力矩，连接强度高，可代替六角头螺栓，用于要求结构紧凑的场合。

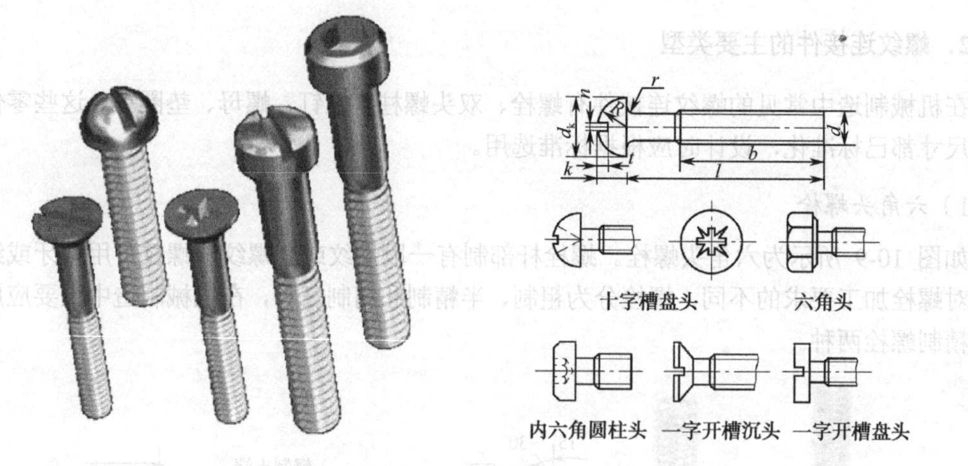

图 10-11 连接螺钉

4）紧定螺钉

紧定螺钉（见图 10-12）的头部和尾部结构形式较多，一般情况下紧定螺钉沿杆全长都切有螺纹，末端形状有锥端、平端和圆柱端。锥端适用于被顶紧零件的表面硬度较低或不经常拆卸的场合；平端接触面积大，不伤零件表面，常用于紧定硬度较大的平面或经常拆卸的场合；圆柱端压入轴上的凹坑中，适用于紧定空心轴上的零件位置。

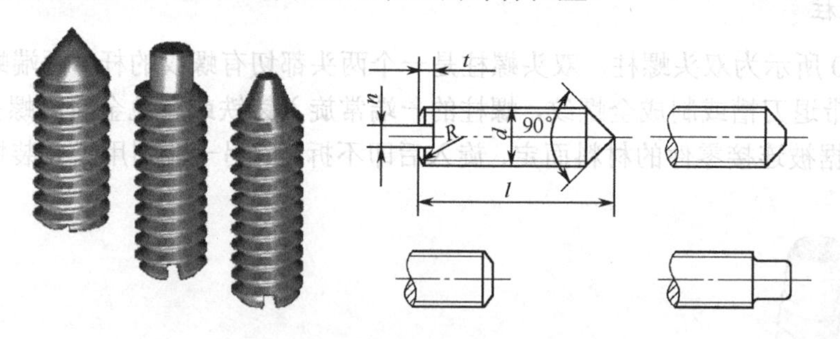

图 10-12 紧定螺钉

5）六角螺母

螺母也分为粗制、半精制和精制三种，它分别与粗制、半精制和精制螺栓配合使用。如图 10-13 所示，螺母的形状很多，其中六角螺母用得最多。根据六角螺母厚度的不同，分为标准、厚、扁等三种，适用场合各不相同。

图 10-13 六角螺母

6）圆螺母

如图 10-14 所示，圆螺母常与止动垫圈配用，装配时将垫圈内舌插入轴上的槽内，将垫圈的外舌嵌入圆螺母的槽内，螺母即被锁紧。它常用来固定滚动轴承的轴向位置。

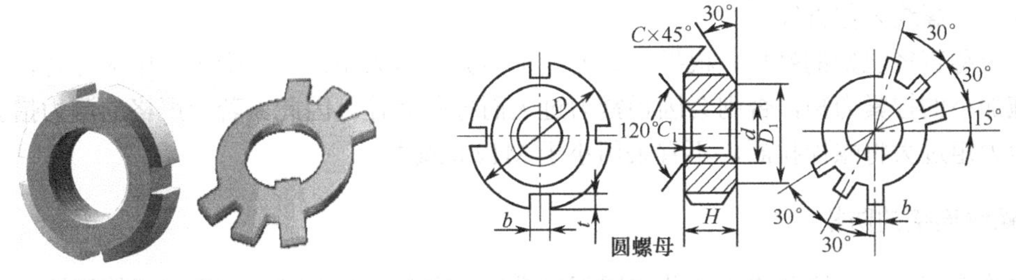

图 10-14 圆螺母

7）垫圈

垫圈（见图 10-15）的用途是保护被连接零件免于刮伤，增大螺母与被连接零件间的接触面积及遮盖被连接件不平的接触表面。普通垫圈分粗制和精制两种，精制垫圈的接触表面均为加工表面，为了适应零件表面的斜度，也可采用斜垫圈。

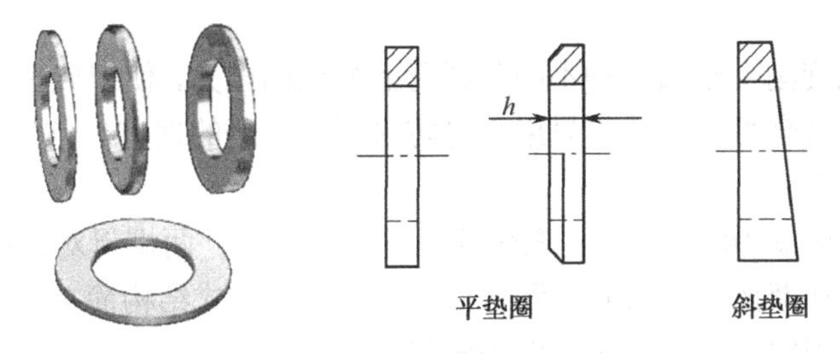

图 10-15 垫圈

螺纹连接件的常用材料为 Q215A、Q235A 和 45 钢，对于重要和特殊用途的螺纹连接件，可采用 15Cr、40Cr 等力学性能较高的合金钢。

10.2.3 螺纹连接的预紧和防松

1. 螺纹连接的预紧

通常螺纹连接有松连接和紧连接两种。松连接是指螺纹连接中的连接件在装配时不需预先拧紧的连接，特点是螺纹在承受工作载荷时不受拉力的作用。这种连接应用很少，一般在螺纹只承受静载荷时采用此连接。

在生产实践中，绝大部分场合下使用的螺纹连接是紧连接，紧连接是指螺纹连接中的连接件在装配时需要预先拧紧的连接。把工作前连接因预紧所受到的力，称为预紧力。采用紧连接可以增强连接的刚性、紧密性和可靠性，防止受载后被连接件之间出现缝隙或发生相对移动。但预紧力不能过大，否则会导致连接件在装配或偶然过载时被拉断，影响生产。因此，对一些重要的螺纹连接就需要控制其预紧力。

对于一般连接，可凭经验来控制预紧力 F_Q 的大小，但为了保证连接的可靠性和安全性，在重要的场合必须借助工具来控制预紧力。一般尽量避免采用活扳手，最好使用测力矩扳手或定力矩扳手来控制预紧力的大小。

为准确达到预紧力 F_Q，施加到扳手上的力矩 T 可按以下近似计算公式计算：

$$T \approx 0.2F_Q d \tag{10-2}$$

式中 d——螺纹公称直径。

对于公称直径已知的螺栓，根据上式便能求出其拧紧力矩。在装配过程中应注意，小直径的螺栓施加小的拧紧力矩，否则会因预紧力过大而拧断螺栓。因此，若无严格的测力措施，为防止拧紧力矩过大将螺栓拉断，不宜采用小于 M12 的螺栓。

2．螺纹连接的防松

螺纹连接在冲击、振动或变载荷作用下，或当温度变化很大时，螺旋副间的摩擦力可能减小或瞬时消失，这种现象多次重复出现致使螺纹连接逐渐松脱，甚至会引起严重事故。因此，为了保证螺纹连接的安全可靠，许多情况下螺栓连接都采取一些必要的防松措施。

螺纹连接防松的根本问题在于防止螺旋副的相对转动，按其工作原理主要分为摩擦防松、机械防松和永久性防松三类。

1）摩擦防松

这类防松是在螺旋副上施加一种不随外载荷而变化的压力，使螺旋副上产生较大的附加摩擦力，但这种方法不完全可靠，通常只用于对防松要求不严的地方。常用的形式有对顶螺母、弹簧垫圈和自锁螺母等。

（1）对顶螺母。如图 10-16 所示，在螺栓上拧两个螺母，两螺母对顶拧紧后使旋合螺纹之间始终受到附加压力和摩擦力，从而起到防松的作用。该方式结构简单，防松效果好，适用于平稳、低速、重载的固定装置的连接，但外廓尺寸较大。

（2）弹簧垫圈。如图 10-17 所示，形状像一圈弹簧，螺母拧紧后，弹簧垫圈被压紧，压紧的弹簧垫圈产生弹性反力将旋合螺纹压紧，同时垫圈切口尖角抵住螺母与被连接件的支承面，也有防松的作用。该方式结构简单，使用方便，但在振动冲击载荷作用下，防松效果较差，用于一般的连接。

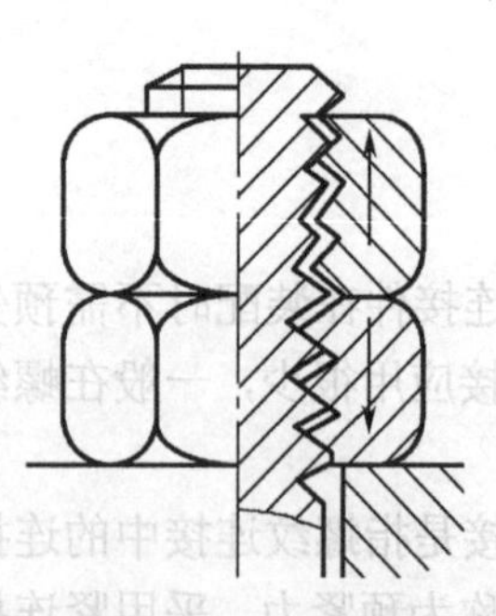

图 10-16 对顶螺母

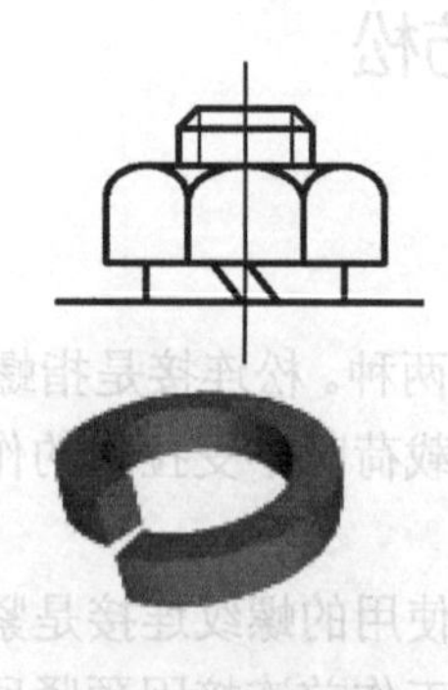

图 10-17 弹簧垫圈

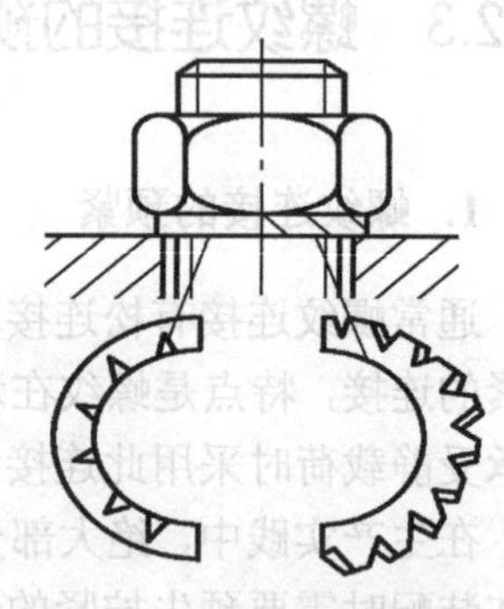

图 10-18 弹性带齿垫圈

（3）弹性带齿垫圈。如图 10-18 所示，它有外齿和内齿两种，无开口，其原理与弹簧垫圈相似，靠压平垫圈后产生的弹力达到防松。由于弹力均匀，比弹簧垫圈防松效果好，但不宜用于经常装拆或材料较软的被连接件。

（4）自锁螺母。如图 10-19 所示，螺母一端制成非圆形收口或开缝后径向收口。当螺母拧紧后，收口胀开，利用收口的弹力使旋合螺纹间压紧。该方式结构简单，防松可靠，可多次装拆而不降低防松性能。

（5）尼龙圈锁紧螺母。如图 10-20 所示，在螺母中嵌有尼龙圈，装配后尼龙圈内孔被胀大，箍紧螺栓。由于尼龙弹性好，与螺纹牙接触紧密，摩擦大，防松可靠。但不宜用于频繁装拆和高温场合。

2）机械防松

这类防松是用机械装置将螺母与螺栓连成一体。该方法工作可靠，应用较广。常用的形式有开口销与六角开槽螺母、止退垫圈和串联铁丝。

（1）开口销与六角开槽螺母。如图10-21所示，六角开槽螺母拧紧后，将开口销穿过槽形螺母的槽和螺栓相应的小孔中，再分开开口销尾部，使螺栓和螺母成为一体。这种装置工作可靠，装拆方便，适用于较大冲击、振动的高速机械部件的连接。

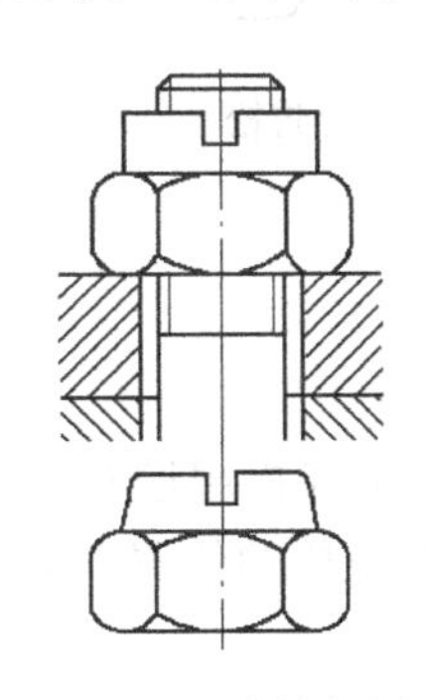

图10-19 自锁螺母

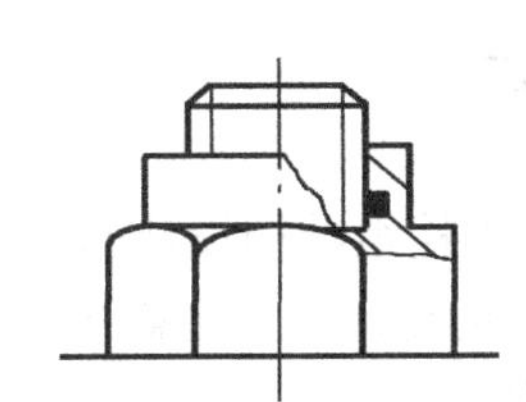

图10-20 尼龙圈锁紧螺母

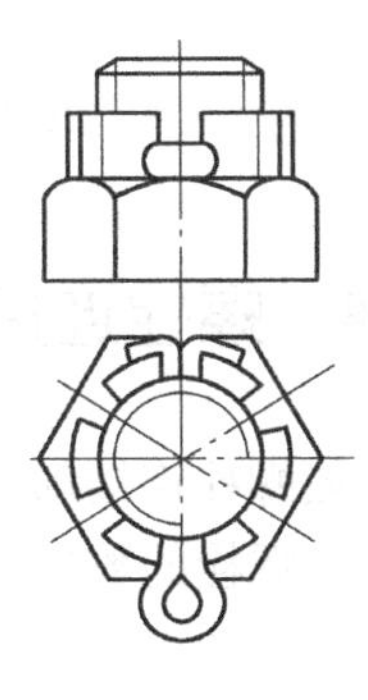

图10-21 开口销与六角开槽螺母

（2）止退垫圈。圆螺母止退垫圈的内圆有一内舌，外圆有若干个外舌，螺杆上开有槽，如图10-22所示，使用时，内舌插入螺杆的槽内，当螺母拧紧后，再将外舌之一弯折到圆螺母的沟槽中，使螺栓和螺母成为一体，达到防松的目的。图10-23所示为单独使用的止退垫圈，其一边弯到螺母的侧边上，另一边弯到被连接件上，使螺母不能退扣，但要注意螺栓相对螺母松脱。

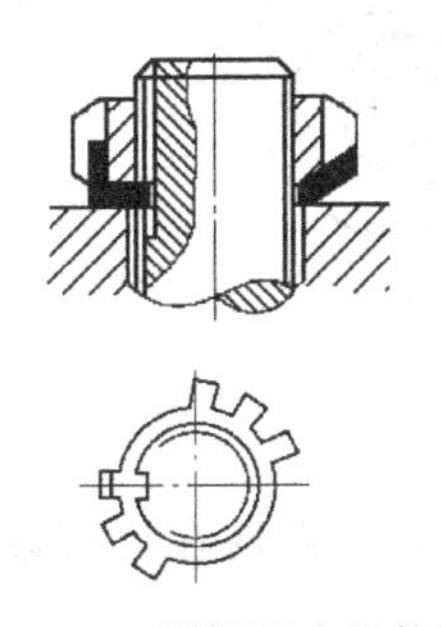

图10-22 圆螺母止退垫圈

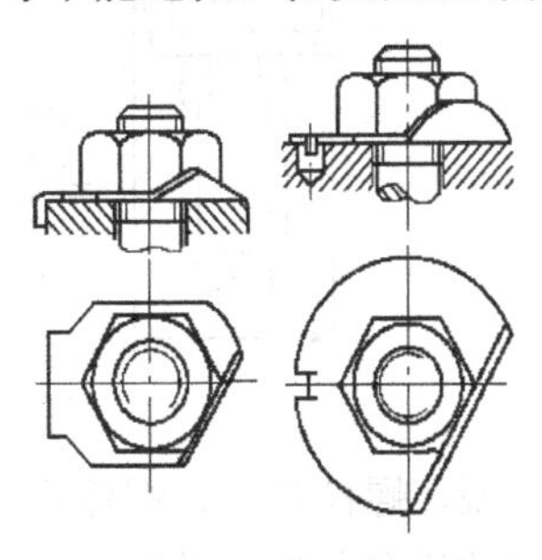

图10-23 止退垫圈

（3）串联铁丝。利用铁丝或低碳钢丝穿入各螺钉头部的孔内，将各螺钉组串联起来使其相互制约，使用时必须注意钢丝的穿入方向。具体串联结构如图10-24所示，采用这种防松方法，一旦有松动的趋势，钢丝会更加被拉紧。该方式适用于螺钉组连接，其放松可靠，但拆装不方便。

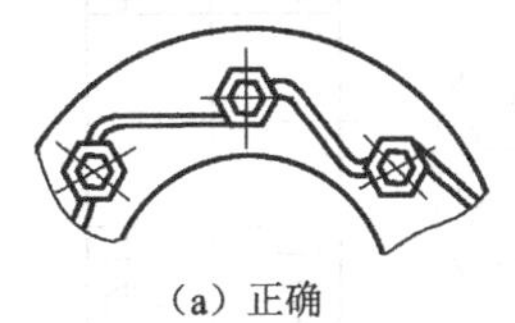

（a）正确

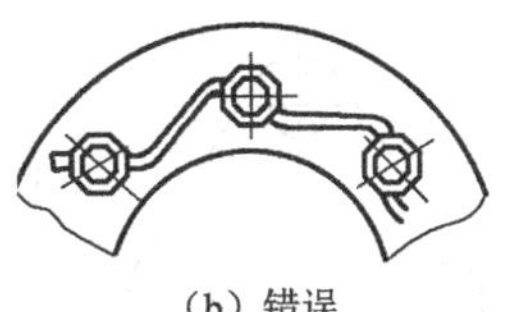

（b）错误

图10-24 串联铁丝

3）永久性防松

（1）冲点防松。在螺纹件旋合后，用冲头在螺栓与螺母的旋合缝处冲 2~3 点防松。这种防松方法效果很好，但连接件拆卸后不能复用，如图 10-25 所示。

（2）黏合防松。用黏合剂涂于螺纹旋合表面，拧紧螺母后黏合剂自行固化，防松效果良好，但不可拆卸，如图 10-26 所示。

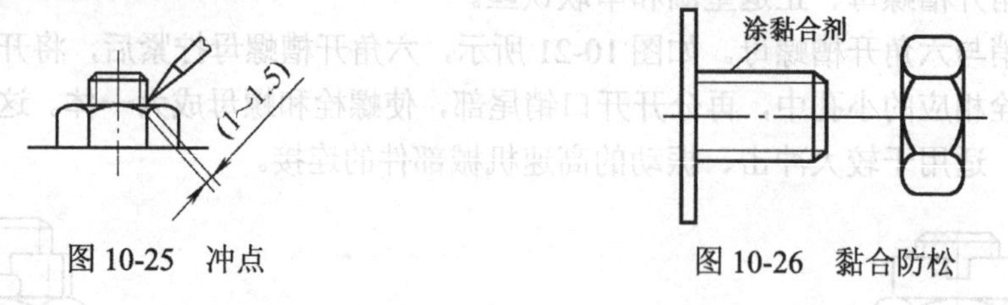

图 10-25 冲点　　图 10-26 黏合防松

10.2.4 螺栓连接的结构设计

一般螺栓连接都是成组使用的，螺栓组结构设计的主要问题是根据连接用途及被连接件的结构确定螺栓的数目和布置形式。因此设计时应注意合理地布置各个螺栓的位置，全面考虑受力、装拆、加工、强度等方面的因素。

（1）在布置螺栓位置时，各螺栓间及螺栓中心线与机体壁之间应留有扳手空间以便于装拆，如图 10-27 所示的 *A*、*B*、*C*、*D*、*E* 位置。

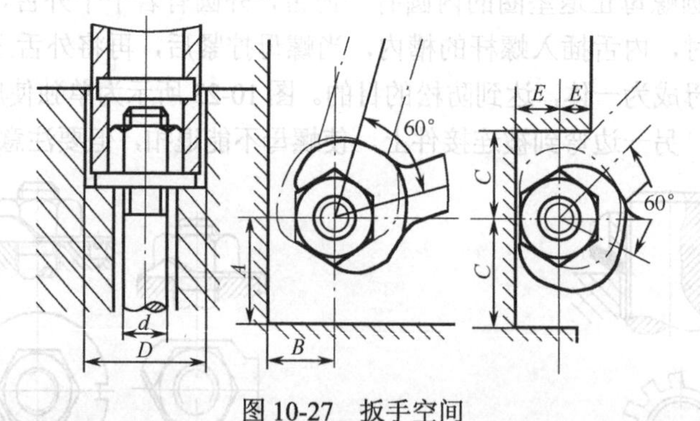

图 10-27 扳手空间

（2）对通用机械，螺栓数目、螺栓直径及螺栓的布置形式，一般应在已有设计的基础上采用类比的方法加以改进和创新来确定。

（3）螺栓组的布置应对称、均匀，通常将结合面设计成轴对称的简单几何形状，如图 10-28 所示，以便于加工，并使螺栓组的对称中心与结合面的形心重合，以保证结合面受力比较均匀。

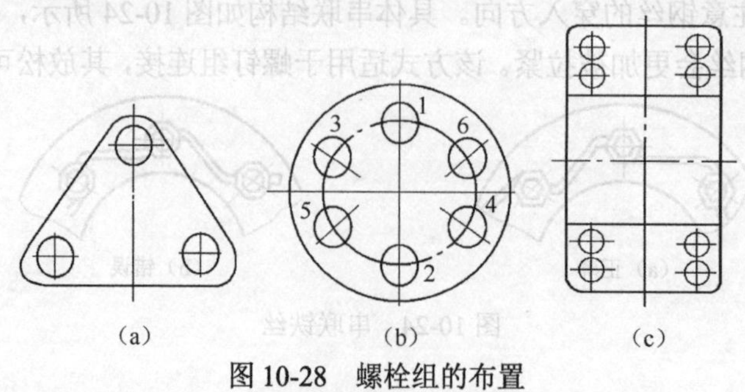

图 10-28 螺栓组的布置

（4）为了减小螺栓承受的载荷，对承受旋转力矩（如图 10-29（a）所示）和翻转力矩（如图 10-29（b）所示）作用的螺栓组，除力求对称、均匀外，还应将螺栓适当靠近结合面的边缘布置。

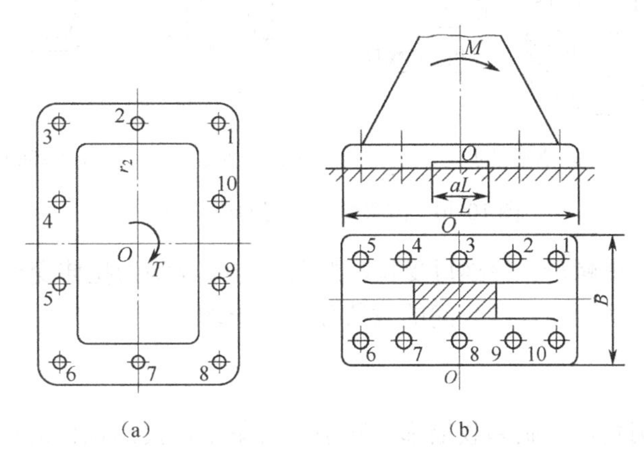

图 10-29　螺栓组受旋转力矩和翻转力矩时的布置

（5）分布在同一圆周上的螺栓数目，应取成 2、3、4、6、8、12 等易于分度的数目，以便加工。

（6）成组使用螺栓时，为了减少所用螺栓的规格和提高连接的结构工艺性，通常都采用相同的螺栓材料、直径和长度。

（7）在布置螺栓时，对于承受横向载荷的铰制孔用螺栓连接，不应在平行于外力的方向上布置 8 个以上的螺栓，以免螺栓受力不均；同时还应考虑到结构强度，以免对被连接件的强度削弱过多。

（8）螺栓组拧紧时，为使紧固件的配合面上受力均匀，应按一定的顺序来拧紧，如图 10-28（b）中所标的数字顺序所示，而且每个螺栓或螺母不能一次拧紧，应按顺序分 2～3 次拧紧。拆卸时和拧紧的顺序相反。

（9）工程实践中，螺栓的直径可根据连接零件的相关尺寸选择，必要时或重要连接中要对螺栓进行强度校核计算。有关螺栓的强度计算可参看机械设计手册。

10.2.5　提高螺栓强度的措施

螺栓连接的强度主要取决于螺栓的强度，影响螺栓强度的因素主要有螺纹牙间的载荷分布、应力集中、附加弯曲应力、应力变化幅度和制造工艺等。因此，提高螺栓连接强度也应从这几个方面入手。

1）改善螺纹牙间的载荷分布

通常，工作载荷在螺纹牙上的分布是不均匀的。如图 10-30 所示，从螺母支承面向上，第一圈螺纹牙的受力最大，以后各圈递减，到第 8～10 圈以后，螺纹牙受力很小，所以采用厚螺母提高连接强度效果并不大。

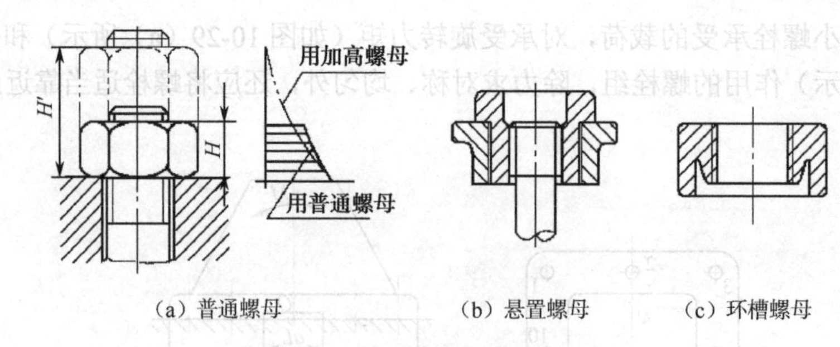

图 10-30 改善螺纹牙间的载荷分布

采用悬置螺母或环槽螺母，使螺母受拉，则螺母与螺栓均为拉伸变形，有利于减小螺母与螺栓的螺距变化差值，从而使螺纹牙间的载荷分布趋于均匀。

2）减小应力集中

增大螺栓的过渡圆角，车制卸载槽都可减小应力集中，提高螺栓的疲劳强度，如图 10-31 所示。

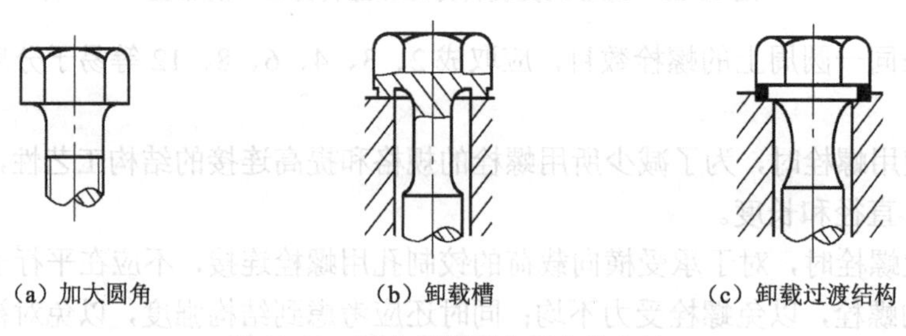

图 10-31 减小螺栓应力集中的方法

3）避免或减小附加弯曲应力

由于设计、制造或安装不当，如支承面不平（见图 10-32（a））、螺母孔不正（见图 10-32（b））、被连接件刚度小（见图 10-32（c））或钩头螺栓（见图 10-32（d））等，使螺栓除受拉外，还会产生附加弯曲应力，严重时会造成疲劳断裂。如图 10-33 所示为几种避免或减小附加弯曲应力的结构措施。

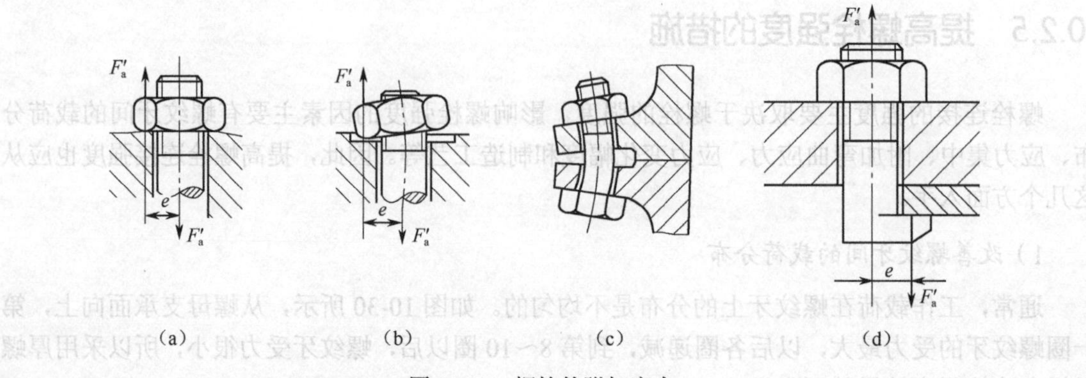

图 10-32 螺栓的附加应力

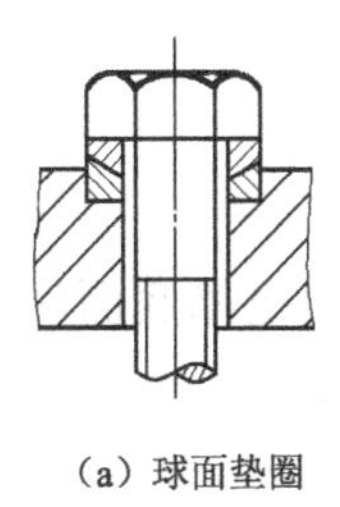
（a）球面垫圈

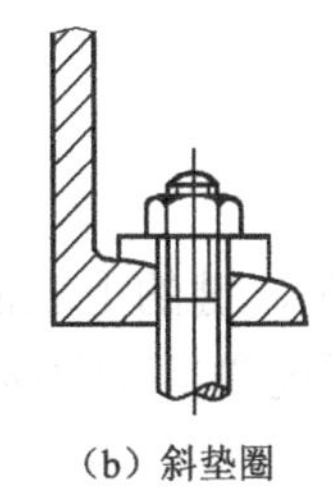
（b）斜垫圈

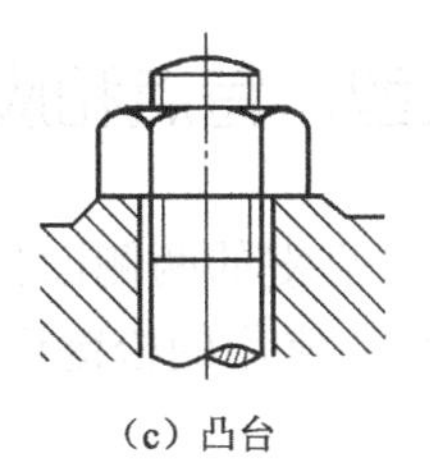
（c）凸台

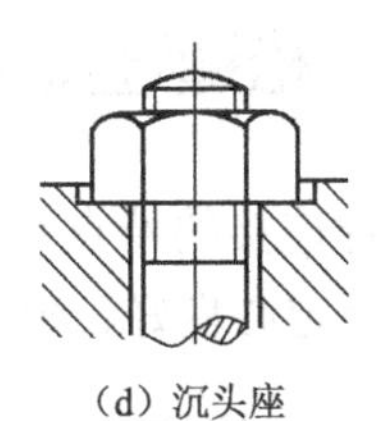
（d）沉头座

图 10-33　避免附加载荷

4）降低影响螺栓疲劳强度的应力幅

受轴向变载荷的紧螺栓连接，在最小应力不变的条件下，应力幅越小，螺栓越不容易发生疲劳破坏，连接的可靠性越高。采用减小螺栓刚度（见图 10-34）或增大被连接件刚度（见图 10-35）的措施都可达到减小应力幅的目的。

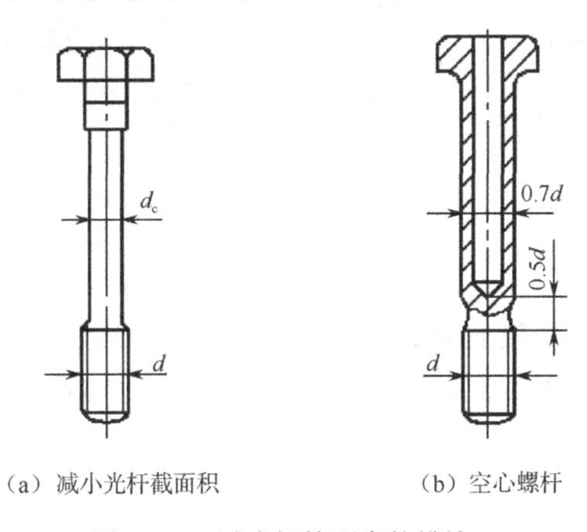

（a）减小光杆截面积　（b）空心螺杆

图 10-34　减小螺栓刚度的措施

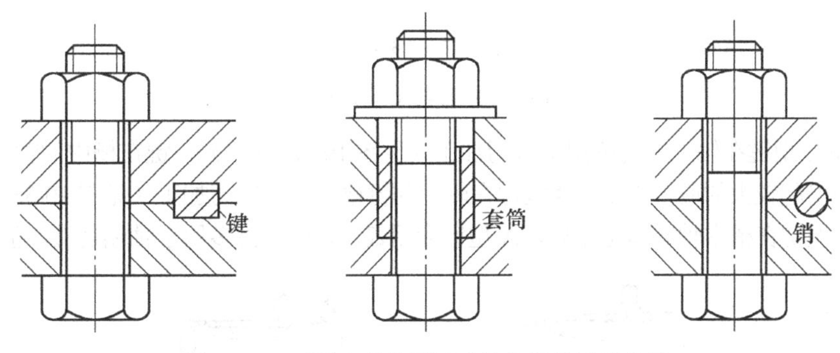

图 10-35　受横向载荷螺栓连接常用的减载装置

10.3 键连接

键是标准件，在机器中应用极为广泛，常用于轴与轴上的旋转零件或摆动零件之间的周向固定，并传递运动和转矩。有的键也可以实现零件的轴向固定或轴向滑动，用作动连接。按装配时的松紧状态，键连接分为松键连接和紧键连接两大类。

10.3.1 松键连接的类型、特点和应用

松键连接的特点是工作时靠键的两侧面传递转矩，键的上表面与轮毂键槽底面间留有间隙，因而定心良好、装拆方便。常用的松键连接有平键和半圆键连接两种。

1．平键连接

如图 10-36 所示，平键的两侧面是工作面，上表面与轮毂上的键槽底部之间留有间隙，键的上、下表面为非工作面。工作时靠键与键槽侧面的挤压来传递转矩，故定心性较好，且结构简单、装拆方便，能承受冲击或变载荷。平键按用途又可分为普通平键、导向平键和滑键三种。

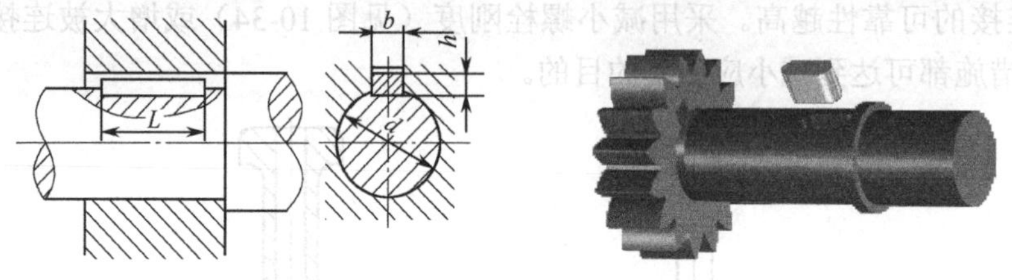

图 10-36　普通平键连接

1）普通平键

普通平键应用最广，与轮毂上键槽的配合较紧，用于轴毂间无相对轴向移动的静连接。按其端部形状不同分为圆头（A 型）、方头（B 型）、单圆头（C 型）三种，如图 10-37 所示。

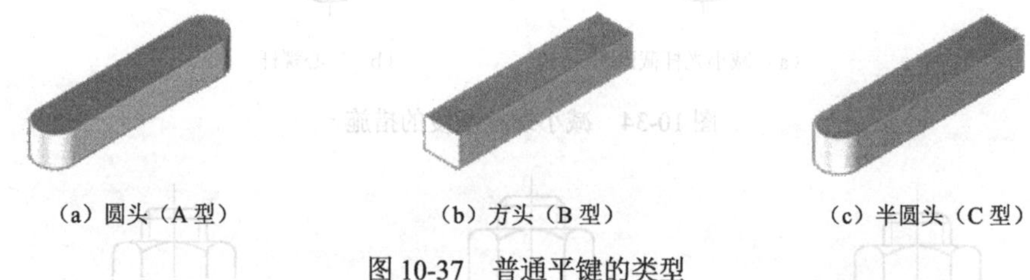

（a）圆头（A 型）　（b）方头（B 型）　（c）半圆头（C 型）

图 10-37　普通平键的类型

A 型键和 C 型键在轴上的键槽用端铣刀加工（见图 10-38（a）），键在槽中的轴向固定较好，但键槽两端会引起较大的应力集中；B 型键在轴上的键槽用盘形铣刀加工（见图 10-38（b）），应力集中较小，但键在槽中轴向固定不好。A 型键应用最广，C 型键多用于轴端连接，但用得不多。

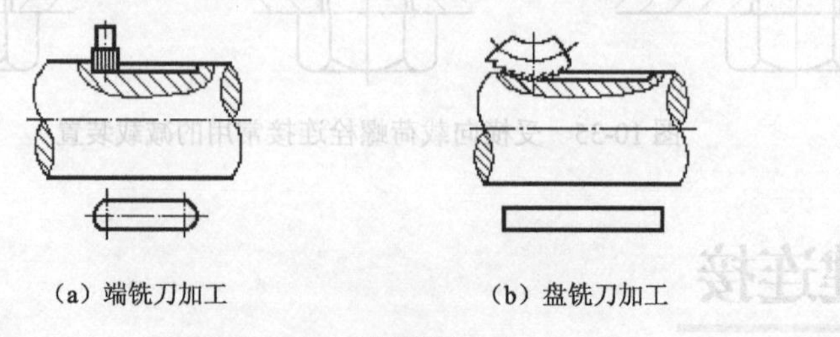

（a）端铣刀加工　（b）盘铣刀加工

图 10-38　键槽的加工

2）导向平键

导向平键就是加长了的普通平键，用螺钉将键固定在轴上键槽中，如图 10-39 所示，键与轮毂之间采用间隙配合，靠两侧面传递转矩，但配合较松，以便轴上零件可沿键作轴向滑动。

通常为了便于装拆，在键的中部设有起键用的螺纹孔。常用于轴上零件轴向移动量不大的场合，如变速箱中的滑移齿轮等。

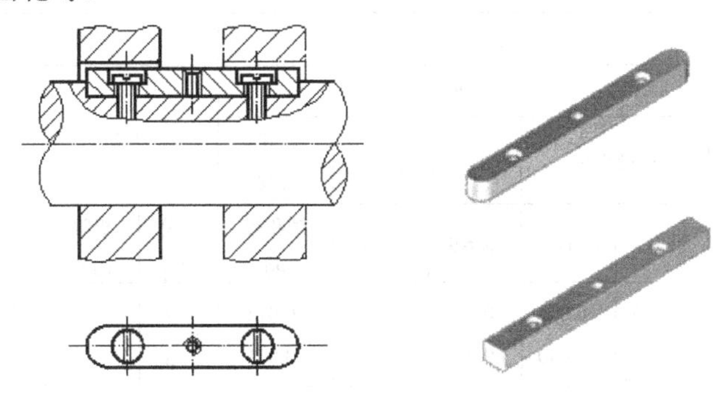

图 10-39　导向平键连接

3）滑键

滑键连接如图 10-40 所示，这种连接将滑键固定在轴上零件的轮毂内，工作时轮毂带动滑键在轴上的键槽中作轴向滑移，这样当轴上零件滑移距离较大时，只需在轴上铣出较长的键槽，而键可以做得较短，避免采用过长的导向平键。滑键常用于轴上零件轴向移动量较大的场合，如车床中光轴与溜板箱中零件的连接等。

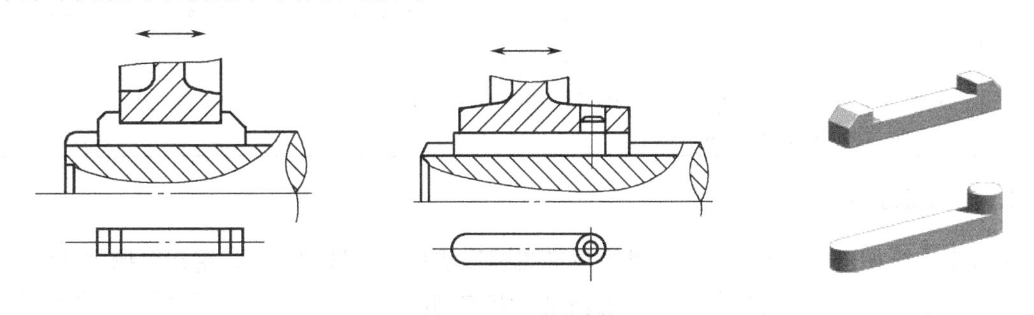

图 10-40　滑键连接

平键已标准化，其结构尺寸都有相应的规定。关于键与键槽的形式、尺寸可参看表 10-2。

表 10-2　普通平键、导向平键和键槽的截面尺寸及公差　（单位：mm）

轴	键		键　槽										
公称直径 d	公称尺寸 $b \times h$	L (b14)	宽　度					深　度				半径 r	
			极限偏差					轴 t		毂 t_1			
			松键连接		一般键连接		紧键连接						
			轴 H9	毂 D10	轴 N9	毂 Js9	轴和毂 P9	公称尺寸	极限偏差	公称尺寸	极限偏差	最小	最大
>10～12	4×4	8~15	+0.030 0	+0.078 +0.030	0 −0.030	±0.015	−0.012 −0.042	2.5	+0.1 0	1.8	+0.1 0	0.08	0.16
>12～17	5×5	10~56						3.0		2.3		0.16	0.25
>17～22	6×6	14~70						3.5		2.8			

续表

轴	键		键槽										
公称直径 d	公称尺寸 $b \times h$	L (b14)	宽度					深度				半径 r	
			极限偏差					轴 t		毂 t_1			
			松键连接		一般键连接		紧键连接						
			轴 H9	毂 D10	轴 N9	毂 Js9	轴和毂 P9	公称尺寸	极限偏差	公称尺寸	极限偏差	最小	最大
>22～30	8×7	18~90	+0.036 0	+0.098 +0.040	0 −0.036	±0.018	−0.015 −0.051	4.0	+0.20 0	3.3	+0.20 0	0.16	0.25
>30～38	10×8	22~110						5.0		3.3		0.25	0.40
>38～44	12×8	28~140	+0.043 0	+0.120 +0.050	0 −0.043	±0.022	−0.018 −0.061	5.0		3.3			
>44～50	14×9	36~160						5.5		3.8			
>50～58	16×10	45~180						6.0		4.3			
>58～65	18×11	50~200						7.0		4.4			
>65～75	20×12	56~220						7.5		4.9			
>75～85	22×14	63~250	+0.052 0	+0.149 +0.065	0 −0.052	±0.026	−0.022 −0.074	9.0		5.4		0.40	0.60
>85～95	25×14	70~280						9.0		5.4			
>95～110	28×16	80~320						10.0		6.4			
L 系列	6，8，10，12，14，16，18，20，22，25，28，32，36，40，45，50，56，63，70，80，90，100，110，125，140，160，180，200，220，250，280，320												

2．半圆键连接

半圆键连接如图 10-41 所示，轴槽用与半圆键形状相同的铣刀加工，键在轴槽中能绕槽底圆弧曲率中心摆动，自动适应毂上键槽的斜度，键的侧面为工作面，工作时靠其侧面的挤压来传递扭矩。工艺性好，装配方便，但轴上的键槽较深，对轴的强度削弱较大，故只适宜轻载静连接或位于轴端，特别是锥形轴端的连接。

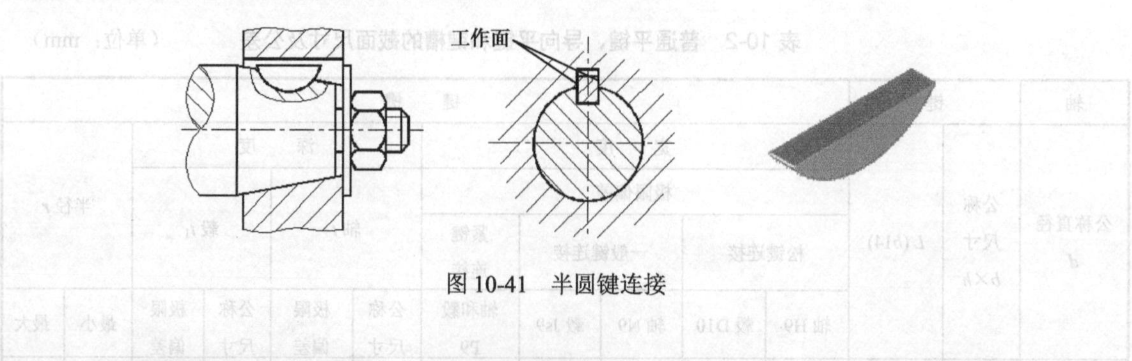

图 10-41 半圆键连接

10.3.2 紧键连接的类型、特点和应用

紧键连接的特点是在键的上表面具有一定的斜度，装配时需将键楔入轴与轴上零件的键槽内，靠键楔紧产生的摩擦力传递转矩。紧键连接能起到轴向固定零件的作用，并承受单向的轴向力，定心较差。常用的紧键连接有楔键连接和切向键连接两种。

1．楔键连接

楔键的上、下面为工作表面，楔键的上表面和与它相配合的轮毂键槽底面均有1∶100斜度，装配时将键楔入轴与轴上零件之间的键槽内，使工作面上产生很大的挤压力。工作时靠接触面间的摩擦力来传递转矩，并可传递小部分单向轴向力。键的两侧面为非工作面，与键槽留有间隙。根据楔键的结构不同，楔键连接分为普通楔键连接（见图10-42（a））和钩头楔键连接（见图10-42（b））两种。

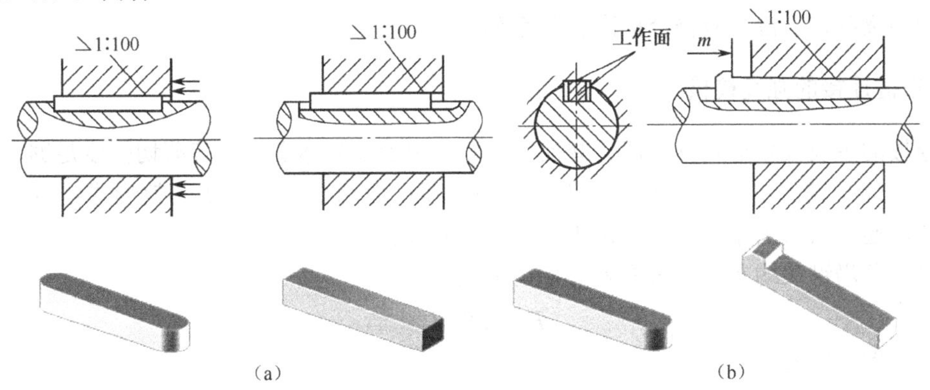

图10-42 楔键连接

楔键对中性较差，变载荷作用下易松动，不宜用于高速和精度要求高的连接。钩头楔键只用于轴端连接，若在中间使用，则键槽应比键长2倍才能装入。

2．切向键连接

切向键连接如图10-43所示，由两个斜度为1∶100的普通楔键组成。装配时，把一对楔键分别从轮毂的两端打入，其斜面互相贴合，共同楔紧在轴毂之间。工作时靠挤压传递转矩，并能传递单方向的轴向力。一般用一个切向键只能传递单向转矩，当传递双向转矩时，应装两对相互成120°～130°的切向键。切向键对轴削弱较大，故只适用于速度较小，对中性要求不高，轴径大于100mm传递大转矩的重型机械中。

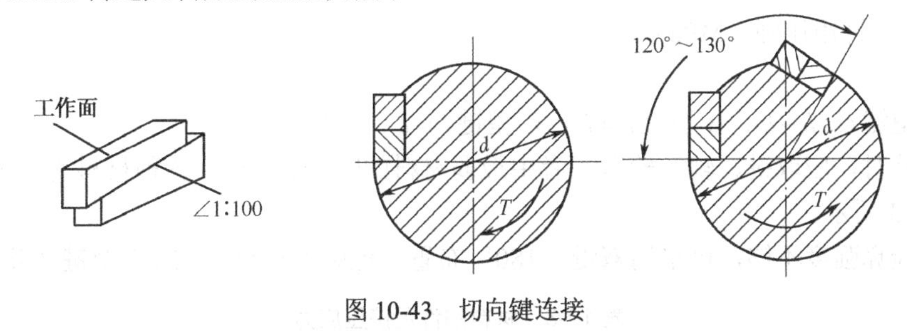

图10-43 切向键连接

10.3.3 平键连接的选择及强度校核

1．键的类型选择

键的类型应根据具体的工作要求和使用条件进行选择，主要考虑以下因素：

（1）传递转矩大小。

（2）对中性要求。

（3）轮毂是否需要作轴向移动及滑移的距离大小。

（4）键在轴上的位置等。

2．键的尺寸选择

（1）根据轴的直径从国家标准中（见表 10-2）选择平键的宽度和高度。

（2）根据轮毂的长度选择键的长度，一般静连接时键长比轮毂长度短 5～10mm，动连接根据移动距离确定。键长应符合标准长度系列。

3．平键连接的强度校核

键连接的主要失效形式有压溃、磨损和剪断。由于键为标准件，其剪切强度足够，因此用于静连接普通平键的主要失效形式是工作面的压溃；而动连接的主要失效形式是工作面的磨损。因此，通常只按工作面的最大挤压应力或压强校核。

假设载荷沿键长均布，挤压面处的切向力为

$$F_t = 2T/d \tag{10-3}$$

挤压强度条件为

静连接

$$\sigma_p = \frac{4T}{dlh} \leqslant [\sigma_p] \tag{10-4}$$

动连接

$$p = \frac{4T}{dlh} \leqslant [p] \tag{10-5}$$

式中 T——传递的转矩（N · mm）；

d——轴的直径（mm）；

h——键高（mm）；

L——键的长度（mm）；

l——键的工作长度（mm）；

$[\sigma_p]$——许用挤压应力（MPa）；

$[p]$——许用压强（MPa）。

说明：

（1）A 型键 $l = L - b$，B 型键 $l = L$，C 型键 $l = L - b/2$。

（2）计算时，应取键、轴、轮毂三者中最弱材料的$[\sigma_p]$、$[p]$，各种材料的许用应力（压强）如表 10-3 所示。

（3）若验算强度不够，可采用双键，180° 布置，但强度校核中按 1.5 个键计算。

表 10-3 材料的许用挤压应力 （单位：MPa）

许用应力（压强）	连接工作方式	键、轴、轮毂的材料	载荷性质		
			静载荷	轻微冲击	冲击
$[\sigma_p]$	静连接	钢	120~150	100~120	60~90
		铸铁	70~80	50~60	30~45
$[p]$	动连接	钢	50	40	30

【例 10-1】　已知 V 带轮直径为 D=220mm，轮毂与轴配合尺寸 d =45mm，轮毂长 L_1 =80mm，挤压面处的切向力 F_t =2 000N，传动有轻微冲击，带轮材料为铸铁，轴材料为 45 钢，试选择平键连接。

解：设计计算过程如表 10-4 所示。

表 10-4　例 10-1 设计计算过程

设 计 项 目	计算内容和依据	计 算 结 果
1. 选择键连接的类型	为保证带传动啮合良好，要求轴毂对中性好，故选用 A 型普通平键连接	A 型普通平键
2. 初选平键的尺寸	当 d=45mm 时，由表 10-2 查得平键的尺寸 $b \times h$=14×9，其中键宽为 14mm，键高为 9mm； 由轮毂长 L_1=80mm，取键长 L=80−(5～10)=75～70mm，取键长 L=70mm	b=14mm h=9mm L=70mm
3. 验算键的挤压强度	V 带轮传递的转矩： $T = F_t \times \frac{D}{2} = 2\ 000 \times \frac{220}{2} = 2.2 \times 10^5\ \text{N} \cdot \text{mm}$ 由于轮毂材料为铸铁，比轴的材料 45 钢要弱，查表 10-3 或机械设计手册，当铸铁有轻微冲击时$[\sigma_p]$=50～60MPa，取$[\sigma_p]$=50MPa。计算挤压强度： $\sigma_p = \frac{4T}{dlh} = \frac{4 \times 220\ 000}{45 \times (70-14) \times 9} = 38.8\ \text{MPa} < [\sigma_p]$ 所选键连接强度足够。 故选用平键 14×9×70。 键的标记为：键 14×70 GB/T 1096—2007	键连接强度足够

10.4* 其他连接

10.4.1　花键连接

花键连接由周向均布多个键齿的花键轴与带有相应键槽的轮毂组成，如图 10-44 所示。装配时花键轴上的外花键置于相应轮毂的内花键中。工作时，靠轴和轮毂上沿周向均布的纵向齿的相互压紧传递转矩，齿的侧面为工作面。与平键连接相比，由于键齿与轴为一体，故花键连接的承载能力高，应力集中小，对轴的削弱小，定心性、导向性好，因此适合于定心精度要求高、载荷大、结构要求紧凑、经常滑移的连接，常用于汽车的变速箱轴中。

图 10-44　花键连接

根据齿形不同，花键主要分为矩形花键和渐开线花键。

1. 矩形花键

矩形花键齿（见图 10-45（a））侧面为平行平面，廓形简单，制造方便，应用广泛。一般采用小径定心，定心精度高，定心的稳定性好。轴上的齿（外花键）可用成形铣刀或滚刀制出，轮毂孔中的齿（内花键）可用拉刀或插刀制出。有时为增加花键连接的表面硬度以及减小磨损，常进行热处理并磨削。

2. 渐开线花键

渐开线花键（见图 10-45（b））的两侧齿形为渐开线，加工工艺与齿轮相同，易获得较高精度，齿根较厚，强度高，承载能力大。在连接中用齿廓定心，具有自动定心的作用，所以渐开线花键适用于载荷大、对中性好、尺寸较大的连接中。

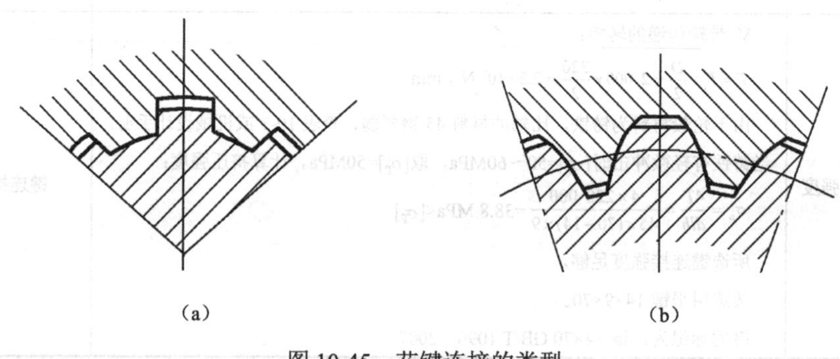

图 10-45 花键连接的类型

10.4.2 销连接

销按用途分为定位销、连接销和安全销，如图 10-46 所示。定位销用来固定零件之间的相对位置；连接销用于轴毂连接或其他零件的连接，可传递不大的载荷；安全销用于安全装置中的过载剪断元件。

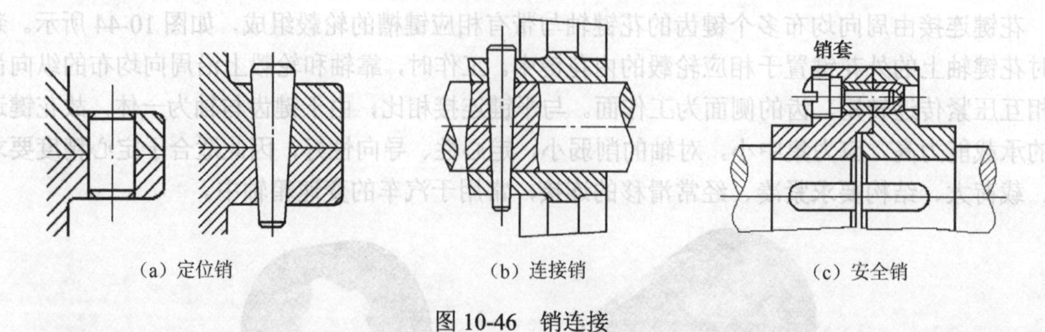

图 10-46 销连接

按销的形状不同，销可分为圆柱销、圆锥销和异形销（如槽销、轴销、开口销等，如图 10-47 所示）。圆柱销主要用于定位，也可用于连接，但经多次装卸会降低定位精度；圆锥销常用的锥度为 1:50，安装方便，定位精度高，多用于经常装卸的场合；槽销上有辗压或模锻出的三条纵向沟槽，打入销孔后与孔壁压紧，不易松脱，用于承受振动和变载荷的场合，可多次装拆；轴销的一端用开口销锁定，拆卸方便，常用于铰链处；开口销用于销定其他紧固件，是一种防松零件。

图 10-47　异形销

销的常用材料是 35、45 钢，开口销常用低碳钢制造。

10.4.3　型面连接

型面连接是将与轮毂配合的轴段加工成横截面为非圆形柱体或锥体，与相同轮廓的毂孔配合以传递运动和转矩的可拆连接，它是无键连接的一种形式，如图 10-48 所示。截面的形状有：用圆弧过渡的三角形、方形、六边形等。型面连接对轴的削弱小，传力能力强，便于装拆，但由于加工困难，目前尚无广泛应用。

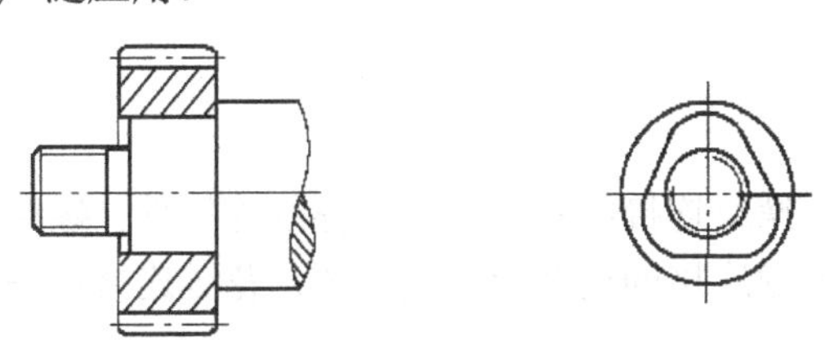

图 10-48　型面连接

10.4.4　过盈连接

过盈连接（见图 10-49）是利用零件间的过盈配合实现的，常用于轴与轮毂的连接。这种连接可做成可拆连接（过盈量较小），也可做成不可拆连接（过盈量较大）。工作时，由于轮毂与轴之间存在过盈量，靠装配后配合面间的压力产生的摩擦力来传递转矩和轴向力。这种连接结构简单，对中性好，承载能力高，耐冲击性好，但配合表面的加工精度要求较高，装配不方便。

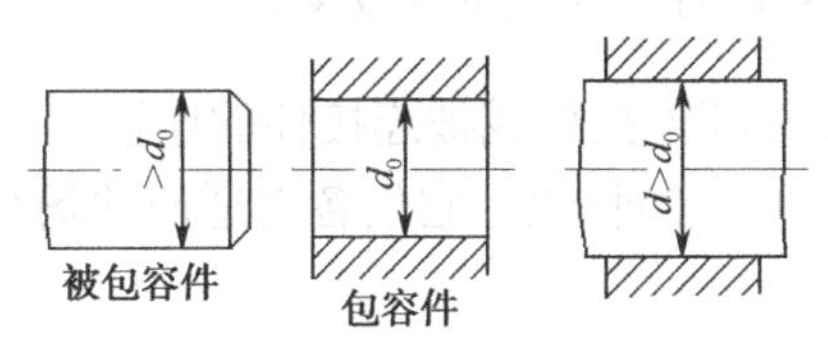

图 10-49　过盈连接

10.4.5 铆接、粘接、焊接

铆钉连接是利用具有钉杆和预制头的铆钉通过被连接件的预制孔，然后利用枪施压再制出另一端的头构成的不可拆连接。铆接具有工艺设备简单、抗振、耐冲击和牢固可靠等优点。但结构较笨重，铆件上由于制有铆钉孔，强度被削弱。铆接时噪声大，影响工人健康，因此目前除在桥梁、重型机械等工业部门采用外，应用已逐渐减少，并为焊接、高强度螺栓连接和粘接所代替。

粘接是用胶粘剂把两个工件连接在一起，并使结合处获得所需连接强度的连接方法。粘接在汽车制造中得到广泛的应用。粘接的优点是工艺简单，操作方便，强度高，重量轻，不变形、密封性好，表面平滑，生产费用低，不受被连接材料的限制，能连接金属和非金属，包括某些脆性材料，而且在不同金属的连接中不会产生电化学腐蚀。粘接的缺点是胶接的可靠性受环境因素（温度、湿度、介质等）影响较大，耐老化、耐介质（如酸、碱等）性能差。

焊接是利用局部加热的方法使两个以上的金属元件在连接处形成原子间的结合而构成的不可拆连接。与铆接相比，焊接具有强度高、工艺简单、重量轻等优点，因此应用广泛。在单件生产、技术革新和新产品试制时，采用焊接件代替铸件，不仅可节约金属，还可缩短制造周期，降低生产成本。

本章小结

本章主要介绍了螺纹、螺纹连接的基本类型和螺纹连接件；螺纹连接的预紧和防松；键连接的类型、特点和应用；平键连接的选择及强度校核；花键连接；销连接；铆接、粘接、焊接等内容。

螺纹连接是利用螺纹零件工作的，它是应用最广泛的可拆连接；键连接和花键连接是最常见的轴毂连接方式，属可拆连接；销连接除用作轴毂连接外，还常用来确定零件间的相互位置或作为安全装置；铆接、粘接、焊接属不可拆连接，若要使连接拆开，至少破坏连接中的某一零件。

单元习题

一、判断题（在每题的括号内打上相应的×或√）

1．不可拆连接是拆卸时要损坏连接件或被连接件的连接。 （ ）

2．根据三角形螺纹和矩形螺纹的特点，它们各自适应的场合为三角形螺纹用于传动，矩形螺纹用于连接。 （ ）

3．三角形螺纹具有较好的自锁性能。螺纹之间的摩擦力及支承面之间的摩擦力都能阻止螺母的松脱，所以即使在振动及交变载荷作用下，也不需要防松。 （ ）

4．M30×1.5 表示公称直径为 30mm，螺距为 1.5mm 的粗牙普通螺纹。 （ ）

5．公称直径相同的粗牙普通螺纹的强度高于细牙普通螺纹。（ ）

6．双头螺柱连接用于被连接件之一太厚而不便于加工通孔并经常拆装的场合。（ ）

7．螺栓连接预紧的目的是增强连接的强度。（ ）

8．螺栓连接中的预紧力越大越好。（ ）

9．对于重要的连接可以采用直径小于 M12～16mm 的螺栓连接。（ ）

10．对顶螺母和弹簧垫圈都属于机械防松。（ ）

11．螺栓连接组合设计采用凸台或沉头座的目的是使螺栓免受弯曲和减小加工面。（ ）

12．键连接的主要用途是使轴与轮毂之间有确定的相对位置。（ ）

13．普通平键连接是依靠键的上下两面的摩擦力来转递扭矩的。（ ）

14．平键连接当采用双键时两键应在轴向沿同一直线布置。（ ）

15．设计平键连接时，键的截面尺寸通常根据轴的直径来选择。（ ）

16．对于平键静连接，主要失效形式是工作面的压溃，动连接的主要失效形式则是工作面过度磨损。（ ）

17．导向平键属于移动副连接。（ ）

18．楔键连接可以同时实现轴与轮毂的轴向与周向固定。（ ）

19．花键连接用于连接齿轮和轴时，属于动连接。（ ）

20．销连接主要用于固定零件之间的相对位置，有时还可做防止过载的安全销。（ ）

二、选择题（选择一个正确答案，将其前方的字母填在括号中）

1．连接用螺纹的螺旋线数是 _______ 。（ ）

A．1　　B．2　　C．3

2．连接螺纹多用_______。（ ）

A．矩形螺纹　　B．三角形螺纹　　C．梯形螺纹

3．用于薄壁零件的连接螺纹，应采用_______。（ ）

A．矩形螺纹　　B．三角形细牙螺纹　　C．锯齿形螺纹

4．采用螺纹连接时，若被连接件总厚度不大，且材料较软，在需要经常装拆的情况下宜采用________。（ ）

A．螺栓连接　　B．双头螺柱连接　　C．螺钉连接

5．当两个被连接件之一太厚不宜制成通孔，并需经常拆装时，宜采用_______ 。（ ）

A．螺栓连接　　B．螺钉连接

C．双头螺柱连接　　D．紧定螺钉连接

6．螺栓连接预紧的主要目的是______。（ ）

A．增强连接的强度　　B．防止连接自动松动

C．保证连接的可靠性和密封性

7．螺纹连接的防松方法中，当承受较大冲击或振动载荷时，应选用____防松措施。（ ）

A．对顶螺母　　B．弹簧垫圈　　C．开口销与六角开槽螺母

8．为了改善螺纹牙间载荷分布不均匀的现象，可以采用________的措施。（ ）

A．加弹簧垫圈　　B．减小螺钉杆直径

C．增大螺母高度　　D．采用悬置螺母

9. 采用凸台作为螺栓或螺母的支承面是为了________。（ ）

A．造型美观 B．便于放置垫圈 C．避免螺栓受弯曲应力

10．在同一组螺栓连接中，螺栓的材料、直径、长度均相同是为了________。（ ）

A．造型美观 B．受力合理 C．便于加工与装配

11．键连接的主要用途是使轴与轮毂之间________。（ ）

A．沿轴向固定并传递轴向力 B．沿轴向可作相对滑动并具有导向性

C．沿周向固定并传递扭矩 D．安装拆卸方便

12. 平键连接主要用于传递________的场合。（ ）

A．轴向力 B．转矩 C．横向力

13．标准平键连接的承载能力，通常取决于________。（ ）

A．轮毂的挤压强度 B．键的剪切强度

C．键的弯曲强度 D．键工作表面的挤压强度

14．普通平键的长度应________。（ ）

A．稍长于轮毂的长度 B．略短于轮毂的长度

C．是轮毂长度的三倍 D．是轮毂长度的二倍

15．在轴的端部加工 C 型键槽，一般采用________加工方法。（ ）

A．用盘铣刀铣制 B．用端铣刀铣制 C．在插床上用插刀加工

16．锥形轴与轮毂的键连接宜用________连接。（ ）

A．平键 B．半圆键 C．楔键

17．只能承受圆周方向的力，不可以承受轴向力的连接是________。（ ）

A．平键连接 B．切向键连接 C．楔键连接

18．键的截面尺寸 $b \times h$ 主要是根据________来选择的。（ ）

A．传递扭矩的大小 B．传递功率的大小 C．轮毂的长度 D．轴的直径

19．平键连接能传递的最大扭矩为 T，现要传递的扭矩为 $1.5T$，则应________。（ ）

A．键长增大到 1.5 倍 B．键宽增大到 1.5 倍

C．键高增大到 1.5 倍 D．安装一对平键

20．平键连接当采用双键时两键应________布置。（ ）

A．在周向相隔 90° B．在周向相隔 120°

C．在周向相隔 180° D．在轴向沿同一直线

第11章 轴

教学要求

（1）了解轴的类型、结构特点及应用，了解轴的材料、选用，以及常见失效形式；
（2）掌握轴的结构设计方法及设计步骤；
（3）掌握轴结构设计时考虑的因素及提高轴强度的措施；
（4）掌握轴上零件的定位与固定方法；
（5）掌握轴的强度计算方法。

重点与难点

重点：轴的结构设计与强度校核；
难点：轴的结构设计。

11.1 轴的类型及应用

轴是支承其他回转件、承受转矩或弯矩，并传递运动和动力的主要零件。

1. 按所受载荷分类

轴按所受载荷可分为心轴、传动轴和转轴三种。

（1）心轴。用来支承转动零件，只承受弯矩而不传递转矩的轴称为心轴。心轴又分为转动心轴和固定心轴。

若心轴工作时是转动的，则称为转动心轴，如与滑轮用键相连的轴，如图 11-1（a）所示；若心轴工作时不转动，则称为固定心轴，如与滑轮动配合的轴，如图 11-1（b）所示。

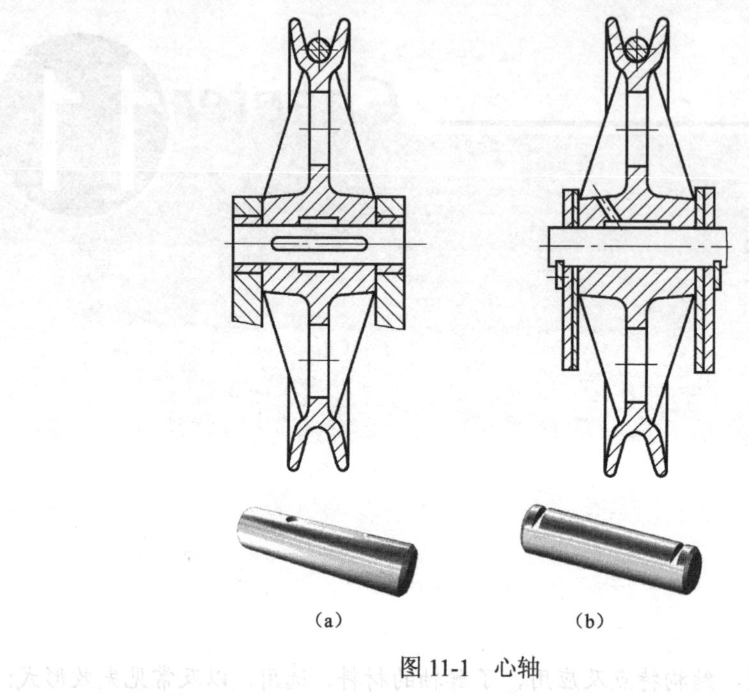

图 11-1　心轴

（2）传动轴。只承受转矩或主要承受转矩，而不承受弯矩或所承受的弯矩很小的轴称传动轴，如汽车下方的传动轴（见图 11-2）。

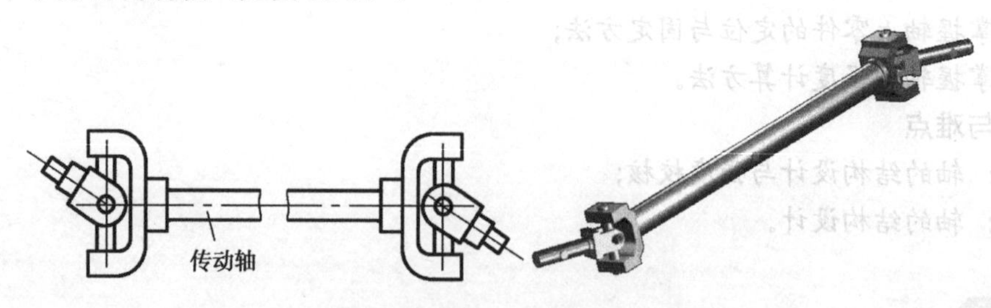

图 11-2　传动轴

（3）转轴。工作中既承受弯矩又承受转矩的轴称为转轴，如齿轮减速器中的各轴，如图 11-3 所示。转轴在各类机器中最常见，通常简称为轴。

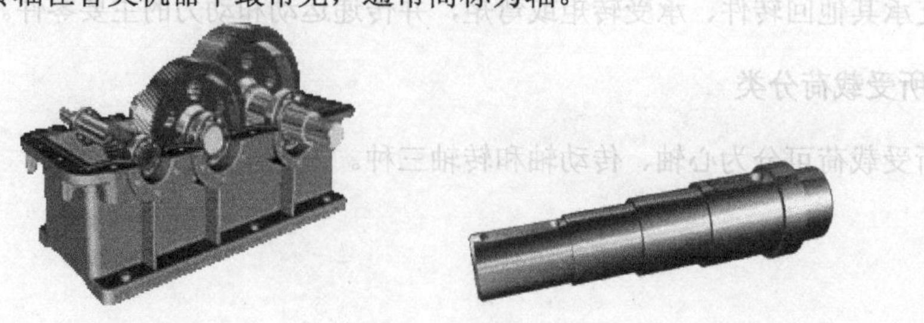

图 11-3　转轴

2．按轴的几何形状分类

按轴线的形状，轴可分为直轴、曲轴、挠性轴。

（1）直轴。直轴按轴径的变化分为光轴、阶梯轴；按轴内部形状分为空心轴和实心轴。

光轴的各截面直径相同。它加工方便，但零件不易定位，如图 11-1 所示。

阶梯轴上零件容易定位，便于拆装，在机械中较常用，如图 11-3 所示。

空心轴的中心是空的，可减轻重量、增加刚度，还可利用轴的空心便于放置待加工的棒料或输送润滑油等。

（2）曲轴。图 11-4 所示为曲轴，常用于往复式机械中，如发动机等。

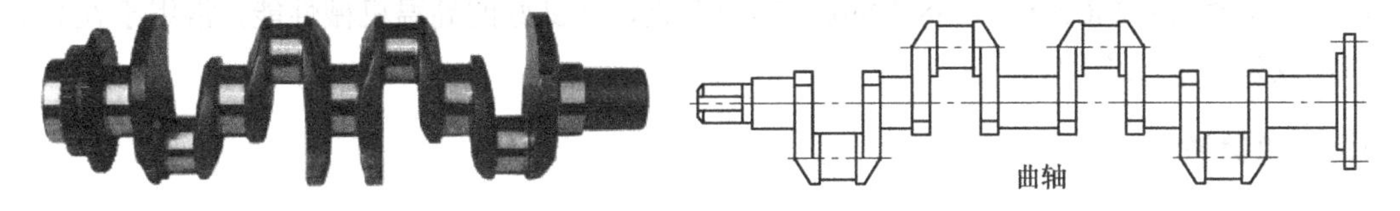

图 11-4 曲轴

（3）挠性轴。挠性轴也称钢丝软轴，通常由几层紧贴在一起的钢丝层构成（见图 11-5），可把旋转运动和不大的转矩灵活地传到任何位置，但不能承受弯矩，常用于转矩不大，以传递运动为主的简单传动装置中，如医疗设备等。

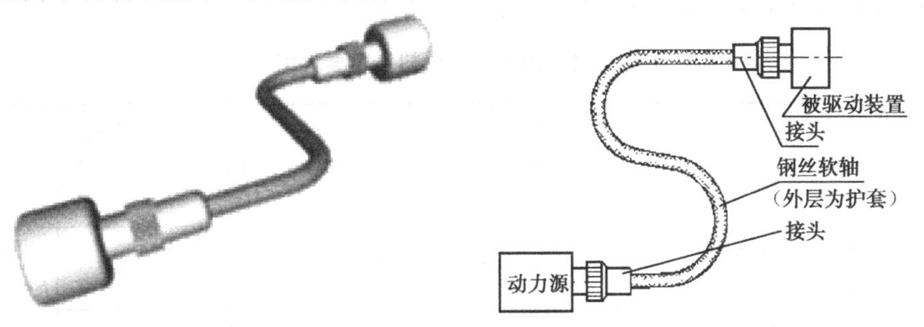

图 11-5 挠性钢丝轴

11.2 轴的常用材料及计算准则

11.2.1 轴的常用材料

轴的功用主要是承受弯矩和扭矩，其主要的失效形式为疲劳断裂，因此在轴的设计中，首先要选择合适的材料，保证轴具有足够的强度、韧性和耐磨性；对应力集中的敏感性较小；具有良好的工艺性和经济性；能通过不同的热处理方式提高轴的疲劳强度。

轴的材料主要采用碳素钢和合金钢。在一般工作温度下，各种碳钢和合金钢的弹性模量相差不大，故在选择钢的种类和热处理方法时，所依据的主要是强度和耐磨性，而不是轴的弯曲刚度和扭转刚度等。

1．碳素钢

碳素钢比合金钢价格低廉，对应力集中的敏感性低，可通过热处理改善其综合性能，加工工艺性好，故应用较广泛。对于一般用途的轴，多采用含碳量为0.25%~0.5%的优质碳素钢，尤其是45号钢；对于不重要或受力较小的轴也可用Q235、Q275等碳素结构钢。

2．合金钢

合金钢具有比碳素钢更好的机械性能和热处理性能，但对应力集中比较敏感，且价格较贵，主要用于对强度或耐磨性有特殊要求的轴。如20Cr、20CrMnTi等低碳合金钢，经渗碳淬火处理后可提高耐磨性；20CrMoV、38CrMoAl等合金钢，有良好的高温机械性能，常用于在高温、高速和重载条件下工作的轴。

3．球墨铸铁

球墨铸铁吸振性和耐磨性好，对应力集中敏感性小，价格低廉，适用于制造结构形状复杂的轴，如内燃机中的曲轴、凸轮轴等。

轴的毛坯选择：当轴的直径较小而又不太重要时，可采用轧制圆钢；重要的轴应采用锻造坯件；对于大型的低速轴，也可采用铸件。

轴的常用材料及主要性能见表11-1。

表11-1　轴的常用材料及主要性能

材料牌号	热处理	毛坯直径/mm	硬度HBS	抗拉强度 σ_b	屈服极限 σ_s	弯曲疲劳极限 σ_{-1}	剪切疲劳极限 τ_{-1}	许用弯曲应力 $[\sigma_{-1}]_b$	备注
				MPa					
Q235-A	热轧或锻后空冷	≤100		400~420	225	170	105	40	用于不太重要及受载荷不大的轴
		>100~250		375~390	215				
45	正火	≤100	170~217	590	295	255	140	55	应用最广泛
		>100~300	162~217	570	285	245	135		
	调质	≤200	217~255	640	355	275	155	60	
40Cr	调质	≤100	241~286	735	540	355	200	70	用于载荷较大，无很大冲击的重要轴
		>100~300		685	490	335	185		
40CrNi	调质	≤100	270~300	900	735	430	260	75	用于很重要的轴
		>100~300	240~270	785	570	370	210		
38SiMnMo	调质	≤100	229~286	735	590	365	210	70	用于重要的轴
		>100~300	217~269	685	540	345	195		
38CrMoAlA	调质	≤60	293~321	930	785	440	280	75	用于要求高耐磨性、高强度且热处理变形较小的轴
		>60~100	277~302	835	685	410	27		
		>100~160	241~277	785	590	375	220		
20Cr	渗碳淬火回火	≤60	渗碳56~62HRC	640	390	305	160	60	用于要求强度及韧性均较高的轴

续表

材料牌号	热处理	毛坯直径 /mm	硬度 HBS	抗拉强度 σ_b	屈服极限 σ_s	弯曲疲劳极限 σ_{-1}	剪切疲劳极限 τ_{-1}	许用弯曲应力 $[\sigma_{-1}]_b$	备　注
				MPa					
3Cr13	调质	≤100	≥241	835	635	395	230	75	用于腐蚀条件下的轴
1Cr18Ni9Ti	淬火	≤1 000	≤192	530	195	190	115	45	用于高、低温及腐蚀条件下的轴
		>100～200		490		180	110		
QT600-3			190～270	600	370	215	185		用于制造复杂外形的轴
QT800-2			245～335	800	480	290	250		

11.2.2 轴的设计准则和设计步骤

轴不是标准零件，它的结构形状及尺寸与很多因素有关，如轴的毛坯种类、轴上作用力的大小及其分布情况；轴上零件的位置、配合性质及其连接固定的方法；轴承的类型、尺寸和位置；轴的加工方法、装配方法以及其他特殊要求等。因此，设计轴时要全面综合地考虑各种因素。

1．轴的设计准则

设计轴的一般准则为：轴的结构合理，并具有足够的强度、刚度、稳定性等。但不同的机械对轴工作的要求各不相同。因此，对于机器中的转轴，主要应满足强度和结构的要求；对于工作时不允许有过大变形的轴（如机床主轴），应主要满足刚度要求；对于高速轴，则应满足振动稳定性的要求。

2．轴的设计步骤

（1）拟订轴上零件的装配方案。

（2）根据载荷、工况等要求选择轴的材料及热处理方法。

（3）初步确定轴的直径。

（4）考虑轴上零件的安装和受力等情况，进行轴的结构设计。在绘图设计过程中完成轴的几何外形设计，使之满足使用要求。

（5）工作能力的校核计算。一般对轴作强度校核，必要时进行轴的刚度及振动稳定性计算。

11.3 轴的结构设计

轴的结构设计就是合理地确定轴各部分的形状和尺寸。一般应满足如下要求：

（1）为节省材料、减轻重量，应尽量采用等强度外形和高刚度的剖面形状。

（2）轴上零件有准确的相对位置（零件的定位）；各零件在受载后仍可靠地固定在预定的位置上（零件的固定）。

（3）轴上零件便于加工、装配及调整。

（4）轴上结构要有利于减小应力集中，提高疲劳强度。

（5）轴应具有良好的制造工艺性等。

为便于轴上零件的拆装、定位及固定，多数情况将轴做成阶梯形。

阶梯轴一般由轴头、轴身、轴颈组成，如图 11-6 所示。与传动零件或联轴器、离合器相配部分为轴头，与轴承相配部分为轴颈，连接轴头和轴颈的部分为轴身。

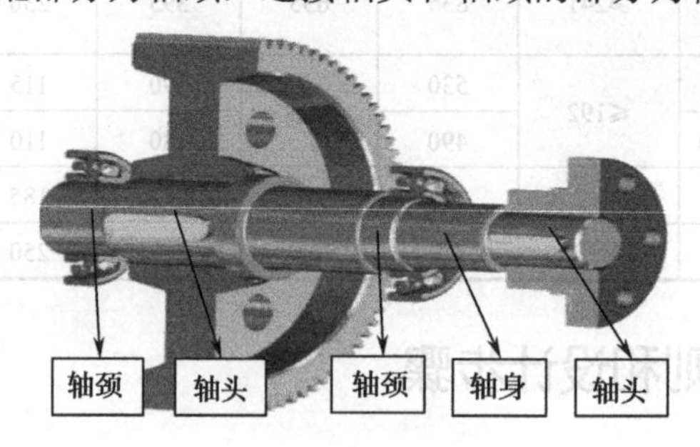

图 11-6 阶梯轴的组成

11.3.1 轴上零件的布置

轴上零件的布置是进行轴结构设计的前提，它决定着轴的基本结构形式。在进行结构设计时，需根据具体情况进行分析，首先应按传动简图上所给出的各主要零件的相互位置关系拟订轴上零件的装配方案。轴上零件的装配方案不同，轴的结构形式也不同。设计时可拟订几种装配方案，进行分析与选择，从中择优选出理想的设计方案。在满足设计要求的情况下，轴的结构应力求简单，便于加工。

11.3.2 轴上零件的定位及固定

为了传递运动和动力，保证机械的工作精度和使用可靠，零件在轴上必须具有准确的工作位置，不允许零件沿轴向或周向发生相对运动。因此，轴上零件通常都要进行轴向和周向固定。

1．轴上零件的轴向固定

轴向定位和固定是指将轴上的零件沿轴线方向进行定位和固定。其定位和固定方法主要有两大类：一是利用轴本身的结构，如轴肩、轴环、圆锥面、过盈配合等；二是采用附件，如套筒、圆螺母、弹性挡圈、轴端挡圈、紧定螺钉、楔键、销等，详见表 11-2。具体选择哪种方法主要取决于零件所承受的轴向载荷的大小。

表 11-2 轴上零件的轴向固定方法

固定方法	结构图解	用于说明
轴肩、轴环	轴环 轴肩	结构简单，定位可靠，承受轴向力大，但在轴肩和轴环处因截面突变，会引起较大的应力集中

续表

固定方法	结构图解	用于说明
套筒	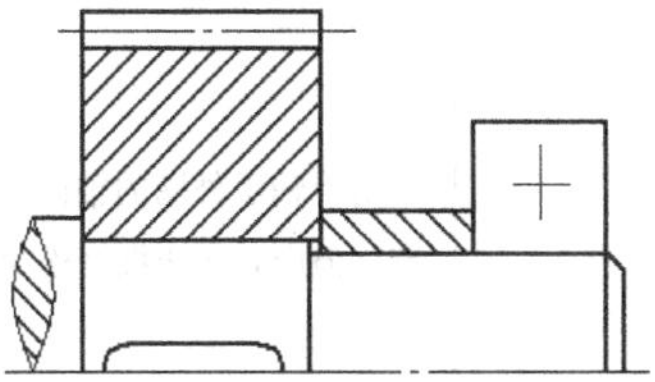	套筒固定可使轴的结构简化，但不宜太长，也不宜用在转速较高的轴上，套筒外径应按轴承手册中的安装尺寸确定
圆锥面	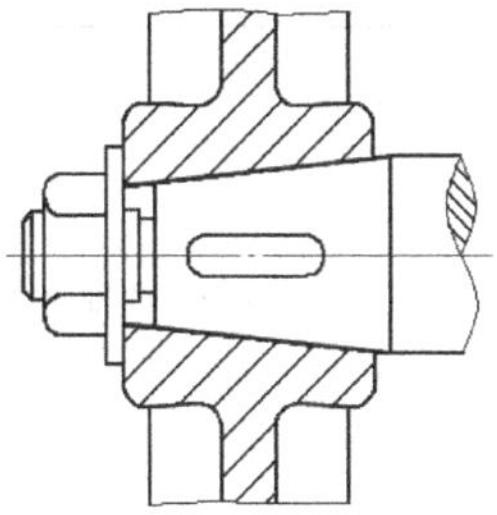	对中性好，常用于调整轴端零件的位置或经常拆卸的场合
圆螺母加止动垫圈	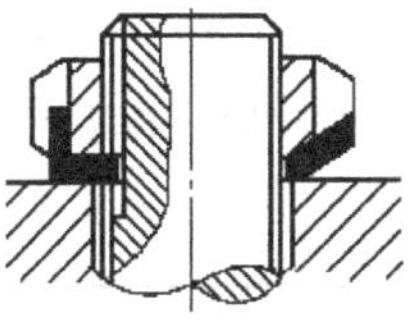 	定位可靠，装拆方便，常用于零件与轴承之间距离较大，轴上允许车制螺纹的场合
双圆螺母	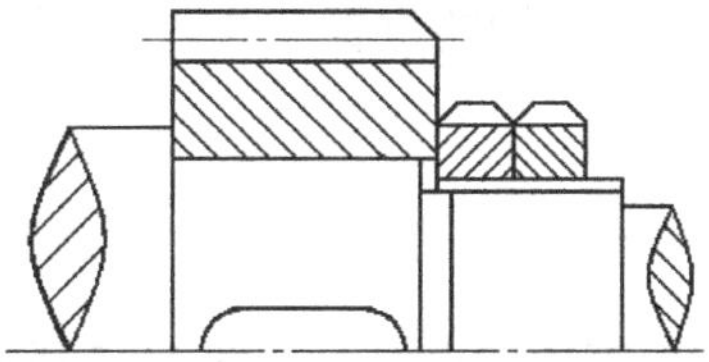	当可承受较大的轴向力，由于切制螺纹使轴的疲劳强度下降，常用于轴上零件间距较大不宜用套筒时，可用圆螺母固定
轴端挡圈	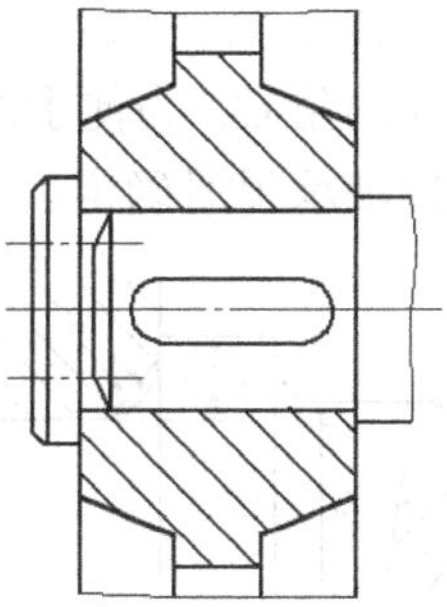	用于轴端零件要求固定的场合
弹性挡圈	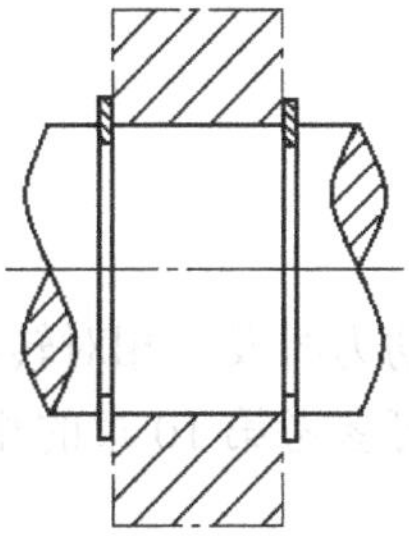 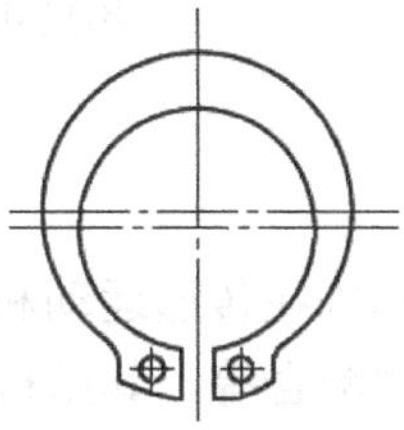	用于轴向力小或不承受轴向力的场合，常用作滚动轴承的轴向固定

续表

固定方法	结构图解	用于说明
轴承端盖		用于轴承外圈的轴向固定，可承受较大的轴向载荷，但应有防止螺钉松动的装置
紧定螺钉		承受较小的轴向力，不适用于高速传动
销		常用于轴向力较小的场合

除上述几种轴向固定方法外，过盈配合连接也有轴向固定的作用，但它们都是零件相对于轴的轴向固定，而整个轴系的轴向位置也必须确定，轴的位置及其调整是通过轴承的固定来实现的。

2．轴上零件的轴向定位

轴上零件利用轴肩和轴环来定位是最方便而有效的办法，如图 11-7 所示。为使定位可靠，一般轴肩和轴环的高度 h=(0.07～0.1)d，轴环宽度 b≈1.4h；为使轴上零件的端面能与轴肩紧贴，轴肩的圆角半径 r 必须小于零件孔端的圆角半径 R 或倒角 C；为便于滚动轴承的拆卸，轴肩和轴环的高度 h 必须小于轴承内圈的端面高度，其值按轴承手册确定。

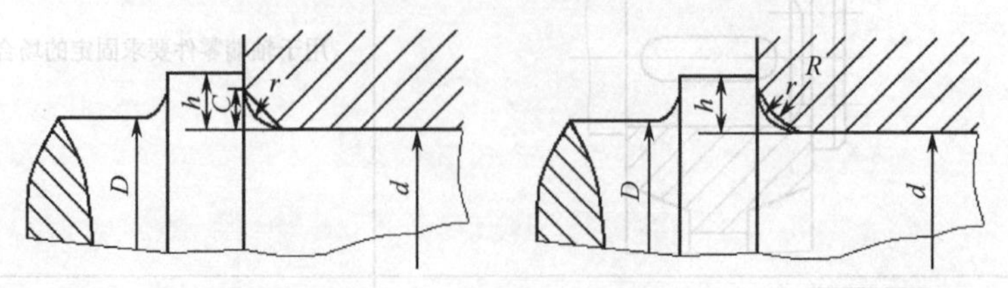

图 11-7　定位轴肩的结构尺寸

3．零件的周向定位和固定

周向固定的目的是为了防止轴上零件和轴在传递运动和动力时发生相对转动。常用的周向固定方法有键、花键、销、型面连接和过盈配合等。其结构可参考第 10 章的相关内容。

11.3.3 确定轴的各段直径和长度

开始设计轴时，通常还不知道轴上零件的位置及支点情况，无法确定轴的受力情况，因而无法按弯曲强度计算轴的危险截面直径，一般先按纯扭转受力情况对轴的直径进行估算，将所算出的轴径作为转轴受扭段的最小直径，再在此基础上进行轴的结构设计。这种计算方法主要用于传动轴。

1．轴的基本直径的估算

设轴在转矩T的作用下，产生切应力τ。对于圆截面的轴，其抗扭强度条件为

$$\tau=\frac{T}{W_{\mathrm{T}}}=\frac{9.55\times10^{6}\dfrac{P}{n}}{W_{\mathrm{T}}}\leqslant[\tau] \tag{11-1}$$

实心轴的直径估算公式为

$$d\geqslant\sqrt[3]{\frac{9.55\times10^{6}P}{0.2[\tau]n}}=A\sqrt[3]{\frac{P}{n}} \tag{11-2}$$

空心轴的直径估算公式为

$$d\geqslant\sqrt[3]{\frac{9.55\times10^{6}P}{0.2(1-\alpha^{4})[\tau]n}}=A\sqrt[3]{\frac{P}{(1-\alpha^{4})n}} \tag{11-3}$$

式中 T——轴传递的转矩，也是轴承受的扭矩（N·mm）；

W_{T}——抗扭截面系数；

P——轴传递的功率（kW）；

n——轴的转速（r/min）；

d——轴估算直径（mm）；

$[\tau]$——轴材料的许用切应力（MPa）；

α——空心轴的内外径之比；

A——轴的材料和承载情况确定的常数，其值见表 11-3。

表 11-3 常用材料$[\tau]$和 A 值

轴的材料	Q235A，20 钢	35 钢	45 钢	40Cr，35SiMn，40MnB，38SiMnMo，20CrMnTi
$[\tau]$/MPa	15～25	20～35	25～45	35～55
A	149～126	135～112	126～103	112～97

注：当作用在轴上的弯矩比传递的扭矩小或只传递转矩时，A 取较小值；否则 A 取较大值。

由上式求出直径后，若该直径处装有标准件，如联轴器等，则按标准件与轴的装配尺寸将此值圆整成标准直径，并符合标准件内孔系列，然后作为轴的最小直径；若轴段上有键槽时，应把算得的直径增大，以补偿键槽对轴强度的削弱，单键增大 3%～5%，双键增大 7%～10%，然后再圆整到标准直径。

2．确定各段轴的直径和长度

轴上零件的装配方案和定位方法确定之后，轴的基本形状就确定下来了。轴的最小直径确定后，可按轴上零件的装配方案和定位要求，逐步确定各轴段的直径；根据轴上零件的轴向尺寸、各零件的相互位置关系以及零件装配所需的装配和调整空间，确定轴的各段长度。轴的各段长度和直径应满足以下要求：

（1）轴上与标准零件相配合的直径应取为标准值，非配合轴段允许为非标准值，但最好取为整数。

（2）与滚动轴承相配合的直径，必须符合滚动轴承的内径标准。

（3）安装联轴器的轴径应与联轴器的孔径范围相适应。

（4）轴上的螺纹直径应符合标准。

（5）轴上与零件相配合部分的轴段长度，应比轮毂长度短2～3mm，以保证零件轴向定位可靠。

（6）若在轴上装要滑移的零件，应考虑零件的滑移距离。

（7）轴上各零件之间应留有适当的间隙，以防运转时相碰。

（8）轴承应尽可能靠近传动件，以减小两支点间的跨矩或悬臂长度，提高轴的刚度和强度。

11.3.4 轴的加工和装配工艺性

1．轴的加工工艺性

（1）同一根轴上所有圆角半径和倒角的大小应尽可能一致，以减少刀具种类和换刀次数。

（2）为便于加工定位，精度要求较高的轴，在轴的两端应钻中心孔作为基准。

（3）为了能选用合适的圆钢和减小切削用量，阶梯轴各轴段的直径不宜相差过大，一般取为5～10mm。

（4）轴上磨削的轴段应设有砂轮越程槽（见图11-8），以便磨削时砂轮可以磨削到轴肩的端部。

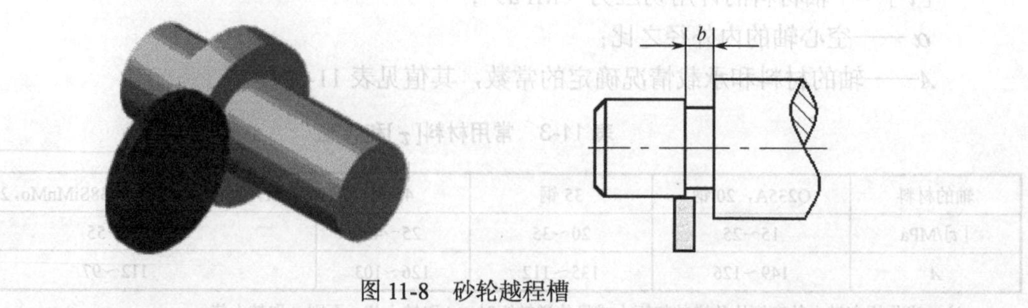

图11-8　砂轮越程槽

（5）轴上车螺纹的轴段应设有螺纹退刀槽（见图11-9），以保证螺纹牙均能达到预期的高度。

（6）轴上沿长度方向开有几个键槽时，应将键槽安排在轴的同一母线上，以缩短辅助加工时间。若需开键槽的轴段直径相差不大，应尽可能采用相同宽度的键槽（如图11-10所示），以减少换刀次数。

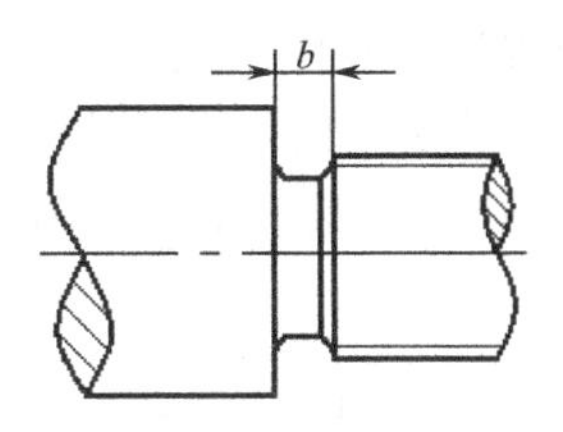

图 11-9 螺纹退刀槽

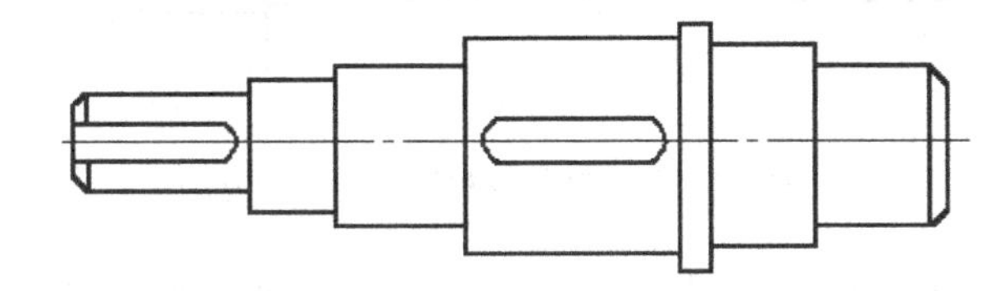

图 11-10 键槽应在同一母线上

2．轴的装配工艺性

设计轴的结构时，首先应确定轴上零件的装拆方案（根据轴上零件的布置情况），要求装配时所有零件都应顺利地到达轴上安装位置，一般轴的结构设计成中间粗两端逐渐细的阶梯形状；为减少零件在装拆时对配合表面的擦伤破坏，应使零件在其配合表面上的装拆路径最短；为装拆方便，轴肩一般可取为 1～3mm；安装轴承的轴肩高度应小于轴承内圈厚度，以便拆卸；为便于有过盈配合零件的装配，应在零件进入的轴端或轴肩处加工出倒角或导向锥。

11.3.5 提高轴强度和刚度的措施

（1）改进轴的结构，减小应力集中。

多数转轴在变应力作用下工作，容易发生疲劳破坏，所以，轴肩处应有较大的过渡圆角；轴的直径变化应尽可能小；当靠轴肩定位零件的圆角半径过小时，可采用内凹圆角或加装隔离环；键槽端部与轴肩的距离不宜过小，以免损伤轴肩处的过渡圆角和增加重叠应力集中源的数量；尽可能避免在轴上受载较大的轴段切制螺纹。重要结构的轴肩要采用减载槽（见图 11-11（a））、过渡肩环（见图 11-11（b））或凹切圆角（见图 11-11（c））。

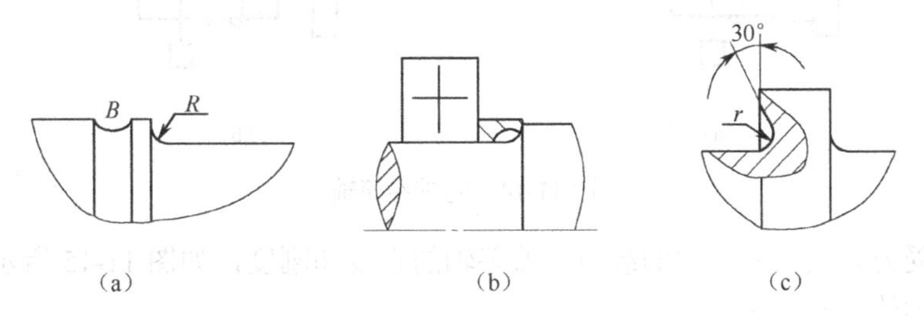

图 11-11 减小应力集中的措施

当轴上零件与轴为过盈配合时，在轮毂上做出卸载槽（见图 11-12（a）），在配合边缘开卸载槽（见图 11-12（b））或增大配合处轴径（见图 11-12（c））都能减小轴在零件配合处的应力集中。

（2）合理布置轴上零件以减小轴的载荷。

图 11-13 所示是动力输入轮与输出轮的两种不同布置方案，输入轮布置在输出轮中间的转矩（见图 11-13（a））比输出轮布置在一端（见图 11-13（b））的方案，轴所受到的最大扭矩小，故强度高。

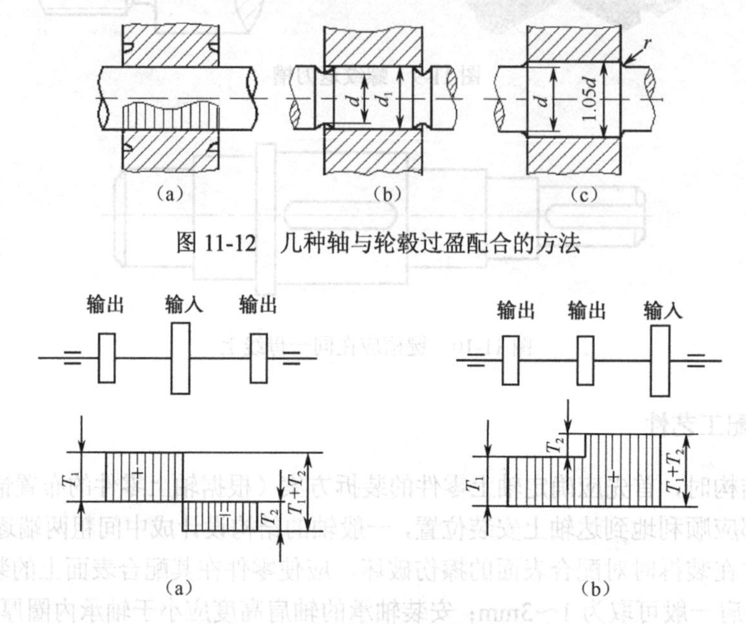

图 11-12　几种轴与轮毂过盈配合的方法

图 11-13　轴上零件的两种布置方式

（3）改进轴上零件结构。

合理的结构设计可以改善轴的受力情况。如图 11-14 所示的起重卷筒轴的两种不同方案中，图 11-14（a）的方案是大齿轮和卷筒连成一体，转矩经大齿轮直接传给卷筒，这样卷筒轴只受弯矩而不受转矩；而图 11-14（b）的方案是大齿轮将转矩通过轴传到卷筒，因而卷筒轴既受弯矩又受扭矩。在同样的载荷作用下，图 11-14（a）所示方案改善了轴的受力状况。

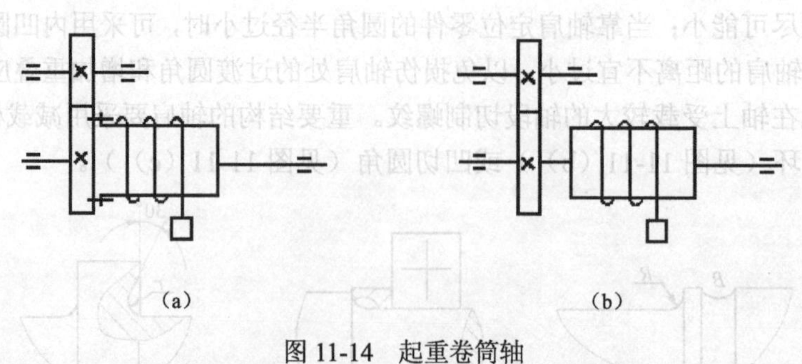

图 11-14　起重卷筒轴

（4）选择受力方式以减小轴的载荷，改善轴的强度和刚度，如图 11-15 所示。

（5）改善轴的表面品质。

改进表面质量提高轴的疲劳强度，包括降低表面粗糙度。对重要的轴可采用滚压、喷丸等表面强化处理；表面高频淬火热处理；渗碳、渗氮及碳氮共渗等化学处理，均可显著提高轴的承载能力。

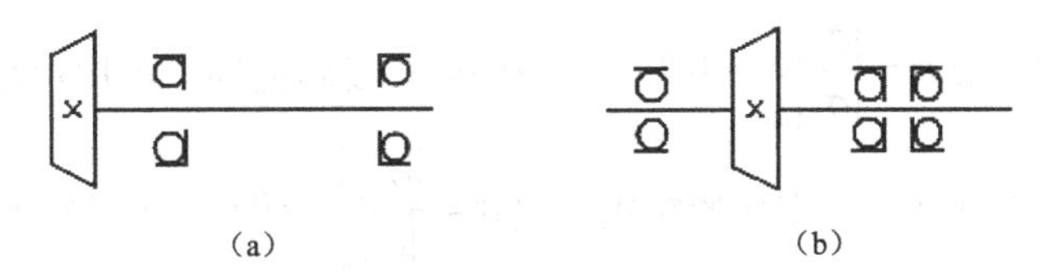

图 11-15 轴的受力方式

11.4 轴的工作能力计算

轴的结构设计之后，其形状和尺寸已确定，零件在轴上的位置、外载荷及支反力的作用位置均已确定，这时即可对轴进行强度和刚度计算。

11.4.1 轴的强度计算

轴的强度计算应根据轴上载荷的不同采用相应的计算方法。对于传动轴，校核其扭转强度或计算直径；对于心轴，可按弯矩强度计算；对于转轴，主要是进行弯扭合成强度校核计算，必要时还应按疲劳强度条件精确校核危险截面的安全因数。

1．按扭转强度计算

按扭转强度条件计算适用于只受扭矩或主要承受扭矩的传动轴的强度校核，或结构设计前按扭矩初估轴的直径 d_{min}。具体可按抗扭强度计算公式（11-1）和设计公式（11-2）或式（11-3）进行计算。

2．按弯扭合成强度计算

按弯扭合成强度计算适用于已知支点、扭矩、弯矩的转轴校核，通常按第三强度理论计算，强度计算公式为

$$\sigma_e=\frac{M_e}{W}=\frac{\sqrt{M^2+(\alpha T)^2}}{0.1d^3}\leqslant[\sigma_{-1}]_b \tag{11-4}$$

式中 σ_e——危险截面的当量应力（MPa）；

W——危险截面的抗弯截面系数（N·mm）；

M——合成弯矩（N·mm），$M=\sqrt{M_H^2+M_V^2}$，其中 M_H 为水平面弯矩，M_V 为垂直面弯矩；

M_e——当量弯矩（N·mm），$M_e=\sqrt{M^2+(\alpha T)^2}$；

T——轴传递的转矩（N·mm），$T=9.55\times10^6 P/n$；

d——轴估算直径（mm）；

α——应力校正因数。

对于不变的转矩，取$\alpha=\frac{[\sigma_{-1}]_b}{[\sigma_{+1}]_b}\approx 0.3$；对于频繁正反转的轴，可按对称循环的转矩处理，取$\alpha=\frac{[\sigma_{-1}]_b}{[\sigma_{-1}]_b}=1$；对于脉动循环变化的转矩，取$\alpha=\frac{[\sigma_{-1}]_b}{[\sigma_0]_b}\approx 0.6$。当转矩变化规律不易确定或情况不明时，可视为转矩按脉动循环变化。

不同淬硬状态下的许用弯曲应力可查相关机械设计手册。

由式（11-4）可推出实心轴直径d的设计公式为

$$d \geqslant \sqrt[3]{\frac{M_e}{0.1[\sigma_{-1}]_b}} \tag{11-5}$$

按弯扭合成强度校核轴的具体步骤：

（1）画出轴的计算简图，并求出水平面内和垂直面内的支承反力。对传动件上的载荷可简化为作用在轮缘宽度中点的集中力，支反力作用点的位置根据轴承类型确定。

（2）求水平面内支反力并作水平面内弯矩图。

（3）求垂直面内支反力并作垂直面内弯矩图。

（4）计算合成弯矩，画出合成弯矩图。

（5）计算轴的转矩，画出转矩图。

（6）计算危险截面的当量弯矩，作当量弯矩图。

（7）校核危险截面轴的强度。

在同一轴上各截面所受的载荷是不同的，设计计算时应选择若干个危险截面（一般为当量弯矩较大而直径较小的截面）进行计算。

若计算结果不满足要求，则表明轴的强度不够，必须修改结构设计，并重新验算；若计算结果满足轴的强度要求，且裕量不过大，一般就以原结构设计为准。

3．按弯矩强度计算

按弯矩强度计算适用于只受弯矩的心轴的强度校核。对于心轴，其转矩$T=0$，代入式（11-5）中，可推出心轴计算危险截面的直径为

$$d \geqslant \sqrt[3]{\frac{M}{0.1[\sigma_b]}} \tag{11-6}$$

式中，$[\sigma_b]$是许用弯曲应力，见表 11-1，对于转动心轴取$[\sigma_{-1}]_b$；对固定心轴，载荷不变时取$[\sigma_{+1}]_b$，载荷变化时取$[\sigma_0]_b$。

对于一般用途的轴，按以上几种方法设计计算即可；对于重要的轴，还需进一步校核危险截面的安全因数，在此不再介绍，需要时可参阅有关机械设计书籍。

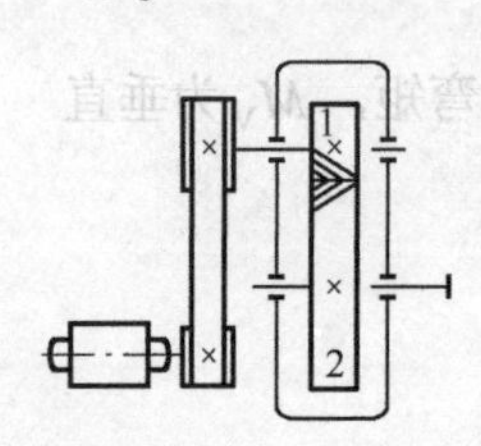

图 11-16 一级齿轮减速器

【例 11-1】图 11-16 所示为用于带式运输机的单级斜齿圆柱齿轮减速器。减速器由电动机驱动。已知从动轴传递的功率$P=12\text{kW}$，转速$n_2=200\text{r/min}$，作用在齿轮上的切向力$F_{t2}=2\,656\text{N}$，径向力$F_{r2}=985\text{N}$，轴向力$F_{a2}=522\text{N}$，大齿轮分度圆直径$d_2=356\text{mm}$，轮毂长度$B=80\text{mm}$，工

作时单向转动。试设计此从动轴。

解： 设计计算过程如表 11-4 所示。

表 11-4　例 11-1 设计计算过程

设计项目	计算内容和依据	计算结果
1. 选择轴的材料	因轴对材料无特殊要求，故选用 45 钢，正火处理	45 钢，正火处理
2. 按扭转强度初估轴外伸端直径 d	根据 $d \geqslant A\sqrt[3]{\frac{P}{n}}$，由表 11-3，查得 45 钢的 A=126～103，代入公式得 $d \geqslant A\sqrt[3]{\frac{P}{n}}$ =（126～103）× $\sqrt[3]{\frac{12}{200}}$ =49.33～40.32mm。 考虑该轴段安装联轴器，有一个键槽，故应将直径增大 4%，即 d =(49.33～40.32)×1.04mm=51.30～41.93mm 此值应取与联轴器对应的标准直径系列值，选取 LT7 型弹性套柱销联轴器，d =45mm	d =45mm
3. 轴的结构设计并绘制结构草图 （1）确定轴上零件的位置和固定方式	本题考虑齿轮从轴的右端装入，齿轮的左端用轴肩或轴环定位和固定，右端用套筒固定。因单级传动，一般将齿轮安装在箱体中间，轴承安装在箱体的轴承孔内，相对于齿轮左右对称为好，并取相同的内径，最后确定轴的形状如图 11-17 所示。	
（2）确定轴各段直径	根据轴各段直径确定的原则，本题中各段直径选取如下：轴段①的直径为最小值，由前面已经确定为 d_1 =45mm；轴段②要考虑到联轴器的定位和安装密封圈的要求，取 d_2 =52mm，取定位轴肩高 h =(0.07～0.1) d_1；轴段③安装轴承，为便于装拆应取 $d_3 > d_2$，且与轴承的内径标准系列相符，故取 d_3 =55mm（轴承型号为 6311）；轴段④安装齿轮，此直径尽可能采用推荐的标准系列值，但轴的直径不宜取得过大，故取 d_4 =60mm；轴段⑤为轴环，考虑左面轴承的拆装以及右面齿轮的定位和固定，故取轴径 d_5 =65mm；轴段⑥取与轴段③相同的直径，即 d_6 =55mm。	d_1 =45mm d_2 =52mm d_3 =55mm d_4 =60mm d_5 =65mm d_6 =55mm
（3）确定轴各段长度	为保证齿轮固定可靠，轴段④的长度应稍短于齿轮轮毂的长度，取 L_4 =（80−2）mm=78mm；为保证齿轮端面与箱体内壁不相撞，应留一定的空间，取两者间距为 15mm；为保证轴承含在箱体轴承孔内，并考虑轴承的润滑，取轴承端面距箱体内壁距离为 5mm；轴承内圈宽度为 21mm，轴承端盖的宽度取为 22mm（查《机械零件设计手册》）；为保证联轴器不与轴承端盖连接螺钉相碰，并使轴承拆装方便，联轴器左端面与端盖间应留适当的间隙，经查《机械零件设计手册》，此段轴长为 36mm；根据联轴器轴孔长度取 L_1 =（84−2）mm=82mm。	
（4）两轴承之间的跨距 l	因深沟球轴承的支反力作用点在轴承宽度的中点，故两轴承之间的跨距 l =（80+20×2+10.5×2）mm=141mm	l =141mm
4. 按弯扭合成强度校核轴的强度 （1）绘制轴受力简图	对于图 11-17 所示的轴，将载荷简化，两端轴承视为一端活动铰链，一端固定铰链，其受力简图如图 11-18（a）所示。	轴受力简图如图 11-18（a）所示
（2）绘制水平面内的弯矩图	轴承支反力：对称布置，只受一个力，如图 11-18（b）所示，故 $F_{HA} = F_{HB} = \frac{F_{t2}}{2} = \frac{2\,656}{2}$ =1 328N 截面 C 处的弯矩： $M_{HC} = F_{HA} \cdot \frac{l}{2} = 1\,328 \times \frac{0.141}{2} \approx 93.62$ N · m	$M_{HC} \approx 93.62$ N · m

续表

设 计 项 目	计算内容和依据	计 算 结 果
(3) 绘制垂直平面内的弯矩图	轴承支反力：对称布置，只受一个力作用，如图 11-18 (c) 所示。 由$\sum M_B(\vec{F})=0$ 列方程 $F_{VA}l+\frac{F_{a2}d_2}{2}-\frac{F_{r2}}{2}l=0$ 得 $F_{VA}=\frac{F_{r2}}{2}-\frac{F_{a2}d_2}{2l}=\frac{985}{2}-\frac{522\times356}{2\times141}\approx-166.48\ \text{N}$ 由$\sum F_y=0$ 列方程，得 $F_{VB}=F_{r2}-F_{VA}=985-(-166.48)=1\ 151.48\ \text{N}$ 计算截面 C 处的弯矩： 截面 C 左侧弯矩： $M_{VC1}=F_{VA}\cdot\frac{l}{2}=-166.48\times\frac{0.141}{2}\approx-11.74\ \text{N}\cdot\text{m}$ 截面 C 右侧弯矩： $M_{VC2}=F_{VB}\cdot\frac{l}{2}=1\ 151.48\times\frac{0.141}{2}\approx81.18\ \text{N}\cdot\text{m}$	水平面内的弯矩图（见图 11-18 (b)） $M_{VC1}\approx-11.74\ \text{N}\cdot\text{m}$ $M_{VC2}\approx81.18\ \text{N}\cdot\text{m}$ 垂直平面内的弯矩图（见图 11-18 (c)）
(4) 绘制合成弯矩图	截面 C 左侧的合成弯矩： $M_{C1}=\sqrt{{M_{HC}}^2+{M^2}_{VC1}}=\sqrt{93.62^2+(-11.74)^2}\approx94.35\ \text{N}\cdot\text{m}$ 截面 C 右侧的合成弯矩： $M_{C2}=\sqrt{M_{HC}^2+M_{VC2}^2}=\sqrt{93.62^2+81.18^2}\approx123.91\ \text{N}\cdot\text{m}$	$M_{C1}\approx94.35\ \text{N}\cdot\text{m}$ $M_{C2}\approx123.91\ \text{N}\cdot\text{m}$ 合成弯矩图（见图 11-18 (d)）
(5) 绘制转矩图	$T=9\ 550\times\frac{P}{n}=9\ 550\times\frac{12}{200}\approx573\ \text{N}\cdot\text{m}$	$T\approx573\ \text{N}\cdot\text{m}$ 转矩图（见图 11-18(e)）
(6) 绘制当量弯矩图	因减速器单向转动，转矩产生的切应力按脉动循环变化，取 α=0.6。代入危险截面 C 处的最大弯矩 M_{C2}，求得当量弯矩为： $M_{eC}=\sqrt{M_{C2}^2+(\alpha T)^2}=\sqrt{123.91^2+(0.6\times573)^2}\approx365.45\ \text{N}\cdot\text{m}$	$M_{eC}\approx365.45\ \text{N}\cdot\text{m}$ 当量弯矩图（见图 11-18 (f)）
(7) 计算危险截面 C 处的直径 d	查表 11-1 得$[\sigma_{-1}]_b$=55 MPa，由式（11-5）， $d\geqslant\sqrt[3]{\frac{M_{eC}}{0.1[\sigma_{-1}]}}=\sqrt[3]{\frac{365.45\times10^3}{0.1\times55}}\approx40.5\ \text{mm}$ 因为截面 C 处有一个键槽应将直径增大 5%，d=40.5×1.05=42.5mm。 实际危险截面 C 处的直径 60mm，大于计算值，所以强度足够	d=42.5mm
5. 绘制轴的工作图（略）		

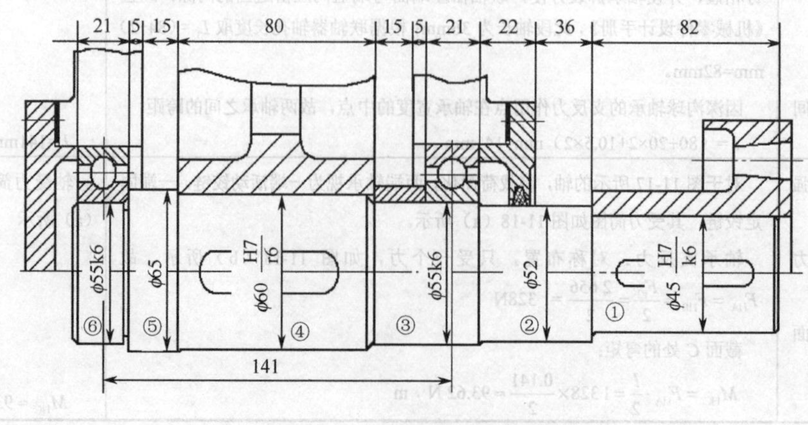

图 11-17 轴系部件结构简图

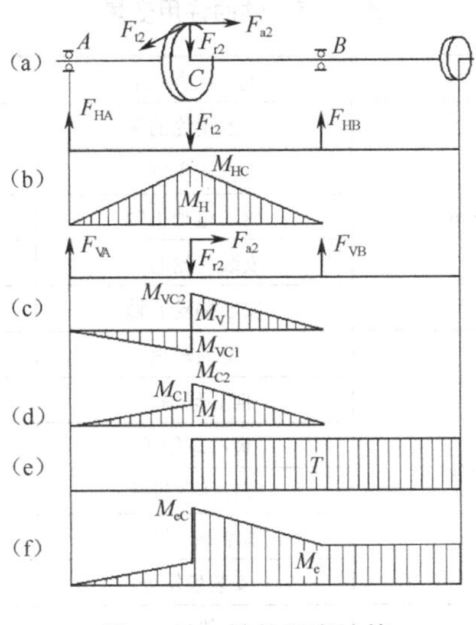

图 11-18 轴的强度计算

11.4.2 轴的刚度计算

轴受弯矩作用会产生弯曲变形，其变形量用挠度 y 和偏转角 θ 来度量，如图 11-19 所示；受转矩作用会产生扭转变形，其变形量用 φ 来度量，如图 11-20 所示。如果轴的刚度不够，在载荷作用下将产生很大的变形，从而影响机器的正常工作。因此，对于重要的轴，为使其工作时不致因刚度不够而失效，设计时必须根据轴的工作条件限制其变形量。

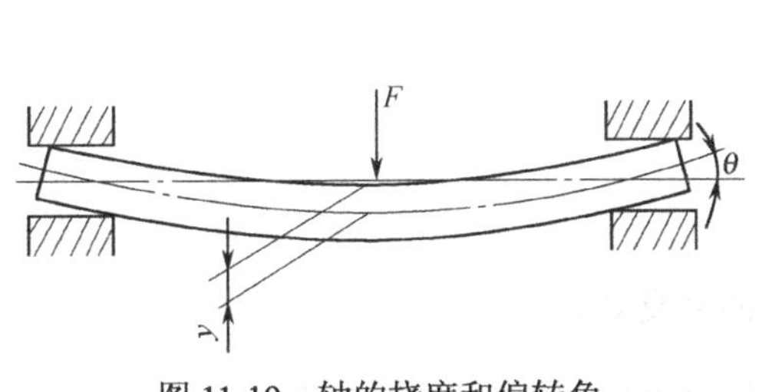

图 11-19 轴的挠度和偏转角

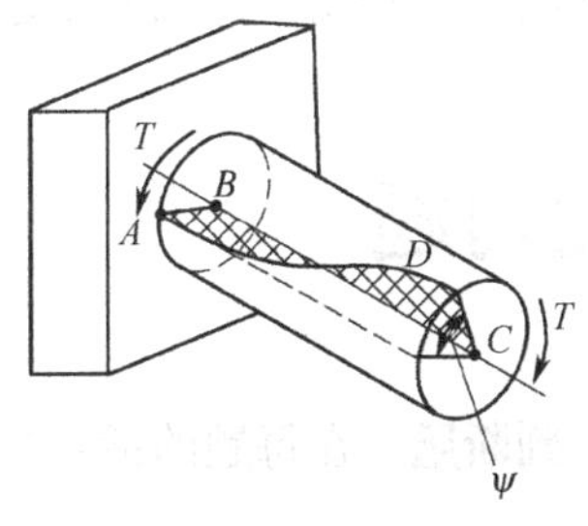

图 11-20 轴的扭转角

1．轴的弯曲变形计算

挠度 $$y \leqslant [y] \tag{11-7}$$

偏转角 $$\theta \leqslant [\theta] \tag{11-8}$$

2．轴的扭转变形的计算

对每米长的扭转角 $$\varphi \leqslant [\varphi] \tag{11-9}$$

$[y]$、$[\theta]$、$[\varphi]$ 分别是许用挠度、许用偏转角和许用扭转角，其值见表 11-5。

表 11-5　轴的许用变量

变　形		适用场合	许用值
弯曲变形	许用挠度[y]/mm	一般用途的轴	（0.000 3～0.000 5）L
		机床主轴	≤0.000 2L
		感应电动机轴	≤0.1δ
		安装齿轮的轴	（0.01～0.05）m_n
		安装蜗轮的轴	（0.02～0.05）m
	许用偏转角[θ]/rad	滑动轴承	≤0.001
		向心球轴承	≤0.005
		调心球轴承	≤0.05
		圆柱滚子轴承	≤0.002 5
		圆锥滚子轴承	≤0.001 6
		安装齿轮处	≤0.001～0.002
扭转变形	许用扭转角[φ]/（°/m）	一般传动	0.5～1
		较精密的传动	0.25～0.5
		重要传动	<0.25

注：L 为跨距；δ 为电动机定子与转子间的间隙；m_n 为齿轮法向模数；m 为蜗轮端面模数。

本章小结

本章主要介绍了轴的功用、类型；轴上零件的定位和固定方式；提高轴疲劳强度的措施；轴上零件的装拆和调整；轴的制造工艺要求；轴的强度与刚度校核。

单元习题

一、判断题（在每题的括号内打上相应的×或√）

1．汽车变速箱与后桥之间的轴是传动轴，它的功用是传递运动和动力。（　）

2．自行车的前、后轮轴都是心轴。（　）

3．转轴工作时，其横截面上只承受拉、压正应力。（　）

4．曲轴在工作中既传递动力又传递运动，因此是传动轴。（　）

5．一般机械中的轴多采用阶梯轴，主要是为了零件的装拆及定位。（　）

6．轴上与轴承相配的部分称为轴头。（　）

7．轴上与轴承相配的部分称为轴颈。（　）

8．阶梯轴是最常见的一种轴的结构形式，由于它能够充分利用轴肩对轴系零件进行轴向定位，因此，大多数轴都采用这种结构形式。（　）

9．为了减小应力集中，轴径变化尽可能小，阶梯轴是最不好的形式，最好采用光轴的形式。（　）

10．同一个轴上的退刀槽、圆角半径、倒角等重复出现时，尺寸应尽量相同。（ ）

11．若需开键槽的轴段直径相差不大，应尽可能采用相同宽度的键槽。（ ）

12．轴的各段长度取决于轴上零件的轴向尺寸。为防止零件的窜动，一般轴头的长度应稍大于轮毂的长度。（ ）

13．为了使滚动轴承内圈轴向定位可靠，轴肩高度应大于轴承内圈高度。（ ）

14．一般安装轴承的轴肩高度应小于轴承内圈厚度，以便拆卸。（ ）

15．轴与轴上零件通过过盈配合能传递较大的转矩。（ ）

16．设置砂轮越程槽主要是为了减小过渡圆角处的应力集中。（ ）

17．对于形状较复杂的轴（如曲轴）常采用球墨铸铁铸造加工。（ ）

18．提高轴刚度的措施之一是选用力学性能好的合金钢材料。（ ）

19．为了减小轴的应力集中，在重要的结构中轴肩要采用减载槽、过渡肩环等。（ ）

20．对转轴主要是进行扭转强度校核计算，必要时还应按疲劳强度条件精确校核危险截面的安全因数。（ ）

二、选择题（选择一个正确答案，将其前方的字母填在括号中）

1．工作时承受弯矩并传递转矩的轴，称为_____。（ ）

A．心轴　B．转轴　C．传动轴

2．工作时只承受弯矩，不传递转矩的轴，称为_____。（ ）

A．心轴　B．转轴　C．传动轴

3．工作时以传递转矩为主，不承受弯矩或弯矩很小的轴，称为_____。（ ）

A．心轴　B．转轴　C．传动轴

4．汽车底盘通过万向联轴器带动后轮差速器的轴是_____。（ ）

A．心轴　B．转轴　C．传动轴

5．自行车前、后轮的车轴属于_____。（ ）

A．光轴　B．心轴　C．传动轴　D．支承轴

6．转轴常设计成阶梯形是因为_____。（ ）

A．转轴受力相对复杂，而阶梯轴具有接近等弯曲强度的特点

B．转轴上零件较多

C．阶梯轴结构简单、加工方便

7．阶梯轴中，安装轮毂的轴段是_____。（ ）

A．轴头　B．轴颈　C．轴身

8．下列材料中最不适合做轴的材料是_____。（ ）

A．碳素钢　B．合金钢　C．球墨铸铁　D．灰铸铁

9．某转轴在高温、高速和重载条件下工作，宜选用_____材料。（ ）

A．45钢正火　B．45钢调质　C．20CrMoV

10．轴环的用途是_____。（ ）

A．作为轴加工时的定位面　B．提高轴的强度

C．提高轴的刚度　D．使轴上零件获得轴向定位

11．下面三种方法_____能实现可靠的周向固定。（ ）

A．紧定螺钉　B．销　C．圆螺母与止动垫圈

12．在普通机械中，当传递转矩较大时，宜采用_____周向固定方式。 （ ）

A．花键连接 B．切向键连接 C．销连接

13．轴肩圆角半径应_____。 （ ）

A．等于轴上相配零件孔边圆角半径 R B．等于轴上相配零件孔边倒角尺寸 C

C．大于 R 而小于 C D．小于 C 或小于 R

14．增大轴在截面变化处的过渡圆角半径，可以_____。 （ ）

A．使零件的轴向定位比较可靠

B．降低应力集中，提高轴的疲劳强度

C．使轴的加工方便

15．不能用以下方法提高轴的疲劳强度的是_____。 （ ）

A．加大轴肩圆角半径 B．轴上的圆角尽可能取相同尺寸

C．减小阶梯轴直径差 D．降低轴的表面粗糙度

16．对轴进行强度校核时，应选定危险截面，通常危险截面为_____。 （ ）

A．受集中载荷最大的截面

B．截面积最小的截面

C．受载大，截面小，应力集中的截面

17．按扭转强度估计转轴轴径时，求出的直径指_____。 （ ）

A．装轴承处的直径

B．轴的最小直径

C．轴上危险截面处的直径

18．转轴上载荷和支点位置都已确定后，轴的直径可以根据_____进行计算或校核。（ ）

A．抗弯强度 B．扭转强度 C．扭转刚度 D．复合强度

19．计算转轴当量弯矩时，若转矩为对称循环，则 α 的取值为_____。 （ ）

A．1 B．1.5 C．0.3 D．0.6

20．轴在转矩作用下会产生扭转变形，其变形量用_____来度量。 （ ）

A．挠度 B．偏转角 C．扭转角

三、改错题

指出图 11-21 所示的轴在结构上不合理和不完善的地方，说明错误原因及改进意见，并画出合理的结构图。（注：润滑方式、倒角和圆角忽略不计。）

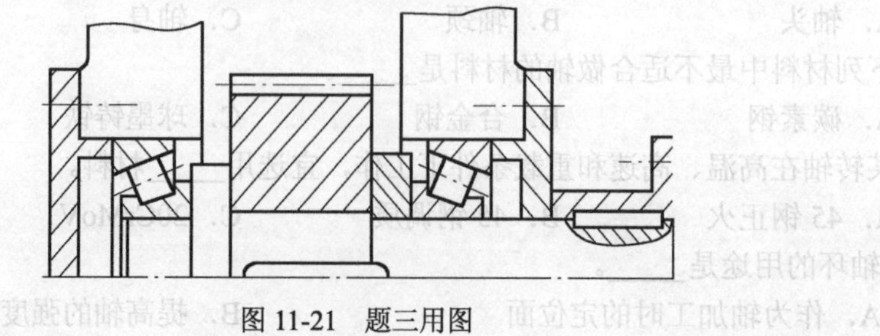

图 11-21 题三用图

四、设计计算题

1. 如图 11-22 所示，已知轴的材料为 45 钢，调质处理；作用在齿轮上的切向力 F_t=17 400N，

径向力 F_r=6 410N，轴向力 F_a=2 860N，分度圆直径 d=146mm，作用在右端带轮上的力 F=4 500N，方向未定，L=193mm，K=206mm。试计算该轴危险截面的直径。

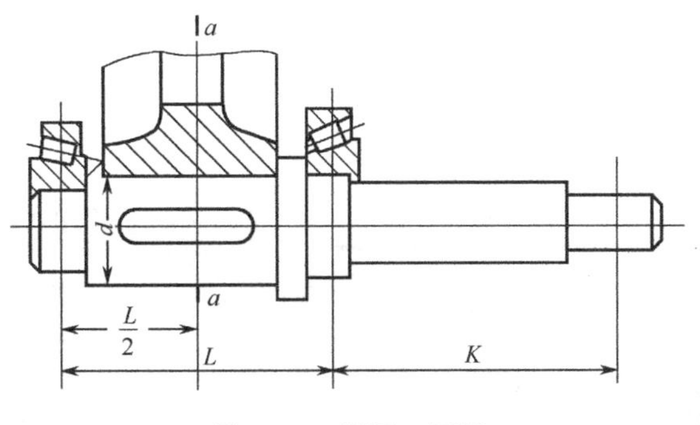

图 11-22　题四-1 用图

2．试设计一带式运输机中单级斜齿轮减速器的低速轴。齿轮减速器的简图如图 11-23 所示，已知电动机的功率 P_1=25kW，转速 n_1=970r/min，e=10～20mm；s=5～10mm。传动零件（齿轮）的主要参数及尺寸为：法面模数 m_n=4mm，齿数比 u=4，小齿轮齿数 z_1=20，大齿轮齿数 z_2=80，分度圆上的螺旋角 β=8°，小齿轮分度圆直径 d_1=80mm，大齿轮分度圆直径 d_2=320mm，中心距 a=200mm，齿轮宽 B_1=85mm，B_2=80mm。

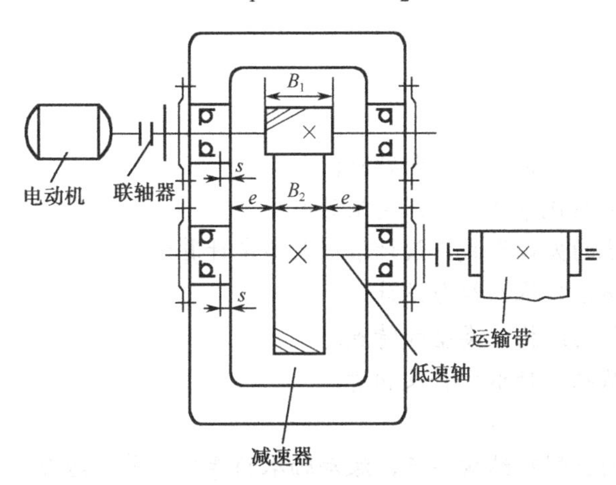

图 11-23　题四-2 用图

Chapter 12

第12章 轴承

教学要求

（1）掌握滚动轴承的结构、类型和特点；

（2）熟悉滚动轴承的代号并能进行类型的选择；

（3）掌握滚动轴承的失效形式、设计准则及寿命计算；

（4）能正确进行滚动轴承的组合设计；

（5）了解滑动轴承的结构、类型和特点；

（6）了解轴瓦的结构、轴承材料及润滑。

重点与难点

重点：滚动轴承的类型和结构特点，滚动轴承的寿命计算、组合设计及类型的选择；

难点：滚动轴承的寿命计算及组合设计。

12.1 轴承的功用和类型

轴承的主要功能是用于支承轴及轴上零件，减小摩擦与磨损，保证轴和轴上传动件的回转精度和安装位置，并承受轴传递给机架的载荷。此外，轴承也用来支承在轴上空转的回转零件，如周转轮系中的行星轮和带传动中的张紧轮等。所以轴承是机器中的重要零件之一，机器的性能、寿命和经济性等都与轴承有密切的联系。

按轴承工作时的摩擦性质，分为滚动轴承和滑动轴承。

12.2 滚动轴承

12.2.1 滚动轴承的结构、类型及特点

1. 滚动轴承的基本结构

以滚动摩擦为主的轴承称为滚动轴承，主要由内圈、外圈、滚动体和保持架组成，如图 12-1 所示。内、外圈分别与轴颈和轴承座孔配合，内、外圈上加工有滚道，其作用是限制滚动体轴向位移及降低滚动体与内、外圈的接触应力，当内、外圈相对转动时，滚动体沿滚道滚动。保持架的作用是使滚动体均匀地相互隔开，以减小滚动体间的摩擦与磨损，改善轴承内部载荷的分配，使轴承运转平稳。滚动体的形状通常有球形、圆柱形、圆锥形、鼓形和滚针形等，如图 12-2 所示。

内、外圈和滚动体均由强度高、耐磨性好的含铬合金钢（轴承钢）制成。保持架由低碳钢、有色金属或塑料制成。滚动轴承已经标准化，由专业工厂批量生产，应用比较广泛。

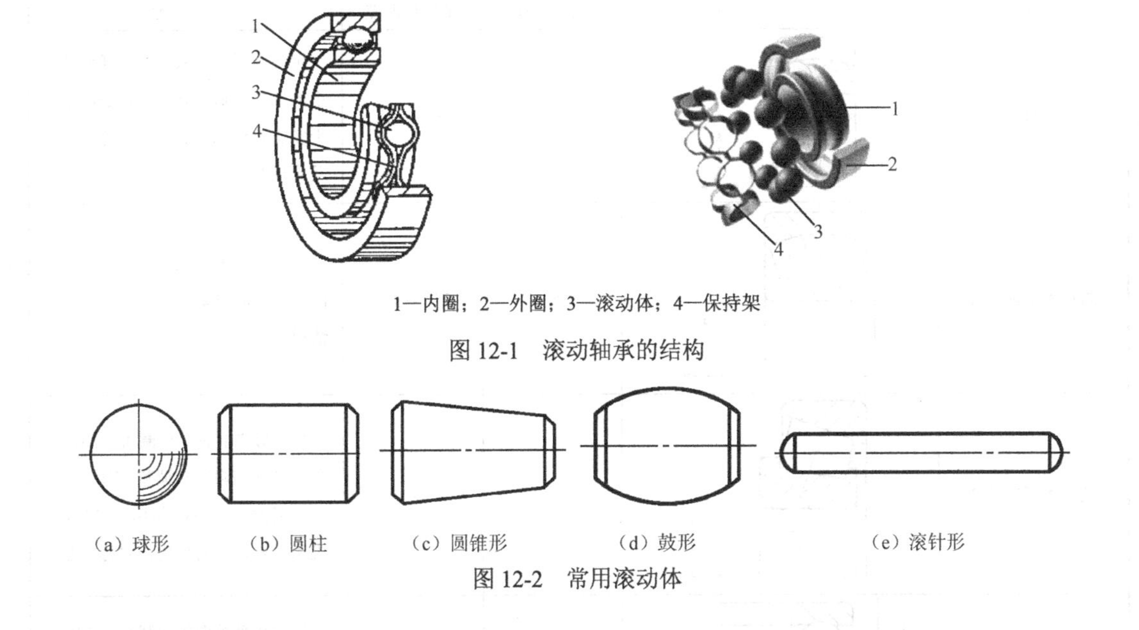

1—内圈；2—外圈；3—滚动体；4—保持架

图 12-1　滚动轴承的结构

图 12-2　常用滚动体

2. 滚动轴承的类型及特点

滚动体与外圈滚道接触点的法线与垂直于轴承轴心线的平面所夹的锐角称为接触角，用 α 表示，如图 12-3 所示。接触角是滚动轴承的一个重要参数，接触角越大，轴承承受轴向载荷的能力越大。由于轴的变形而引起轴承内、外圈相对倾斜时，其两轴线所夹的锐角称为角偏差，用 θ 表示，如图 12-4 所示。

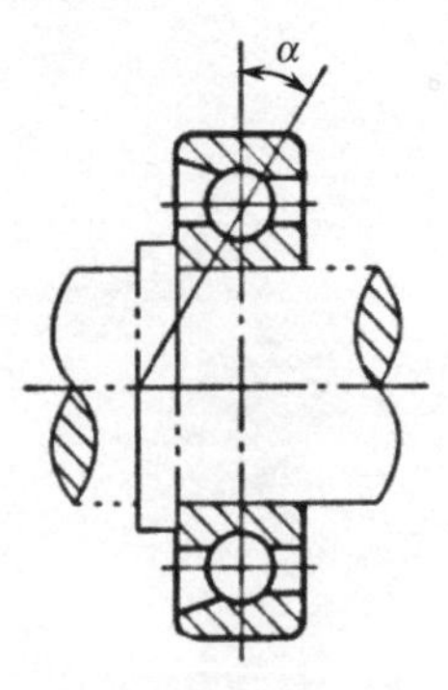

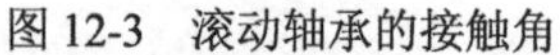
图 12-3　滚动轴承的接触角

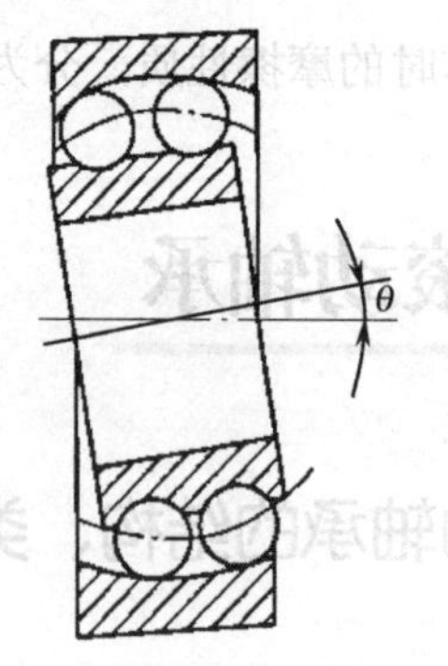

图 12-4　滚动轴承的角偏差

滚动轴承的类型通常可分为：

（1）按滚动体的形状分为球轴承和滚子轴承两大类。

（2）按滚动轴承承受载荷方向的不同，分为主要承受径向载荷的向心轴承和主要承受轴向载荷的推力轴承。根据接触角 α 的不同，向心轴承又分为径向接触轴承（$\alpha=0°$）和角接触向心轴承（$0°<\alpha\leqslant45°$）；推力轴承又分为角接触推力轴承（$45°<\alpha<90°$）和轴向推力轴承（$\alpha=90°$）。

表 12-1 中列出了常用滚动轴承的主要类型和特性。

表 12-1　常用滚动轴承的主要类型和特性

轴承名称及代号	结构简图	负荷方向	极限转速	允许角偏差	特　　性
调心球轴承 1			中	1.5°～3°	主要承受径向载荷，也可承受较小的轴向载荷，能自动调心，适用于多支点传动轴、弯曲刚度小的轴及难以对中的轴
调心滚子轴承 2			低	2°～3°	轴承外圈的内表面是球面，承载能力大，能自动调心，常用于重载情况
圆锥滚子轴承 3	α		中	2′	外圈倾斜且内、外圈可分离，轴向和径向间隙容易调整。摩擦阻力大，极限转速较低，常用于减速器、机床主轴，成对使用，对称安装
推力球轴承 5	单向		低	不允许	只能承受单向轴向载荷，常用于轴向力大，转速较低的场合
	双向				可承受双向轴向载荷，常用于轴向载荷大，转速较低的场合

续表

轴承名称及代号	结构简图	负荷方向	极限转速	允许角偏差	特　性
深沟球轴承 6			高	2′～10′	主要承受径向载荷，也能承受一些轴向载荷。极限转速高，摩擦因数小，承受冲击能力差，结构简单，能调心，适用于刚性较大的轴
角接触球轴承 7	α		较高	2′～10′	能同时承受径向载荷和轴向载荷，接触角α有 15°、25°、40°三种，α越大，承受轴向载荷的能力越大，极限转速高，通常成对使用。适用于刚性较大、转速较高、跨距较小的轴
圆柱滚子轴承 N			较高	2′～4′	能承受较大的径向载荷，不能承受轴向载荷，承受冲击载荷能力大，内外圈允许少量的轴向移动，适用于刚性较大、对中好的轴，常用于大功率电动机、人字齿轮减速器等
滚针轴承 NA			低	不允许	只能承受径向载荷，外径尺寸最小，有些轴承无保持架，滚针间有摩擦，故极限转速低

12.2.2　滚动轴承的代号及选择

滚动轴承的类型较多，为了统一表征各类轴承的特点，便于选用和生产，GB/T 272—1993 规定了滚动轴承的代号及表示方法。

我国的滚动轴承代号由基本代号、前置代号和后置代号组成，其排列顺序及各代号所表示的内容如图 12-5 所示。

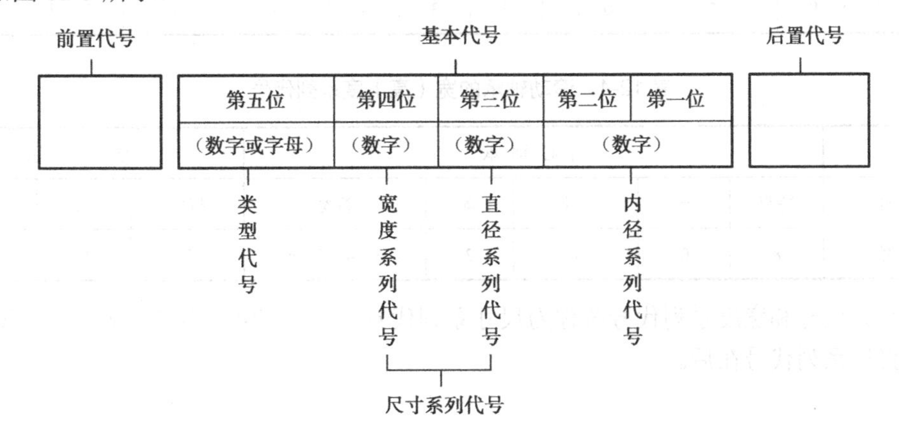

图 12-5　滚动轴承代号排列顺序

1. 基本代号

基本代号表示轴承的基本类型、尺寸系列和内径，一般最多为五位，是轴承代号的基础。

1）内径系列代号

内径代号表示轴承内径尺寸的大小，用基本代号右起第一、第二位数字表示，表示方法见表 12-2。

表 12-2 滚动轴承常用内径代号

内径代号	00	01	02	03	04 ～96
轴承内径/mm	10	12	15	17	内径代号×5

注：内径小于 10mm、大于等于 500mm 和等于 22mm、28mm、32mm 的轴承内径代号另有规定。

2）直径系列代号

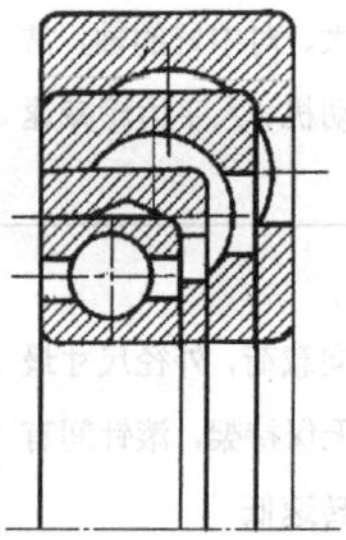

相同内径和结构的轴承在外径和宽度方面的变化，用基本代号右起第三位数字表示，其代号见表 12-3。按 7、8、9、0、1、2、3、4、5 的顺序，外径依次增大，轴承承载能力也随之增大。不同直径系列深沟球轴承的外径和宽度对比如图 12-6 所示。

图 12-6 直径系列对比

3）宽（高）度系列代号

宽（高）度系列代号表示相同内径和外径的轴承在宽（高）度方面的变化，其中对于向心轴承表示宽度系列，而对于推力轴承则表示高度系列，用基本代号右起第四位数字表示，其代号见表 12-4。宽（高）度系列代号按 8、0、1、2、3、4、5、6 的顺序，宽度依次增大。通常情况下，宽度系列代号为 0 时，则可省略，但在调心轴承和圆锥滚子轴承代号中不能省略。

表 12-3 滚动轴承的直径系列代号

	向心轴承						推力轴承				
直径系列	超轻	超特轻	特轻	轻	中	重	超轻	特轻	轻	中	重
代　号	8、9	7	0、1	2	3	4	0	1	2	3	4

表 12-4 滚动轴承的宽（高）度系列代号

	向心轴承					推力轴承		
宽度系列	特窄	窄	正常	宽	特宽	特低	低	正常
代　号	8	0	1	2	3、4、5、6	7	9	1、2

直径系列代号和宽度系列代号统称为尺寸系列代号，见表 12-5。组合排列时，宽度系列代号在前，直径系列代号在后。

表 12-5 尺寸系列代号

直径系列		向心轴承								推力轴承			
		宽度系列代号								高度系列代号			
		8	0	1	2	3	4	5	6	7	9	1	2
		宽度尺寸依次递增→								高度尺寸依次递增→			
		尺寸系列代号											
外径尺寸依次递增↓	7	—	—	17	—	37	—	—	—	—	—	—	—
	8	—	08	18	28	38	48	58	68	—	—	—	—
	9	—	09	19	29	39	49	59	69	—	—	—	—
	0	—	00	10	20	30	40	50	60	70	90	10	—
	1	—	01	11	21	31	41	51	61	71	91	11	—
	2	82	02	12	22	32	42	52	62	72	92	12	22
	3	83	03	13	23	33	—	—	—	73	93	13	23
	4	—	04	—	24	—	—	—	—	74	94	14	24
	5	—	—	—	—	—	—	—	—	—	95	—	—

注：表中“—”表示不存在这种组合。

4）类型代号

类型代号表示轴承的基本类型，用基本代号左起第一位数字或字母表示，表示方法如表 12-1 所示。

2. 前置代号

前置代号表示成套轴承分部件代号，用字母表示。当轴承的某些分部件具有某些特点时，就在基本代号前加上相应的字母。例如，L 表示可分离轴承的可分离内圈或外圈，K 表示轴承的滚动体滚子和保持架组件等。前置代号及含义可参阅 GB/T 272—1993。

3. 后置代号

后置代号用字母和数字表示轴承的结构形状、尺寸公差、技术等特殊要求，在基本代号的右侧，并与基本代号相距半个汉字距或用符号“—”、“/”分隔。后置代号有八个内容，下面介绍几种常用代号。

1）内部结构代号

内部结构代号表示同一类型轴承有不同的内部结构时，用规定的字母表示其差别，紧跟着基本代号。如接触角为 15°、25°、40° 的角接触轴承，分别用 C、AC、B 来表示不同的结构。

2）公差等级代号

公差等级代号是不同尺寸精度和旋转精度的特定组合。共 6 个级别，从低到高分别为 0

级、6级、6x级、5级、4级和2级，代号分别为/P0、/P6、/P6x、/P5、/P4、/P2。0级为普通级，在轴承代号中省略不标出，6x级仅适用于圆锥滚子轴承。

3）游隙代号

游隙是指轴承在无载荷作用时，一个套圈相对于另一个套圈在某一个方向的可移动距离。从大到小依次为5组、4组、3组、0组、2组、1组6个组别。其中0组游隙比较常用，在轴承代号中可省略不标出，其余的游隙代号分别用/C5、/C4、/C3、/C2、/C1表示。

【例12-1】 试说明轴承代号30213和7312/AC/P6/C3的含义。

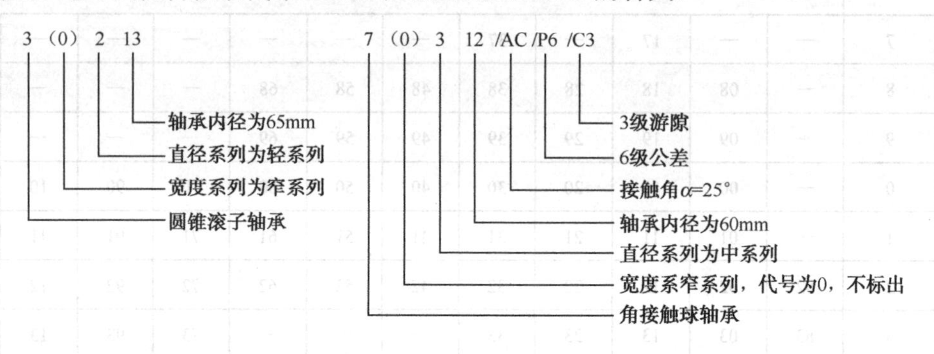

4. 滚动轴承类型的选择

滚动轴承在选用时，首先应选择其类型。具体选择可按以下原则进行：

（1）当载荷较大或有冲击和振动时，选用滚子轴承；当载荷较小时，选用球轴承。

（2）当轴承只承受轴向载荷时，选用推力轴承；当同时承受较大的径向载荷和轴向载荷时，选用角接触轴承；当以承受径向载荷为主时，选用向心球轴承。

（3）当要求有高的转速和旋转精度时，选用球轴承。

（4）对于刚度差或安装精度不高的轴，选用调心球轴承或调心滚子轴承，且调心轴承必须成对使用并装在轴的两端，否则将失去自动调心作用。

（5）当径向尺寸受限制时，选用较小直径系列代号的轴承，必要时可选用滚针轴承。当轴向尺寸受限制时，选用较小宽度系列代号的轴承。

（6）要求轴承刚度大时，选用滚子轴承。

（7）对需要经常装拆或装拆困难的场合，选用内、外圈可分离的轴承，如圆锥滚子轴承、圆柱滚子轴承。

（8）从经济的角度出发，在满足使用要求的前提下，应选择价格较低的轴承。通常情况下，普通结构的轴承比特殊结构的轴承价格低，球轴承比滚子轴承价格低，精度越高的轴承价格越贵，深沟球轴承最便宜。

12.2.3 滚动轴承的失效形式及设计准则

滚动轴承的失效形式主要有以下三种：

1. 疲劳点蚀

滚动轴承在载荷作用下工作时，内、外圈和滚动体的接触处将产生接触应力。由于接触应力是周期性变化，故工作一段时间后，滚动体和内、外圈的接触表面将产生疲劳破坏——疲劳点蚀。疲劳点蚀是轴承正常工作条件下主要的失效形式，应进行疲劳寿命计算。

2．塑性变形

对于转速很低或间歇摆动的轴承，在较大的静载荷或冲击载荷作用下，会使轴承滚动体和滚道表面接触处局部产生塑性变形，导致轴承不能正常工作。对于低速、重载和大冲击条件下工作的轴承，塑性变形为主要的失效形式，应进行静强度计算。

3．磨损

由于密封润滑不良，使用、维护和保养不当等因素，将会引起轴承过早磨损、胶合以及内、外圈与保持架的破损等。为了防止和减轻磨损，应限制轴承的工作转速，加强润滑和密封。

12.2.4 滚动轴承的寿命计算

滚动轴承的寿命计算是保证轴承在一定载荷条件和工作期限内不发生疲劳点蚀失效。

1．基本概念

1）轴承寿命

滚动轴承的内、外圈或滚动体首次出现疲劳点蚀前，一套圈相对于另一套圈的总转数，或在某一转速下的工作小时数，称为轴承的寿命。

2）基本额定寿命

对于同批生产的同型号的轴承，在相同的条件下运转，由于材料、热处理及工艺等影响，其寿命不同。基本额定寿命是指一组同型号的轴承在相同条件下运转，90%的轴承不发生点蚀破坏前的总转数 L_{10}(以 10^6r 为单位)或在一定转速下所能运转的工作小时数 L_h（以 h 为单位）。

3）基本额定动载荷

基本额定动载荷是指轴承的基本额定寿命恰好为 10^6r 时，轴承所能承受的最大载荷值，用 C 表示。基本额定动载荷是衡量轴承承载能力的主要指标。对于主要承受径向载荷的向心轴承为径向基本额定动载荷，用 C_r 表示；对于主要承受轴向载荷的推力轴承为轴向基本额定载荷，用 C_a 表示。各种基本额定动载荷值可从机械手册或轴承标准中查得。

4）基本额定静载荷

当受载最大的滚动体与内、外圈滚道接触处产生的总塑性变形量为滚动体直径的万分之一时，所对应接触应力的载荷称为滚动轴承的基本额定静载荷，用 C_0 表示。各种基本额定静载荷值可从有关机械手册中查得。

滚动轴承的静强条件为

$$C_0 \geqslant S_0 P_0 \tag{12-1}$$

式中 C_0——基本额定静载荷（N）；

S_0——静载荷安全因数，见相关设计手册；

P_0——当量静载荷（N）。

当量静载荷是一假想载荷，在此载荷的作用下，受载最大的滚动体与内、外圈滚道接触处产生的总塑性变形量与实际载荷作用下产生的塑性变形量相等。当量静载荷的计算公式为

$$P_0 = X_0 F_R + Y_0 F_A \tag{12-2}$$

式中 F_R、F_A——滚动轴承的径向和轴向载荷；

X_0、Y_0——滚动轴承静载荷的径向和轴向载荷因数，X_0、Y_0值可查相关机械设计手册。

2．滚动轴承的寿命计算公式

根据滚动轴承的计算准则，当轴承转速 $n \geqslant 10$r/min 时，应进行寿命计算。

滚动轴承的寿命计算需要解决两个问题。一个是对于基本额定动载荷为 C 的轴承，当它所受的当量动载荷 $P=C$ 时，其基本额定寿命为 10^6r，但当 $P \neq C$ 时，该滚动轴承的基本额定寿命是多少；另一个是当已知轴承的预期寿命 L'_h 和轴承所承受的当量动载荷 P 时，应选用能承受多大额定动载荷的轴承。

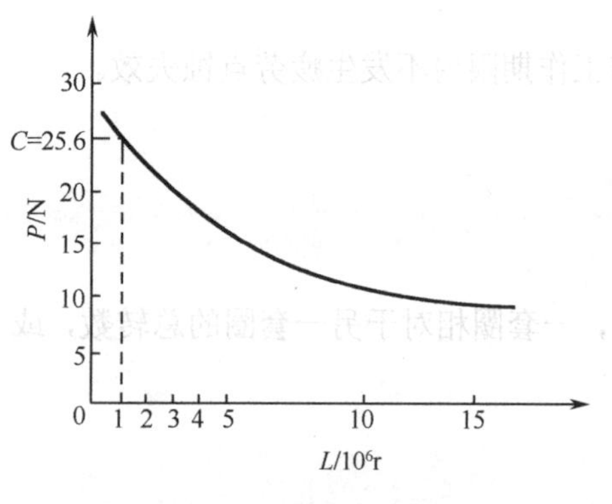

图 12-7 滚动轴承寿命曲线

滚动轴承所受的当量动载荷 P 与基本额定寿命 L_{10} 之间的关系称为轴承寿命曲线，如图 12-7 所示。轴承寿命曲线是在试验的基础上获得的，其数学表达式为

$$L_{10} P^{\varepsilon} = 常数 \tag{12-3}$$

式中 P——当量动载荷（N）；

L_{10}——基本额定寿命（10^6r）；

ε——轴承寿命指数，球轴承的ε=3，滚子轴承的ε=10/3。

当 $L_{10}=10^6$r 时，轴承所承受的载荷为基本额定动载荷 C，则有

$$L_{10} P^{\varepsilon} = 1 \times C^{\varepsilon}$$

即

$$L_{10} = \left(\frac{C}{P}\right)^{\varepsilon} \tag{12-4}$$

对于转速一定的轴承，为了计算方便，可用工作小时数 L_h 表示轴承寿命。另外，考虑温度、载荷特性对轴承寿命的影响，推导得出的寿命计算公式可改写为

$$L_h = \frac{10^6}{60n}\left(\frac{f_t C}{f_p P}\right)^{\varepsilon} \tag{12-5}$$

式中 n——轴承转速（r/min）；

L_h——轴承寿命（h）；

f_t——温度因数，见表 12-6；

f_p——载荷因数，见表 12-7；

C——基本额定动载荷（N）；

P——当量动载荷（N）。

由式(12-5)求得的轴承寿命应满足：

$$L_h \geqslant L'_h$$

式中　L'_h——轴承的预期寿命，见表 12-8。

表 12-6　温度因数 f_t

轴承工作温度/℃	≤120	125	150	175	200	225	250	300
f_t	1.00	0.95	0.90	0.85	0.80	0.75	0.70	0.60

表 12-7　载荷因数 f_p

载荷性质	无冲击或轻微冲击	中等冲击	强烈冲击
f_p	1.0～1.2	1.2～1.8	1.8～3.0
使用的机器设备举例	水泵、电动机、通风机	内燃机、减速器、机床	轧钢机械、工程机械

表 12-8　轴承的预期寿命 L'_h 的参考值

使用情况		机器类型	预期寿命 L'_h /h
不经常使用的仪器及设备		门窗开闭装置等	300～3 000
间断使用的机器	中断使用不会引起严重后果	手动机械、农业机械等	3 000～8 000
	中断使用不会引起严重后果	升降机、吊车、输送机等	8 000～12 000
每天工作 8h 的机器	利用率不高	压碎机、固定电动机等	12 000～20 000
	利用率较高	印刷机械、鼓风机、离心机等	20 000～30 000
连续工作 24h 的机器	可靠性一般	压缩机、纺织机械、水泵等	40 000～60 000
	可靠性较高	电站设备、船舶螺旋桨轴等	>100 000

选择轴承型号时，若已知轴承的当量动载荷 P、转速 n 及轴承的预期寿命 L'_h，则所需轴承应具有的基本额定动载荷（计算动载荷 C'）为

$$C' = \frac{f_p P}{f_t}\sqrt[\varepsilon]{\frac{60nL'_h}{10^6}} \tag{12-6}$$

选择轴承型号时，应使 $C' \leqslant C$，额定动载荷 C 通过查手册确定。

3．当量动载荷

在进行轴承寿命计算时，必须把实际载荷转换为与试验条件载荷相当的假想载荷——当量动载荷 P。对于仅能承受径向载荷的圆柱滚子轴承和滚针轴承，有

$$P = F_R \tag{12-7}$$

对于仅能承受轴向载荷的推力球轴承，有

$$P = F_A \tag{12-8}$$

对于既能承受径向载荷，又能承受轴向载荷的轴承，其当量动载荷计算公式为

$$P = XF_R + YF_A \tag{12-9}$$

式中　X、Y——分别为轴承的径向载荷因数和轴向载荷因数，见表 12-9；

F_R、F_A——分别为轴承的径向载荷和轴向载荷（N）。

表 12-9 滚动轴承当量动载荷 X、Y 因数

轴承类型		$\frac{F_A}{C_{0r}}$	e	$\frac{F_A}{F_R}>e$		$\frac{F_A}{F_R}\leqslant e$	
				X	Y	X	Y
深沟球轴承		0.172	0.19	0.56	2.30	1	0
		0.345	0.22		1.99		
		0.689	0.26		1.71		
		1.03	0.28		1.55		
		1.38	0.30		1.45		
		2.07	0.34		1.31		
		3.45	0.38		1.15		
		5.17	0.42		1.04		
		6.89	0.44		1.00		
角接触球轴承（单列）	α=15°	0.178	0.38	0.44	1.47	1	0
		0.357	0.40		1.40		
		0.714	0.43		1.30		
		1.07	0.46		1.23		
		1.43	0.47		1.19		
		2.14	0.50		1.12		
		3.57	0.55		1.02		
		5.35	0.56		1.00		
		7.14	0.56		1.00		
	α=25°	—	0.68	0.41	0.87	1	0
	α=40°	—	1.14	0.35	0.57	1	0
圆锥滚子轴承（单列）		—	1.5tanα	0.4	0.4cotα	1	0
调心球轴承（双列）		—	1.5tanα	0.65	0.65cotα	1	0.42cotα

注：1．C_{0r}为径向额定静载荷，由设计手册查得。

2．e为轴向载荷影响因数，用以判断轴向载荷F_A对当量动载荷P的影响程度。

3．对于深沟球轴承和角接触轴承，先根据F_A/C_{0r}的值查出对应的e值，然后再得出相应的X、Y值。对表中未列出的F_A/C_{0r}值，可用线性插值法求出相应的e、X、Y值。

4．角接触轴承轴向载荷的计算

1）角接触轴承的派生轴向力

角接触轴承的滚动体与外圈接触处存在着接触角α，在轴承受径向载荷F_R时，作用在承载区第i个滚动体与滚道间的法向力F_i可分解为径向分力F_{Ri}和轴向分力F_{Si}，如图 12-8 所示。各滚动体所受轴向分力的总和即为轴承的派生力F_S，其方向指向自身的喇叭口，大小可按表 12-10 求得。

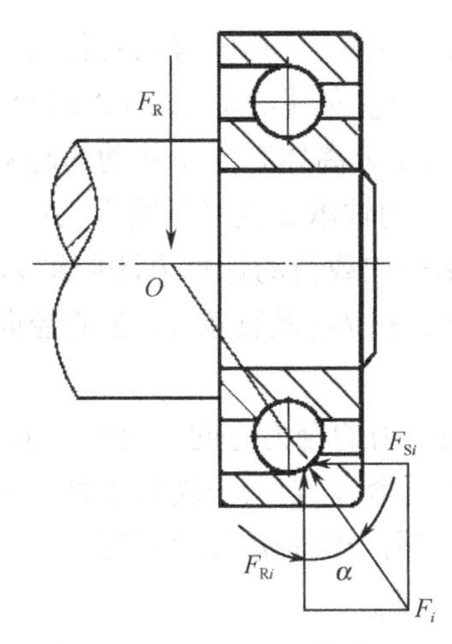

图 12-8　径向载荷产生的派生轴向力

表 12-10　角接触球轴承的派生轴向力

轴 承 类 型	角接触球轴承			圆锥滚子轴承
	70000C 型（α=15°）	70000A 型（α=25°）	70000B 型（α=40°）	
内部轴向力 F_S	eF_R	$0.68F_R$	$1.14\,F_R$	$F_R/2Y$

注：1. e 从表 12-9 查得。

2. Y 为 $F_A/F_R>e$ 时的轴向载荷因数。

2）轴向力计算

角接触轴承由于具有派生轴向力，故在安装时一般应成对使用。其安装方式有正装和反装。正装又称“面对面”安装，即两外圈的窄边相对，如图 12-9（a）所示；反装又称“背靠背”安装，即两外圈的宽边相对，如图 12-9（b）所示。正装时，载荷作用中心靠近，轴的跨距缩短，两轴承的派生轴向力方向相对；反装时，载荷作用中心远离，轴的跨距变长，两轴承的派生轴向力方向相背。

图 12-9（a）所示的向心角接触球轴承，作用于轴上的径向载荷 F_r 和轴向载荷 F_a 是已知的，F_{S1} 和 F_{S2} 分别为轴承 1（通常取派生轴向力方向与外载荷方向相反的一端轴承为 1）和轴承 2 的派生轴向力，F_{R1} 和 F_{R2} 分别为轴承 1、2 所受的径向反力。取轴及与其配合的轴承内圈为分离体，进行轴系的受力分析。

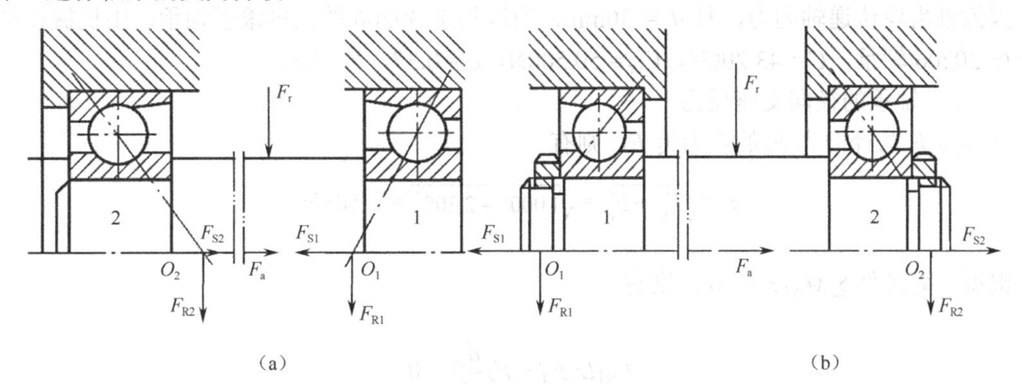

图 12-9　角接触轴承载荷的分布

若 $F_{S2}+F_a>F_{S1}$，则总轴向力指向右端，分离体有向右移动的趋势，使得右端的轴承 1 被“压紧”，其承受的轴向载荷为 $F_{A1}=F_{S2}+F_a$；左端的轴承 2 被“放松”，其承受的轴向载荷为 $F_{A2}=F_{S2}$。若 $F_{S2}+F_a<F_{S1}$，则总轴向力指向左端，分离体有向左移动的趋势，使得右端的轴承 1 被“放松”，其承受的轴向载荷为 $F_{A1}=F_{S1}$；左端的轴承 2 被“压紧”，其承受的轴向载荷为 $F_{A2}=F_{S1}-F_a$。

由上述分析，可将角接触轴承轴向载荷的计算方法归纳如下：

（1）计算轴承的派生轴向力 F_{S1} 和 F_{S2} 及轴承 1、2 的径向载荷 F_{R1} 和 F_{R2}，画出轴上各轴向力的分析示意图。

（2）根据轴承的安装结构及轴向力的合力方向，判断轴承的“松紧”端。对于正装的轴承，轴向力的合力指向一端的轴承被“压紧”，则另一端轴承被“放松”；对于反装轴承，轴向力的合力指向一端的轴承被“放松”，则另一端轴承被“压紧”。

（3）计算轴承的轴向载荷 F_{A1}、F_{A2}。

“压紧”端轴承所受的轴向力等于外部轴向载荷与松端轴承派生轴向力的代数和。

“放松”端轴承所受的轴向力等于其自身的派生轴向力。

【例 12-2】 齿轮减速器中的 7204C 轴承受轴向力 $F_A=800$N，径向力 $F_R=2\,000$N，载荷修正因数 $f_p=1.2$，工作温度正常，$f_t=1$，工作转速 $n=700$r/min。求该轴承寿命 L_h。

解：（1）由机械设计手册查得 7204C 轴承，$C_r=14\,500$N，$C_{0r}=8\,220$N。

（2）确定载荷因数 X、Y。

由 $\dfrac{F_A}{C_{0r}}=0.097$，查表 12-9，取 $e=0.44$。

由 $F_A/F_R=0.4<e$，查表 12-9，得 $X=1$，$Y=0$。

（3）计算轴承的当量动载荷。

$$P=XF_R+YF_A=1\times2\,000+0\times800=2\,000\text{N}$$

（4）求轴承寿命。

$$L_h=\frac{10^6}{60n}\left(\frac{f_tC}{f_pP}\right)^{\varepsilon}=\frac{10^6}{60\times700}\times\left(\frac{1\times14\,500}{1.2\times2\,000}\right)^3=5\,250\text{h}$$

【例 12-3】 图 12-10（a）所示为一减速器输入轴，已知锥齿轮啮合点的切向力 $F_t=1\,000$N，径向力 $F_r=2\,300$N，轴向外载荷 $F_a=500$N，中等冲击载荷，转速 $n=1\,000$r/min，锥齿轮平均分度圆直径 $d_m=300$mm。要求轴径 $d=30$mm，轴承的预期寿命 $L'_h=20\,000$h，试选轴承型号。

解：1）选择轴承的类型

因为锥齿轮传递轴向力，且 $d=30$mm，所以初选 30206 的圆锥滚子轴承。由机械设计手册查得 30206 轴承，$C_r=43\,200$N，$C_{0r}=50\,500$N，$e=0.37$，$Y=1.6$。

2）计算轴承的径向支座反力

切向力 F_t 与径向力 F_r 的合力为 F，则有

$$F=\sqrt{F_t^2+F_r^2}=\sqrt{1\,000^2+2\,300^2}=2\,508\text{N}$$

根据平衡条件 $\sum M_2(F)=0$，则有

$$F_{R1}L-Fl+F_a\frac{d_m}{2}=0$$

得

$$F_{R1}=629\text{N}，F_{R2}=3\ 137\text{N}$$

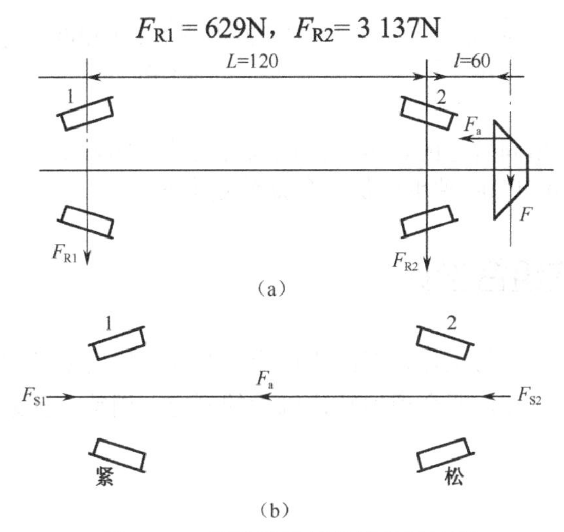

图 12-10 圆锥滚子轴承的选择计算

3）承载能力校核计算

（1）派生轴向力计算。由表 12-10 得

$$\begin{cases} F_{S1}=\dfrac{F_{R1}}{2Y}=\dfrac{629}{2\times1.6}=197\text{N} \\ F_{S2}=\dfrac{F_{R2}}{2Y}=\dfrac{3\ 137}{2\times1.6}=980\text{N} \end{cases}$$

（2）确定轴向载荷。因

$$F_a+F_{S2}=1\ 480\text{N}>F_{S1}$$

故轴承 1 被“压紧”，轴承 2 被“放松”，如图 12-10（b）所示，则两轴承的轴向载荷分别为

$$F_{A1}=F_a+F_{S2}=1\ 480\text{N}$$

$$F_{A2}=980\text{N}$$

（3）计算两轴承的当量动载荷。

$$\begin{cases} \dfrac{F_{A1}}{F_{R1}}=\dfrac{1\ 480}{629}=2.35>e \\ \dfrac{F_{A2}}{F_{R2}}=\dfrac{980}{3137}=0.31<e \end{cases}$$

查表 12-9 得，$X_1=0.4$，$Y_1=1.6$，$X_2=1$，$Y_2=0$。

所以轴承 1、2 的当量动载荷分别为

$$P_1=X_1F_{R1}+Y_1F_{A1}=2\ 620\text{N}$$

$$P_2=X_2F_{R2}+Y_2F_{A2}=3\ 137\text{N}$$

（4）计算轴承所需基本额定动载荷。查表 12-6、表 12-7 得，$f_t=1.0$、$f_p=1.5$。

则轴承额定动载荷 C' 为

$$C_1'=\frac{f_pP_1}{f_t}\sqrt[\varepsilon]{\frac{60nL_h'}{10^6}}=\frac{1.5\times2\ 620}{1}\sqrt[10/3]{\frac{60\times1\ 000\times20\ 000}{10^6}}=35\ 836\text{N}$$

$$C_2' = \frac{f_p P_2}{f_t} \sqrt[\varepsilon]{\frac{60nL_h'}{10^6}} = \frac{1.5 \times 3\,137}{1} \sqrt[10/3]{\frac{60 \times 1\,000 \times 20\,000}{10^6}} = 42\,907\text{N}$$

轴的结构要求两端选用同型号的轴承，故以承受载荷大的轴承 2 作为计算、选择的依据。因 $C_2' < C_{0r}$，所以选用 30206 轴承能保证预期额定寿命。

12.2.5 滚动轴承的组合设计

保证滚动轴承在机器中正常工作，不仅要正确选择轴承的类型及尺寸，而且还必须正确合理地进行轴承组合的结构设计，即合理地解决轴承的固定、调整、预紧、装拆、配合、润滑和密封等问题。

1．轴承的轴向固定

滚动轴承内、外圈常用的固定方法分别见表 12-11 和表 12-12。

表 12-11 滚动轴承内圈轴向定位固定方法

定位固定方法	简　图	特点和应用
轴肩定位固定		轴承内圈固定中最常见的形式，单向定位，简单可靠，适用于各种轴承
弹簧挡圈固定		结构紧凑，承受轴向载荷小，拆装方便，但不能调整游隙，适用于转速低的深沟球轴承
螺母定位固定		螺母实现轴向固定，且具有防松的作用，定位安全可靠，承受的轴向力大，适用于高速、重载的场合
轴端挡圈固定		承受的轴向力较大，适用于轴端切制螺纹有困难且高速的场合

表 12-12 滚动轴承外圈轴向定位固定方法

定位固定方法	简　图	特点和应用
弹性挡圈固定		结构简单、紧凑，拆装方便，轴向尺寸小，适用于转速低、轴向载荷小的场合

续表

定位固定方法	简　图	特点和应用
止动环固定		轴承外圈带有止动槽，结构简单、可靠，适用于轴承座孔不便做凸肩且外壳为剖分式结构的场合
轴承端盖固定		固定可靠、调整简便，适用于高速、轴向力大的各类轴承
螺纹环固定		轴承座孔须加工螺纹，适用于转速高、轴向载荷大且不适于使用轴承端盖固定的场合

2．轴系支承结构形式

滚动轴承安装在轴上，除了进行轴向固定，以防止轴向窜动之外，还必须留有适当的间隙，以保证工作温度发生变化时，轴能自由伸缩而不被卡死等。滚动轴承常见的支承结构有以下三种形式。

1）两端单向固定

两端单向固定是指轴两端的轴承各限制一个方向的轴向移动，合起来就限制轴的双向移动，如图 12-11 所示。当轴向载荷不大时，两端固定的支承形式可选用一对深沟球轴承；当轴向载荷较大时，两端固定的支承形式可选用一对角接触球轴承或一对圆锥滚子轴承。为补偿轴的受热伸长，在一端的轴承端盖与外圈端面之间应留有适当的补偿间隙，常取间隙 c=0.25～0.40mm，补偿间隙的大小，常用垫片或调整螺钉调节。两端单向固定的支承形式结构简单，调整方便，适用于工作温度变化不大的短轴（跨距 L<400mm）。

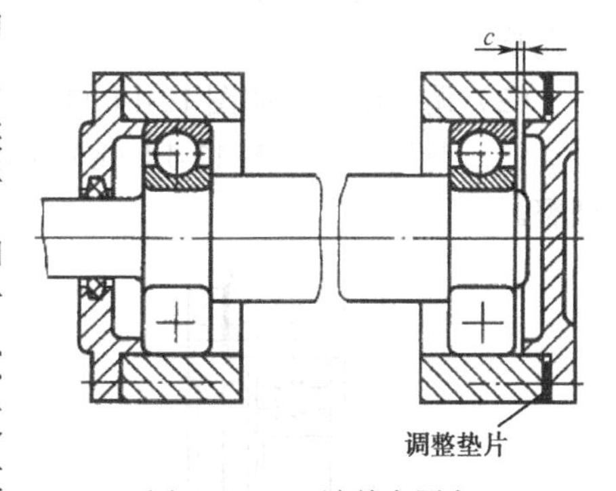

图 12-11　两端单向固定

2）一端固定、一端游动

一端固定、一端游动的支承结构是指固定端轴承的内、外圈在轴向都要固定，而游动端轴承可沿轴向自由游动。这种支承结构形式适用于工作温度较高或跨距较大的轴。图 12-12 所示的结构中，左端为固定端，所选轴承为深沟球轴承，轴承的内、外圈均被轴向固定；另一端为游动端，也选择深沟球轴承，只需固定内圈，其外圈在座孔内可以自由游动。当轴向载荷较大时，固定支承可以采用若干轴承组合的形式。

3）两端游动

两端游动的支承结构是指在轴的两端均无轴向约束，两支承轴承的内、外圈各边都要求固定，以保证轴能在轴承外圈的内表面作左右的轴向游动。两端游动轴系的轴向位置在工作中是依靠传动零件确定的，一般这种支承结构应用在双斜齿轮轴或人字齿轮轴中。如图 12-13 所示为人字齿轮传动轴，由于人字齿轮本身的相互轴向限位作用，一根轴的轴向位置被限制后，另一根轴上的两个轴承就必须是游动的，以防止人字齿两侧受力不均匀而被卡死，常将小齿轮做成可以两端游动的结构。

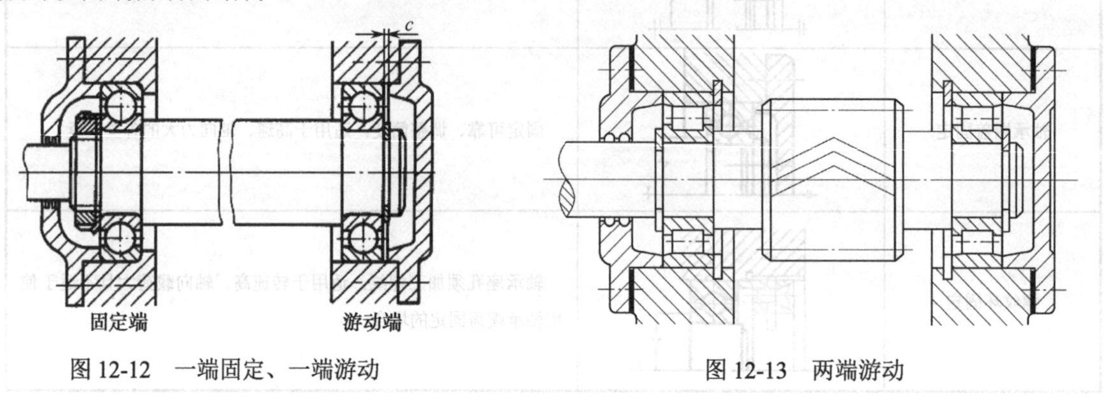

图 12-12　一端固定、一端游动　　图 12-13　两端游动

3．滚动轴承游隙组合位置的调整

1）轴承游隙的调整

在装配时，为了保证轴承的正常运转，在轴承内一般都应留有适当的轴向游隙，常用的调整方法有三种：

（1）调整垫片。如图 12-14（a）所示，通过增减轴承端盖与机座结合面之间的垫片厚度进行调整。

（2）调节压盖。如图 12-14（b）所示，用螺钉调节可调压盖（调节杯）的轴向位置。

（3）调整环。如图 12-14（c）所示，通过增减轴承端面与轴承端盖间的调整环厚度进行调整。

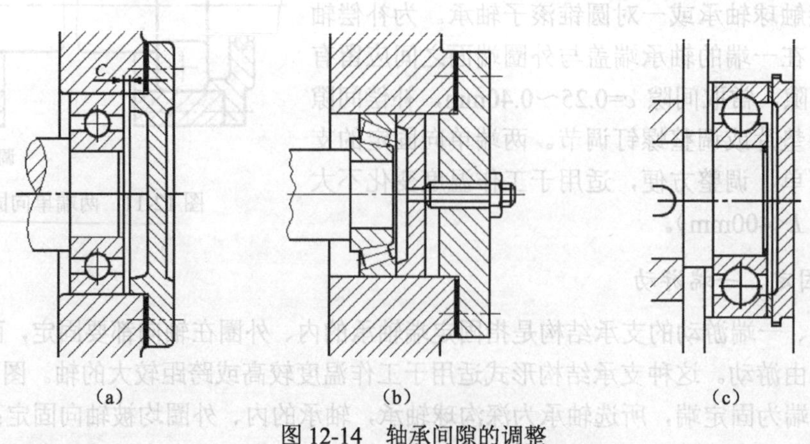

图 12-14　轴承间隙的调整

2）轴承组合位置的调整

轴承组合位置调整的目的是既要获得适当的轴承游隙，又要使轴上的传动件（如齿轮、蜗轮、蜗杆等）具有准确的工作位置。如锥齿轮传动，要求两个节锥顶点要重合，这可通过移动

轴承的轴向位置来实现。图 12-15 所示为锥齿轮轴系支承结构，套杯和机座间的垫片 1 用于调整锥齿轮的轴向位置，套杯和透盖间的垫片 2 用于调整轴承间隙。

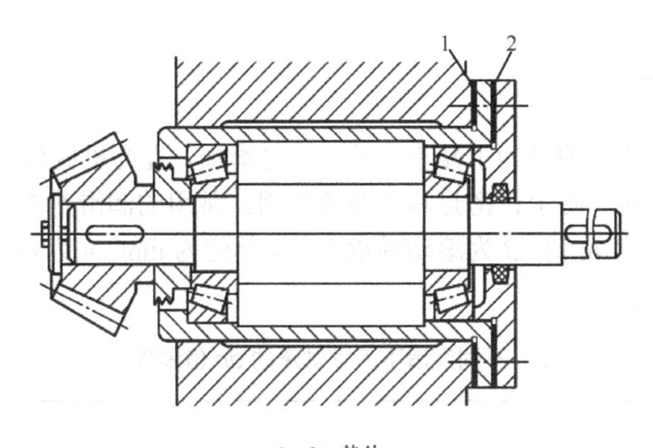

1、2—垫片

图 12-15 轴承组合位置的调整

3）轴承的预紧

轴承的预紧是指在安装时，给轴承施加一定的轴向预紧力，使滚动体与内、外圈接触处产生预变形，以消除轴承中的间隙。预紧的作用是提高轴承的旋转精度和刚度，减小工作时的振动和噪声。预紧方法有：

（1）定位预紧。在两轴承的内圈或外圈之间加垫片，如图 12-16（a）所示；或磨窄某一套圈的宽度，如图 12-16（b）所示，在受一定预紧力之后产生预变形，实现预紧。

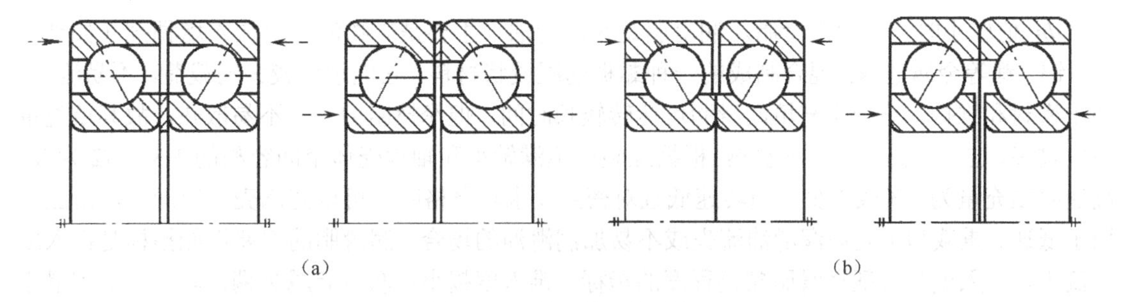

图 12-16 轴承的定位预紧

（2）定压预紧。利用弹簧的弹性压力使轴承受轴向载荷并产生预变形实现预紧，如图 12-17 所示。

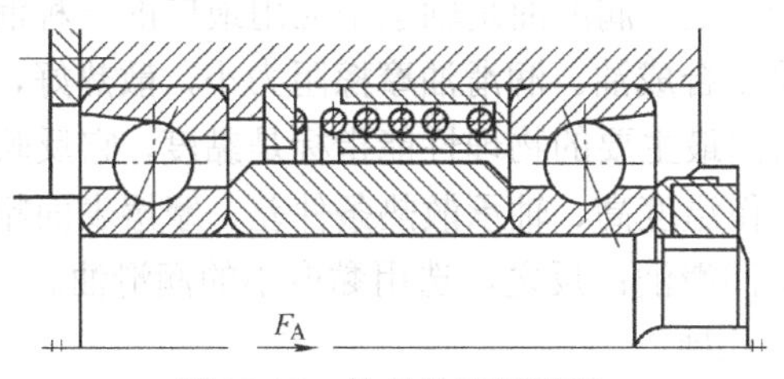

图 12-17 轴承的定压预紧

12.2.6 滚动轴承的润滑与密封

1. 滚动轴承的润滑

轴承中使用润滑剂的目的是为了减小摩擦，减轻磨损，提高机械效率和使用寿命，同时也有散热、冷却、缓冲吸振、防尘、密封和防锈等作用。常用的润滑剂有润滑油和润滑脂两种，选用时可根据滚动轴承的 *dn* 值（*d* 为滚动轴承内径，单位为 mm；*n* 为轴承转速，单位为 r/min）来确定，如表 12-13 所示。

表 12-13 不同润滑下滚动轴承的 *dn* 值界限 （单位：10^4mm · r/min）

轴承类型	脂润滑	油润滑			
		油浴	滴油	喷油（循环油）	油雾
深沟球轴承	16	25	40	60	>60
调心球轴承	16	25	40	—	—
角接触球轴承	16	25	40	60	>60
圆柱滚子轴承	12	25	40	60	>60
圆锥滚子轴承	10	16	23	30	—
调心滚子轴承	8	12	—	25	—
推力球轴承	4	6	12	15	—

1）润滑脂

dn 值较小时，选用润滑脂。润滑脂是在润滑油（主要是矿物油）中加入增稠剂（如钙、钠、铝、锂等金属皂基）混合制成的一种黏稠的凝胶状材料。它能承受较大的载荷，不易流失，便于密封和维护，且一次充填润滑脂可运转较长时间，但摩擦阻力大，不易散热，故其填充量不宜过多，过多则会引起轴承发热。根据经验以填满轴承和轴承壳体空间容积的 1/3～1/2 为宜，高速时填充量为 1/3 或更少；当转速低且对密封要求较严格时，可以充满壳体空间。润滑脂常用于低速、重载和不允许润滑油流失或不易加润滑油的场合。润滑脂的主要性能指标是锥入度和滴点。锥入度是表征润滑脂黏稠程度的指标，锥入度越小，润滑脂越黏稠；滴点表征润滑脂的耐高温能力。

2）润滑油

在高速、高温时选用润滑油。润滑油是轴承中应用最广的一种润滑剂，最常用的润滑油是矿物油，对于特殊工况可采用合成油。润滑油摩擦阻力小，散热好，但易于流失，所以在工作时要保证供油的充足。润滑油最主要的物理性能指标是黏度，它反映了润滑油流动时内摩擦阻力的大小。在载荷较大、工作温度高、轴承散热条件差、摩擦表面粗糙或未经跑合、有变载荷和冲击的场合选用黏度大的润滑油；反之，选用黏度小的润滑油。

常用的润滑方法有以下几种：

（1）油浴润滑。油浴润滑是将轴承的一部分浸在油池中，由旋转的轴承零件将润滑油带到轴承的各个润滑部位，当轴承静止时，油面不应超过最低滚动体的中心。它适用于低、中速轴承的润滑。

（2）飞溅润滑。飞溅润滑是利用传动齿轮将油池中的润滑油飞溅到轴承或箱体的内壁上，再沿油沟进入轴承工作面来润滑轴承，它是闭式齿轮传动中常用的润滑方法。

（3）喷油润滑。喷油润滑是用油泵将润滑油增压，通过油管或油孔，经喷嘴将油喷到轴承内，流过轴承后的润滑油，经过滤、冷却后循环使用。由于循环油可带走一些热量使轴承的温度降低，所以适用于高速重载的轴承中。

此外，还有滴油润滑、油雾润滑等。

2．滚动轴承的密封

滚动轴承的密封装置用于防止润滑剂的流失和灰尘、水及其他脏物进入轴承。密封装置分为接触式、非接触式和组合式。

1）接触式密封

接触式密封是在轴承端盖上装上密封件，使之与轴直接接触而起密封作用。接触式密封按使用密封件的不同分为毛毡密封和唇形密封圈密封。

（1）毛毡密封。如图12-18所示，将矩形断面的毛毡圈压入轴承端盖的梯形槽中，使它对轴产生压紧作用而实现密封。这种密封方式结构简单，安装方便，成本低，但易磨损，寿命短。主要用于润滑脂和密封接触处的线速度 $v \leqslant 4$m/s 的轴承密封。

（2）唇形密封圈密封。密封圈用皮革、塑料或耐油橡胶制成，有的具有金属骨架，有的没有骨架，密封圈是标准件，通过弹簧圈紧套在轴上起到密封的作用。使用唇形密封圈时，若密封圈唇口朝内，主要是防止漏油，如图12-19所示；若密封圈唇口朝外，主要是防止灰尘、杂质的进入。这种密封方式既可用于油润滑，又可用于脂润滑，密封接触处的线速度 $v \leqslant 7$m/s，工作温度为-40～100℃。

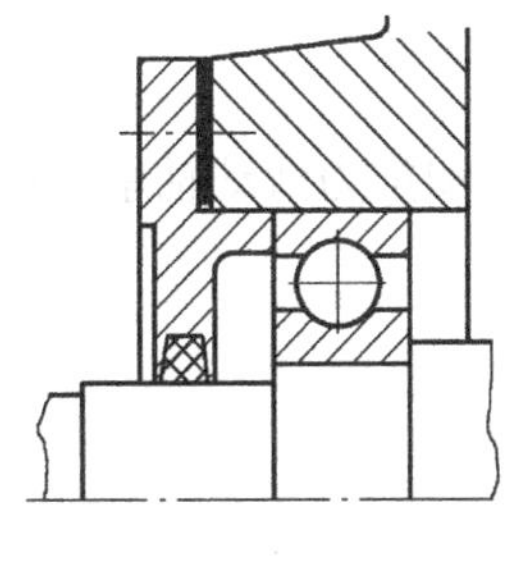

图12-18 毛毡密封

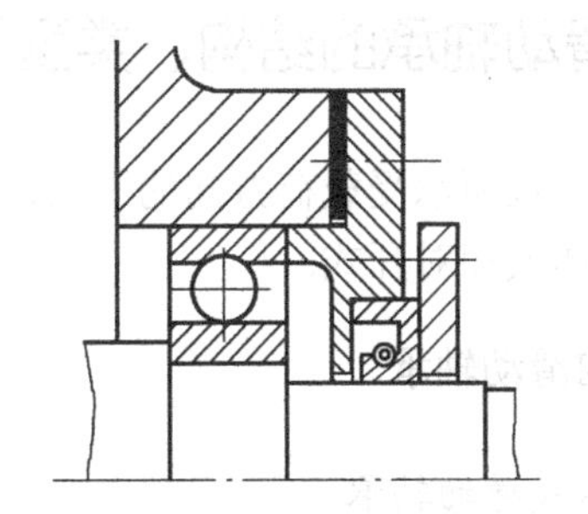

图12-19 唇形密封圈密封

2）非接触式密封

非接触式密封的密封件与轴没有直接接触，故不受轴的限制。非接触式密封分为间隙密封和迷宫式密封。

（1）间隙密封。间隙密封是利用轴与轴承盖间很小的间隙（δ=0.1～0.3mm）进行防尘和密封，如图12-20所示。若在轴承盖孔壁上加工出沟槽，在槽内充满润滑脂，则润滑效果会更好。这种密封方式结构简单，多用于环境比较干净的场合。

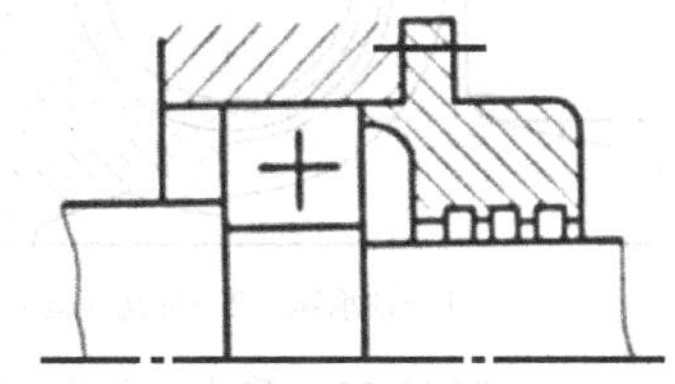

图12-20 间隙密封

（2）迷宫式密封。迷宫式密封是将旋转和固定零件间的间隙做成迷宫间隙来进行密封。迷宫式密封分径向密封（见图12-21

(a))和轴向密封（见图 12-21（b））等。若在间隙中充填润滑油，则密封效果更好。迷宫式密封方式密封可靠，使用寿命长，但加工精度要求高，不易装配，多用于高速、脂或油的润滑场合。

3）组合式密封

把两种或两种以上的密封方式组合起来使用称为组合式密封。如图 12-22 所示，在毛毡密封外加上迷宫密封，可充分发挥各自的优点，提高密封效果。

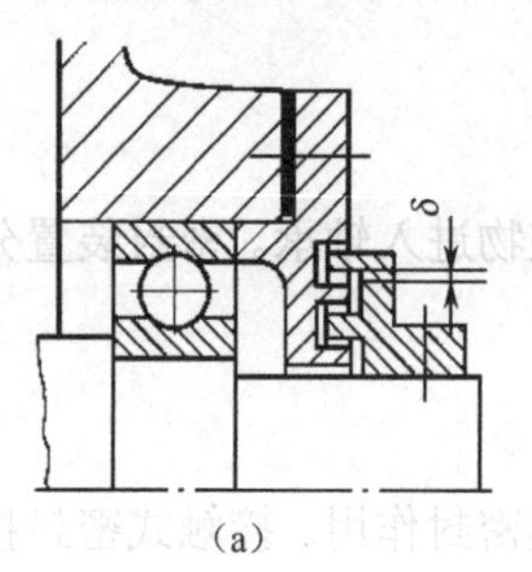

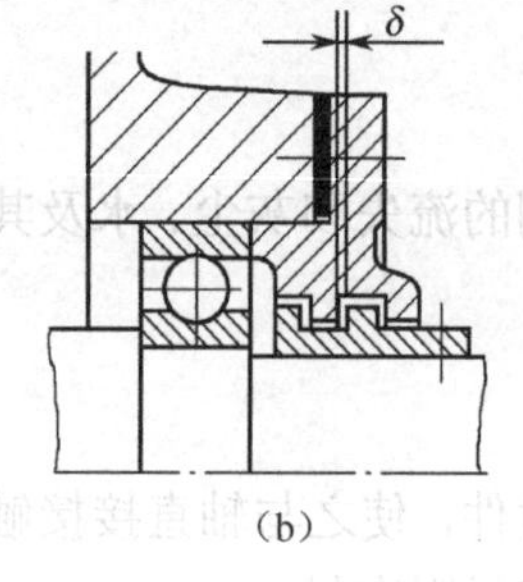

图 12-21　迷宫式密封

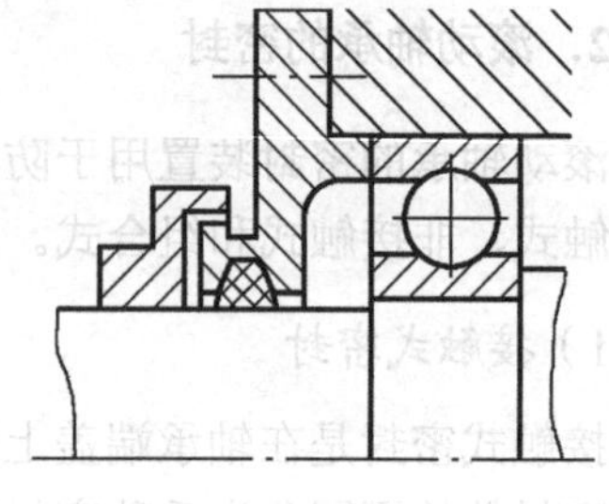

图 12-22　组合式密封

12.3* 滑动轴承

滑动轴承主要应用于高速、重载、高精度、结构要求剖分的场合中，如离心式压缩机、汽轮机、内燃机等；此外，在低速、有较大冲击载荷的机械中也被广泛采用，如水泥搅拌机、破碎机等。

12.3.1 滑动轴承的结构、类型及特点

滑动轴承按所承受载荷方向的不同，分为径向滑动轴承和推力滑动轴承，其中径向滑动轴承又分为整体式和对开式。

1．径向滑动轴承

1）整体式滑动轴承

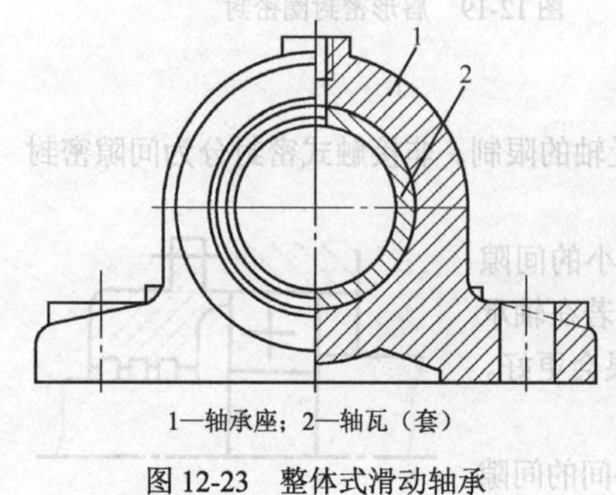

1—轴承座；2—轴瓦（套）

图 12-23　整体式滑动轴承

图 12-23 所示为整体式滑动轴承，它由轴承座和轴套组成。其结构简单，成本低，但因轴瓦磨损而造成的间隙无法调整，轴在装入和拆卸时只能从轴端进行，可修复性差。所以常用于低速、轻载、间歇工作而不需要经常拆装的机器中。

2）对开式滑动轴承

图 12-24 所示为对开式滑动轴承，它由双头螺柱、轴承盖、轴承座和剖分的上、下轴瓦组成。其安装和维修方便，可以调整因轴瓦磨损而造成的间隙，应用比较广泛。如汽车发动机中的曲轴就采用这种结构。

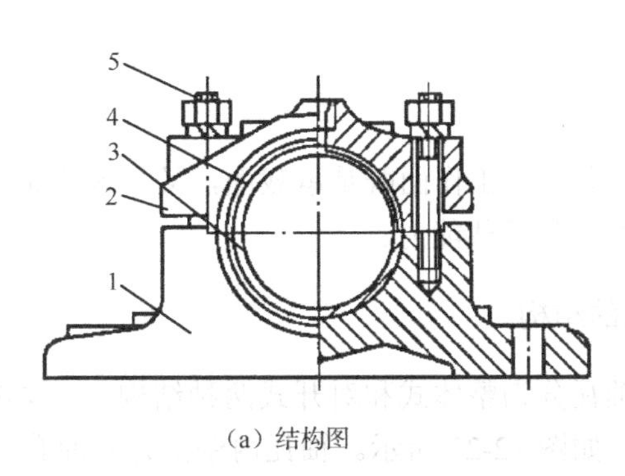

（a）结构图

（b）实物图

1—轴承座；2—轴承盖；3—下轴瓦；4—上轴瓦；5—双头螺柱

图 12-24　对开式滑动轴承

2．推力滑动轴承

图 12-25 所示为推力滑动轴承，它承受轴向载荷，由轴承座、衬套、轴瓦和止推瓦等组成。按推力轴承轴颈支承面的不同，可分为实心、空心、单环和多环等形式，如图 12-26 所示。其中空心结构使支承面上的压力分布较实心均匀；单环式结构简单，润滑方便，常用于低速轻载的场合；多环式结构不仅能承受较大的轴向载荷，有时还可承受双向轴向载荷。

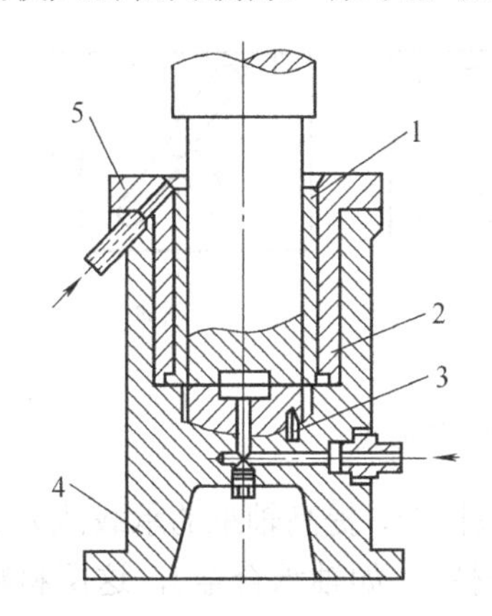

1—轴瓦；2—止推瓦；3—销钉；4—轴承座；5—衬套

图 12-25　推力滑动轴承

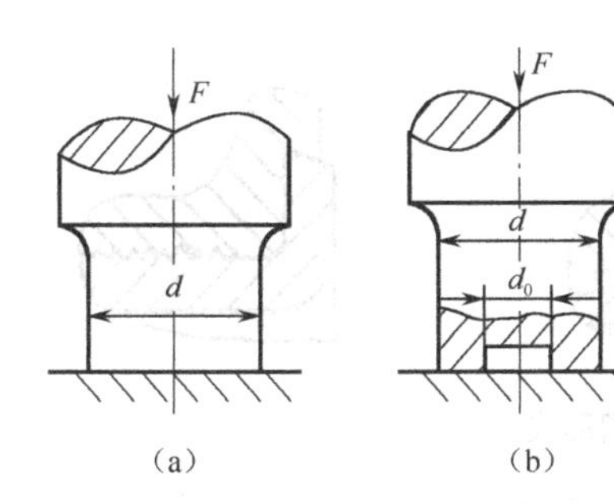

（a）　（b）

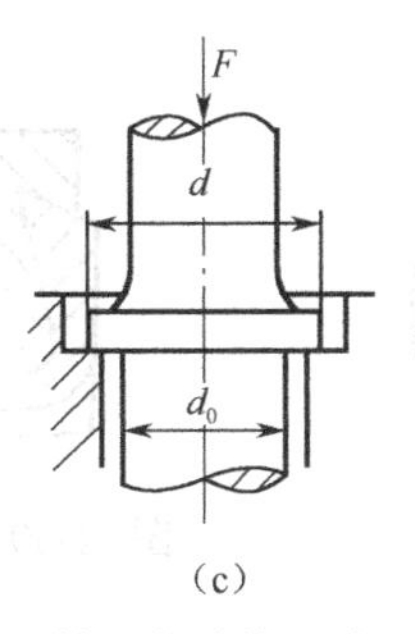

（c）

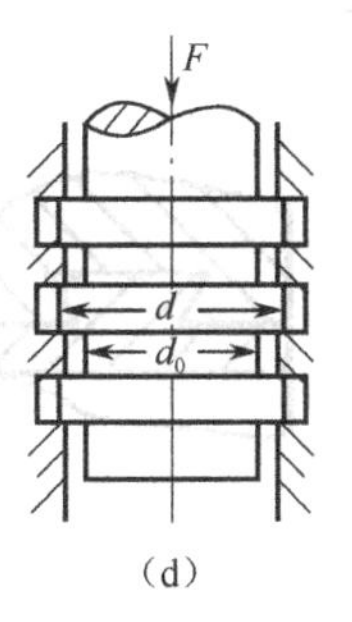

（d）

图 12-26　推力滑动轴承轴颈的结构形式

12.3.2 轴瓦的结构和轴承材料

轴瓦是滑动轴承中与轴颈直接接触的零件，其工作面既是承载面，又是摩擦面。所以轴瓦的结构是否合理直接影响滑动轴承的使用寿命和承载能力。

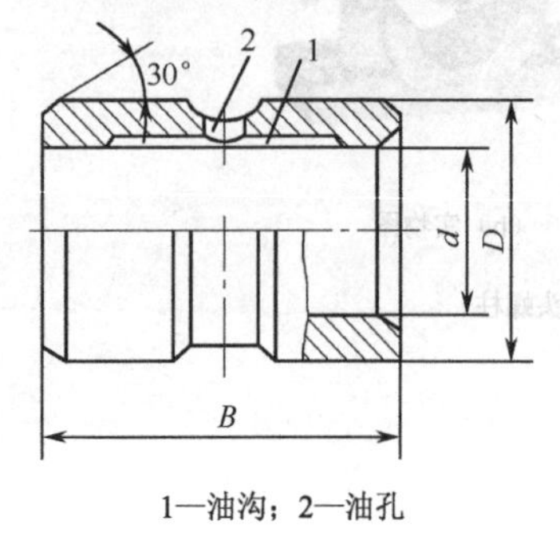

1—油沟；2—油孔

图 12-27 整体式轴瓦

1．轴瓦的结构

常用的轴瓦分为整体式和对开式两种结构。整体式轴瓦是一圆柱形轴套，如图 12-27 所示。轴瓦内壁上开有油孔和油沟，其目的是把润滑油引入轴颈和轴瓦的整个摩擦表面，形成润滑油膜。为保证承载区油膜的连续性，油沟一般开在非承载区，其轴向长度为轴瓦宽度的 80%，不能开通，以免漏油，油沟的形式如图 12-28 所示。对开式轴瓦分为上轴瓦和下轴瓦，如图 12-29 所示，轴瓦两端用凸肩作轴向定位，也可用螺钉或销钉定位，能承受一定的轴向力。

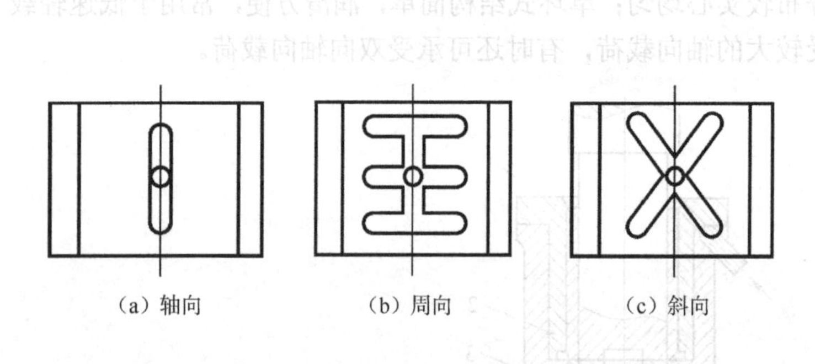

（a）轴向　（b）周向　（c）斜向

图 12-28 油沟的形式

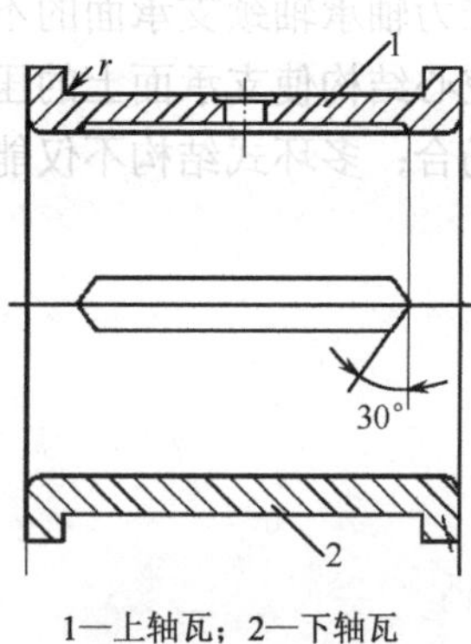

1—上轴瓦；2—下轴瓦

图 12-29 对开式轴瓦

为了改善轴瓦接触表面的摩擦性能，提高轴承的承载能力及节省贵重的合金材料，常在轴瓦的内表面浇注或轧制一层减摩材料（如轴承合金），这层材料称为轴承衬，其厚度为 0.5～5mm。通常情况下，轴承衬层越薄，则疲劳强度越高。

为保证轴承衬与轴瓦可靠地贴合，一般在轴瓦内表面预制出一些沟槽等，沟槽的形式如图 12-30 所示。

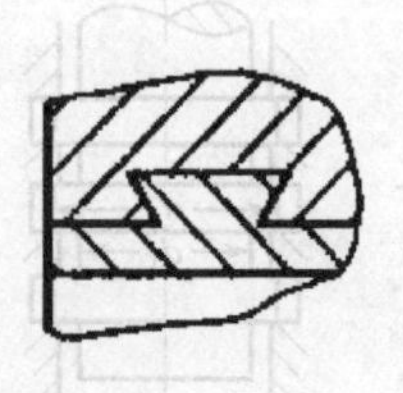

图 12-30 沟槽形式

2．轴承材料

滑动轴承的材料是指轴瓦和轴承衬的材料。非液体摩擦滑动轴承工作时，因轴瓦与轴颈直接接触并有相对运动，将产生摩擦、磨损并发热，故主要的失效形式是磨损、胶合（烧瓦）和疲劳剥落。所以，对轴瓦材料的基本要求是要有良好的减摩性、耐磨性、抗胶合性；良好的塑性、顺应性、嵌入性和跑合性；足够的强度；良好的导热性、耐腐蚀性、加工工艺性和经济性等。

常用的轴承材料有金属材料、粉末冶金材料和非金属材料。

1）金属材料

主要有轴承合金（又称白合金、巴氏合金）、青铜和铸铁等。

（1）轴承合金。轴承合金有锡锑轴承合金和铅锑轴承合金两大类，它们各以较软的锡或铅作为基体，悬浮锡锑及铜锡硬晶粒。轴承合金嵌入性及顺应性好，抗胶合能力强，与轴颈易磨合，适用于高速重载或中速重载的场合。这种合金的机械强度低，价格贵，故不能单独作为轴瓦，只能作为轴承衬材料，浇注在软钢、青铜或铸铁轴瓦上。

（2）青铜。青铜主要有锡青铜、铅青铜和铝青铜等。锡青铜和铅青铜的耐磨性和减摩性较好，但跑合性差，适用于重载、中速的场合；铝青铜的强度和硬度高，但抗胶合能力差，适用于重载、低速的场合。

（3）铸铁。铸铁有灰铸铁、耐磨铸铁和球墨铸铁。铸铁中的石墨具有润滑作用，价格较低，但跑合性差，适用于低速、轻载或不重要的场合。

2）粉末冶金材料

粉末冶金材料是由铁或铜和石墨粉末混合，经压制、烧结、浸油而制成的多孔隙材料。工作时，储存在轴承孔隙中的油因轴颈转动的抽吸和热膨胀作用，油可自动进入工作表面起润滑作用；停车时，油又被吸回孔隙中。故这种轴承又叫含油轴承，长期不加油仍能工作。常用的含油轴承材料主要有多孔铁（铁—石墨）和多孔青铜（青铜—石墨）两种。这种材料价格低、易于制造、耐磨性好，但韧性差，用于轻载、低速及加油不便的场合。

3）非金属材料

常用的有塑料、橡胶、陶瓷和硬木等，其中以塑料应用最广泛。塑料轴承材料摩擦因数小，抗压强度和疲劳强度高，耐磨性和跑合性较好，但导热性差，承载能力低，易变形，应注意冷却，适用于工作温度不高、载荷不大的场合。

常见轴承材料及性能见表 12-14。

表 12-14 常见轴承材料及性能

材　料	牌　号	[p]/MPa	[v]/(m/s)	[pv]/(MPa · m/s)	用　途
锡锑轴承合金	ZChSnSb11-6	平稳 25	80	20	用于高速、重载下的重要轴承。变载荷下易疲劳，价高
	ZChSnSb8-4	冲击 20	60	15	
铅锑轴承合金	ZChPbSb16-16-2	15	12	10	用于中速、中载轴承，不宜受显著的冲击载荷
	ZChPbSb15-5-3	5	6	5	
锡青铜	ZCuSn10Pb1	15	10	15	用于中速、重载及变载荷的轴承
	ZCuSn5Pb5Zn5	8	3	15	用于中速、中载轴承

续表

材　料	牌　号	[p] /MPa	[v] /(m/s)	[pv] /(MPa·m/s)	用　途
铅青铜	ZCuPb30	平稳 25	12	30	用于高速、重载轴承，能承受变载荷和冲击载荷
		冲击 20	8	60	
铝青铜	ZCuAl9Mn2	15	4	12	用于润滑充分的低速、重载轴承
黄铜	ZCuZn38Mn2Pb2	10	1	10	用于低速、中载轴承
铝合金	20 高锡铝合金	28～35	14	—	用于高速、中载的变载荷轴承
铸铁	HT150～HT250	2～4	0.5～1	1～4	用于低速、轻载的不重要轴承，价廉

注：[pv]值为混合摩擦润滑下的许用值。

12.3.3 滑动轴承的润滑

1. 润滑剂的选择

润滑剂的合理选择对滑动轴承的承载能力和工作状态有直接影响。润滑剂有润滑油、润滑脂、固体润滑剂和气体润滑剂，其中最常用的是润滑油和润滑脂。

选择润滑油和润滑脂时，可分别参考表 12-15、表 12-16。

表 12-15　滑动轴承润滑油的选择（工作温度>60℃）

轴颈圆周速率	轻载 p<2MPa		中载 p=3～7.5MPa		重载 p>7.5～30MPa	
	运动黏度 /(mm^2/s)	润滑油牌号	运动黏度 /(mm^2/s)	润滑油牌号	运动黏度 /(mm^2/s)	润滑油牌号
<0.1	85～150	L-AN100 L-AN150	140～220	L-AN150 L-AN200	470～1000	L-AN460 L-AN680 L-AN1000
0.1～0.3	65～125	L-AN68 L-AN100	120～170	L-AN100 L-AN150	250～600	L-AN220 L-AN320 L-AN460
0. 3～1	45～70	L-AN46 L-AN68	100～125	L-AN100	90～350	L-AN100 L-AN150 L-AN200 L-AN320

表 12-16　滑动轴承润滑脂的选择

轴承压强 p/MPa	轴颈圆周速率 v/(m/s)	最高工作温度 t/℃	选用润滑脂
<1	≤1	75	3 号钙基脂
1～6.5	0.5～5	55	2 号钙基脂
>6.5	≤0.5	75	3 号钙基脂

续表

轴承压强 p/MPa	轴颈圆周速率 v/(m/s)	最高工作温度 t/℃	选用润滑脂
>6.5	0.5～5	120	2 号钙基脂
>6.5	≤0.5	110	1 号钙—钠基脂
1～6.5	≤1	50～100	锂基脂
>6.5	0.5	60	2 号压延基脂

2．润滑方式与润滑装置

为获得良好的润滑效果，除正确选择润滑剂外，还应合理地选用润滑方法和相应的润滑装置。

1）油润滑

油润滑常用的润滑方法有间歇式和连续式两大类。间歇式润滑是较简单的供油方式，只能得到间歇润滑，不能调节供油量，故适用于小型、低速或作间歇运动的工作场合。润滑装置有压注油杯（见图 12-31（a））、旋套式注油杯（见图 12-31（b））和旋盖式油杯（见图 12-31（c））。

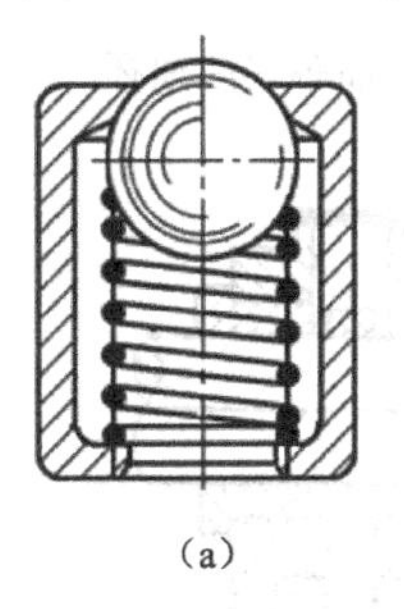
（a）

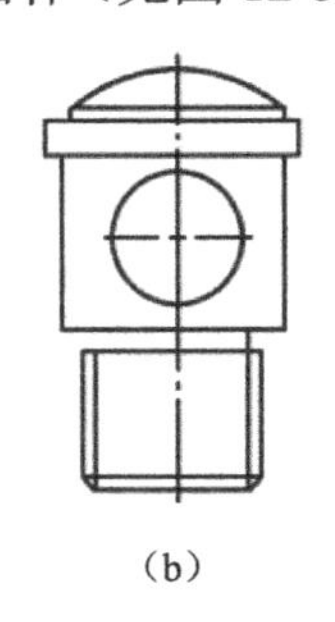
（b）

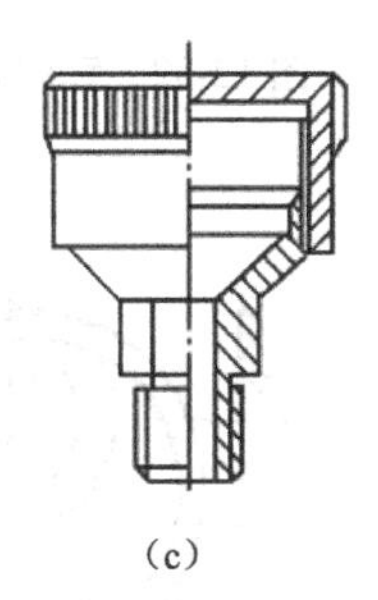
（c）

图 12-31　间歇式润滑装置

连续润滑比较可靠，对于重要的轴承必须采用连续供油润滑。主要有以下几种润滑方法和供油装置：

（1）滴油润滑。图 12-32 所示为针阀式注油杯。当手柄竖立时针阀被提起，底部油孔打开，杯体内的润滑油通过导油管的侧孔流入轴承；当手柄平放时，针阀被压下，底部油孔被堵住，停止供油。针阀的提升高度由调节螺母控制，从而调节油孔开口的大小和供油量。图 12-33 所示为油芯式注油杯，利用毛线或棉线的毛细作用，把油吸入油孔。油芯式注油杯供油量少且不易调节。

（2）油环润滑。轴颈上套有油环，油环下部浸在油池中，轴颈旋转时把油带到轴承，如图 12-34 所示。这种装置只能用于水平而连续运转的轴颈，适用一定的速度范围。若速度过低，油环不能把油带起；若速度过高，油环上的油则被甩掉。

（3）飞溅润滑。飞溅润滑主要用于减速器中，利用传动齿轮或甩油盘将油飞溅到轴承或壁箱上，再经油沟流入轴承润滑工作面以润滑轴承。

（4）压力润滑。压力润滑是一种强制润滑方法。利用液压泵循环供油，使用后的油回到油箱，经冷却过滤，再重复使用。这种供油方法的供油量充足，润滑可靠，可有效冷却和冲洗轴承，但结构复杂，费用高。常用于重载、高速及精密的滑动轴承。

2）脂润滑

润滑脂只能间歇供给。常用润滑装置有压注油杯（见图 12-31（a））和旋盖式油杯（见

图 12-31（c））。压注油杯用黄油枪将润滑脂压进轴承；旋盖式油杯靠螺旋杯盖将杯内润滑脂压入轴承工作面。

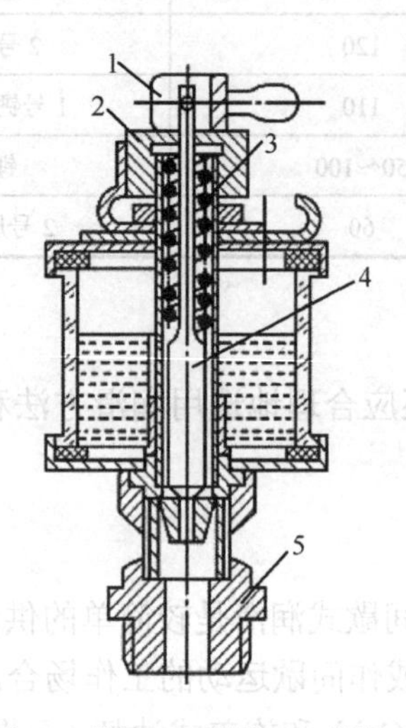

1—手柄；2—螺母；3—弹簧；4—针阀；5—杯体

图 12-32 针阀式注油杯

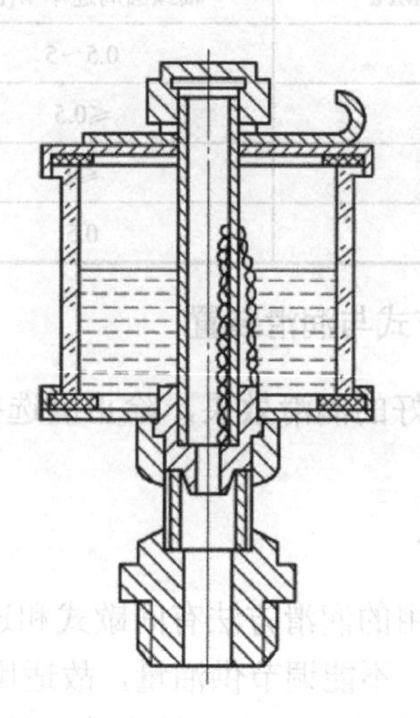

图 12-33 油芯式注油杯

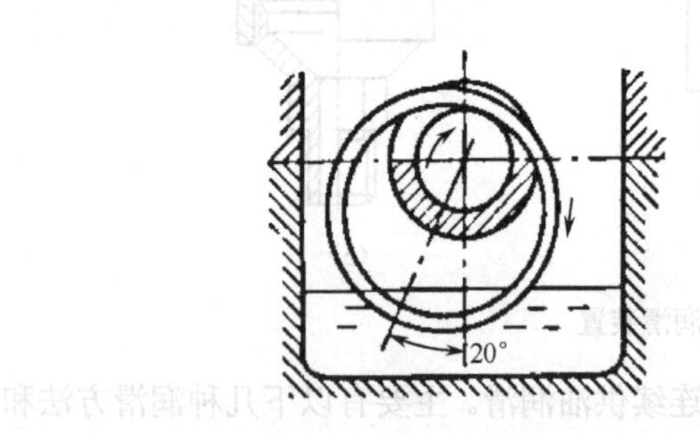

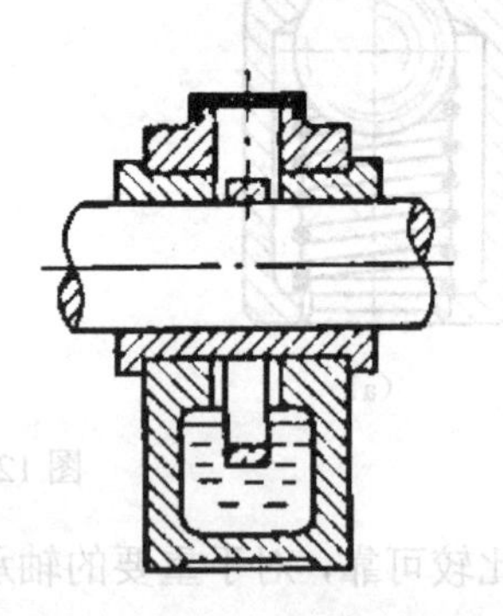

图 12-34 油环润滑

本章小结

本章主要介绍了滚动轴承的结构、类型、代号、润滑、密封、选用、组合设计和寿命的计算；滑动轴承的结构形式和轴瓦的结构及润滑等内容。

单元习题

一、判断题（在每题的括号内打上相应的×或√）

1. 一批在同样载荷和相同工作条件下运转的型号相同的滚动轴承，其寿命基本相同。（ ）

2．滚动轴承的直径系列代号就是指轴承有相同的内径、不同的外径。 （ ）

3．单列深沟球轴承主要承受径向负荷，也可承受一定的轴向负荷。 （ ）

4．滚动轴承的载荷能力和使用性能不会受到滚动轴承中滚动体的形状、大小和数量的影响。 （ ）

5．角接触球轴承极限转速高，但不能承受纯轴向载荷。 （ ）

6．滚动轴承的额定静载荷 C_0 值等于额定动载荷 C 值。 （ ）

7．基本额定动载荷和当量动载荷都相同的球轴承和滚子轴承的寿命相同。 （ ）

8．推力球轴承不适用于高转速的轴，是因为高速时圆周速度过大，从而使轴承寿命降低。 （ ）

9．轴承载荷较大时应选用黏度较小的润滑油。 （ ）

10．与滚动轴承相比，滑动轴承承载能力高，抗振性好，噪声低。 （ ）

11．滑动轴承的工作面是滑动摩擦，因此与滚动轴承相比，滑动轴承只能用于低速运转。 （ ）

12．推力滑动轴承不能承受径向载荷。 （ ）

13．为了保证润滑，油沟应开在非承载区。 （ ）

14．在滑动轴承材料中，巴氏合金通常只用作双金属轴瓦的表层材料。 （ ）

15．大型水轮机主轴只宜采用滑动轴承。 （ ）

二、选择题（选择一个正确答案，将其前方的字母填在括号中）

1．_____不能同时承受径向载荷和轴向载荷。 （ ）

A．圆锥滚子轴承　　B．角接触球轴承

C．深沟球轴承　　D．圆柱滚子轴承

2．在满足工作要求的前提下，允许转速最高的是_____。 （ ）

A．推力球轴承　　B．圆柱滚子轴承

C．深沟球轴承　　D．圆锥滚子轴承

3．滚动轴承寿命计算中，当工作温度为_____以下时，温度因数 $f_t=1$。 （ ）

A．80℃　　B．100℃　　C．120℃　　D．150℃

4．滚动轴承的代号由前置代号、基本代号和后置代号组成，其中基本代号表示_____。 （ ）

A．轴承的类型、结构和尺寸　　B．轴承组件

C．轴承内部结构变化和轴承公差等级　　D．轴承游隙和配置

5．角接触轴承承受轴向载荷的能力，随接触角 α 的增大而_____。 （ ）

A．减小　　B．增大　　C．不变　　D．不定

6．滚动轴承的额定寿命是指同一批轴承中_____的轴承能达到的寿命。 （ ）

A．99%　　B．90%　　C．95%　　D．50%

7．_____适用于多支点轴、弯曲刚度小的轴及难于精确对中的支承。 （ ）

A．深沟球轴承　　B．圆锥滚子轴承

C．角接触球轴承　　D．调心轴承

8．若转轴在载荷作用下弯曲变形较大或轴承座孔不能保证良好的同轴度，宜选用类型代号为_____的轴承。 （ ）

A．1 或 2　　B．3 或 7　　C．N 或 NU　　D．6 或 NA

9．跨距较大并承受较大径向载荷的起重机卷筒轴轴承应选用_____。（　）

A．深沟球轴承　　B．圆锥滚子轴承

C．调心滚子轴承　　D．圆柱滚子轴承

10．_____轴承通常应成对使用。（　）

A．深沟球轴承　　B．圆锥滚子轴承

C．推力球轴承　　D．圆柱滚子轴承

11．在正常转动条件下工作，滚动轴承的主要失效形式是_____。（　）

A．滚动体破裂　　B．滚动体与套圈间发生胶合

C．滚道磨损　　D．滚动体或滚道表面疲劳点蚀

12．对转速很高（n>7 000 r/min）的滚动轴承宜采用_____的润滑方式。（　）

A．滴油润滑　　B．油浴润滑

C．飞溅润滑　　D．喷油或喷雾润滑

13．在下列密封形式中，_____为接触式密封。（　）

A．迷宫式密封　　B．甩油环密封

C．毛毡圈密封　　D．油沟式密封

14．整体式滑动轴承的特点是_____。（　）

A．轴瓦结构简单　　B．间隙易调

C．轴瓦可两端翻边　　D．可在曲轴中使用

15．在_____情况下，滑动轴承润滑油的黏度应选用得较高。（　）

A．重载　　B．高速

C．工作温度高　　D．承受变载荷

三、综合题

1．试说明下列滚动轴承代号的含义。

6206　　32315E　　N105/P5　7312AC/P6

2．一水泵选用深沟球轴承，已知轴径 d =35mm，转速 n = 2 900r/min，轴承所受的径向力 F_R = 2 300N，轴向力 F_A = 540N，要求使用寿命 L_h = 5 000h，试选择轴承型号。

Chapter 13

第13章 联轴器、离合器及制动器

教学要求

（1）掌握常用联轴器、离合器和制动器的主要类型及结构特点；

（2）了解联轴器、离合器和制动器的功用及应用；

（3）掌握联轴器的选择。

重点与难点

重点：几种常用联轴器、离合器和制动器的类型及结构特点；

难点：联轴器的选用。

13.1 联轴器简介

联轴器主要连接两轴并使它们一同旋转，以传递转矩和运动。若要使两轴分离，只有在停车后通过拆卸才能将两轴分开。

13.1.1 联轴器的类型、特点和应用

联轴器连接的两轴通常属于不同的机械或部件，由于存在制造和安装误差，受载受热后使轴发生变形，所以被连接的两轴线不可避免地产生径向位移、轴向位移、偏角位移及综合

位移，如图 13-1 所示。两轴相对位移的出现，将在轴系中引起附加载荷，甚至出现剧烈振动，因此，联轴器应具有补偿位移和吸振缓冲的能力，以消除或降低因相对位移而引起的附加载荷，从而改善其传动性能，延长机器寿命。

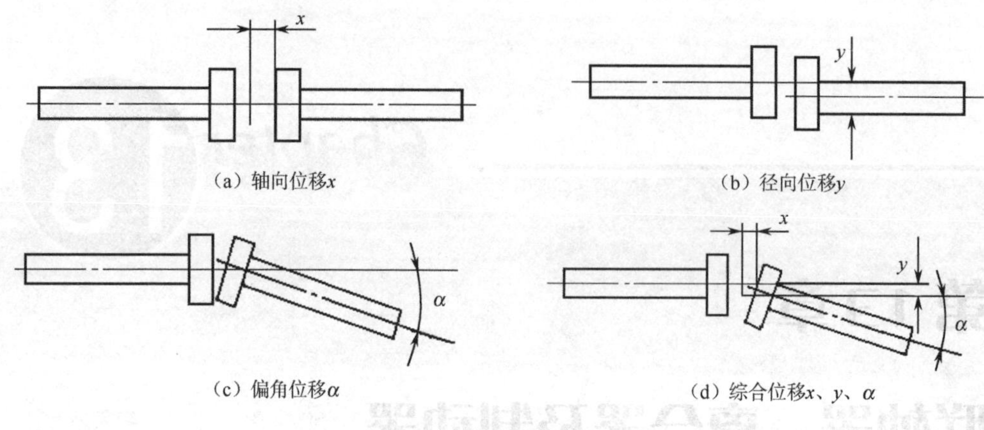

图 13-1 轴线的相对位移

常用联轴器的分类如下：

- 联轴器
  - 刚性
    - 固定式：套筒联轴器、凸缘联轴器
    - 可移式：滑块联轴器、万向联轴器、齿式联轴器、链条联轴器
  - 弹性
    - 金属弹性元件：蛇形弹簧联轴器
    - 非金属弹性元件：弹性套柱销联轴器、弹性柱销联轴器、梅花形弹性联轴器

下面介绍常用的几种：

1. 固定式刚性联轴器

1）套筒联轴器

套筒联轴器用一个套筒通过键或销将两轴连接在一起。当套筒和键连接时，用紧定螺钉作轴向固定，可传递较大的转矩，如图 13-2（a）所示。当套筒和销连接时，可传递较小的转矩，如图 13-2（b）所示。套筒联轴器径向尺寸小，结构简单，使用方便，但不能缓冲减振，用于载荷较平稳、低速、轻载的两轴连接。

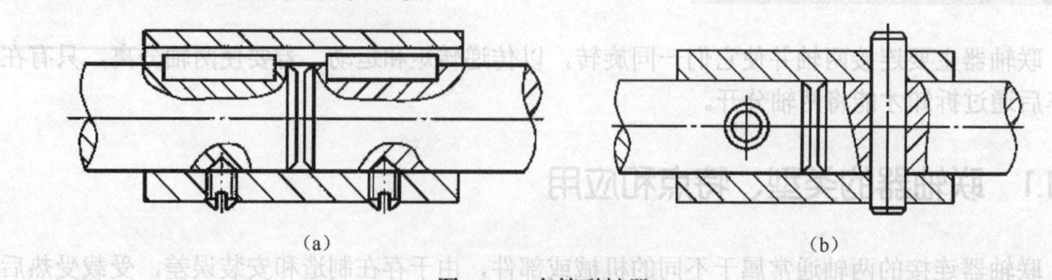

图 13-2 套筒联轴器

2）凸缘联轴器

凸缘联轴器由两个带有凸缘的半联轴器通过键与轴相连，然后两个半联轴器用螺栓连接。这种联轴器有两种结构形式，一种是用铰制孔螺栓连接两个半联轴器来实现两轴对中的普通凸

缘联轴器（见图 13-3（a））；另一种是靠一个半联轴器的凸肩与另一个半联轴器上的凹槽相配合来实现两轴对中的凸缘联轴器（见图 13-3（b））。

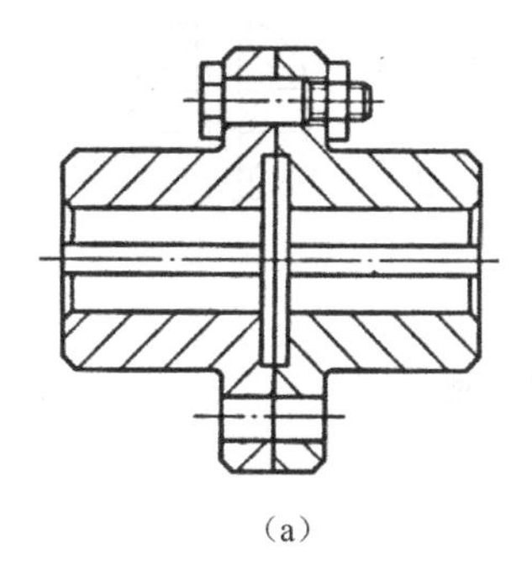
（a）

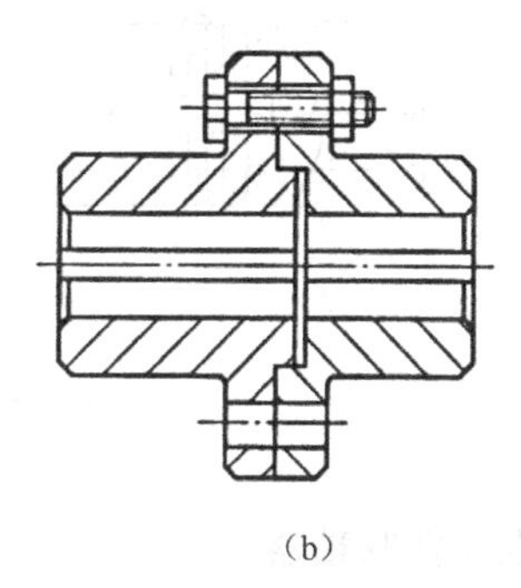
（b）

图 13-3　凸缘联轴器

凸缘联轴器的结构简单，可传递较大的转矩，对中性好，拆装方便，但不能补偿两轴间的相对位移，故适用于转速低、载荷平稳、对中性好的两轴连接。

2．可移式刚性联轴器

1）十字滑块联轴器

十字滑块联轴器由两个开有径向凹槽的半联轴器和一个具有相互垂直凸榫的十字滑块组成，如图 13-4 所示。工作时十字滑块随两轴转动，同时滑块上的两凸榫可在两半联轴器的凹槽中滑动，以补偿两轴的径向位移。十字滑块联轴器结构简单，制造方便，用于低速、无冲击的场合。为了减小滑动面的摩擦与磨损，需定期进行润滑并对表面进行热处理以提高硬度。

2）万向联轴器

万向联轴器用来传递两相交轴之间的运动和动力，且在传动过程中两轴之间的夹角可以改变。它由两个轴叉分别与中间的十字轴以铰链相连，如图 13-5 所示。单个万向联轴器工作时，因两轴的瞬时角速度不相等，则会出现冲击和振动。为避免这种情况，可将万向联轴器成对使用，称为双万向联轴器，如图 13-6 所示。使用双万向联轴器时，应使中间轴上两端的叉形接头位于同一平面内，而且必须使主、从动轴分别与中间轴的夹角相等，这样主、从动轴才能等速传动。

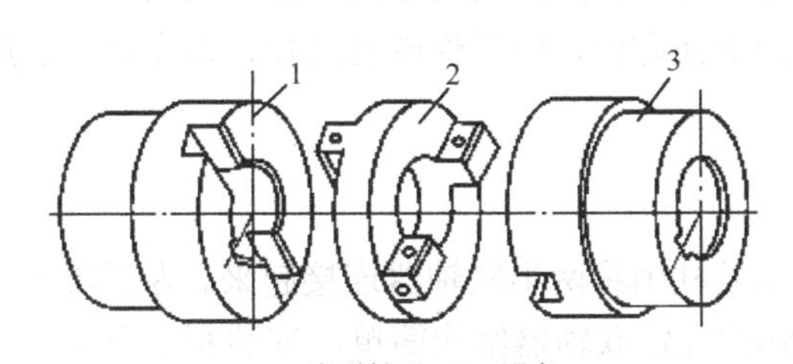

1、3—半联轴器；2—圆盘

图 13-4　十字滑块联轴器

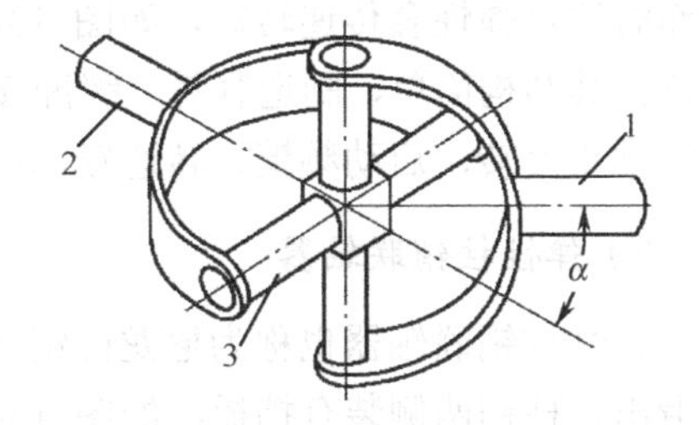

1、2—叉形接头；3—十字轴

图 13-5　单万向联轴器

万向联轴器能可靠地传递转矩和运动，结构紧凑，效率高，适用于相交轴间的连接或有较大角位移的场合。

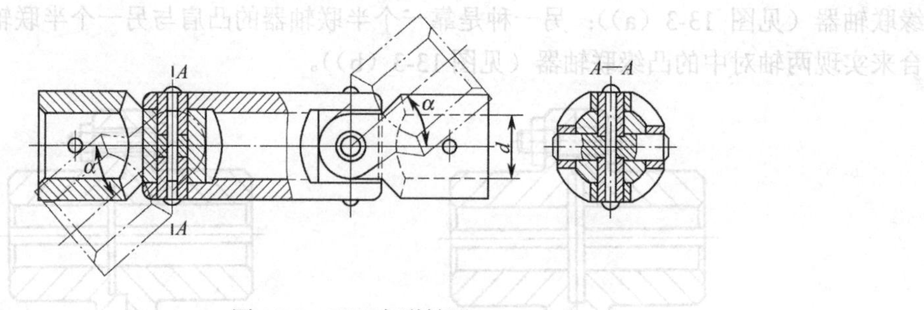

图 13-6 双万向联轴器

3．金属弹性元件联轴器

图 13-7 所示为蛇形弹簧联轴器。它是一种通过蛇形弹簧片将两轴连接并传递动力的结构先进的金属弹性联轴器。其结构简单，重量轻，减振性好，寿命长，承受变动载荷的范围大，润滑好且允许有较大的安装偏差，能补偿两轴的综合位移。

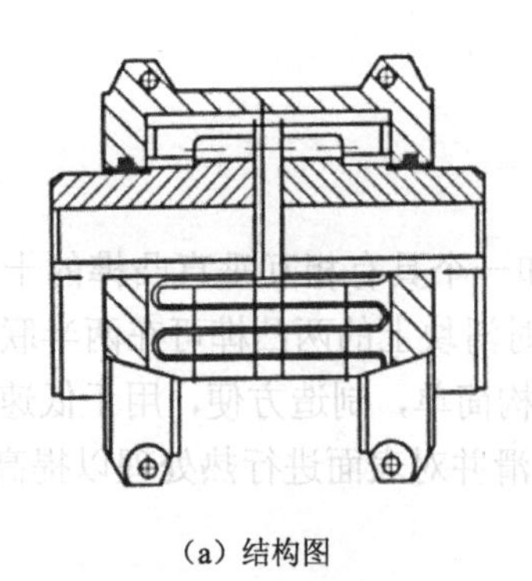

（a）结构图

（b）实物图

图 13-7 蛇形弹簧联轴器

4．非金属弹性元件联轴器

1）弹性套柱销联轴器

弹性套柱销联轴器的结构与凸缘联轴器相似，只是用套有弹性圈的柱销代替了连接螺栓，工作时通过弹性套传递转矩，如图 13-8 所示。安装时应留出相应大小的间隙，用来补偿轴向位移。其结构简单，制造容易，缓冲减振，弹性圈更换方便，但弹性圈易磨损，寿命短。适用于经常正反转，启动频繁，转速较高的场合。

2）弹性柱销联轴器

弹性柱销联轴器也称为尼龙柱销联轴器，用尼龙柱销将两半联轴器连接起来。为了防止柱销滑出，柱销两侧装有挡板，如图 13-9 所示。弹性柱销联轴器结构简单，安装制造方便，耐久性好，有吸振和补偿轴向位移的能力。常用于轴向窜动量较大，经常正反转或启动频繁，转速较高的场合，可代替弹性套柱销联轴器。因尼龙对温度敏感，故工作温度应限制在−20～70℃范围内。

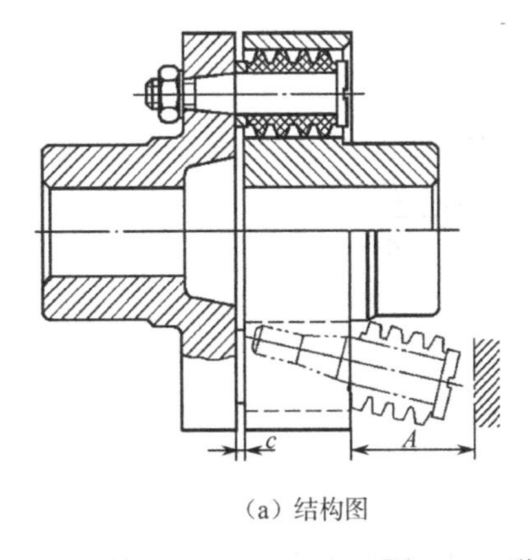

（a）结构图

（b）实物图

图 13-8　弹性套柱销联轴器

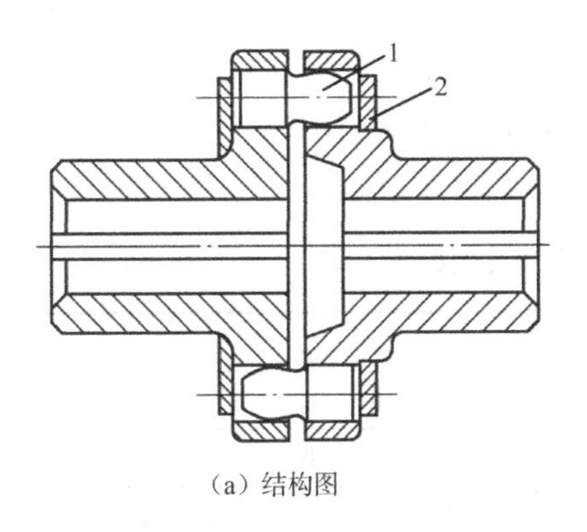

（a）结构图

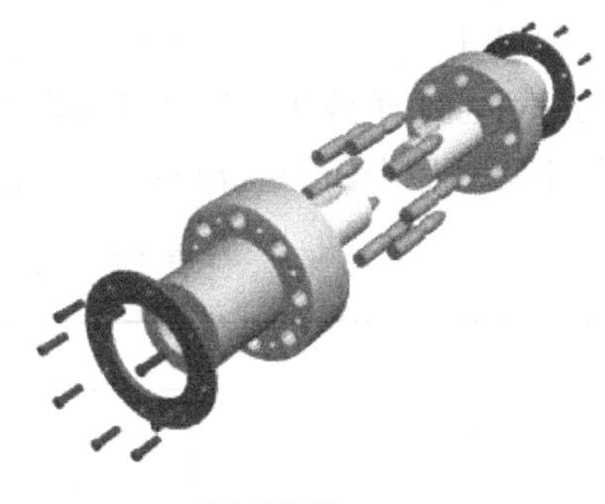

（b）实物图

1—尼龙柱销；2—挡圈

图 13-9　弹性柱销联轴器

13.1.2　联轴器的选择

联轴器的种类很多，但大多数联轴器都已经标准化或系列化，所以设计者的任务是选用联轴器，而不是设计。联轴器的选择包括类型的选择和型号的选择。

1．联轴器类型的选择

（1）载荷：载荷大时选用弹性联轴器；载荷平稳或比较小时选用刚性联轴器。

（2）转速：转速低时选用刚性联轴器；转速高时选用非金属弹性元件的弹性联轴器。工作转速不能超过联轴器标准中许用的转速。

（3）对中性：对中性好时选用固定式刚性联轴器；对中性不好或发生偏移时选用有补偿能力的可移式刚性联轴器或弹性联轴器。

（4）环境：当工作温度过高（45～50℃）或过低（-20℃）时，不可选用有橡胶或尼龙等非金属元件的联轴器。

（5）经济性：在满足使用要求的条件下，选用价格低、维护简单的联轴器。

2. 联轴器型号的选择

选择联轴器的型号时，先按下式计算其计算转矩：

$$T_c=KT=K\times 9\,550\times \frac{P}{n} \tag{13-1}$$

式中 T_c——轴的计算转矩（N·m）；

K——工作情况因数，见表 13-1；

T——轴的名义转矩（N·m）；

P——传递的功率（kW）；

n——工作转速（r/min）。

然后，根据计算转矩 T_c、轴的转速 n 和轴端直径 d，查阅有关手册，选择适合型号的联轴器。选择型号时，应满足以下条件：

（1）计算转矩 T_c 应小于或等于所选取联轴器的公称转矩 T_n，即 $T_c \leqslant T_n$。

（2）转速 n 应小于或等于所选联轴器的许用转速 $[n]$，即 $n \leqslant [n]$。

（3）轴端直径应在所选联轴器孔径范围之内，即 $d_{min} \leqslant d \leqslant d_{max}$。

表 13-1 联轴器的工作情况因数 K

动力机		K					
		工作机					
		Ⅰ类	Ⅱ类	Ⅲ类	Ⅳ类	Ⅴ类	Ⅵ类
电动机、汽轮机		1.3	1.5	1.7	1.9	2.3	3.1
内燃机	四缸及四缸以上	1.5	1.7	1.9	2.1	2.5	3.3
	二缸	1.8	2.0	2.2	2.4	2.8	3.6
	单缸	2.2	2.4	2.6	2.8	3.2	4.0

注：工作机分类如下：

Ⅰ类——转矩变化很小的机械，如发电机、小型通风机、小型离心泵。

Ⅱ类——转矩变化小的机械，如透平压缩机、木工机床、运输机。

Ⅲ类——转矩变化中等的机械，如搅拌器、增压泵、有飞轮的压缩机、冲床。

Ⅳ类——转矩变化和冲击载荷中等的机械，如织布机、水泥搅拌器、拖拉机。

Ⅴ类——转矩变化和冲击载荷大的机械，如造纸机械、挖掘机、起重机、碎石机。

Ⅵ类——转矩变化大并有极强烈冲击载荷的机械，如压延机械、无飞轮的活塞泵、重型初轧机。

13.2 离合器简介

离合器在机器运转过程中传递运动和动力，使两轴随时接合或分离。对其基本要求是工作可靠，接合、分离迅速而平稳，操纵灵活、省力，调整和修理方便，外形尺寸小，重量轻，耐磨性和散热性好。离合器的种类很多，根据工作原理的不同，分为牙嵌式和摩擦式两种，它们分别是利用牙的嵌入和工作表面的摩擦来传递转矩的。

13.2.1　牙嵌式离合器

牙嵌式离合器如图 13-10 所示，它由两端面上带牙的半离合器组成，通过啮合的齿来传递转矩。其中，左半离合器用平键和螺钉固定在主动轴上，右半离合器用导向键或花键与从动轴连接。为了便于两轴对中，在离合器上装有对中环，从动轴可在对中环中自由转动，通过滑环的轴向移动操纵离合器的接合和分离。牙嵌式离合器结构简单，外廓尺寸小，工作时两半离合器间没有相对滑动，能传递较大的转矩，但其只能在两轴转速差很小或停车时进行接合或分离，以避免因冲击而折断牙齿。

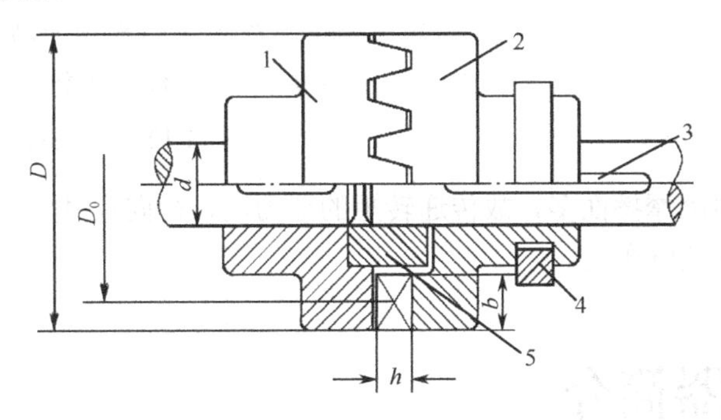

1、2—半离合器；3—导向键；4—滑环；5—对中环

图 13-10　牙嵌式离合器

13.2.2　摩擦离合器

摩擦离合器按结构不同，可分为圆盘式、圆锥式、块式和带式等类型，但最常用的是圆盘式摩擦离合器。圆盘式摩擦离合器又可分为单片式和多片式两种。

1．单片式摩擦离合器

单片式摩擦离合器由摩擦圆盘和滑环组成，如图 13-11 所示。一个圆盘（定盘）与主动轴连接，另一个圆盘（动盘）通过导向键与从动轴连接并可在轴上移动，操纵滑环可使两圆盘接合或分离。工作时轴向压力 F_Q 使两圆盘在工作表面产生摩擦力，以传递转矩。单片式摩擦离合器结构简单，但径向尺寸较大，只能传递较小的转矩，常用在轻型机械上。

2．多片式摩擦离合器

多片式摩擦离合器的结构如图 13-12 所示，它有两组摩擦片，内、外摩擦片分别带有凹槽和凸齿。主动轴、外壳与一组外摩擦片组成主动部分，其中外摩擦片的凸齿沿外壳槽移动；从动轴、套筒与一组内摩擦片组成从动部分，其中内摩擦片在套筒槽中滑动。当滑环向左移动时，使杠杆绕支点顺时针转动，通过压板将两组摩擦片压紧，主动轴带动从动轴一起转动，即离合器处于接合状态；当滑环向右移动时，杠杆下面的弹簧使杠杆绕支点逆时针转动，主动轴与从动轴脱开，即离合器分离。摩擦片间的压力可通过从动轴套筒上的双螺母来调节。

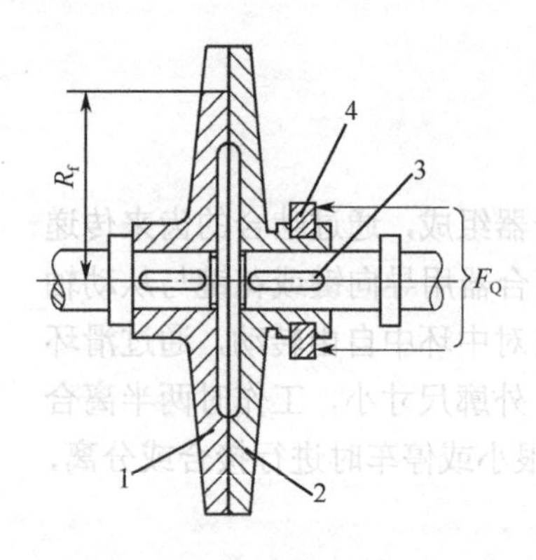

1、2—摩擦盘；3—导向键；4—滑环

图 13-11 单片式摩擦离合器

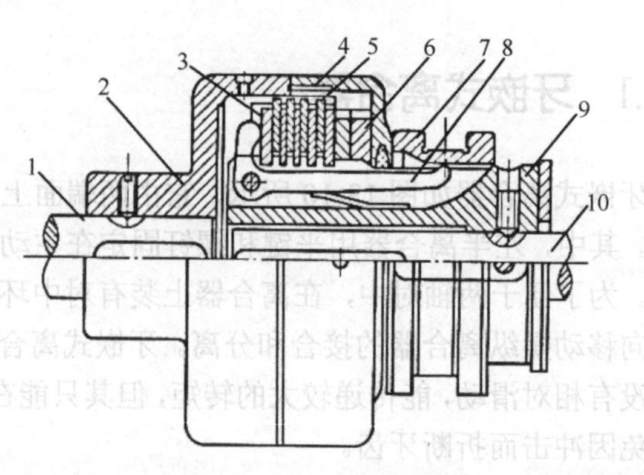

1—主动轴；2—外壳；3—压板；4—外摩擦片组；5—内摩擦片组；

6—双螺母；7—滑环；8—杠杆；9—套筒；10—从动轴

图 13-12 多片式摩擦离合器

多片式摩擦离合器因摩擦面多，故传递转矩的能力高，径向尺寸相对减小，但结构较为复杂，常用于中、重型载货汽车上。

13.3 制动器简介

制动器的主要作用是降低机械的运转速度或迫使机械停止运转。它利用摩擦元件之间产生的摩擦力矩来实现制动。制动器通常安装在机械中转速较高的轴上，这样可减小制动力矩和制动器的尺寸。按结构特征，制动器分为外抱块式制动器、内涨蹄式制动器和带式制动器等。

制动器应满足的基本要求：能产生足够大的制动力矩，制动平稳可靠，结构简单，外形紧凑，有足够的强度和刚度，耐磨性和散热性好。

13.3.1 外抱块式制动器

外抱块式制动器又称为块式制动器。它是靠制动块与制动轮间的摩擦力来实现制动的。按通电时的制动状态，分为常闭式和常开式抱块制动器。

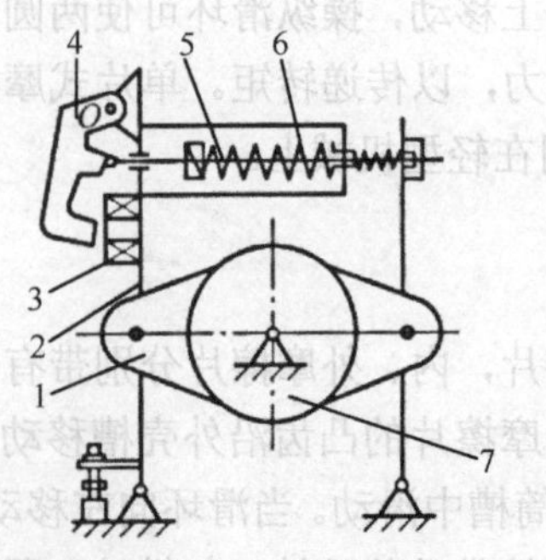

1—制动块；2—制动臂；3—线圈；4—电磁铁；

5—推杆；6—弹簧；7—制动轮

图 13-13 常闭式抱块制动器

1. 常闭式抱块制动器

常闭式抱块制动器在通电时松开，断电时制动，如图 13-13 所示。当线圈通电时，电磁铁绕 O 点逆时针转动，推杆向右移动，弹簧被压缩，通过制动臂使制动块与制动轮松开；当线圈断电时，电磁铁绕 O 点顺时针转动，弹簧通过制动臂使制动块压紧在制动轮上，达到制动的目的。制动块磨损时通过调节推杆的长度进行补偿。

常闭式抱块制动器结构简单，性能可靠，制动块间隙易于调节，常用于起重运输机械中。

2．常开式抱块制动器

常开式抱块制动器与常闭式抱块制动器的工作原理相反，即通电时制动，断电时松开。常用于车辆的制动，如汽车防抱死系统等。

13.3.2　内涨蹄式制动器

内涨蹄式制动器又称为鼓式制动器。内涨蹄式制动器的两个制动蹄外表面安装了摩擦片，且通过销轴分别与机架铰接，如图 13-14 所示。压力油通过双向作用泵，推动左、右两活塞，使两制动蹄在活塞的推动力 F 作用下，压紧制动轮内圆柱面，从而实现制动。压力油卸载后，弹簧收缩，使两制动蹄与制动轮分离。这种制动器结构紧凑，制动力较大，广泛应用于各种车辆及结构尺寸受限制的机械中。

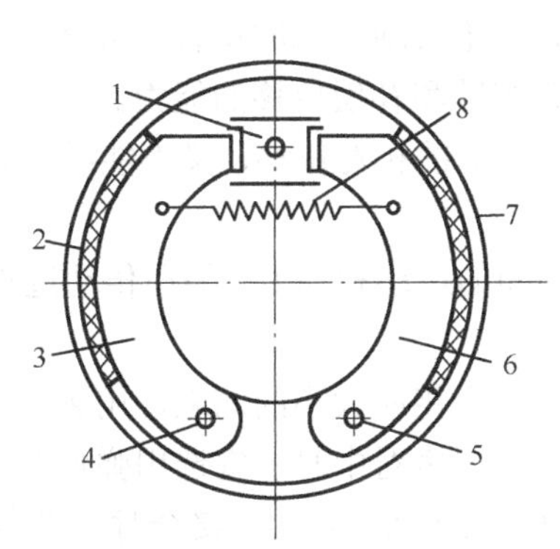

1—泵；2—摩擦片；3、6—制动蹄；4、5—销轴；7—制动轮；8—弹簧

图 13-14　内涨蹄式制动器

13.3.3　带式制动器

带式制动器是由包在制动轮上的制动带与制动轮之间产生的摩擦力矩来实现制动的，如图 13-15 所示。在重锤的作用力下，制动带紧包在制动轮上，从而实现制动；松闸时，则由电磁铁或人力提升重锤来实现。带式制动器结构简单，制动力矩较大。但因制动带磨损不均匀，易断裂，故适用于小型起重机械和汽车的驻车制动系统中。

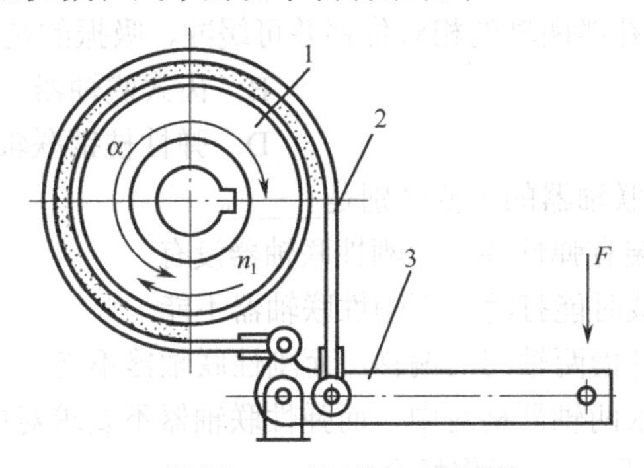

1—制动轮；2—制动带；3—电磁铁

图 13-15　带式制动器

本章小结

本章介绍了联轴器、离合器、制动器的主要类型、结构特点、适用的场合，以及联轴器型号的选用原则。

单元习题

一、**判断题**（在每题的括号内打上相应的×或√）

1. 联轴器可以在不停车的状况下实现两轴的接合和分离。（ ）
2. 能减振的联轴器一定具有缓冲和补偿位移的能力。（ ）
3. 凸缘联轴器既不能补偿两轴间的相对位移，又不能缓冲和吸振，但能传递较大的转矩。（ ）
4. 万向联轴器传递两相交轴间的运动和动力，但在传动过程中两轴之间的夹角不能改变。（ ）
5. 弹性柱销联轴器安装时应留出相应大小的间隙，用来补偿轴向位移。（ ）
6. 工作时载荷较大且两轴不能严格对中时，宜选用弹性联轴器。（ ）
7. 牙嵌式离合器是利用牙的嵌入传递转矩的，接合时两半离合器间有相对滑动。（ ）
8. 对于多片式摩擦离合器，当压紧力和摩擦片的直径一定时，摩擦片越多，则传递转矩的能力越大。（ ）
9. 内涨蹄式制动器被广泛用于各种车辆及结构尺寸受限制的机械中。（ ）
10. 所有类型的制动器都是靠摩擦力来实现制动的。（ ）

二、**选择题**（选择一个正确答案，将其前方的字母填在括号中）

1. 联轴器和离合器的主要作用是_____。（ ）
   A. 补偿两轴的综合位移　　B. 连接两轴，使其转动并传递转矩
   C. 防止机器发生过载　　D. 缓和冲击和振动
2. 下列联轴器中，能补偿两轴的相对位移并可缓冲、吸振的是_____。（ ）
   A. 凸缘联轴器　　B. 齿式联轴器
   C. 万向联轴器　　D. 弹性柱销联轴器
3. 刚性联轴器和弹性联轴器的主要区别是_____。（ ）
   A. 弹性联轴器内装有弹性件，而刚性联轴器没有
   B. 弹性联轴器过载时能打滑，而刚性联轴器不能
   C. 弹性联轴器能补偿两轴间的偏移，而刚性联轴器不能
   D. 刚性联轴器要求两轴严格对中，而弹性联轴器不要求对中
4. 弹性联轴器不适用于_____工作场合。（ ）
   A. 两轴线有相对偏移　　B. 传递较大转矩

C．两轴线倾斜一角度 D．工作中有冲击、振动及启动频繁

5．安装凸缘联轴器时，对两轴的要求是_____。 （ ）

A．两轴可有径向偏移 B．两轴严格对中

C．两轴可有综合位移 D．两轴可相对倾斜一角度

6．下列联轴器中，可允许两轴有较大偏斜角或工作中有较大角位移的是_____。 （ ）

A．凸缘联轴器 B．万向联轴器

C．弹性套柱销联轴器 D．弹性柱销联轴器

7．下列_____不是弹性套柱销联轴器的特点。 （ ）

A．结构简单，装拆方便 B．价格低

C．能吸收振动和补偿两轴的综合位移 D．弹性套不易损坏，使用寿命长

8．用于连接两相交轴的单万向联轴器，其主要缺点是_____。 （ ）

A．只能传递较小的转矩

B．结构复杂，维护困难

C．零件易损坏，使用寿命较短

D．主动轴作等速运动，从动轴作周期性的变速运动

9．牙嵌离合器只能在_____接合。 （ ）

A．单向转动时 B．高速转动时

C．正反转工作时 D．两轴转速差很小或停车时

10．设计多片圆盘摩擦离合器时，摩擦片的数目不宜取得过多，这主要是为了避免______。 （ ）

A．不易散热 B．轴向尺寸大

C．各片受力不均匀 D．离合器分离动作不灵活

三、简答题

1．联轴器的选用原则是什么？

2．自行车上有无离合器？若有，属于哪种类型？起什么作用？

附录A 综合练习

综合题（一）

一、单项选择题（选择一个正确答案，将其前方的字母填在括号中，共 2×20=40 分）

1．若机构的自由度数大于零，则机构具有确定相对运动的条件是______。（ ）

A．机构的自由度数目等于主动件数目

B．机构的自由度数目大于主动件数目

C．机构的自由度数目小于主动件数目

D．机构的自由度数目大于等于主动件数目

2．曲柄摇杆机构处于死点位置时，角度等于零度的是______。（ ）

A．压力角 B．传动角 C．极位夹角 D．摆角

3．平面铰链四杆机构 *ABCD* 中，*AD* 为机架，L_{AB}=40mm，L_{BC}=60mm，L_{CD}=120mm，L_{AD}=120mm，那么______。（ ）

A．*AB* 杆为曲柄，*CD* 杆为摇杆 B．*AB* 杆与 *CD* 杆均为曲柄

C．*AB* 杆与 *CD* 杆均为摇杆 D．*AB* 杆为摇杆，*CD* 杆为曲柄

4．当凸轮机构的从动件选用摆线运动规律时，其从动件的运动______。（ ）

A．将产生刚性冲击 B．将产生柔性冲击

C．将产生有限度的冲击 D．没有冲击

5．键连接的主要用途是使轴与轮毂之间______。（ ）

A．沿轴向固定并传递轴向力 B．沿轴向可作相对滑动并具有导向性

C．沿周向固定并传递扭矩 C．安装拆卸方便

6．用于薄壁零件连接的螺纹，应采用______。（ ）

A．三角细牙螺纹 B．梯形螺纹

C．锯齿形螺纹 D．多线的三角形粗牙螺纹

7．带传动中紧边拉力为 F_1，松边拉力为 F_2，则其传递的有效圆周力为______。（ ）

A．$(F_1-F_2)/2$ B．F_1-F_2 C．F_1+F_2 D．$(F_1+F_2)/2$

8．带传动在正常工作时不能保证准确的传动比是因为______。（ ）

A．带存在弹性滑动 B．带容易变形和磨损

C．带在带轮上打滑 D．带的材料不符合虎克定律

9．从动件运动规律不变的情况下，若减小凸轮的基圆半径，则压力角______。（ ）

A．减小 B．保持不变 C．增大 D．不确定

10．单个渐开线齿轮______。（ ）

A．分度圆等于节圆 B．分度圆小于节圆

C. 分度圆大于节圆　　　　　　　　　D. 没有节圆

11. 对齿面硬度≤350HBS 的一对齿轮传动，选取齿面硬度时应使______。　　（　）

A. 小齿轮齿面硬度<大齿轮齿面硬度　　B. 小齿轮齿面硬度≤大齿轮齿面硬度

C. 小齿轮齿面硬度=大齿轮齿面硬度　　D. 小齿轮齿面硬度>大齿轮齿面硬度

12. 一对标准齿轮啮合传动时，其啮合角_____其分度圆压力角。　　（　）

A. 大于　　B. 等于　　C. 小于　　D. 可能等于也可能大于

13. 为了减少蜗轮刀具数目，有利于刀具标准化，应取标准值的是______。　　（　）

A. 蜗轮齿数　　　　　　　　B. 蜗杆分度圆直径

C. 蜗杆头数　　　　　　　　D. 蜗轮分度圆直径

14. 对闭式软齿面齿轮传动，主要失效形式是______。　　（　）

A. 轮齿疲劳折断　　　　　　B. 齿面疲劳点蚀

C. 齿面磨损　　　　　　　　D. 齿面胶合

15. 联轴器和离合器均具有的主要作用是______。　　（　）

A. 补偿两轴的综合位移　　　B. 连接两轴，使其旋转并传递转矩

C. 防止机器过载　　　　　　D. 缓和冲击和振动

16. 无急回特性的平面四杆机构，其极位夹角为______。　　（　）

A. $\theta=0°$　　B. $\theta\geqslant0°$　　C. $\theta<0°$　　D. $\theta>0°$

17. 按承受载荷的性质分类，减速器中的齿轮轴属于______。　　（　）

A. 传动轴　　B. 固定心轴　　C. 转轴　　D. 转动心轴

18. 在闭式蜗杆传动设计中，除进行强度计算外，考虑到相对滑动速度大，摩擦磨损严重，还需进行______。　　（　）

A. 磨损计算　　B. 刚度计算　　C. 热平衡计算　　D. 稳定性计算

19. 当滚动轴承转速很低（n<10r/min），在过大静载荷或冲击载荷作用下，其主要失效形式是______。　　（　）

A. 过量的塑性变形　　　　　B. 过度磨损

C. 疲劳点蚀　　　　　　　　D. 胶合

20. 滚动轴承 6308，表示内径为_______，公差等级为_______的深沟球轴承。　　（　）

A. 08、普通级　　B. 40、0 级　　C. 04、普通级　　D. 80、0 级

二、分析题（共 10 分）

如图 A-1 所示为一斜齿轮—蜗杆传动。小齿轮由电动机驱动，蜗杆为右旋，蜗轮转向如图所示。

（1）确定斜齿轮 1、2 的螺旋线方向以使Ⅱ轴的轴向力最小；（2.5 分）

（2）在图上标出轮齿 1、2 及蜗杆 3 的转向，以保证蜗轮按图示方向转动；（1.5 分）

（3）分析轮齿 2、蜗杆 3 的受力情况。（各用三个分力表示）（6 分）

三、计算题（共 40 分）

1. 计算如图 A-2 所示机构的自由度，若含有复合铰链、局部自由度和虚约束，请明确指出。（10 分）

2. 一对标准安装的渐开线标准直齿圆柱齿轮外啮合传动，已知模数 m=10mm，z_1=30，

α=20°，中心距 a=600mm，h_a^*=1，c^*=0.25。（10 分）

求：（1）齿轮 2 的齿数 z_2 和传动比 i_{12}；

（2）齿轮 1 的分度圆直径 d_1、齿顶圆直径 d_{a1}、齿根圆直径 d_{f1} 和基圆直径 d_{b1}。

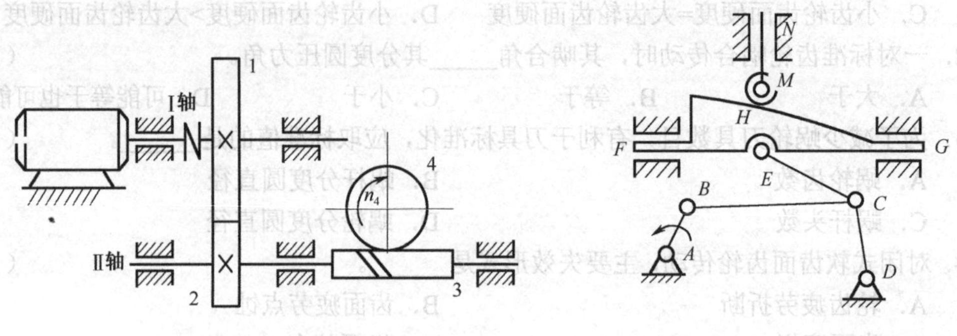

图 A-1 题二用图　　图 A-2 题三-1 用图

3．如图 A-3 所示轮系，已知 $z_1=20$，$z_2=30$，$z_{2'}=50$，$z_3=80$，n_1=50r/min，求 n_H 的大小和方向。（10 分）

4．图 A-4 所示为两圆锥滚子轴承“面对面”安装，轴向载荷 F_a=900 N，径向载荷 F_{R1}=1 200 N，F_{R2}=2 000 N，试计算两轴承承受的轴向载荷。派生轴向力 $F_S=F_R/2Y$，Y=0.4。（10 分）

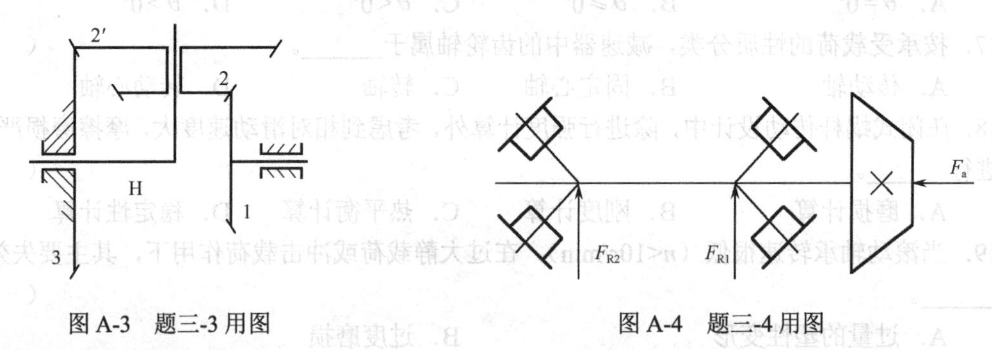

图 A-3 题三-3 用图　　图 A-4 题三-4 用图

四、结构改错题（共 5×2=10 分）

指出如图 A-5 所示轴系的结构设计错误，简要说明错误的内容，并提出改正的办法。（至少找 5 处）（10 分）

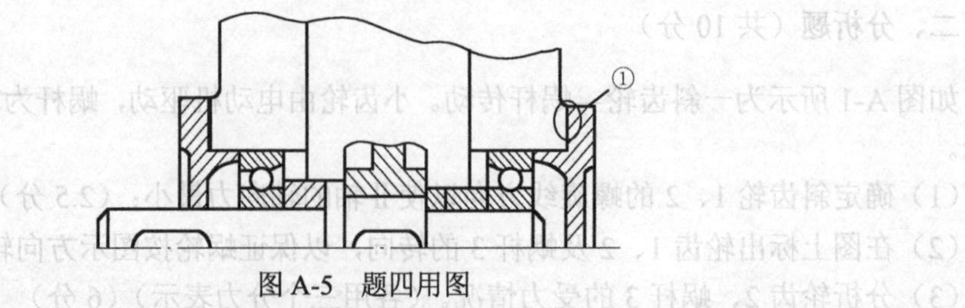

图 A-5 题四用图

（注：不考虑轴承润滑、倒角、圆角、剖面线。）

示例：

① 少调整垫片，应该添加调整垫片。

综合题（二）

一、**单项选择题**（选择一个正确答案，将其前方的字母填在括号中，共 2×20=40 分）

1．机器和机构中独立运动的单元称为______。（　　）

A．构件　B．零件　C．部件　D．组件

2．两个构件组成运动副的必备条件是两构件______。（　　）

A．直接接触但无相对运动　B．直接接触且具有相对运动

C．虽然不直接接触但具有相对运动　D．既不接触也无相对运动

3．当曲柄为主动件时，曲柄摇杆机构的最小传动角γ_{min}总是出现在______。（　　）

A．连杆与曲柄共线时　B．连杆与机架共线时

C．曲柄与机架共线时　D．摇杆与机架共线时

4．凸轮机构从动件的运动规律取决于凸轮的______。（　　）

A．大小　B．形状　C．厚度　D．表面质量

5．螺纹连接防松的实质是______。（　　）

A．增加螺纹连接的轴向力　B．增加螺纹连接的横向力

C．防止螺纹副发生相对转动　D．增加螺纹连接的刚度

6．普通平键长度的主要选择依据是______。（　　）

A．传递转矩的大小　B．传递功率的大小

C．轴的直径　D．轮毂的宽度

7．为了避免螺栓产生附加的弯曲应力，可以采用的措施是______。（　　）

A．将螺母与被连接件接触的表面进行精加工　B．加弹簧垫片

C．采用自锁螺母　D．保证螺栓的数目为偶数

8．V 带传动中，带截面楔角为 40°，带轮的轮槽角应该______。（　　）

A．大于 40°　B．等于 40°　C．小于 40°　D．不受限制

9．普通 V 带传动设计中，限制小带轮的直径主要是为了______。（　　）

A．使结构紧凑　B．限制弯曲应力

C．保证带和带轮之间有足够的摩擦力　D．限制小带轮的包角

10．渐开线齿轮的齿廓曲线形状取决于____。（　　）

A．分度圆　B．齿顶圆　C．齿根圆　D．基圆

11．齿轮传动中，轮齿齿面的疲劳点蚀经常发生在______。（　　）

A．齿根部分　B．靠近节线处的齿根部分

C．齿顶部分　D．靠近节线处的齿顶部分

12．斜齿圆柱齿轮的当量齿数用于______。（　　）

A．计算传动比　B．计算重合度

C．选择盘形铣刀号或强度计算　D．配凑中心距

13．蜗杆传动比的正确表达式为______。（　）

A．$i=\frac{n_1}{n_2}=\frac{d_1}{d_2}$　　B．$i=\frac{n_1}{n_2}=\frac{d_2}{d_1}$

C．$i=\frac{n_1}{n_2}=\frac{z_2}{z_1}$　　D．$i=\frac{n_1}{n_2}=\frac{z_1}{z_2}$

14．蜗杆传动热平衡计算的目的是为了控制温升，防止______。（　）

A．蜗杆力学性能下降　　B．润滑失效或齿面胶合

C．传动效率下降　　D．蜗杆材料退火

15．减速器的主要功用是______。（　）

A．增速、增大转矩　　B．增速、减小转矩

C．减速、增大转矩　　D．减速、减小转矩

16．在下列联轴器中，属于刚性联轴器的是______。（　）

A．齿式联轴器　　B．弹性套柱销联轴器

C．弹性柱销联轴器　　D．凸缘联轴器

17．齿轮传动的重合度越大，表示同时参与啮合的轮齿对数越__________，齿轮传动也越______。（　）

A．多，平稳　　B．多，不平稳

C．少，平稳　　D．少，不平稳

18．型号为7315的滚动轴承，其内径是______。（　）

A．15mm　　B．60mm　　C．75mm　　D．90mm

19．在传动中，各齿轮轴线位置固定不动的轮系称为______。（　）

A．周转轮系　　B．定轴轮系　　C．行星轮系　　D．复合轮系

20．一对渐开线标准圆柱齿轮要正确啮合，一定相等的是______。（　）

A．直径　　B．宽度　　C．齿数　　D．模数

二、分析题（共20分）

1．如图A-6所示的蜗杆传动和圆锥齿轮传动的组合，已知输出轴上的圆锥齿轮 z_4 的转向为 n_4。（10分）

（1）为使中间轴上的轴向力能抵消一部分，试确定蜗杆的螺旋线方向；

（2）标出各个齿轮的旋转方向；

（3）在图上标出各轮轴向力的方向。

2．如图A-7所示，轮1为主动轮，画出带传动工作时的应力分布图，并指出何处应力最大，写出最大应力值表达式。（10分）

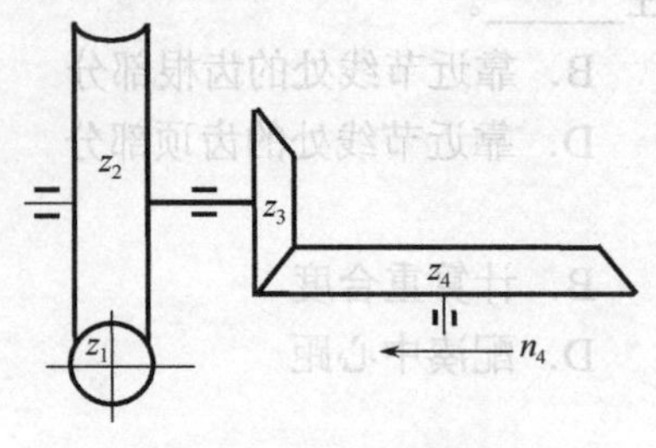

图A-6　图二-1用图

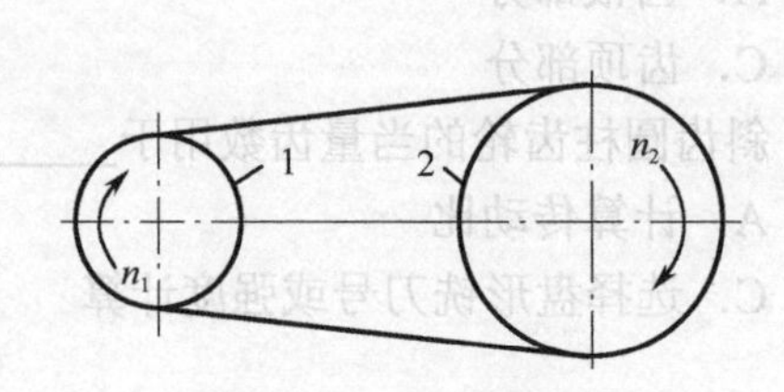

图A-7　图二-2用图

三、计算题（共 30 分）

1. 已知一对外啮合的正常齿标准直齿圆柱齿轮标准安装，$z_1=20$，d_{a1}=66，$a=96$，求 m、z_2、d_1、d_2。（8 分）

2. 图 A-8 所示的轮系中，已知 $z_1=15$，$z_2=25$，$z_{2'}=15$，$z_3=30$，$z_{3'}=15$，$z_4=30$，$z_{4'}=2$（右旋），$z_5=60$，$z_{5'}=20$（$m=4$ mm），若 $n_1=500$ r/min，求齿条 6 线速度 v 的大小和方向。（12 分）

3. 如图 A-9 所示，某轴系部件用一对 7000AC 角接触球轴承支承。已知斜齿圆柱齿轮上的轴向力 F_a=800N，方向如图所示，轴承所受径向力分别为 F_{R1}=1 000N，F_{R2}=1 400N。试画出 F_{S1}、F_{S2} 的方向，并计算两轴承承受的轴向载荷。（派生轴向力 F_S=0.68F_R）（10 分）

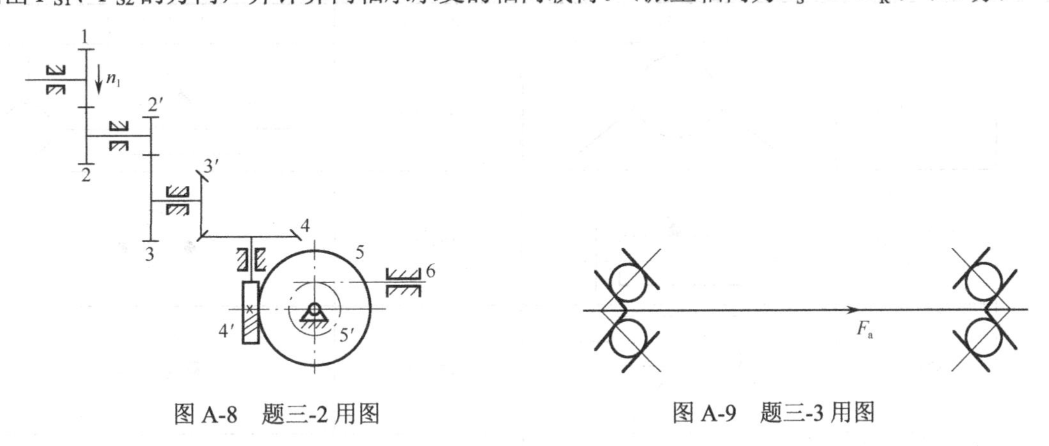

图 A-8 题三-2 用图　　　　图 A-9 题三-3 用图

四、结构改错题（共 5×2=10 分）

指出如图 A-10 所示轴系的结构设计错误，简要说明错误的内容，并提出改正的办法。（至少找 5 处）

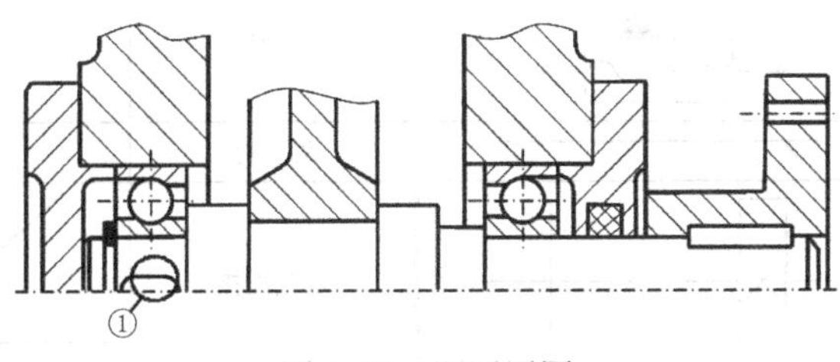

图 A-10 题四用图

（注：不考虑轴承润滑、倒角、圆角、剖面线。）

示例：

① 有键槽，应去掉键槽。

附录B　部分常用的机构运动简图符号（摘自GB 4460—1984）

名称		基本符号	名称	基本符号
运动副	平面回转副		圆柱副	
	空间回转副		球销副	
	移动副		球面副	
	平面副		球与平面副	
	螺旋副		球与圆柱副	
机架			轴、杆	
构件部分的连接	固定连接		永久连接	
	导杆		滑块	
间歇运动机构	棘轮机构（外啮合）		槽轮机构（内啮合）	
齿轮传动	圆柱轮		圆锥轮	

续表

名称		基本符号	名称	基本符号
齿轮传动	蜗轮与圆柱蜗杆传动	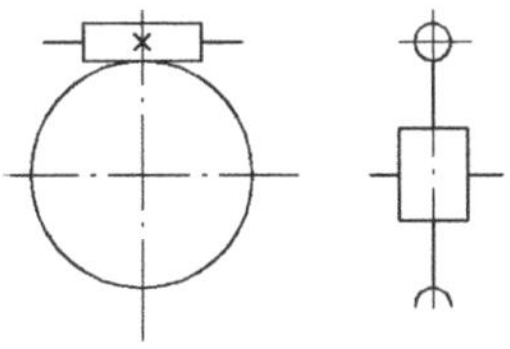	齿条传动	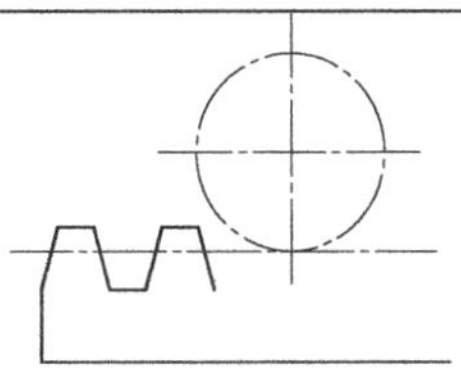
挠性传动	带传动（一般符号）	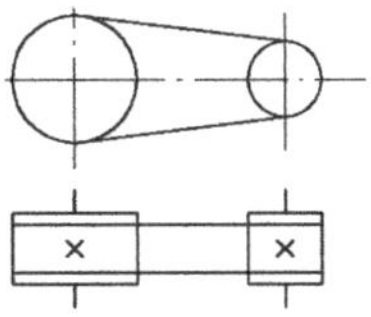	链传动（一般符号）	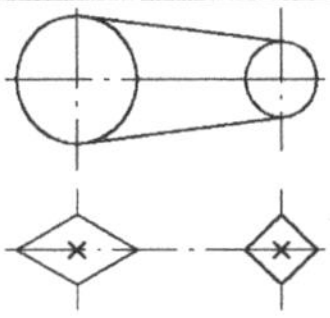
轴承	向心滚动轴承	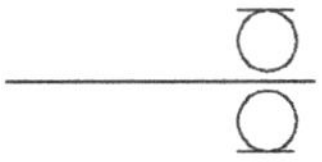	向心普通轴承	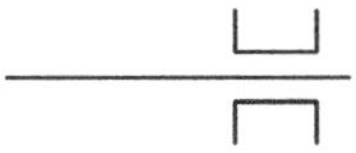
	推力滚动轴承	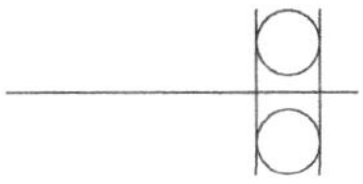	向心推力滚动轴承	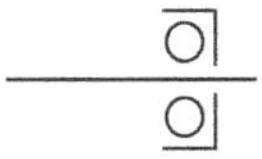
联轴器	一般符号	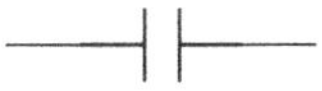	弹性联轴器	

反侵权盗版声明